Dirk W. Hoffmann

Die Gödel'schen Unvollständigkeitssätze

Eine geführte Reise durch Kurt Gödels historischen Beweis

2. Auflage

Dirk W. Hoffmann
Karlsruhe, Deutschland

www.dirkwhoffmann.de

Die Originalarbeit von Gödel „Über formal unentscheidbare Sätze der Principia Mathematica und verwandter Systeme I" [32] konnte in diesem Werk mit freundlicher Genehmigung des *Institute for Advanced Study* abgedruckt werden.

ISBN 978-3-662-54299-6 ISBN 978-3-662-54300-9 (eBook)
DOI 10.1007/978-3-662-54300-9

Die Deutsche Nationalbibliothek verzeichnet diese Publikation in der Deutschen Nationalbibliografie; detaillierte bibliografische Daten sind im Internet über http://dnb.d-nb.de abrufbar.

Springer Spektrum

Planung: Dr. Andreas Rüdinger

Gedruckt auf säurefreiem und chlorfrei gebleichtem Papier

Springer Spektrum ist Teil von Springer Nature
Die eingetragene Gesellschaft ist Springer-Verlag GmbH Deutschland
Die Anschrift der Gesellschaft ist: Heidelberger Platz 3, 14197 Berlin, Germany

Vorwort

Über Tausende von Jahren war es die unausgesprochene Grundannahme der Mathematik, dass sich jede mathematische Aussage entweder beweisen oder widerlegen lässt. 1931 wurde dieser Traum durch Kurt Gödel zu Grabe getragen. Der junge Mathematiker hatte entdeckt, dass der Begriff der Wahrheit und der Begriff der Beweisbarkeit nicht in Einklang gebracht werden können; in jedem hinreichend ausdrucksstarken formalen System existieren Aussagen, die sich innerhalb des Systems weder beweisen noch widerlegen lassen.

Die Gödel'sche Arbeit hat unsere Sichtweise auf die Mathematik von Grund auf verändert. Sie ist ein Juwel unseres kulturellen Erbes und befindet sich auf der gleichen Stufe wie die Einstein'sche Arbeit zur Begründung der Relativitätstheorie [19] oder die Heisenberg'sche Arbeit über die Unschärferelation [38]. Alle drei Arbeiten definieren Grenzen, die wir nicht überwinden können.

Seit ihrer Entdeckung haben sich viele Autoren mit den Gödel'schen Unvollständigkeitssätzen beschäftigt und deren mathematische und philosophische Facetten in ganz unterschiedlicher Weise beleuchtet. Ich selbst las das erste Mal in Douglas Hofstadters berühmtem Werk *Gödel, Escher, Bach* [55] von den Unvollständigkeitssätzen, kurz vor Beginn meines Studiums. Rasend schnell hatten mich die Sätze in ihren Bann gezogen und dazu bewogen, tiefer in die Materie einzudringen: Ich wollte wissen, was Gödel wirklich bewiesen hatte. Doch bereits der erste Blick in Gödels Originalarbeit ließ mich damals resignieren; die Darstellung war viel zu formal, als dass ich sie auch nur in Ansätzen hätte verstehen können. Ich wünschte mir ein Buch, das den Originalbeweis in verständlichen Worten erklärt, doch ein solches gab es nicht.

In den mehr als zwanzig Jahren, die seitdem vergangen sind, konnte ich mich gedanklich nicht von den Unvollständigkeitssätzen lösen, und so sind schließlich zwei Bücher entstanden. Das eine ist das Werk, das von mir so lange vermisst wurde und jetzt vor Ihnen liegt; es ist mein ganz persönlicher Versuch, die Lücke zu füllen, die ich eben beschrieb. Das andere Buch heißt *Grenzen der Mathematik* und ist im gleichen Verlag erschienen [53]. Es adressiert eine ähnliche Thematik, verfolgt aber eine andere Zielsetzung. Während sich das vorliegende Buch im Detail mit Gödels historischem Beweis auseinandersetzt, ist das andere als Lehrbuch gedacht. Es behandelt ein breiteres Themenspektrum und greift zahlreiche Ideen und Gedanken auf, die etwas weiter vom Epizentrum der Unvollständigkeitssätze entfernt sind. Auch die elementaren Grundlagen der Logik, die für das Verständnis des vorliegenden Buchs wichtig sind, werden dort ausführlich erklärt. Ebenfalls geeignet, um etwaig auftretende Verständnislücken zu schließen, ist Uwe Schönings Buch *Logik für Informatiker* [85]. Es bietet einen schnellen und aus meiner Sicht sehr empfehlenswerten Einstieg in die Logik.

In den folgenden Kapiteln werden Sie einen vollständigen Abdruck der Gödel'schen Originalarbeit vorfinden, unterteilt in kommentierte Abschnitte. Die Originalpassagen sind auf einem grauen Hintergrund gedruckt, um sie optisch vom Rest des Textes zu trennen; ansonsten wurde das Layout der Originalarbeit weitgehend belassen. Eine Besonderheit betrifft die Fußnoten, die in Gödels Arbeit zahlreich vorhanden sind. Um den Lesefluss nicht zu zerstören, tauchen sie hier am Ende des Textfragments auf, in dem sie referenziert werden.

Inhaltlich wurde das Originalmanuskript an sieben Stellen marginal modifiziert, um bekannte Fehlerkorrekturen einzuarbeiten. Konkret handelt es sich dabei um die folgenden Veränderungen, die in Gödels gesammelten Werken unter der Rubrik *Textual notes* aufgelistet sind [35]:

Seite und Zeile	Original	Korrektur
*175:25	$\overline{n \,\varepsilon\, K}$	$\overline{q \,\varepsilon\, K}$
177:12	18a	19a
177:33	18a	19a
180:15	auch R	auch $\overline{R}$
184:7	$u * R(n\,Gl\,x)\,v$	$u * R(n\,Gl\,x) * v$
187:5	rekursiv	*rekursiv*
*189:30	Existenz	Existenz von aus χ

Die Angaben in der ersten Spalte beziehen sich auf die Seiten und die Zeilen in Gödels Originalmanuskript. Die beiden mit einem Stern markierten Änderungen gehen auf Gödel selbst zurück. Sie entstammen einem handschriftlich korrigierten Manuskript aus seinem Nachlass.

In den vier Jahren, die seit dem Erscheinen der ersten Auflage vergangen sind, habe ich von vielen Lesern Zuschriften erhalten, für die ich mich an dieser Stelle herzlich bedanke. Mein ganz besonderer Dank gilt Herrn Peter Neupert (Lingen) und Herrn Johann Ramböck (Göming, Österreich). Beide haben mir mit zahlreichen Hinweisen geholfen, in der Erstauflage vorhandene Fehler auszumerzen.

Ich wünsche Ihnen viel Vergnügen bei der Lektüre dieses Buches und bin auch weiterhin jedem aufmerksamen Leser für Hinweise oder Verbesserungsmöglichkeiten ausdrücklich dankbar.

Karlsruhe, im Dezember 2016 Dirk W. Hoffmann

Inhaltsverzeichnis

Wegweiser

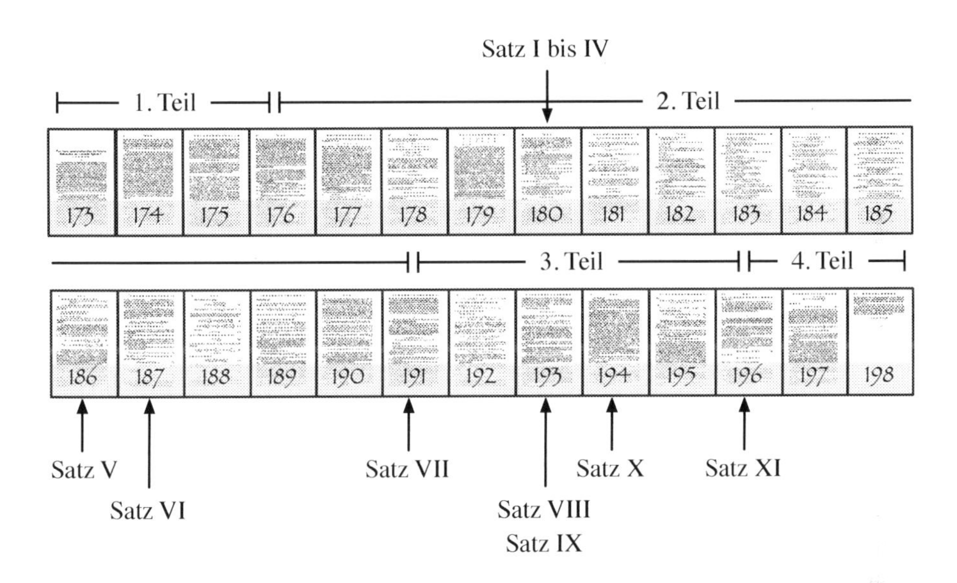

Die Gödel'sche Arbeit besteht aus 4 Teilen, in denen insgesamt 11 Sätze bewiesen werden. In Teil 1 präsentiert Gödel eine Beweisskizze, in der er die Grundidee seiner Argumentation offenlegt [173 – 176]. In Teil 2 beginnt die exakte Durchführung des Beweises. Zu Beginn wird das formale System P definiert, auf das sich der Beweis bezieht [176 – 179]. Danach führt Gödel in das Gebiet der primitiv-rekursiven Funktionen ein und beweist mit Satz I bis Satz IV [179 – 181] elementare Eigenschaften über diese Funktionenklasse. Anschließend legt Gödel in akribischer Kleinarbeit dar, dass sich viele metamathematische Begriffe über formale Systeme primitiv-rekursiv formulieren lassen [182 – 186], und stellt danach mit Satz V einen wichtigen Zusammenhang zwischen Formeln eines formalen Systems und primitiv-rekursiven Relationen her [186 – 187]. Es folgt mit Satz VI das Hauptresultat der Arbeit. Gödel nennt es das *„allgemeine Resultat über die Existenz unentscheidbarer Sätze“* [187 – 191]. Im dritten Teil werden mehrere Folgerungen aus dem Hauptresultat gezogen. Satz VII stellt eine Beziehung zwischen arithmetischen und primitiv-rekursiven Relationen

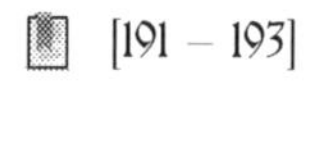
[191 – 193]

her, und Satz VIII attestiert, dass wir unentscheidbare Aussagen innerhalb der Arithmetik finden können. Es ist jener Satz, den wir heute als den ersten Gödel'schen Unvollständigkeitssatz bezeichnen. Mit Satz IX und Satz X folgert Gödel, dass das Entscheidungsproblem der Prädikatenlogik erster Stufe nicht innerhalb von P entschieden werden kann.

[193 – 196]

Im vierten Abschnitt skizziert er den Beweis für Satz XI, den wir heute als den zweiten Gödel'schen Unvollständigkeitssatz bezeichnen.

[196 – 198]

Wo wird was behandelt?

Die folgende Übersicht zeigt, wo in diesem Buch die dargestellten Seiten der Gödel'schen Originalarbeit besprochen werden.

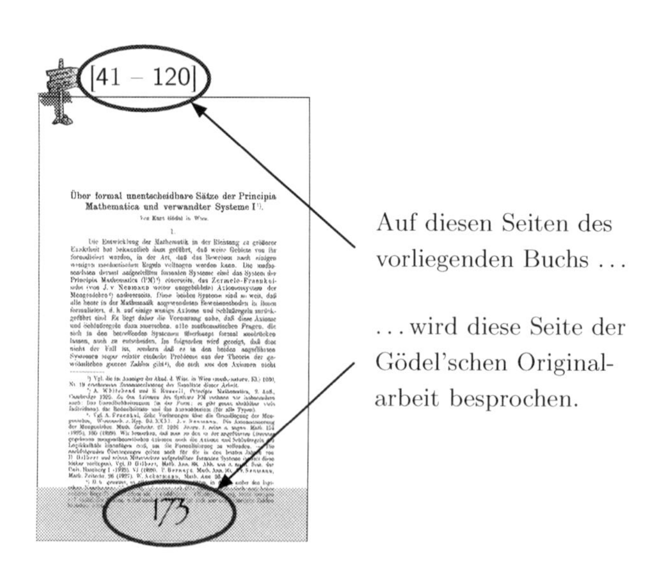

[41 – 120]

Über formal unentscheidbare Sätze der Principia Mathematica und verwandter Systeme I[1].

Von Kurt Gödel in Wien.

1.

Die Entwicklung der Mathematik in der Richtung zu größerer Exaktheit hat bekanntlich dazu geführt, daß weite Gebiete von ihr formalisiert wurden, in der Art, daß das Beweisen nach einigen wenigen mechanischen Regeln vollzogen werden kann. Die umfassendsten derzeit aufgestellten formalen Systeme sind das System der Principia Mathematica (PM)[2] einerseits, das Zermelo-Fraenkelsche (von J. v. Neumann weiter ausgebildete) Axiomensystem der Mengenlehre[3] andererseits. Diese beiden Systeme sind so weit, daß alle heute in der Mathematik angewendeten Beweismethoden in ihnen formalisiert, d. h. auf einige wenige Axiome und Schlußregeln zurückgeführt sind. Es liegt daher die Vermutung nahe, daß diese Axiome und Schlußregeln dazu ausreichen, alle mathematischen Fragen, die sich in den betreffenden Systemen überhaupt formal ausdrücken lassen, auch zu entscheiden. Im folgenden wird gezeigt, daß dies nicht der Fall ist, sondern daß es in den beiden angeführten Systemen sogar relativ einfache Probleme aus der Theorie der gewöhnlichen ganzen Zahlen gibt[4], die sich aus den Axiomen nicht [illegible]

[1] Vgl. die im Anzeiger der Akad. d. Wiss. in Wien (math.-naturw. Kl.) 1930, Nr. 19 erschienene Zusammenfassung der Resultate dieser Arbeit.

[2] A. Whitehead und B. Russell, Principia Mathematica, 2. Aufl., Cambridge 1925. [illegible]

[3] Vgl. A. Fraenkel, Zehn Vorlesungen über die Grundlegung der Mengenlehre, [illegible] J. v. Neumann, Die Axiomatisierung der Mengenlehre. Math. Zeitschr. 27, 1928. [illegible]

173

[120 – 131]

[illegible]

174

[131 – 142]

[illegible]

175

[142 – 150]

[illegible]

176

[150 – 165]

[illegible]

177

[165 – 207]

[illegible]

178

[207 – 216]

[illegible]

179

[216 – 228]

[illegible]

180

[228 – 230]

[illegible]

181

[230 – 244]

182

[244 – 254]

183

[254 – 262]

184

[262 – 269]

185

[269 – 280]

186

[280 – 294]

187

[294 – 297]

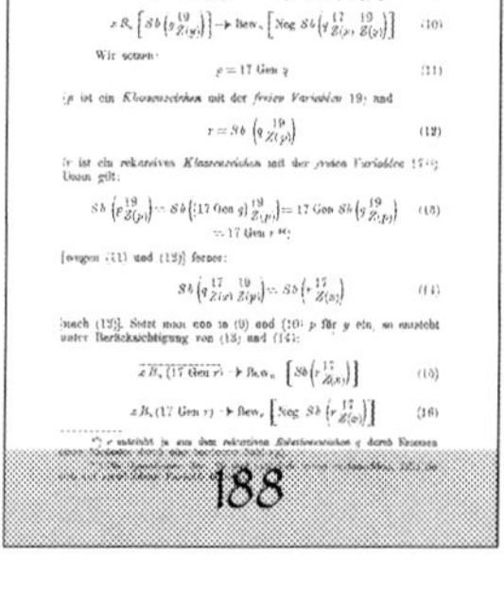

188

[297 – 302]

189

[302 – 306]

190

[306 – 311]

Über formal unentscheidbare Sätze der Principia Mathematica etc. 191

Systems durch eine rekursiv definierbare ω-widerspruchsfreie Klasse von Axiomen. Zu den Systemen, welche die Voraussetzungen 1, 2 erfüllen, gehören, wie man leicht bestätigen kann, das Zermelo-Fraenkelsche und das v. Neumannsche Axiomensystem der Mengenlehre [47]), ferner das Axiomensystem der Zahlentheorie, welches aus den Peanoschen Axiomen, der rekursiven Definition [nach Schema (2)] und den logischen Regeln besteht [48]). Die Voraussetzung 1. erfüllt überhaupt jedes System, dessen Schlußregeln die gewöhnlichen sind und dessen Axiome (analog wie in P) durch Einsetzung aus endlich vielen Schemata entstehen [48a]).

3.

Wir ziehen nun aus Satz VI weitere Folgerungen und geben zu diesem Zweck folgende Definition:

Eine Relation (Klasse) heißt arithmetisch, wenn sie sich allein mittels der Begriffe +, . (Addition und Multiplikation, bezogen auf natürliche Zahlen [49])) und den logischen Konstanten ∨, ‾, (x), = definieren läßt, wobei (x) und = sich nur auf natürliche Zahlen beziehen dürfen [50]). Entsprechend wird der Begriff „arithmetischer Satz" definiert. Insbesondere sind z. B. die Relationen „größer" und „kongruent nach einem Modul" arithmetisch, denn es gilt:

$$x > y \sim \overline{(Ez)}[y = x + z]$$
$$x \equiv y \,(\mathrm{mod}\; n) \sim (Ez)[x = y + z \cdot n \vee y = x + z \cdot n]$$

Es gilt der

Satz VII: Jede rekursive Relation ist arithmetisch.

Wir beweisen den Satz in der Gestalt: Jede Relation der Form $x_0 = \varphi(x_1, \ldots, x_n)$, wo φ rekursiv ist, ist arithmetisch, und wenden vollständige Induktion nach der Stufe von φ an. φ habe die [illegible]

[illegible]

191

[311 – 315]

[illegible]

192

[315 – 328]

[illegible]

193

[328 – 333]

[illegible]

194

[333 – 338]

[illegible]

195

[338 – 342]

[illegible]

196

[342 – 346]

[illegible]

197

[346 – 348]

[illegible]

198

1 Einleitung

„Die Logik wird nie mehr dieselbe sein."

John von Neumann [66]

Die rund 400 km lange Dampferfahrt entlang der Ostseeküste war für Rudolf Carnap, Herbert Feigl, Kurt Gödel und Friedrich Waismann die letzte Etappe ihrer Reise von Wien nach Königsberg. In Swinemünde stießen Kurt Grelling und Hans Hahn hinzu, und gemeinsam gingen die sechs am 4. September 1930 im Königsberger Hafen von Bord [14]. Ihr Ziel war die 2. Tagung für Erkenntnislehre der exakten Wissenschaften, die in der ostpreußischen Metropole vom 5. bis zum 7. September von der Berliner Gesellschaft für Empirische Philosophie abgehalten wurde. Noch deutete an diesem Spätsommertag nichts darauf hin, dass der 7. September 1930 als der Tag in die Wissenschaftsgeschichte eingehen würde, ab dem die Mathematik nicht mehr dieselbe war.

Auf der Agenda standen in jenem Jahr die Grundlagen der Mathematik. Dass die Tagung ein eher philosophisch klingendes Thema zum Inhalt hatte, ist nur im historischen Kontext zu verstehen. In den Dreißigerjahren war die Mathematik noch nicht die isolierte Wissenschaft, wie wir sie heute kennen. Damals waren mathematische und philosophische Fragestellungen fest miteinander verwoben, und entsprechend groß war das Interesse an einem gedanklichen Fundament, auf dem das verästelte mathematische Gebäude solide errichtet werden konnte.

John von Neumann
(1903 – 1957)

Die Mathematik des beginnenden zwanzigsten Jahrhunderts wurde von drei philosophischen Grundströmungen dominiert, die am ersten Tag der Konferenz in 60-minütigen Vorträgen ausführlich vorgestellt wurden. Als erster trug der deutsche Philosoph Rudolf Carnap über den *Logizismus* vor [8], danach erläuterte der niederländische Mathematiker Arend Heyting den *Intuitionismus* [40], und zu guter Letzt referierte der in Österreich-Ungarn geborene Mathematiker John von Neumann über den *Formalismus*.

Aus der heutigen Sicht war der Formalismus die wichtigste der drei philosophischen Grundströmungen, da er eine Vorgehensweise propagierte, die in die gesamte moderne Mathematik hineinwirkt. Die Rede ist von der *axiomatischen Methode*. Deren historische Spur lässt sich bis in das antike Griechenland zurückverfolgen, und genau dort setzen wir unsere Reise fort.

1.1 Die axiomatische Methode

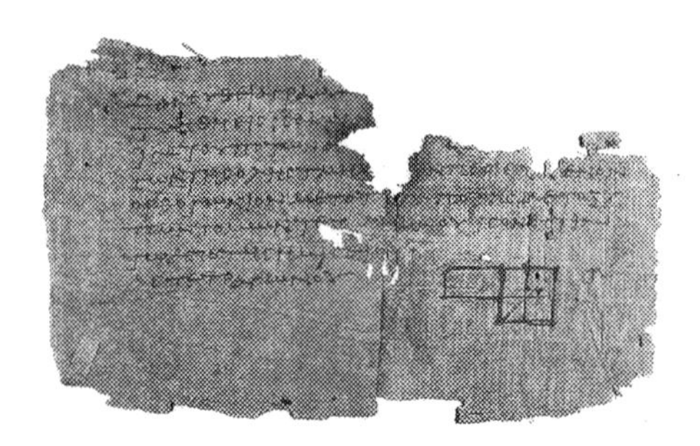

Abb. 1.1 Ein altes Originalfragment von Euklids historischem Werk *Die Elemente*

Die axiomatische Methode basiert auf dem Kerngedanken, die Aussagen einer Wissenschaft logisch deduktiv aus einer Reihe a priori festgelegter Grundannahmen herzuleiten. Wem wir die geistige Urheberschaft dieser mehrere tausend Jahre alten Idee zuschreiben dürfen, ist unter Historikern umstritten. Einige sehen die axiomatische Denkweise durch den griechischen Gelehrten Eudoxos von Knidos begründet [39], andere führen sie auf die Philosophien der großen Denker Platon und Aristoteles zurück [54].

In die Welt getragen wurde die axiomatische Weise durch einen Mann, über dessen Leben wir nur wenig wissen: Euklid von Alexandria. Geboren wurde Euklid um das Jahr 360 v. Chr., und es gilt als wahrscheinlich, dass er zeitweise die Platonische Akademie in Athen besuchte. Seine Beiträge zur griechischen Philosophie waren vergleichsweise gering [3], dafür hatte er auf dem Gebiet der klassischen Mathematik umso Größeres geleistet. Bekannt wurde er durch seine Schrift *Die Elemente*, in denen er die griechische Mathematik der vorangegangenen dreihundert Jahre zusammenfasste. Sein Werk bestand aus 13 Teilen, die wir heute als Kapitel bezeichnen würden und die bei Euklid *Bücher* heißen. Rückblickend sind die *Elemente* die erfolgreichste Schrift der mathematischen Weltliteratur. Sie wurde im Laufe der Zeit in viele Sprachen übersetzt, und auch heute noch erscheinen in regelmäßigen Abständen Neuauflagen.

Das Besondere an diesem Werk ist die methodische Vorgehensweise. Euklid hatte für die Darlegung der Geometrie einen axiomatischen Ansatz gewählt und sämtliche Sätze deduktiv aus einer Reihe a priori festgelegter Grundtatsachen gewonnen. Wir alle stehen heute in der euklidischen Tradition, wenn wir die

1. Postulat: *„Es ist möglich, eine und nur eine gerade Linie von einem beliebigen Punkt zu einem beliebigen anderen Punkt zu zeichnen."*

2. Postulat: *„Es ist möglich, eine begrenzte gerade Linie an jedem Ende zusammenhängend gerade zu verlängern, und zwar um einen Beitrag, der größer ist als eine beliebige vorgegebene Länge."*

3. Postulat: *„Es ist möglich, einen und nur einen Kreis mit gegebenem Mittelpunkt und Radius zu zeichnen."*

4. Postulat: *„Alle rechten Winkel sind einander gleich."*

5. Postulat: *„Wenn eine gerade Linie beim Schnitt mit zwei geraden Linien bewirkt, dass die innen auf derselben Seite entstehenden Winkel zusammen kleiner als zwei rechte werden, dann treffen sich die zwei geraden Linien bei Verlängerung ins Unendliche auf der Seite, auf der die Winkel liegen, die zusammen kleiner als zwei rechte sind."*

Abb. 1.2 Die fünf Postulate der euklidischen Geometrie (nach [88])

Grundtatsachen einer mathematischen Theorie vorab nennen und uns bei der Ableitung neuer Theoreme an strenge Spielregeln halten. Harro Heuser bezeichnet die axiomatische Methode in [39] als den *„Lebensnerv der Mathematik"* und den *„größten Beitrag, den das erstaunliche Volk der Griechen der Mathematik zugebracht hat"*. Er übertreibt damit in keiner Weise.

Die berühmtesten Passagen der *Elemente* befinden sich im ersten Buch. Von den zahlreichen Definitionen, Postulaten und Axiomen, die Euklid dort nennt, sind die fünf Postulate in Abbildung 1.2 am wichtigsten. Sie sind das, was wir heute als *Theorieaxiome* bezeichnen.

Betrachten wir Euklids Arbeit aus der modernen Perspektive, so treten zwei Besonderheiten zu Tage:

- Trotz ihres axiomatischen Charakters sind die *Elemente* weniger formal, als wir es von modernen mathematischen Werken gewohnt sind. Es ist richtig, dass Euklid die Sätze der Geometrie deduktiv aus den Axiomen und Postulaten gewinnt, allerdings ist seine Darstellung in vielerlei Hinsicht lückenhaft. An vielen Stellen stützen sich seine logischen Schlüsse auf unausgesprochene Tatsachen, die zwar intuitiv einsichtig sind, aber nicht deduktiv aus den Axiomen hergeleitet werden können. Auch der logische Schlussapparat selbst ist nicht formal definiert.

- In Euklids Werk existiert keine dedizierte Formelsprache. Alle Definitionen, Postulate und Axiome sind, genau wie die daraus abgeleiteten Sätze, umgangssprachlich formuliert. Das heißt, dass die mathematischen Objekte in derselben Sprache beschrieben sind, in der auch *über* die mathematischen Objekte gesprochen wird.

Euklids axiomatische Methode existierte für lange Zeit in fast unveränderter Form. Mehr als 2000 Jahre verstrichen, bis sie gegen Ende des neunzehnten Jahrhunderts dann urplötzlich aus ihrem Schlaf gerissen wurde. Es war der Beginn einer Metamorphose, die ihr binnen weniger Jahre ein völlig neues Gesicht verlieh.

Maßgeblich vorangetrieben wurde die Entwicklung durch David Hilbert. Der 1862 in Königsberg geborene Mathematiker war ungewöhnlich vielseitig begabt und änderte im Laufe seines Lebens immer wieder seinen Arbeitsschwerpunkt. Wir verdanken ihm nicht nur wichtige Beiträge zur Logik und zu den Grundlagen der Mathematik; auch auf den Gebieten der Analysis, der algebraischen Geometrie, der Zahlentheorie und der theoretischen Physik hat er Maßgebliches geleistet. Sein wissenschaftliches Vermächtnis zählt zu den wertvollsten, die ein einzelner Mathematiker jemals hinterlassen hat.

David Hilbert
(1862 – 1943)

Die meiste Zeit seines Arbeitslebens verbrachte Hilbert an der mathematischen Fakultät in Göttingen. Damit hatte er jenen renommierten Ort zu seiner wissenschaftlichen Heimat gewählt, der schon Gauß, Dirichlet und Riemann als geistige Wirkungsstätte diente. Für die Fakultät war die Berufung Hilberts im Jahr 1895 einen willkommener Neuanfang. Durch sie konnte die Göttinger Mathematik die alte Strahlkraft wiedergewinnen, die gegen Ende des neunzehnten Jahrhunderts allmählich zu verblassen drohte.

Hilbert war ein Verfechter der axiomatischen Methode und die Galionsfigur der Formalisten. Seinen Standpunkt hat er in zahlreichen Publikationen und Vorträgen dargelegt und dabei stets verständliche Worte gefunden. Hilberts Ausdrucksweise ist an vielen Stellen so klar, dass es auch Jahrzehnte nach seinem Tod eine Freude ist, in seinen Werken zu lesen. An dieser Stelle wollen wir ihm selbst das Wort erteilen und aus einem Vortrag zitieren, den er 1917 vor der Schweizerischen Mathematischen Gesellschaft hielt. Dort erklärte er seinen formalistischen Standpunkt mit den folgenden Worten:

> *„Wenn wir die Tatsachen eines bestimmten Wissensgebietes zusammenstellen, so bemerken wir bald, daß diese Tatsachen einer Ordnung fähig sind. Diese Ordnung erfolgt jedesmal mit Hilfe eines ge-*

wissen Fachwerkes von Begriffen *in der Weise, daß dem einzelnen Gegenstande des Wissensgebietes ein Begriff dieses Fachwerkes und jeder Tatsache innerhalb des Wissensgebietes eine logische Beziehung zwischen den Begriffen entspricht. Das Fachwerk der Begriffe ist nichts anderes als die* Theorie *des Wissensgebietes.* [...] *Wenn wir eine bestimmte Theorie näher betrachten, so erkennen wir allemal, daß der Konstruktion des Fachwerkes von Begriffen einige wenige ausgezeichnete Sätze des Wissensgebietes zugrunde liegen und diese dann allein ausreichen, um aus ihnen nach logischen Prinzipien das ganze Fachwerk aufzubauen.* [...] *Diese grundlegenden Sätze können von einem ersten Standpunkte aus als die* Axiome der einzelnen Wissensgebiete *angesehen werden.*"

David Hilbert [41]

Gegen Ende des neunzehnten Jahrhunderts stellte Hilbert eindrucksvoll unter Beweis, wie fruchtbar der Boden ist, den er für die Neubegründung der Mathematik gewählt hatte. In seinem 1899 erschienenen Buch *„Grundlagen der Geometrie"* führte er ein Axiomensystem ein, aus dem sich alle Sätze der euklidischen Geometrie in einer Präzision ableiten lassen, von der die *Elemente* noch weit entfernt waren. Hilberts axiomatisches System ist dabei wesentlich komplizierter als sein historisches Pendant. Während die Sätze der *Elemente* im Wesentlichen auf 5 Hauptpostulaten fußen, setzt sich das Hilbert'sche System aus insgesamt 21 Axiomen zusammen, die in 5 Gruppen eingeteilt sind. Wir finden darin

- 8 Axiome der Verknüpfung (Gruppe I),
- 4 Axiome der Anordnung (Gruppe II),
- 6 Axiome der Kongruenz (Gruppe III),
- 1 Axiom der Parallelen (Gruppe IV) und
- 2 Axiome der Stetigkeit (Gruppe V).

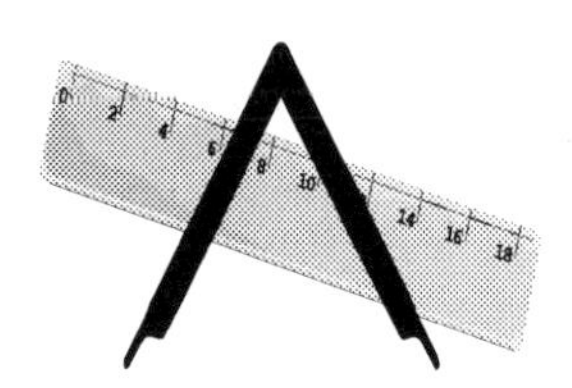

Es wäre falsch, die Hilbert'schen Axiome lediglich als eine Präzisierung der Euklid'schen Postulate zu betrachten, denn in einem wichtigen Punkt waren sie völlig neu. Über Tausende von Jahren standen Axiome für evidente Grundwahrheit der realen Welt, die nach Aristoteles *„eines Beweises weder fähig noch bedürftig sind"*, und genauso lange Zeit wurden sie verwendet, um mathematischen Objekte zu *definieren*. Im siebten Buch der *Elemente* finden wir z. B. die folgende Definition der natürlichen Zahlen [3]:

1. *„Einheit ist das, wonach jedes Ding eines genannt wird."*
2. *„Zahl ist die aus Einheiten zusammengesetzte Vielheit."*

Für Hilbert waren alle Versuche, mathematische Objekte ihrem Wesen nach zu definieren, zum Scheitern verurteilt. Jede Definition führt einen Begriff lediglich auf andere Begriffe zurück, die ihrerseits einer Erklärung bedürfen. In Euklids Axiomen sind dies Begriffe wie „Einheit", „Ding" und „Vielheit". Da wir die Kette von Definitionen nicht in das Unendliche fortsetzen können, sind wir gezwungen, auf einer gewisse Ebene innezuhalten und deren Begriffe als gegeben zu akzeptieren. Aber welche Ebene ist die richtige? Ist es Euklids Ebene der Dinge, Einheiten und Vielheiten oder doch etwa die Ebene der natürlichen Zahlen selbst?

Hilbert löste das Problem, indem er schlicht und einfach darauf verzichtete, die mathematischen Objekte ihrem Wesen nach zu definieren. In seinen Axiomensystemen geht es niemals um die mathematischen Objekte selbst, sondern ausschließlich um die Beziehungen, die zwischen diesen Objekten bestehen, und um die logischen Folgerungen, die sich daraus ergeben. So spielt es in Hilberts Axiomatisierung der Geometrie keine Rolle, was die Begriffe „Punkt", „Gerade" und „Fläche" ihrem Wesen nach bedeuten. Wichtig ist lediglich, dass sie sich untereinander so verhalten, wie es die Axiome vorgeben. Das heißt, dass wir auch dann noch eine Axiomatisierung der euklidischen Geometrie vor uns haben, wenn wir die Begriffe „Punkt", „Gerade" und „Fläche" durch die Begriffe „Bierkrug", „Bank" und „Tisch" ersetzen. Über Hilbert wird erzählt, dass er seinen formalistischen Standpunkt einst mit diesem Beispiel erläutert habe, doch eine gesicherte Quelle haben wir hierfür nicht in Händen.

1.2 Formale Systeme

Mit seinem formalistischen Ansatz etablierte Hilbert eine Sichtweise in der Mathematik, die zwischen einer Objektebene und einer Bedeutungsebene unterscheidet. Um beide klar voneinander zu trennen, wurden für die Objektebene künstliche Formelsprachen erschaffen, die nach präzise festgelegten Bildungsregeln aufgebaut sind. Später gelang es, auch das logische Schließen zu formalisieren, indem die mathematischen Schlussweisen als formale Umformungsregeln in die Objektsprache integriert wurden. Ab diesem Zeitpunkt war es möglich, die Axiome und die daraus abgeleiteten Theoreme als inhaltsleere Symbolketten aufzufassen, die nach festgelegten Regeln umgeformt werden dürfen. In den so entstandenen *formalen Systemen* war die Mathematik zu einen mechanischen Spiel geworden, einem Schachspiel gleich.

Die Formalisierung hatte bewirkt, dass vormals nur vage definierte Begriffe, wie das Führen eines Beweises, plötzlich mit mathematischer Präzision erfasst werden konnten. Hieraus ist die *Beweistheorie* entstanden, die Hilbert 1923 mit den folgenden Worten umschrieb:

„Alles, was im bisherigen Sinne die Mathematik ausmacht, wird streng formalisiert, so daß die eigentliche Mathematik oder die Mathematik in engerem Sinne zu einem Bestande an Formeln wird. [...] *Gewisse Formeln, die als Bausteine des formalen Gebäudes der Mathematik dienen, werden Axiome genannt. Ein Beweis ist eine Figur, die uns als solche anschaulich vorliegen muss; er besteht aus Schlüssen vermöge des Schlußschemas*

$$\begin{array}{c}\mathfrak{S}\\ \mathfrak{S} \to \mathfrak{T}\\ \hline \mathfrak{T}\end{array}$$

wo jedesmal jede der Prämissen, d. h. der betreffenden Formeln $\mathfrak{S}$ und $\mathfrak{S} \to \mathfrak{T}$, entweder ein Axiom ist bzw. direkt durch Einsetzung aus einem Axiom entsteht oder mit der Endformel $\mathfrak{T}$ eines Schlusses übereinstimmt, der vorher im Beweis vorkommt bzw. durch Einsetzung aus einer solchen Endformel entsteht. Eine Formel soll beweisbar heißen, wenn sie entweder ein Axiom ist bzw. durch Einsetzen aus einem Axiom entsteht oder die Endformel eines Beweises ist.“

David Hilbert [42]

Die Hilbert'sche Beweistheorie ist für das Verständnis dieses Buches von so zentraler Bedeutung, dass wir sie an zwei konkreten Systemen genauer untersuchen wollen. Beide Beispiele werden in zwei Schritten eingeführt. Im ersten Schritt definieren wir die Syntax des formalen Systems, d. h., wir legen fest, aus welchen Zeichen und nach welchen Regeln die Formeln aufgebaut sind, die innerhalb des Systems existieren. Im zweiten Schritt werden die Axiome und die Schlussregeln eingeführt. Sie definieren, wie aus den Axiomen und dem bereits Bewiesenen neue Theoreme gewonnen werden können.

System B

Unser erstes Beispiel basiert auf einer Kunstsprache, die mit der gewöhnlichen Mathematik nicht viel gemeinsam hat. Als Alphabet legen wir die Menge $\{\square, \blacksquare, (,)\}$ zugrunde und sehen für die Bildung von Formeln die nachstehenden Regeln vor:

Definition 1.1 (Syntax des Systems B)

Die Sprache des Systems B ist folgendermaßen festgelegt:

1. $\square$ und $\blacksquare$ sind Formeln.
2. Sind φ und ψ Formeln, dann ist auch $(\varphi\psi)$ eine Formel.

Tab. 1.1 Axiome und Schlussregeln des formalen Systems B

Axiome des Systems B			
$\blacksquare$			(B1)
Schlussregeln des Systems B			
$\dfrac{\blacksquare}{(\blacksquare\square)}$	(S1)	$\dfrac{(\varphi\psi)\chi}{\varphi(\psi\chi)}$	(S4)
$\dfrac{\square}{(\square\square)}$	(S2)	$\dfrac{\varphi(\psi\chi)}{(\varphi\psi)\chi}$	(S5)
$\dfrac{\square}{(\blacksquare\blacksquare)}$	(S3)	$\dfrac{((\varphi\psi)(\varphi\psi))}{\square}$	(S6)

Die Zeichenketten

$$\square, \blacksquare, (\blacksquare\square), (\square\blacksquare), ((\square\square)\blacksquare), (\square(\square\blacksquare)), ((\square\square)(\blacksquare\blacksquare)), ((\blacksquare(\blacksquare\blacksquare))((\square\square)\square))$$

sind Formeln, die nachstehenden dagegen nicht:

$$\square\blacksquare, (\blacksquare)\square, \blacksquare\blacksquare\blacksquare, (\square\blacksquare\square), (\square\square)(\blacksquare)$$

Die Axiome und Schlussregeln des Systems B sind in Tabelle 1.1 zusammengefasst. Mit der Formel $\blacksquare$ existiert in B ein einziges Axiom, d. h., jeder Beweis muss mit dieser Formel beginnen. Für die Ableitung neuer Theoreme stehen uns 6 Regeln zur Verfügung. Die ersten 3 erlauben uns, die Symbole $\blacksquare$ und $\square$ durch gewisse Symbolkombinationen zu ersetzen, und mit Hilfe der Regeln (S4) und (S5) können wir die Klammern innerhalb einer Formel verschieben. Die drei Platzhalter φ, ψ und χ stehen dabei für beliebige Teilformeln, die vor der Regelanwendung passend substituiert werden müssen. Die Regel (S6) ist die einzige, die uns eine Formel verkürzen lässt. Sie besagt, dass wir zwei geklammerte Teilausdrücke, die sich unmittelbar wiederholen, durch das Symbol $\square$ ersetzen dürfen. Wir legen fest, dass die Schlussregeln so zu verwenden sind, wie es in sogenannten *Termersetzungssystemen* üblich ist. Dort dürfen Ersetzungen nicht nur auf ganze Formeln, sondern auf beliebige Teilausdrücke einer Formel angewendet werden. Was dies genau bedeutet, klären die folgenden Beispiele:

■ Beispiel 1: Ableitung von $((\blacksquare(\blacksquare\blacksquare))((\square\square)\square))$

1. $\vdash \blacksquare$ (B1)
2. $\vdash (\blacksquare\square)$ (S1,1)

3. $\vdash$ ((■□)□) (S1,2)
4. $\vdash$ ((■(■■))□) (S3,3)
5. $\vdash$ ((■(■■))(□□)) (S2,4)
6. $\vdash$ ((■(■■))((□□)□)) (S2,5)

- Beispiel 2: Ableitung von (□■)
  1. $\vdash$ ■ (B1)
  2. $\vdash$ (■□) (S1,1)
  3. $\vdash$ (■(■■)) (S3,2)
  4. $\vdash$ ((■■)■) [φ, ψ, χ = ■] (S5,3)
  5. $\vdash$ (((■□)■)■) (S1,4)
  6. $\vdash$ (((■□)(■□))■) (S1,5)
  7. $\vdash$ (□■) [φ = ■, ψ = □] (S6,6)

Auch wenn das System B meilenweit von einem praktischen Nutzen entfernt ist, lassen sich daran die wesentlichen Bausteine und Ideen der Hilbert'schen Beweistheorie erkennen. Diese fassen wir in einer eigenen Definition zusammen:

Definition 1.2 (Formales System, Kalkül, Beweis)

Ein *formales System* oder *Kalkül* besteht

- aus einer Menge von Axiomen und
- einer Menge von Schlussregeln.

Ein formaler Beweis ist eine Kette von Formeln $\varphi_1, \varphi_2, \ldots, \varphi_n$, die nach den folgenden Konstruktionsregeln gebildet wird:

- φ_i ist ein Axiom, oder
- φ_i entsteht aus den vorangegangenen Gliedern der Beweiskette durch die Anwendung einer Schlussregel.

Die letzte Formel dieser Kette ist das bewiesene *Theorem*. Wir schreiben $\vdash \varphi$, um auszudrücken, dass φ ein Theorem ist.

Die Definition klärt auch die Bedeutung des Zeichens ‚$\vdash$', das in den Ableitungssequenzen am Anfang jeder Zeile auftaucht. Es drückt aus, das eine Formel beweisbar ist, d. h. durch die wiederholte Anwendung von Schlussregeln aus den Axiomen hergeleitet werden kann.

Behalten Sie stets im Gedächtnis, dass jedes Axiom auch ein Theorem ist, da es auf triviale Weise bewiesen werden kann. Der Beweis besteht aus einer einelementigen Kette, in der das Axiom gleichzeitig Start- und Endformel ist.

Bevor wir das System B hinter uns lassen, wollen wir die Frage aufwerfen, ob auch die Formel (■■) aus den Axiomen abgeleitet werden kann. Bitte versuchen Sie vor dem Weiterlesen, durch die Konstruktion einer entsprechenden Ableitungssequenz, selbst für Klarheit zu sorgen.

System E

Das nächste System, das wir als Beispiel betrachten, reicht in Form und Struktur schon recht nahe an jene Systeme heran, die Hilbert zur Neubegründung der Mathematik im Sinn hatte.

Die Formeln des Systems E basieren auf dem Alphabet $\{0, \mathsf{s}, (,), =, >, \neg, \rightarrow\}$ und werden nach den folgenden Regeln gebildet:

Definition 1.3 (Syntax des Systems E)

Die Sprache des Systems E ist folgendermaßen festgelegt:

- 0 ist ein Term.
- Ist σ ein Term, dann ist es auch $\mathsf{s}(\sigma)$.
- Sind σ, τ Terme, dann sind die folgenden Ausdrücke Formeln:
$$(\sigma = \tau),\ (\sigma > \tau),\ \neg(\sigma = \tau),\ \neg(\sigma > \tau)$$
- Sind φ und ψ Formeln, so ist auch $\varphi \rightarrow \psi$ eine Formel.

Anders als das System B unterscheidet das System E zwischen *Termen* und *Formeln*. Jede Zeichenkette der Form

$$0, \mathsf{s}(0), \mathsf{s}(\mathsf{s}(0)), \mathsf{s}(\mathsf{s}(\mathsf{s}(0))), \mathsf{s}(\mathsf{s}(\mathsf{s}(\mathsf{s}(0)))), \ldots$$

gehört zu den Termen von E, aber nicht zu den Formeln. Letztere entstehen erst dann, wenn zwei Terme mit Symbolen aus der Menge $\{=, >, \neg\}$ kombiniert werden. Unter anderem lassen sich über die vereinbarten Syntaxregeln die folgenden Formeln konstruieren:

$$(0 = 0), (0 > 0), \neg(0 = 0), \neg(0 > 0), (\mathsf{s}(\mathsf{s}(0)) = \mathsf{s}(0)), (0 = 0) \rightarrow (0 > 0)$$

Die Axiome und Schlussregeln des Systems E sind in Tabelle 1.2 zusammengefasst. Der Kalkül besitzt 6 *Axiomenschemata*, aus denen die Axiome durch die Ersetzung der beiden Platzhalter σ und τ gewonnen werden. Die Platzhalter stehen für beliebige Terme, so dass wir aus jedem Schema unendlich viele verschiedene Axiome erzeugen können.

Tab. 1.2 Axiome und Schlussregeln des formalen Systems E

Axiome (Kalkül E)			
$(\sigma = \sigma)$	(A1)	$(\sigma > \tau) \to \neg(\sigma = \tau)$	(A4)
$(\sigma = \sigma) \to (\mathsf{s}(\sigma) > \sigma)$	(A2)	$(\sigma > \tau) \to \neg(\tau = \sigma)$	(A5)
$(\sigma > \tau) \to (\mathsf{s}(\sigma) > \tau)$	(A3)	$(\sigma > \tau) \to \neg(\tau > \sigma)$	(A6)

Schlussregeln (Kalkül E)	
$\dfrac{\varphi, \varphi \to \psi}{\psi}$	(MP)

Der logische Schlussapparat von E kommt vergleichsweise mager daher. Die einzige Schlussregel, die uns für die Ableitung neuer Theoreme zur Verfügung steht, ist die *Abtrennungsregel* (*Modus ponens*, kurz MP). Sie ist die klassische Schlussregel der Logik und besagt in Worten, dass ψ wahr ist, wenn φ wahr ist und ψ aus φ gefolgert werden kann.

Die folgenden Beispiele demonstrieren die Ableitung neuer Theoreme:

■ Beispiel 1: Ableitung von $(\mathsf{s}(\mathsf{s}(\mathsf{s}(0))) > \mathsf{s}(0))$

1. $\vdash (\mathsf{s}(0) = \mathsf{s}(0))$ $[\sigma = \mathsf{s}(0)]$ (A1)
2. $\vdash (\mathsf{s}(0) = \mathsf{s}(0)) \to (\mathsf{s}(\mathsf{s}(0)) > \mathsf{s}(0))$ $[\sigma = \mathsf{s}(0)]$ (A2)
3. $\vdash (\mathsf{s}(\mathsf{s}(0)) > \mathsf{s}(0))$ (MP, 1,2)
4. $\vdash (\mathsf{s}(\mathsf{s}(0)) > \mathsf{s}(0)) \to (\mathsf{s}(\mathsf{s}(\mathsf{s}(0))) > \mathsf{s}(0))$ $[\sigma = \mathsf{s}(\mathsf{s}(0)), \tau = \mathsf{s}(0)]$ (A3)
5. $\vdash (\mathsf{s}(\mathsf{s}(\mathsf{s}(0))) > \mathsf{s}(0))$ (MP, 3,4)

■ Beispiel 2: Ableitung von $\neg(\mathsf{s}(\mathsf{s}(0)) = \mathsf{s}(\mathsf{s}(\mathsf{s}(0))))$

1. $\vdash (\mathsf{s}(\mathsf{s}(0)) = \mathsf{s}(\mathsf{s}(0)))$ $[\sigma = \mathsf{s}(\mathsf{s}(0))]$ (A1)
2. $\vdash (\mathsf{s}(\mathsf{s}(0)) = \mathsf{s}(\mathsf{s}(0))) \to (\mathsf{s}(\mathsf{s}(\mathsf{s}(0))) > \mathsf{s}(\mathsf{s}(0)))$ $[\sigma = \mathsf{s}(\mathsf{s}(0))]$ (A2)
3. $\vdash (\mathsf{s}(\mathsf{s}(\mathsf{s}(0))) > \mathsf{s}(\mathsf{s}(0)))$ (MP, 1,2)
4. $\vdash (\mathsf{s}(\mathsf{s}(\mathsf{s}(0))) > \mathsf{s}(\mathsf{s}(0))) \to \neg(\mathsf{s}(\mathsf{s}(0)) = \mathsf{s}(\mathsf{s}(\mathsf{s}(0))))$ (A5) $[\sigma = \mathsf{s}(\mathsf{s}(\mathsf{s}(0))), \tau = \mathsf{s}(\mathsf{s}(0))]$
5. $\vdash \neg(\mathsf{s}(\mathsf{s}(0)) = \mathsf{s}(\mathsf{s}(\mathsf{s}(0))))$ (MP, 3,4)

Bis jetzt haben wir das System E ausschließlich auf der syntaktischen Ebene betrachtet, in der die Theoreme eines Kalküls nichts weiter als inhaltsleere Zeichenketten sind, die sich nach festgelegten Regeln mechanisch manipulieren lassen.

Wir werden den einzelnen Formelbestandteilen nun eine inhaltliche Bedeutung verleihen und die syntaktische Ebene hierdurch um eine semantische Ebene ergänzen. Damit dies möglichst einfach gelingt, vereinbaren wir vorab die nachstehende Schreibweise:

$$\overline{n} := \underbrace{\mathsf{s}(\mathsf{s}(\ldots \mathsf{s}}_{n\text{-mal}}(0)\ldots)) \tag{1.1}$$

Die bewiesenen Theoreme können wir damit sehr kompakt formulieren:

$$(\overline{3} > \overline{1}) \text{ entspricht } (\mathsf{s}(\mathsf{s}(\mathsf{s}(0))) > \mathsf{s}(0))$$
$$\neg(\overline{2} = \overline{3}) \text{ entspricht } \neg(\mathsf{s}(\mathsf{s}(0)) = \mathsf{s}(\mathsf{s}(\mathsf{s}(0))))$$

Jetzt legen wir die inhaltliche Bedeutung der Formeln folgendermaßen fest:

$$\begin{aligned} \overline{n} &\quad \text{steht für die Zahl } n \in \mathbb{N} \\ (\overline{n} = \overline{m}) &\quad \text{steht für die Aussage } n = m \\ (\overline{n} > \overline{m}) &\quad \text{steht für die Aussage } n > m \\ \neg(\overline{n} = \overline{m}) &\quad \text{steht für die Aussage } n \neq m \\ \neg(\overline{n} > \overline{m}) &\quad \text{steht für die Aussage } n \leq m \\ \varphi \to \psi &\quad \text{steht für die Aussage „}\textit{Aus } \varphi \textit{ folgt } \psi\text{“} \end{aligned}$$

Erst auf der Bedeutungsebene sind wir in der Lage, von wahren und von falschen Aussagen zu sprechen. Symbolisch verwenden wir hierfür das Zeichen ‚$\models$‘, in Anlehnung an das bereits eingeführte Zeichen ‚$\vdash$‘:

Definition 1.4 (Beweisbarkeitsrelation, Modellrelation)

Die *Beweisbarkeitsrelation* ‚$\vdash$‘ hat die folgende Bedeutung:

$$\begin{aligned} \vdash \varphi &:\Leftrightarrow \text{Die Formel } \varphi \text{ ist innerhalb des Kalküls beweisbar} \\ \nvdash \varphi &:\Leftrightarrow \text{Die Formel } \varphi \text{ ist nicht innerhalb des Kalküls beweisbar} \end{aligned}$$

Die *Modellrelation* ‚$\models$‘ hat die folgende Bedeutung:

$$\begin{aligned} \models \varphi &:\Leftrightarrow \text{Die inhaltliche Aussage der Formel } \varphi \text{ ist wahr} \\ \not\models \varphi &:\Leftrightarrow \text{Die inhaltliche Aussage der Formel } \varphi \text{ ist falsch} \end{aligned}$$

	Wahre Formeln ($\models \varphi$)	Falsche Formeln ($\not\models \varphi$)
Beweisbare Formeln ($\vdash \varphi$)	$(0 = 0)$ $(s(0) = s(0))$ $(s(0) > 0)$ $(s(s(0)) > 0)$ $(s(s(s(0))) > s(0))$ $\neg(s(s(0)) = s(s(s(0))))$ ...	
Unbeweisbare Formeln ($\nvdash \varphi$)	$\neg(0 > 0)$ $\neg(s(0) > s(0))$ $\neg(s(s(0)) > s(s(0)))$ $\neg(s(s(s(0))) > s(s(s(0))))$ $\neg(s(s(s(s(0)))) > s(s(s(s(0)))))$ ...	$\neg(0 = 0)$ $\neg(s(0) = s(0))$ $\neg(s(0) > 0)$ $\neg(s(s(0)) > 0)$ $\neg(s(s(s(0))) > s(0))$ $(s(s(0)) = s(s(s(0))))$ ...

Abb. 1.3 Quadrantendarstellung für das formale System E

Behalten sie stets im Gedächtnis, dass die Relationen ‚$\vdash$' und ‚$\models$' davon abhängen, welches formale System bzw. welche *Interpretation* wir zugrunde legen. Eine Formel, die in einem bestimmten formalen System beweisbar ist, kann in einem anderen unbeweisbar sein, genauso wie eine wahre Formel zu einer falschen werden kann, wenn wir die inhaltlichen Bedeutungen ihrer Symbole verändern. Kurzum: Wahrheit und Beweisbarkeit sind zwei orthogonale Begriffe, die durch die Wahl des formalen Systems und durch die inhaltliche Interpretation der Formelsymbole unabhängig voneinander beeinflusst werden. Für jede Formel φ ergibt sich daher eine von vier Möglichkeiten:

- φ ist inhaltlich wahr und formal beweisbar ($\models \varphi$ und $\vdash \varphi$)
- φ ist inhaltlich wahr, aber formal unbeweisbar ($\models \varphi$ und $\nvdash \varphi$)
- φ ist inhaltlich falsch, aber formal beweisbar ($\not\models \varphi$ und $\vdash \varphi$)
- φ ist inhaltlich falsch und formal unbeweisbar ($\not\models \varphi$ und $\nvdash \varphi$)

Die Situation lässt sich graphisch veranschaulichen, wenn wir die Formeln, wie in Abbildung 1.3 geschehen, auf vier Quadranten verteilen. In der Abbildung sind diese so angeordnet, dass sich alle beweisbaren Formeln in den beiden oberen und alle unbeweisbaren in den beiden unteren Quadranten befinden. Ob eine Formel oben oder unten einzutragen ist, wird also ausschließlich durch die Axiome und die Schlussregeln bestimmt. In analoger Weise beeinflusst die Wahl der Interpretation, ob eine Formel links oder rechts erscheint. Die wahren Formeln befinden sich in den beiden linken und die falschen Formeln in den beiden rechten Quadranten.

1.3 Metamathematik

Formale Systeme erlauben es, Mathematik in höchster Präzision zu betreiben. Beweise werden durch das strikte Regelwerk mechanisch überprüfbar und auf diese Weise von sämtlichen Interpretationsspielräumen befreit. Darüber hinaus bergen formale Systeme eine Besonderheit in sich, die uns einen völlig neuen Blick auf die mathematische Methode werfen lässt: Wir können sie, aufgrund ihres streng formalen Charakters, selbst zum Gegenstand mathematischer Untersuchungen machen. Das bedeutet, dass wir die uns bekannten mathematischen Mittel einsetzen können, um Aussagen *über* ein formales Systems zu beweisen. Auf diese Weise entsteht eine Metamathematik, die neben der gewöhnlichen Mathematik existiert.

Erinnern Sie sich an die Aufgabe, die wir am Ende der Besprechung des Systems B gestellt hatten? Konkret ging es um die Frage, ob die Formel (■■) ein Theorem von B ist. Was wir hier vor uns haben, ist eine klassische Fragestellung der Metamathematik, da sie eine Aussage *über* das System tätigt und nicht *innerhalb* von B beantwortet werden kann. In der Sprache von B hätten wir nicht einmal die nötigen Mittel zur Verfügung, um diese Frage überhaupt zu formulieren.

Metatheoretisch lässt sich die Frage mit einem verblüffend einfachen Argument beantworten, das auf der folgenden Beobachtung beruht:

In jedem Theorem von B
kommt das Symbol ■ ungerade häufig vor.

Ein Blick auf die Axiome und die Schlussregeln reicht aus, um die Eigenschaft zu verifizieren. Das einzige Axiom ■ besitzt eine ungerade Anzahl an ■'s, und die Schlussregeln sind so aufgebaut, dass sich diese Eigenschaft von der Prämisse auf die Konklusion vererbt. Die Formel (■■) besitzt aber eine gerade Anzahl ■'s und kann deshalb niemals die Endformel einer Beweiskette sein. Damit haben wir erfolgreich einen ersten metamathematischen Beweis geführt.

Hilbert erklärte den Sinn einer Metamathematik folgendermaßen:

> *„Zu der eigentlichen so formalisierten Mathematik kommt eine gewissermaßen neue Mathematik, eine Metamathematik, die zur Sicherung jener notwendig ist, in der – im Gegensatz zu den rein formalen Schlußweisen der eigentlichen Mathematik – das inhaltliche Schließen zur Anwendung kommt, aber lediglich zum Nachweis der Widerspruchsfreiheit der Axiome. In dieser Metamathematik wird mit den Beweisen der eigentlichen Mathematik operiert, und diese letzteren bilden selbst den Gegenstand der inhaltlichen Untersuchung."*
>
> David Hilbert [42]

Die von Hilbert angesprochene Widerspruchsfreiheit ist eine von vier Fragestellungen, die in der Metamathematik von besonderem Interesse sind.

Definition 1.5 (Metaeigenschaften formaler Systeme)

- **Widerspruchsfreiheit** (☞ $\nvdash \varphi$ oder $\nvdash \neg\varphi$)
  Ein formales System heißt *widerspruchsfrei*, wenn eine Formel niemals gleichzeitig mit ihrer Negation aus den Axiomen abgeleitet werden kann.
- **Negationsvollständigkeit** (☞ $\vdash \varphi$ oder $\vdash \neg\varphi$)
  Ein formales System heißt *negationsvollständig*, wenn für jede Formel die Formel selbst oder deren Negation aus den Axiomen abgeleitet werden kann.
- **Korrektheit** (☞ Aus $\vdash \varphi$ folgt $\models \varphi$)
  Ein formales System heißt *korrekt*, wenn jede Formel, die innerhalb des formalen Systems bewiesen werden kann, inhaltlich wahr ist.
- **Vollständigkeit** (☞ Aus $\models \varphi$ folgt $\vdash \varphi$)
  Ein formales System heißt *vollständig*, wenn jede Formel, die inhaltlich wahr ist, auch innerhalb des formalen Systems bewiesen werden kann.

Die Widerspruchsfreiheit und die Negationsvollständigkeit sind Begriffe, die ausschließlich die syntaktische Ebene eines formalen Systems berühren; sie machen von dem Begriff der Wahrheit keinen Gebrauch und sind auch dann sinntragend, wenn die Formelsymbole uninterpretiert bleiben. Das bedeutet, dass wir diese Begriffe auf jedes formale System anwenden können, in dem sich Formeln auf der symbolischen Ebene negieren lassen. In nahezu allen der heute gebräuchlichen Logiken wird hierfür das Symbol ‚¬' verwendet, das wir in weiser Voraussicht auch schon in das Beispielsystem E integriert hatten. In unserem ersten Beispiel, dem System B, ist die Negation nicht verankert, so dass die Frage nach der Widerspruchsfreiheit oder der Negationsvollständigkeit dort keinen Sinn ergibt.

Die Korrektheit und die Vollständigkeit sind Begriffe, die einen Zusammenhang zwischen der syntaktischen und der semantischen Ebene herstellen. Folgerichtig ergeben sie nur dann einen Sinn, wenn sich die Symbole eines formalen Systems so interpretieren lassen, dass jede Formel für eine inhaltlich wahre oder eine inhaltlich falsche Aussage steht.

Beide Eigenschaften können grafisch gedeutet werden, wenn wir die Quadrantendarstellung in Abbildung 1.3 zugrunde legen. Ist ein System korrekt, so ist keine inhaltlich falsche Formel beweisbar und der obere rechte Quadrant leer. Ist ein System vollständig, so ist ausnahmslos jede inhaltlich wahre Formel beweisbar und damit der untere linke Quadrant ohne Einträge.

1.3.1 Widerspruchsfreiheit

Für die Durchführung von Widerspruchsfreiheitsbeweisen haben sich zwei Ansätze etabliert. Beide werden wir jetzt nacheinander verwenden, um die Widerspruchsfreiheit des Systems E zu zeigen.

Beweis der Widerspruchsfreiheit auf der Bedeutungsebene

Eine Möglichkeit, die Widerspruchsfreiheit eines formalen Systems zu beweisen, ist die Angabe eines *Modells*. In der Logik wird hierunter eine Interpretation verstanden, die alle Theoreme zu inhaltlich wahren Aussagen werden lässt. Ein Modell für das System E haben wir bereits weiter oben konstruiert, als wir die Terme 0, s(0), s(s(0)), ... mit den natürlichen Zahlen identifiziert und die Symbole ‚$=$' und ‚$>$' mit ihrer gewöhnlichen mathematischen Bedeutung versehen haben. Auf diese Weise wird jedes Axiom zu einer wahren Aussage der Zahlentheorie, und die Anwendung der Modus-Ponens-Schlussregel vererbt die Wahrheit der Prämissen auf die Konklusion. Das bedeutet, dass sämtliche Theoreme von E wahre Aussagen der Zahlentheorie sind.

Jetzt kommt der entscheidende Schritt: Gäbe es tatsächlich eine Formel φ, so dass sich neben φ auch $\neg\varphi$ aus den Axiomen ableiten ließe, so würde ein Widerspruch im Bereich der natürlichen Zahlen sichtbar werden (Abbildung 1.4). Im Umkehrschluss gilt: Vertrauen wir der Arithmetik, so folgt daraus die Widerspruchsfreiheit des formalen Systems E.

Auf die gleiche Weise hatte Hilbert die Widerspruchsfreiheit seines Axiomensystems der euklidischen Geometrie bewiesen. Hierzu konstruierte er einen speziellen Zahlenbereich, so dass jede beweisbare Beziehung zwischen den geometrischen Objekten einer beweisbaren Beziehung zwischen den Elementen dieses Zahlenbereichs entspricht und umgekehrt. Folgerichtig würde jeder Widerspruch, der sich aus den geometrischen Axiomen ergibt, als Widerspruch in der Arithmetik sichtbar werden.

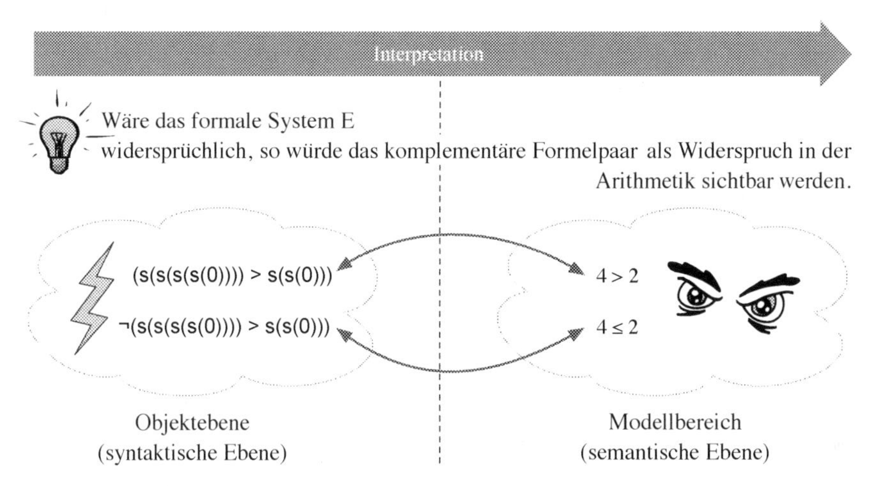

Abb. 1.4 Ein relativer Widerspruchsfreiheitsbeweis für den Beispielkalkül E. Durch die Angabe eines Modells überträgt sich die Widerspruchsfreiheit des Modellbereichs auf die Objektebene.

Es ist ein wesentlicher Punkt dieser Methode, dass die Widerspruchsfreiheit eines formalen Systems hier nicht in einem absoluten Sinne bewiesen wird. Unser Beweis vertraut darauf, dass die Arithmetik frei von Widersprüchen ist, und überträgt diese Eigenschaft auf das System E. Wir haben also lediglich einen *relativen* Widerspruchsfreiheitsbeweis geführt.

Ist ein modelltheoretischer Beweis für das System E überhaupt sinnvoll? Ein gezielter Blick auf dessen Axiome und Schlussregeln macht deutlich, dass E nichts weiter als ein kleiner Ausschnitt der Arithmetik ist, mit dem wir elementare Aussagen über die Anordnung der natürlichen Zahlen beweisen können. Offensichtlich sichern wir unseren Widerspruchsfreiheitsbeweis mit einem Argument ab, das sich auf die Widerspruchsfreiheit eines komplizierteren und damit potenziell unsichereren Systems beruft.

In Wirklichkeit ist die Situation noch prekärer. Würden wir nämlich versuchen, unsere modelltheoretischen Argumente zu formalisieren, so müssten wir, bewusst oder unbewusst, auf Wissen und Schlussweisen der Mengenlehre zurückgreifen. In Kapitel 2 werden Sie sehen, dass wir dabei auf weit weniger stabilem Boden stehen, als es der erste Anschein vermuten lässt.

Wenn uns also ein relativer Widerspruchsfreiheitsbeweis zur Absicherung des Systems E nicht weiterbringt, kann dies nur eines bedeuten: Wir müssen einen Weg finden, um die Widerspruchsfreiheit in einem absoluten Sinne zu beweisen. Tatsächlich ist ein solcher Beweis für das System E gar nicht schwer. ...

Beweis der Widerspruchsfreiheit auf der Objektebene

Wir wollen versuchen, die Widerspruchsfreiheit von E zu beweisen, ohne einen Bezug auf Interpretationen, Modelle oder andere Begriffe der Bedeutungsebene zu nehmen. Hierzu führen wir einen klassischen Widerspruchsbeweis und nehmen an, für eine Formel φ sei sowohl φ als auch $\neg\varphi$ aus den Axiomen ableitbar. Die folgenden Überlegungen werden zeigen, dass diese Annahme mit dem Aufbau der Axiome und der Schlussregel unvereinbar ist. Da sich in der Sprache von E keine Formeln der Form $\neg(\varphi \to \psi)$ bilden lassen, genügt es, zwei Fälle zu unterscheiden:

- **1. Fall: Angenommen, es gelte** $\vdash (\sigma = \tau)$ **und** $\vdash \neg(\sigma = \tau)$
  Eine Formel der Bauart $(\sigma = \tau)$ kann nur durch die Instanziierung des Axiomenschemas (A1) entstanden sein. Dann sind aber σ und τ identische Terme, so dass wir lediglich die Frage klären müssen, ob eine Formel der Form

  $$\neg(\sigma = \sigma) \tag{1.2}$$

  aus den Axiomen abgeleitet werden kann. Die Modus-Ponens-Schlussregel kann diese Formel nur hervorbringen, wenn in der Beweiskette an früherer Stelle die Formel

  $$(\sigma > \sigma) \tag{1.3}$$

  vorkommt; nur dann wäre die Formel (1.2) über eine Instanz von (A4) oder (A5) ableitbar. Eine Formel der Bauart (1.3) kann nur über das Axiomenschemata (A3) entstanden sein. Das bedeutet, dass eine Formel der Form

  $$(\sigma > \mathsf{s}(\sigma)) \tag{1.4}$$

  an früherer Stelle in der Beweiskette vorkommen muss. Für den Beweis von (1.4) benötigen wir ein Theorem der Form$(\sigma > \mathsf{s}(\mathsf{s}(\sigma)))$, und diese Argumentation können wir beliebig oft wiederholen. Für jede Zahl n müsste die Formel

  $$(\sigma > \underbrace{\mathsf{s}(\mathsf{s}(\ldots\mathsf{s}}_{n\text{-mal}}(\sigma)\ldots))) \tag{1.5}$$

  bereits bewiesen sein, im Widerspruch zur Endlichkeit einer Beweiskette.

- **2. Fall: Angenommen, es gelte** $\vdash (\sigma > \tau)$ **und** $\vdash \neg(\sigma > \tau)$
  Die Formel $\neg(\sigma > \tau)$ lässt sich nur über das Axiomenschema (A6) und die Formel $(\tau > \sigma)$ herleiten. Das bedeutet, dass neben $(\sigma > \tau)$ auch $(\tau > \sigma)$ in der Beweiskette vorkommen muss. Ist $(\sigma = \tau)$, so sind diese Formeln mit (1.3) identisch und nach dem oben Gesagten unbeweisbar. Ist $(\sigma \neq \tau)$, so hat eine der beiden Formeln die Gestalt (1.5) und ist nach dem oben Gesagten ebenfalls nicht beweisbar.

Damit ist die Widerspruchsfreiheit von E bewiesen. □

Tatsächlich gilt in unserem Beispielkalkül noch mehr: Alle beweisbaren Formeln sind inhaltlich wahr, d. h., der Kalkül E ist nicht nur widerspruchsfrei, sondern auch korrekt.

1.3.2 Vollständigkeit

Nachdem die Widerspruchsfreiheit sichergestellt ist, wollen wir in diesem Abschnitt klären, ob das System E auch vollständig ist. Hierzu werfen wir einen erneuten Blick auf Abbildung 1.3. Die Einträge im linken unteren Quadranten deuten bereits darauf hin, dass E unvollständig ist, denn es existieren wahre Formeln, die nicht aus den Axiomen abgeleitet werden können. Dass die angegebenen Formeln tatsächlich unbeweisbar sind, lässt sich leicht einsehen. Eine Formel der Bauart

$$\neg(\sigma > \sigma) \tag{1.6}$$

lässt sich nämlich nur dann ableiten, wenn an früherer Stelle in der Beweiskette die Formel $(\sigma > \sigma)$ vorkommt, und diese ist in E nach dem oben Gesagten unbeweisbar.

Das Problem lässt sich beseitigen, indem das Schema

$$(\sigma = \tau) \rightarrow \neg(\tau > \sigma) \tag{A7}$$

zu den Axiomen von E hinzugefügt wird. Da die Formel $(\sigma = \sigma)$ für jeden Term σ ein Theorem ist, sind jetzt alle Formeln der Bauart (1.6) beweisbar.

Vollständig ist das erweiterte System dennoch nicht, da mit

$$(0 = 0) \rightarrow (0 = 0)$$

immer noch eine Formel existiert, die inhaltlich wahr ist, aber nicht aus den Axiomen hergeleitet werden kann.

Korrekte und zugleich vollständige Kalküle sind der Traum vieler Mathematiker. Jede wahre mathematische Aussage, die sich in der Kunstsprache des Kalküls formulieren lässt, ist auf formalem Weg beweisbar, und auf der anderen Seite ist sichergestellt, dass sich niemals eine inhaltlich falsche Aussage aus den Axiomen ableiten lässt. In solchen Systemen befinden sich die Begriffe der Beweisbarkeit und der Wahrheit in harmonischer Kongruenz. Dort, und nur dort, *sind* die beweisbaren Formeln die wahren Aussagen.

Die Idee, Begriffe und Gedanken auf diese Weise mit den Objekten einer formalen Sprache zu verschmelzen, reicht in das siebzehnte Jahrhundert zurück. Sie findet ihre Personifizierung in Gottfried Wilhelm Leibniz, einem der großen Denker der frühen Neuzeit. Leibniz wurde 1646 in Leipzig geboren und zählte zu den außergewöhnlichsten Gelehrten des ausgehenden siebzehnten und beginnenden achtzehnten Jahrhunderts.

Es wäre kleindenkend, seine Person auf einen Wissenschaftler, einen Philosophen oder einen Rechtskundler zu reduzieren. In all diesen Bereichen hat er Maßgebliches geleistet, und so sprengt sein Lebenswerk die üblichen Kategorien. Wir wollen uns daher all Jenen anschließen, die Leibniz, mangels begrifflicher Alternativen, als Universalgelehrten bezeichnen. Vielsagend ist dieser Titel nicht, doch keiner könnte ehrender sein.

Leibniz baute seine Anschauung auf mehreren *„großen Prinzipien“* auf, von denen das *Prinzip des Widerspruchs* und das *Prinzip des zureichenden Grundes* die wichtigsten waren. Letzteres bringt die Überzeugung zum Ausdruck, dass jeder Wirkung eine Ursache vorausgeht und nichts in der Welt ohne Grund geschieht. In Leibniz' Worten ist es das Prinzip,

„[...] *kraft dessen wir schließen, dass keine Tatsache wahr oder wirklich, kein Satz wahrhaft sein könne, ohne dass ein hinreichender Grund vorhanden ist, warum es sich so und nicht anders verhalte, obgleich diese Gründe sehr häufig uns weder sämtlich bekannt sind, noch es jemals werden.*“ [60]

„[...] *en vertu du quel nous considerons qu'aucun fait ne sauroit se trouver vray ou existent, aucune Enonciation veritable, sans qu'il y ait une raison suffisante, pour quoy il en soit ainsi, et non pas autrement; quoyque ces raisons le plus souvent ne puissent point nous etre connues.*“ [61]

Gottfried Wilhelm Leibniz (1646 – 1716)

Leibniz hatte eine universelle Sprache im Sinn, die ausdrucksstark genug ist, um als Projektionsmedium der menschlichen Erkenntnis zu dienen. Diese *Characteristica universalis* sollte eine symbolische Sprache sein, ganz ähnlich der, die wir heute in der Mathematik unser Eigen nennen. Innerhalb dieser Sprache wollte er die Objekte und Konzepte der realen Welt so codieren, dass die Beziehungen, die zwischen den Objekten und den Konzepten bestehen, auf der syntaktischen Ebene sichtbar werden.

Leibniz glaubte fest daran, dass der Wahrheitswert jeder formalisierten Aussage ausgerechnet werden könne. Dies sollte mit dem *Calculus ratiocinator* geschehen, einem festen Regelkatalog, der nach ähnlichen Prinzipien funktioniert wie die algorithmisch arbeitenden Computer unserer Tage (Abbildung 1.5). Ein solches Regelwerk in der Hinterhand ließe uns allen offenen Problemen mit erhobenem Haupt entgegentreten. Wir wären bereit, auf

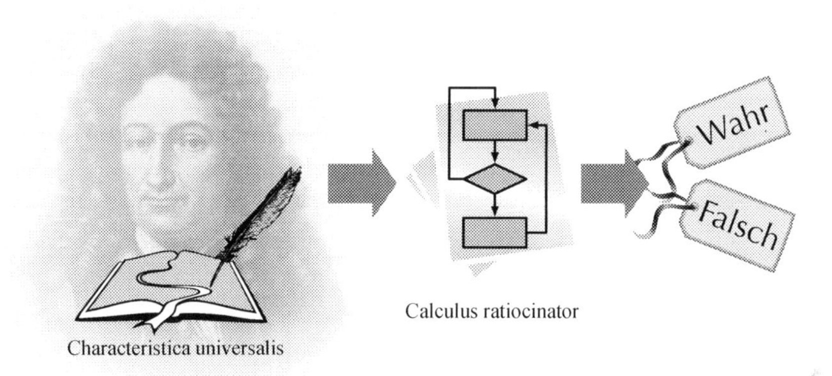

Abb. 1.5 Zeitlebens war Leibniz von der Existenz eines *Calculus ratiocinator* überzeugt, mit dem sich der Wahrheitsgehalt einer formalisierten Aussage im Sinne einer mechanischen Prozedur systematisch ausrechnen ließe.

jede von ihnen eine Antwort zu geben, die mit dem berühmten Leibniz'schen Ausspruch beginnt: *„Calculemus – Lasst uns rechnen!“*

Mit seiner visionären Idee war Leibniz seiner Zeit weit voraus, und bis zu seinem Tod gelang es weder ihm noch einem anderen Gelehrten, sie in die Realität umzusetzen. Doch dann, mehr als 200 Jahre später, mehrten sich die Anzeichen für eine beginnende Inkarnation. Es war der Ausbau der axiomatischen Methode durch Hilbert, der eine *Characteristica universalis* – zumindest für den Bereich der Mathematik – in greifbare Nähe zu rücken schien.

1.3.3 Hilbert-Programm

Mit dem Ausbau der axiomatischen Methode verfolgte Hilbert ein ganz praktisches Interesse. Er sah darin die Chance, einen Streit zu beenden, der zu Beginn des zwanzigsten Jahrhunderts zu kontroversen Diskussionen in der Frage führte, welche Begriffe und Methoden in der Mathematik erlaubt seien und welche nicht.

Dem begnadeten Zahlentheoretiker Leopold Kronecker wird der Ausspruch zugeschrieben, die *„natürlichen Zahlen habe der liebe Gott gemacht, alles andere sei Menschenwerk“* [90]. Kronecker war einer der prominenten und zugleich verbissensten Gegner einer neuen Mathematik, die sein Schüler Georg Cantor gegen Ende des neunzehnten Jahrhunderts ins Leben rief. Die von Cantor konstruierten Mengen – damals hießen sie *Mannigfaltigkeiten* – bedienten sich des Begriffs des Unendlichen in einer für damalige Verhältnisse respektlosen Art und Weise. Indem er unendliche Mengen von Häufungspunkten wieder und wieder zu immer neuen Mengen zusammenfasste, konnte Cantor wichtige Ergebnisse auf dem Gebiet der Fourier-Reihen erzielen [6, 76]. Seine Konstruktionen waren jedoch so abenteuerlich, dass sie von etlichen, darunter namhaften, Mathematikern zurückgewiesen wurden.

Leopold Kronecker
(1823 – 1891)

Die meisten Kritiker waren der Meinung, dass seine wild konstruierten Punktmengen niemals als etwas abgeschlossenes Ganzes betrachtet werden dürfen, aber genau davon ging Cantor aus. Er hatte seine Mannigfaltigkeiten nach den gleichen Prinzipien gebildet, die wir heute für die Konstruktion von *Ordinalzahlen* verwenden, und jede seiner Mengen als ein eigenständiges, in sich abgeschlossenes Individuum betrachtet. Was wir heute als eine Standardmethode der Mathematik ansehen, wirkte damals auf viele Mathematiker befremdlich. Die Schwere des vermeintlichen Vergehens wurde dabei ganz unterschiedlich beurteilt. Für manche war Cantors Mathematik lediglich eine unzüchtige, aber harmlose Liaison mit dem *aktual Unendlichen*, für andere ein gefährliches Spiel mit dem Feuer.

In Kapitel 2 werden wir aufdecken, dass diese Furcht nicht unbegründet war. Tatsächlich hatte sich Cantor mit einigen seiner neuen Methoden einen Schritt zu weit vorgewagt. Genau wie der deutsche Mathematiker Gottlob Frege, auf den wir später ausführlich zu sprechen kommen, hatte Cantor – zunächst unbemerkt – ein Einlasstor für logische Antinomien geöffnet. Was als Spiel mit dem Feuer begann, drohte zu einem Flächenbrand zu werden, und die neue Mathematik war nicht weit davon entfernt, in einem lodernden Flammenmeer zu versinken.

Georg Cantor
(1845 – 1918)

Zu Beginn des zwanzigsten Jahrhunderts eröffnete der Mathematiker Luitzen Brouwer mit dem *mathematischen Intuitionismus* eine weitere Front. Er kritisierte damit nicht nur den hemmungslosen Umgang mit der Unendlichkeit, sondern stellte im gleichen Atemzug altbewährte Grundprinzipen in Frage.

Im Kern der Brouwer'schen Philosophie stand der Gedanke einer konstruktiven Mathematik. Von den Intuitionisten wurde eine Aussage nur dann als wahr anerkannt, wenn sie durch einen konstruktiven Beweis abgesichert war, und ein mathematisches Objekt nur dann als real existent betrachtet, wenn es explizit konstruiert werden konnte. In diesem Punkt bildet der Intuitionismus einen Gegenpol zum *Platonismus*, der den mathematischen Objekten eine unabhängige Existenz in der Gedankenwelt zubilligt. Dort ist die Wahrheit oder die Falschheit einer Aussage eine genauso imaginäre wie statische Eigenschaft, die unabhängig von der realen Welt existiert. Platoniker sehen in der Mathematik lediglich ein technisches Vehikel, mit dem wir den Wahrheitswert einer Aussage durch logisch deduktives Denken entdecken können.

Die Intuitionisten um Brouwer weigerten sich vehement, einer Aussage einen Wahrheitswert zuzuordnen, wenn sich dieser nicht auf konstruktivem Weg bestimmen ließ. Damit wandten sie sich offen gegen das *Prinzip des ausgeschlossenen Dritten* (*Tertium non datur*), nach dem bei einer Aussage entweder die Aussage selbst oder ihre Negation wahr sein muss. Mit seinem intuitionistischen Programm startete Brouwer einen Frontalangriff auf das tragende Gerüst der Mathematik in ihrem ursprünglichen Sinne, denn sämtliche Herleitungen, die eine Aussage durch den Ausschluss des Gegenteils beweisen, verlören darin ihre Gültigkeit.

Hilbert waren die Intuitionisten zeitlebens ein Dorn im Auge, und er bekämpfte ihre Versuche, die Mathematik in ihrem Sinne zu verändern, mit unbändiger Vehemenz. In seiner berühmten Abhandlung *Über das Unendliche* aus dem Jahr 1926 verteidigte er die Methoden, die mit der Cantor'schen Denkweise in die Mathematik Einzug hielten, mit dem blumigen Ausspruch:

> *„Aus dem Paradies, das Cantor uns geschaffen, soll uns niemand vertreiben können.“*
>
> David Hilbert [43]

Für Hilbert war das *Prinzip des ausgeschlossenen Dritten* untrennbar mit der mathematischen Methode verbunden; es daraus zu entfernen, kam für ihn einer Enthauptung gleich. 1928 äußerte sich Hilbert mit den berühmten Worten:

> *„Dieses Tertium non datur dem Mathematiker zu nehmen, wäre etwa, wie wenn man dem Astronomen das Fernrohr oder dem Boxer den Gebrauch der Fäuste untersagen wollte.“*
>
> David Hilbert [44]

In der axiomatischen Methode sah Hilbert das Instrument, dem vielstimmigen Meinungskanon Einhalt zu gebieten. Für ihn stand die Korrektheit der kritisierten Begriffe und Methoden außer Frage, und er war überzeugt, sie mit formalen Argumenten absichern zu können. Das *Hilbert-Programm* begann in den Zwanzigerjahren und wird in [42] mit den folgenden Worten motiviert:

> *„Meine Untersuchungen zur Neubegründung der Mathematik bezwecken nichts Geringeres, als die allgemeinen Zweifel an der Sicherheit des mathematischen Schließens definitiv aus der Welt zu schaffen.*

Wie nötig eine solche Untersuchung ist, gewahren wir, wenn wir bedenken, wie wechselnd und unpräzise die diesbezüglichen Anschauungen oft selbst der hervorragendsten Mathematiker waren, oder wenn wir uns erinnern, daß von einigen der namhaftesten Mathematiker der neuesten Zeit die bisher für die sichersten gehaltenen Schlüsse in der Mathematik verworfen werden.“

David Hilbert [42]

Die Umsetzung seines Vorhabens hätte die Aufstellung eines formalen Systems bedingt, in dem sich die Begriffe und Methoden der klassischen Mathematik abbilden lassen. Die natürlichen, rationalen und reellen Zahlen wären darin genauso enthalten wie der zur damaligen Zeit umstrittene Mengenbegriff. Auch die gängigen Beweisprinzipien hätten darin Platz. Darunter befänden sich anerkannte Methoden wie der direkte, konstruktive Beweis, aber auch umstrittene Prinzipien wie die transfinite Induktion oder das *Tertium non datur*. Von innen betrachtet wäre das System die Mathematik, wie wir sie kennen, verpackt in einem formalen System, das im Sinne von Definition 1.5 vollständig ist.

Von außen betrachtet wäre das System ein komplexes Regelwerk, das nach den gleichen Grundprinzipien funktioniert wie unsere Beispielsysteme B und E. Was von innen betrachtet einem Beweisschritt der klassischen Mathematik entspräche, wäre von außen betrachtet eine Folge mechanischer Operationen, die eine Zeichenkette auf der syntaktischen Ebene manipulieren.

In der Dualität eines solchen formalen Systems sah Hilbert die Möglichkeit, die Widerspruchsfreiheit der klassischen Mathematik abzusichern. Ein solcher Beweis sollte *von außen* geführt werden, d. h., es sollte durch eine mathematisch präzise Analyse der Schlussregeln sichergestellt werden, dass sich innerhalb des Systems keine Widersprüche ableiten lassen. Dass so etwas für kleine formale Systeme durchaus möglich ist, haben wir weiter oben am Beispiel des Systems E demonstriert. Würde ein entsprechender Beweis für das von Hilbert angedachte System gelingen, so wären sämtliche Methoden, die *innerhalb* des Systems existieren, ebenfalls gegen Widersprüche gefeit. Dies ist in kurzen Worten der Inhalt dessen, was wir heute als das *Hilbert-Programm* bezeichnen (Abbildung 1.6).

Natürlich wäre nichts gewonnen, wenn der Beweis die gleichen, potenziell unsicheren Methoden nutzen würde, um deren Absicherung es geht. Hilbert sah vor, den Beweis der Widerspruchsfreiheit ausschließlich mit *finiten Mitteln* zu führen. Grob gesprochen, sind damit alle Beweismethoden gemeint, die über die zerstrittenen Lager hinweg als legitim erachtet wurden. Ausgeschlossen waren Methoden, die auf dem umkämpften Satz des ausgeschlossenen Dritten beruhten oder unendliche Ansammlungen von Objekten als etwas abgeschlossenes Ganzes betrachteten.

Zunächst entwickelte sich das Hilbert-Programm ganz nach Plan. Für wichtige Teilgebiete der Mathematik war es tatsächlich gelungen, die Widerspruchsfrei-

Hilbert sah die Konstruktion eines formalen Systems vor, das ausdrucksstark genug ist, um die klassische Mathematik zu formalisieren.

☞ *Von innen betrachtet wäre das System die klassische Mathematik. In ihm sollten sämtliche Begriffe und Schlussweisen existieren, die zur damaligen Zeit kontrovers diskutiert und von manchen Mathematikern als unzulässig zurückgewiesen wurden.*

☞ *Von außen betrachtet wäre das System ein Regelwerk, in dem Theoreme mechanisch abgeleitet werden. Würde es gelingen, dessen Widerspruchsfreiheit mit finiten Mitteln zu beweisen, so wären auch sämtliche Methoden, die innerhalb des Systems existieren, gegen Widersprüche abgesichert.*

Abb. 1.6 Das Hilbert-Programm

heit auf die geforderte Weise zu zeigen, und so war es für Hilbert und seine Mitstreiter nur eine Frage der Zeit, bis die Widerspruchsfreiheit der gesamten klassischen Mathematik durch finite Mittel gesichert würde.

Für Brouwer und seine Anhängerschaft war das Hilbert-Programm eine reale Gefahr. Sie wussten: Würde Hilbert einen im intuitionistischen Sinne einwandfreien Beweis vorlegen, so wäre dies der Todesstoß für ihre philosophische Strömung.

Damit beenden wir unseren Exkurs in die Geschichte der Mathematik und gehen an den Ort zurück, an dem unsere Reise begann. Es war Mittag geworden in Königsberg, als John von Neumann seine Ausführungen über den Formalismus mit einem Überblick über den damals gegenwärtigen Stand des Hilbert-Programms beendete:

> *„Der gegenwärtige Stand der Dinge ist dadurch gekennzeichnet, daß die Widerspruchsfreiheit der klassischen Mathematik immer noch unbewiesen ist, dagegen dieser Beweis für ein etwas engeres mathematisches System bereits geglückt ist.* [...] *Dadurch hat Hilberts System die erste Kraftprobe bestanden: die Rechtfertigung eines nicht finiten und nicht rein konstruktiven mathematischen Systems ist mit finit-konstruktiven Mitteln geglückt. Ob es gelingen wird, diese Recht-*

fertigung am schwierigeren und wesentlicheren System der klassischen Mathematik zu wiederholen, wird die Zukunft lehren.“

John von Neumann [67]

Von Neumann ahnte nicht, wie nah die Antwort auf diese Frage bereits war.

1.4 Die Unvollständigkeitssätze

Der zweite Tag begann mit Vorträgen von Hans Reichenbach und Werner Heisenberg über die Auswirkungen der Quantenmechanik auf den Begriff der physikalischen Wahrheit und den Begriff der Kausalität. Auf der Agenda für den Nachmittag standen ein 60-minütiger Vortrag über die Geschichte der vorgriechischen Mathematik sowie drei 20-minütige Kurzvorträge über die Grundlagen der Mathematik. Die Kurzvorträge wurden von Arnold Scholz, Walter Dubislav und Kurt Gödel gehalten.

Kurt Gödel

(1906 – 1978)

In seinem Vortrag *Über die Vollständigkeit des Logikkalküls* referierte Gödel über jenen Satz, den wir heute als den *Gödel'schen Vollständigkeitssatz* bezeichnen. Er hatte ihn im Rahmen seiner Dissertation bewiesen und damit eine wichtige Grundlagenfrage auf dem Gebiet der mathematischen Logik gelöst. Inhaltlich macht der Vollständigkeitssatz eine Aussage über die *Prädikatenlogik erster Stufe*, kurz PL1, auf die wir in Abschnitt 6.2.2 noch genauer eingehen werden. Gödel bewies, dass die PL1 vollständig ist, wenn wir diesen Begriff auf die Ableitbarkeit *allgemeingültiger Formeln* beziehen. Soviel vorweg: Eine Formel heißt allgemeingültig, wenn sie unter *allen möglichen* Interpretationen ihrer Prädikat- und Funktionssymbole zu einer wahren Aussage wird.

Für die Formalisten war der Gödel'sche Vollständigkeitssatz ein wichtiger Etappensieg. Durch ihn schien die Verwirklichung des Hilbert-Programms zum Greifen nahe zu sein, und niemand rechnete damit, dass sich die Hoffnung auf eine baldige Vollendung bereits am nächsten Morgen zerschlagen würde.

1.4.1 Der erste Unvollständigkeitssatz

Auf der Agenda des dritten und letzten Tages stand eine Diskussion über die Grundlagen der Mathematik, die durch einen längeren Vortrag von Hans Hahn eröffnet wurde. Neben Rudolf Carnap, John von Neumann und Arend Heyting war auch Kurt Gödel anwesend. Unser Protagonist meldete sich erst gegen Ende der Diskussion zu Wort, in der zurückhaltenden und präzisen Weise, die für ihn typisch war:

> *„Man kann – unter Voraussetzung der Widerspruchsfreiheit der klassischen Mathematik – sogar Beispiele für Sätze* [...] *angeben, die zwar inhaltlich richtig, aber im formalen System der klassischen Mathematik unbeweisbar sind."*
>
> Kurt Gödel [9]

Was der junge Mathematiker an diesem Morgen aussprach, war die erste öffentliche Formulierung dessen, was wir heute als den *ersten Gödel'schen Unvollständigkeitssatz* bezeichnen.

Benutzen wir die Begriffe aus Definition 1.5, so können wir Gödels Worte folgendermaßen formulieren:

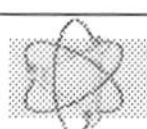

Satz 1.1 (Gödel, 1930)

Jedes widerspruchsfreie formale System, das ausdrucksstark genug ist, um die gewöhnliche Mathematik zu formalisieren, ist unvollständig.

Gödel hatte herausgefunden, dass sich in jedem hinreichend ausdrucksstarken formalen System wahre Aussagen formulieren lassen, die sich nicht innerhalb des Systems beweisen lassen. Damit zerstörte er die Hoffnung all jener, die wie Hilbert an die Existenz eines widerspruchsfreien und zugleich vollständigen formalen Systems für die Mathematik glaubten. Mit seiner Aussage, dass sich der Begriff der Wahrheit und der Begriff der Beweisbarkeit nicht in Einklang bringen lassen, trägt der erste Gödel'sche Unvollständigkeitssatz die Leibniz'sche Idee zu Grabe. Eine *Characteristica universalis* kann es nicht geben; sie wurde vor mehreren hundert Jahren als visionärer Traum geboren und wird es für immer bleiben.

1.4.2 Der zweite Unvollständigkeitssatz

Direkt nach der Diskussion suchte John von Neumann das Gespräch mit Gödel. Anders als die meisten Zuhörer, die Gödels Kommentar eher reglos zur Kenntnis nahmen, schien er sofort die explosive Sprengkraft erfasst zu haben, die in dem beiläufig eingeflossenen Wortbeitrag steckte.

Einige Wochen später wandte sich von Neumann schriftlich an Gödel. Nach der Königsberger Tagung hatte er sich ausführlich mit dessen Unvollständigkeitssatz beschäftigt und dabei eine nicht minder frappierende Entdeckung gemacht. Sein Brief vom 20. November 1930 beginnt mit den folgenden Worten:

> *„Lieber Herr Gödel!*
>
> *Ich habe mich in der letzten Zeit wieder mit Logik beschäftigt, unter Verwendung der Methoden, die Sie zum Aufweisen unentscheidbarer Eigenschaften so erfolgreich benützt haben. Dabei habe ich ein Resultat erzielt, das mir bemerkenswert erscheint. Ich konnte nämlich zeigen, dass die Widerspruchsfreiheit der Mathematik unbeweisbar ist.“*
>
> John von Neumann [36]

Von Neumann hatte einen Beweis des *zweiten Gödel'schen Unvollständigkeitssatzes* gefunden. Dieser besagt, dass ein formales System, das stark genug ist, um den ersten Unvollständigkeitssatz zu formalisieren, seine eigene Widerspruchsfreiheit nicht beweisen kann.

Bereits der erste Unvollständigkeitssatz war für das Hilbert-Programm ein schwer zu verkraftender Schlag, doch was der zweite Unvollständigkeitssatz besagte, glich einem Gang zum Schafott. Der Grund hierfür ist folgender: Wenn es im System der klassischen Mathematik unmöglich ist, die Widerspruchsfreiheit der klassischen Mathematik zu beweisen, so kann ein solcher Beweis erst recht nicht gelingen, wenn wir die zur Verfügung stehenden Beweismittel beschneiden. Aber genau dies war der Plan, den Hilbert im Rahmen seines ehrgeizigen Programms verfolgte: der Beweis der Widerspruchsfreiheit der klassischen Mathematik mit finiten Mitteln.

1.5 Die Gödel'sche Arbeit

Von Neumanns Brief kam zu spät, denn kurz nach der Tagung in Königsberg hatte Gödel den Inhalt des zweiten Unvollständigkeitssatzes selbst entdeckt. Bereits am 23. Oktober 1930 hatte er eine Zusammenfassung an die Wiener Akademie der Wissenschaften geschickt und die vervollständigte Arbeit am 17. November 1930 nachgereicht [30, 14].

Erschienen ist Gödels Arbeit im Jahr 1931 im Monatsheft für Mathematik und Physik der Akademischen Verlagsgesellschaft, unter dem etwas holprig klingenden Titel

Über formal unentscheidbare Sätze der Principia Mathematica und verwandter Systeme I [1]).

Von Kurt Gödel in Wien.

[1]) Vgl. die im Anzeiger der Akad. d. Wiss. in Wien (math.-naturw. Kl.) 1930, Nr. 19 erschienene Zusammenfassung der Resultate dieser Arbeit.

Die Arbeit sollte der erste von zwei Teilen werden. Für den angekündigten zweiten Teil hatte Gödel vor, den nur skizzenhaft geführten Beweis des zweiten Unvollständigkeitssatzes detailliert auszuarbeiten, doch dazu kam es nie. Bei den meisten Mathematikern stießen Gödels Argumente in der präsentierten Form auf so große Akzeptanz, dass er für den ursprünglich geplanten zweiten Teil keine Notwendigkeit mehr sah.

Gödels Beweislücken wurden später von David Hilbert und Paul Bernays geschlossen, so dass wir heute auch für den zweiten Unvollständigkeitssatz präzise Beweise in Händen halten [50]. Die Details wollen wir auf später verschieben und zunächst Gödel das Wort erteilen:

1.

Die Entwicklung der Mathematik in der Richtung zu größerer Exaktheit hat bekanntlich dazu geführt, daß weite Gebiete von ihr formalisiert wurden, in der Art, daß das Beweisen nach einigen wenigen mechanischen Regeln vollzogen werden kann. Die umfassendsten derzeit aufgestellten formalen Systeme sind das System der Principia Mathematica (PM) [2]) einerseits, das Zermelo-Fraenkelsche (von J. v. Neumann weiter ausgebildete) Axiomensystem der Mengenlehre [3]) andererseits. Diese beiden Systeme sind so weit, daß alle heute in der Mathematik angewendeten Beweismethoden in ihnen formalisiert, d. h. auf einige wenige Axiome und Schlußregeln zurückgeführt sind. Es liegt daher die Vermutung nahe, daß diese Axiome

[2]) A. Whitehead und B. Russell, Principia Mathematica, 2. Aufl., Cambridge 1925. Zu den Axiomen des Systems PM rechnen wir insbesondere auch: Das Unendlichkeitsaxiom (in der Form: es gibt genau abzählbar viele Individuen), das Reduzibilitäts- und das Auswahlaxiom (für alle Typen).

[3]) Vgl. A. Fraenkel, Zehn Vorlesungen über die Grundlegung der Mengenlehre, Wissensch. u. Hyp. Bd. XXXI. J. v. Neumann, Die Axiomatisierung der Mengenlehre. Math. Zeitschr. 27, 1928. Journ. f. reine u. angew. Math. 154 (1925), 160 (1929). Wir bemerken, daß man zu den in der angeführten Literatur gegebenen mengentheoretischen Axiomen noch die Axiome und Schlußregeln des Logikkalküls hinzufügen muß, um die Formalisierung zu vollenden. — Die nachfolgenden Überlegungen gelten auch für die in den letzten Jahren von D. Hilbert und seinen Mitarbeitern aufgestellten formalen Systeme (soweit diese bisher vorliegen). Vgl. D. Hilbert, Math. Ann. 88, Abh. aus d. math. Sem. der

Univ. Hamburg I (1922), VI (1928). P. Bernays, Math. Ann. 90. J. v. Neumann, Math. Zeitschr. 26 (1927). W. Ackermann, Math. Ann. 93.

Gödel beginnt seine Arbeit mit einer Momentaufnahme der Mathematik des frühen zwanzigsten Jahrhunderts und führt mit den *Principia Mathematica* und der *Zermelo-Fraenkel-Mengenlehre* zwei wichtige Fundamente an, auf denen die Mathematik in einem formalen Sinne errichtet werden sollte. Tatsächlich wurden die hier erwähnten Systeme aus der Not geboren; sie stammen aus der Zeit, in der sich die Mathematik in den Netzen der mengentheoretischen Antinomien verfing und eine ihrer größten Krisen durchlebte.

Gödel nimmt an vielen Stellen auf die genannten Systeme Bezug, und bereits die Eingangsworte machen eines ganz deutlich: Die Gödel'sche Arbeit zu verstehen, bedingt, die Geschichte zu verstehen. Aus diesem Grund wollen wir die Arbeit auch schon wieder verlassen und uns erneut in die Geschichte zurückversetzen. Das Ziel unserer Reise ist dieses Mal die Mathematik des ausgehenden neunzehnten und des beginnenden zwanzigsten Jahrhunderts.

2 Die formalen Grundlagen der Mathematik

„The fundamental thesis [...], that mathematics and logic are identical, is one which I have never since seen any reason to modify.“

Bertrand Russell [83]

In diesem Kapitel werfen wir einen Blick auf die Geschichte der mathematischen Logik und führen dabei mehrere Begriffe ein, die für das Verständnis der Gödel'schen Arbeit unabdingbar sind. Unsere Reise beginnt in Abschnitt 2.1 mit einem Ausflug in das späte neunzehnte Jahrhundert. Dort lernen wir Gottlob Frege kennen, der für die Entwicklung der modernen Logik Maßgebliches geleistet hat und der gleichzeitig zu den tragischen Figuren der Wissenschaftsgeschichte gehört. In Abschnitt 2.2 beschäftigen wir uns mit den Arbeiten von Giuseppe Peano und besprechen die axiomatische Begründung der natürlichen Zahlen. Die Arbeiten von Frege und Peano spielen eine wesentliche Rolle in der Geschichte von Bertrand Russell, unserem nächsten Protagonisten. In Abschnitt 2.3 leiten wir zunächst die Russell'sche Antinomie her und klären anschließend, warum sie die Statik der Mathematik an einer tragenden Stelle beschädigte. Anschließend wenden wir uns jenem monumentalen Werk zu, das Gödel bereits im Titel seiner Arbeit erwähnt: der *Principia Mathematica*. Schließlich diskutieren wir in Abschnitt 2.4 die moderne Mengenlehre und verschaffen uns einen Überblick über die axiomatischen Systeme, die uns für die formale Verankerung der Mathematik gegenwärtig zur Verfügung stehen.

2.1 Das logizistische Programm

Die Geschichte der mathematischen Logik ist untrennbar mit der Geschichte von Gottlob Frege verbunden. Der deutsche Mathematiker wurde am 8. November 1848 im mecklenburgischen Wismar geboren und absolvierte dort auch seine Schulausbildung. 1869 schrieb er sich als Student an der Universität Jena ein, wo er in Ernst Abbe, dem Direktor der Carl-Zeiss-Werke, einen einflussreichen Lehrer und lebenslangen Unterstützer fand. Wahrscheinlich war es ein Vorschlag Abbes, der Frege bewog, nach vier Semestern an die renommierte mathematische Fakultät der Universität Göttingen zu wechseln. Dort promovierte er im

Jahr 1873 auf dem Gebiet der Geometrie. Zurück in Jena, reichte er 1874 seine Habilitationsschrift ein und wurde nach einigen Jahren der Privatdozentur 1879 zum Extraordinarius berufen.

2.1.1 Begriffsschrift

Im selben Jahr publizierte Frege sein erstes Hauptwerk: die *Begriffsschrift, eine der arithmetischen nachgebildete Formelsprache des reinen Denkens* [21]. Für die Entwicklung der mathematischen Logik war das lediglich 88 Seiten umfassende Büchlein von grundlegender Bedeutung, und es ist nicht übertrieben, wenn das Jahr 1879 in [3] als das *„wichtigste Datum in der Geschichte der Logik seit Aristoteles“* bezeichnet wird.

Gottlob Frege
(1848 – 1925)

Mit der Begriffsschrift hat Frege eine philosophische Strömung ins Leben gerufen, die wir heute als *Logizismus* bezeichnen. Sie wird im Kern von der Auffassung getragen, dass die Logik nicht ein Teilgebiet der Mathematik, sondern die Mathematik ein Teilgebiet der Logik sei. Frege war davon überzeugt, dass die gesamte Mathematik innerhalb der Logik entwickelt werden könne, und sah darin gleichsam die Möglichkeit, mathematische Begriffe wie die natürlichen Zahlen durch die Rückführung auf logische Prinzipien inhaltlich zu definieren.

Frege war bewusst, dass für die Umsetzung seines Programms ein Ausdrucksmittel geschaffen werden musste, das um Größenordnungen präziser ist als die natürliche Sprache. Die Erschaffung dieses Ausdrucksmittels ist der Inhalt der Begriffsschrift. Im Vorwort schreibt er:

> *„[es] musste alles auf die Lückenlosigkeit der Schlusskette ankommen. Indem ich diese Forderung auf das strengste zu erfüllen trachtete, fand ich ein Hindernis in der Unzulänglichkeit der Sprache, die bei aller entstehenden Schwerfälligkeit des Ausdruckes doch, je verwickelter die Beziehungen wurden, desto weniger die Genauigkeit erreichen ließ, welche mein Zweck verlangte. Aus diesem Bedürfnisse ging der Gedanke der vorliegenden Begriffsschrift hervor.“*
>
> Gottlob Frege [21]

Die Präzision, die Frege für die Durchführung eines mathematischen Beweises einfordert, erinnert an den formalistischen Standpunkt Hilberts. Dies darf jedoch nicht darüber hinwegtäuschen, dass sich der Logizismus und der Formalismus in wesentlichen Punkten unterscheiden. Anders als Hilbert vertrat Frege eine Axiomatik in euklidischer Tradition. Für ihn waren die Axiome eines formalen Systems Repräsentanten *„des Wahren“*, so dass durch die Anwendung korrekter Schlussregeln aus ihnen niemals *„das Falsche“* deduziert werden kann. Aus dieser philosophischen Grundposition heraus ist zu verstehen, warum Frege keinen Sinn darin sah, nach einem Widerspruchsfreiheitsbeweis für sein formales System zu suchen. In einem Brief an Hilbert vom 27. Dezember 1899 begründete er seine Position folgendermaßen:

> *„Axiome nenne ich Sätze, die wahr sind, die aber nicht bewiesen werden, weil ihre Erkenntnis aus einer von der logischen verschiedenen Erkenntnisquelle fliesst, die man Raumanschauung nennen kann. Aus der Wahrheit der Axiome folgt, dass sie einander nicht widersprechen. Das bedarf also keines weiteren Beweises.“*
>
> Gottlob Frege [29]

BEGRIFFSSCHRIFT,

EINE DER ARITHMETISCHEN NACHGEBILDETE

FORMELSPRACHE

DES REINEN DENKENS.

VON

Dr. GOTTLOB FREGE

HALLE a/S.

VERLAG VON LOUIS NEBERT.

Der Logikkalkül, den Frege in der *Begriffsschrift* definiert, entspricht in wesentlichen Teilen dem, was wir heute als einen prädikatenlogischen Kalkül zweiter Stufe mit Gleichheit bezeichnen. Damit ging Frege weit über die Ansätze von George Boole und Augustus De Morgen hinaus, die einige Jahre zuvor die Grundsteine der modernen Aussagenlogik legten. Anders als die Logiken von Boole und De Morgan war Freges Logik die erste, die ausdrucksstark genug war, um den Kern der klassischen Mathematik als Ganzes zu erfassen.

Jungen Lesern macht es Frege nicht leicht, die Gemeinsamkeiten zwischen seiner Logik und der modernen Prädikatenlogik zu erkennen. In der Hauptsache ist hierfür die eigentümliche Notation verantwortlich, die sich von der heute gebräuchlichen Symbolik erheblich unterscheidet. Für die Niederschrift von Formeln entwickelte Frege eine völlig neuartige Schreibweise, in denen die einzelnen Formelbestandteile zweidimensional angeordnet werden. Abbildung 2.1 fasst zusammen, wie die elementaren Logikverknüpfungen in der *Begriffsschrift* dargestellt werden.

Seine Notation hat die Zeit nicht überdauert, dafür aber die Art und Weise, wie Frege logische Sachverhalte formalisierte. Mit der *Begriffsschrift* hielt die Sichtweise Einzug, Prädikate als sogenannte *Satzfunktionen* und Subjekte als deren Argumente aufzufassen. Eine Aussage wie *„Sokrates ist ein Mensch“* wird demnach in der Form Mensch(Sokrates) dargestellt. Formal entsteht die Aussage durch die Anwendung der Satzfunktion Mensch(x) auf das Argument Sokrates.

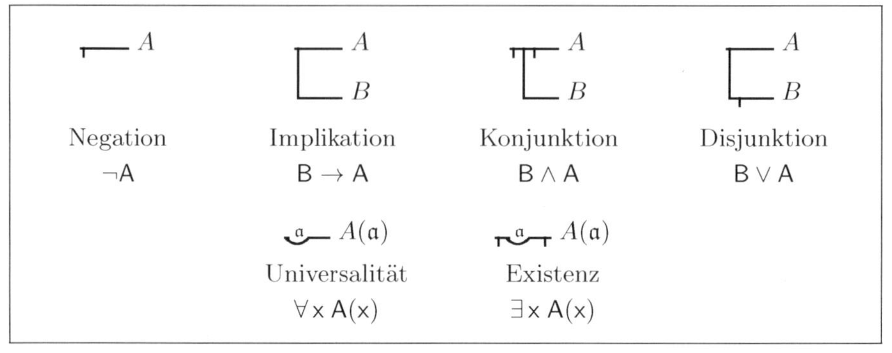

Abb. 2.1 Die Notation der *Begriffsschrift*

Die Feststellung, dass alle Menschen sterblich sind, würde mit den Mitteln der *Begriffsschrift* dann so ausgedrückt:

$$\mathfrak{a}\ \ \textit{Sterblich}(\mathfrak{a}) \quad \textit{Mensch}(\mathfrak{a}) \tag{2.1}$$

Frege wusste um die Bedeutung seiner neuartigen Begriffsbildung und war davon überzeugt, dass sie in der Logik ihren festen Platz einnehmen wird. Im Vorwort seiner *Begriffsschrift* heißt es:

> „*Insbesondere glaube ich, dass die Ersetzung der Begriffe* Subject *und* Praedicat *durch* Argument *und* Funktion *sich auf die Dauer bewähren wird.*“
>
> Gottlob Frege [21]

Frege behielt Recht. Übersetzen wir die Formel (2.1) in die moderne Notation, so erhält sie ein vertrautes Gesicht:

$$\forall x\ (\mathsf{Mensch}(x) \rightarrow \mathsf{Sterblich}(x))$$

Heute sind wir diese Art der Formulierung so gewohnt, dass wir uns über ihre Herkunft keine Gedanken mehr machen. Nur Wenigen ist bewusst, dass wir bei der Niederschrift logischer Sachverhalte auf das formale Gerüst zurückgreifen, das mit Freges *Begriffsschrift* Einzug in die Mathematik hielt.

2.1.2 Axiome der Begriffsschrift

In den Paragraphen §14 bis §22 der *Begriffsschrift* werden insgesamt 9 Axiome eingeführt, die in Abbildung 2.2 zusammengefasst sind. Sie sind die Grundbausteine der Frege'schen Logik und lassen sich inhaltlich in zwei Gruppen einteilen. Die ersten 6 bilden die Gruppe der aussagenlogischen Axiome. Die restlichen drei

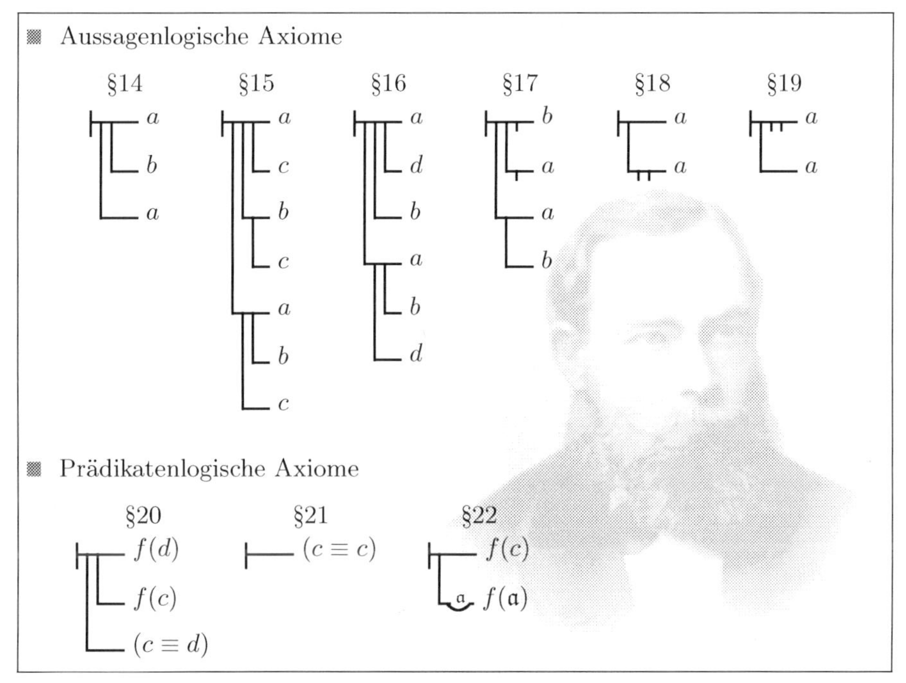

Abb. 2.2 Die Axiome der *Begriffsschrift*

sind prädikatenlogische Axiome; sie beschreiben die grundlegenden Eigenschaften von Satzfunktionen und der Gleichheit. Um zu erkennen, was sich hinter den Frege'schen Formeln tatsächlich verbirgt, übertragen wir die Axiome zunächst in die moderne Schreibweise:

$$\S 14 : \mathsf{A} \to (\mathsf{B} \to \mathsf{A}) \tag{F.1}$$

$$\S 15 : (\mathsf{C} \to (\mathsf{B} \to \mathsf{A})) \to ((\mathsf{C} \to \mathsf{B}) \to (\mathsf{C} \to \mathsf{A})) \tag{F.2}$$

$$\S 16 : (\mathsf{D} \to (\mathsf{B} \to \mathsf{A})) \to (\mathsf{B} \to (\mathsf{D} \to \mathsf{A})) \tag{F.3}$$

$$\S 17 : (\mathsf{B} \to \mathsf{A}) \to (\neg \mathsf{A} \to \neg \mathsf{B}) \tag{F.4}$$

$$\S 18 : \neg\neg \mathsf{A} \to \mathsf{A} \tag{F.5}$$

$$\S 19 : \mathsf{A} \to \neg\neg \mathsf{A} \tag{F.6}$$

$$\S 20 : \mathsf{c} = \mathsf{d} \to (\mathsf{F}(\mathsf{c}) \to \mathsf{F}(\mathsf{d})) \tag{F.7}$$

$$\S 21 : \mathsf{c} = \mathsf{c} \tag{F.8}$$

$$\S 22 : \forall \mathsf{x}\, \mathsf{F}(\mathsf{x}) \to \mathsf{F}(\mathsf{c}) \tag{F.9}$$

Für die Ableitung von Theoremen sah Frege zwei Schlussregeln vor: die *Abtrennungsregel* und die *Einsetzungsregel*. Erstere kennen wir bereits: Sie ist die Modus-Ponens-Schlussregel, die wir auch in unserem Beispielkalkül E in Abschnitt 1.2 verwendet haben. Die Einsetzungsregel besagt, dass aus einem Axiom oder einem Theorem ein neues Theorem gewonnen werden kann, indem eine Variable, überall wo sie vorkommt, durch einen anderen Ausdruck ersetzt wird.

Die aussagenlogischen Axiome der Frege'schen Logik sind vollständig, d. h., es lassen sich alle wahren aussagenlogischen Formeln daraus deduzieren, aber sie sind nicht minimal. Der polnische Mathematiker Jan Łukasiewicz hat gezeigt, dass sich die Anzahl der Axiome reduzieren lässt, ohne die Menge der daraus ableitbaren Theoreme zu verändern. In [63] schreibt er:

> *„Frege ist der Begründer des modernen Aussagenkalküls. Sein System, das nicht einmal in Deutschland bekannt zu sein scheint, ist auf folgenden 6 Axiomen aufgebaut: ‚CpCqp', ‚CCpCqrCCpqCpr', ‚CCpCqrCqCpr', ‚CCqpCNqNp', ‚CNNpp', ‚CpNNp'. Das dritte Axiom ist überflüssig, denn es ist aus den beiden ersten ableitbar. Die drei letzten Axiome können durch den Satz ‚CCNpNqCqp' ersetzt werden."*
>
> Jan Łukasiewicz [63]

Bemerkenswert ist nicht nur die inhaltliche Aussage des Zitats, sondern auch die Art und Weise, in der die Formeln aufgeschrieben sind. Um sie kompakt darzustellen, ersann Łukasiewicz eine neuartige Schreibweise, die wir heute, der Herkunft ihres Erfinders zu Ehren, als *Polnische Notation* bezeichnen. In dieser Notation steht *Cpq* für $\mathsf{P} \to \mathsf{Q}$ und *Np* für $\neg\mathsf{P}$, wobei die verwendeten Symbole Platzhalter für beliebige Formeln sind. Mit diesem Wissen können wir die drei von Łukasiewicz vorgeschlagenen Axiome schrittweise in die moderne Notation übersetzen:

$$Cp\,\overbrace{Cqp}^{(\mathsf{Q}\to\mathsf{P})} = \mathsf{P} \to (\mathsf{Q} \to \mathsf{P})$$

$$C\underbrace{Cp\,\overbrace{Cqr}^{(\mathsf{Q}\to\mathsf{R})}}_{\mathsf{P}\to(\mathsf{Q}\to\mathsf{R})}\underbrace{C\,\overbrace{Cpq}^{(\mathsf{P}\to\mathsf{Q})}\,\overbrace{Cpr}^{(\mathsf{P}\to\mathsf{R})}}_{(\mathsf{P}\to\mathsf{Q})\to(\mathsf{P}\to\mathsf{R})} = (\mathsf{P} \to (\mathsf{Q} \to \mathsf{R})) \to ((\mathsf{P} \to \mathsf{Q}) \to (\mathsf{P} \to \mathsf{R}))$$

$$C\underbrace{C\,\underbrace{Np}_{\neg\mathsf{P}}\,\underbrace{Nq}_{\neg\mathsf{Q}}}_{(\neg\mathsf{P}\to\neg\mathsf{Q})}\,\underbrace{Cqp}_{(\mathsf{Q}\to\mathsf{P})} = (\neg\mathsf{P} \to \neg\mathsf{Q}) \to (\mathsf{Q} \to \mathsf{P})$$

Die von Łukasiewicz vorgeschlagenen Axiome haben die Zeit überdauert. Sie sind jene, die in zeitgenössischen Lehrbüchern am häufigsten für die axiomatische Begründung der Aussagenlogik herangezogen werden.

2.1.3 Formalisierung der Arithmetik

Frege war davon überzeugt, mit der *Begriffsschrift* einen geeigneten formalen Rahmen für die Durchführung seines logizistischen Programms geschaffen zu haben. Die weitere Arbeit verlief zunächst wie geplant. Im Jahr 1884 publizierte er mit den *Grundlagen der Arithmetik* sein zweites bedeutendes Werk und erreichte damit ein wichtiges Etappenziel. In diesem Buch unternahm er den Versuch, die Arithmetik innerhalb der Logik zu begründen, und dies konnte aus seiner Sicht nur über eine solide Definition des Zahlenbegriffs geschehen. Frege wählte einen mengentheoretischen Ansatz und griff dabei auf das Cantor'sche Begriffsgerüst zurück. Dieses erlaubt, Mengen über ihre Mächtigkeiten zu vergleichen.

Freges Originalformulierungen sind für uns heute nur schwer zu verstehen, da er den Begriff der Menge nicht verwendet und stattdessen von *Umfängen von Begriffen* redet. Wir geben die Frege'sche Definition deshalb nicht im Original, sondern in der mengentheoretischen Formulierung aus [3] wieder:

> *„(i) Die Mächtigkeit einer Menge X ist die Gesamtheit aller Mengen, die gleichmächtig zu X sind. (ii) n ist eine Zahl, wenn eine Menge X existiert, so dass n die Mächtigkeit von X ist. (iii) 0 ist die Mächtigkeit der leeren Menge. (iv) 1 ist die Mächtigkeit der Menge, die nur aus 0 besteht. (v) Die Zahl n ist der Nachfolger der Zahl m, wenn es eine Menge X und ein Element a von X gibt, so dass n die Mächtigkeit von X ist und m die Mächtigkeit der Menge X ohne das Element a (also von $X \setminus \{a\}$). (vi) n ist eine endliche (natürliche) Zahl, wenn n ein Element aller Mengen Y ist, für die gilt: 0 ist Element von Y, und ist k Element von Y, dann auch der Nachfolger von k.“*
>
> Thomas Bedürftig, Roman Murawski [3]

In der Retrospektive mag die Idee, die natürlichen Zahlen auf Mengen zu reduzieren, fahrlässig wirken. Wir wissen heute, dass sich Frege damit auf ein Konstrukt stützte, das weniger intuitiv und wesentlich unsicherer ist als die Zahlenreihe, die er damit zu begründen versuchte. Von den Gefahren, die in der naiven Mengenlehre verborgen sind, konnte er freilich noch nichts wissen, und entsprechend freizügig hantierte er mit den Begriffen.

Nach der Publikation der *Grundlagen der Arithmetik* widmete sich Frege der Aufgabe, die dort umgangssprachlich eingeführten Konzepte in der Logik der *Begriffsschrift* zu formalisieren. Die Früchte seiner Arbeit waren die *Grundgesetze der Arithmetik*, die in zwei Bände aufgeteilt sind. Der erste Band erschien im Jahr 1893 und der zweite im Jahr 1903 (vgl. [24, 25]).

Um die Arithmetik zu begründen, formulierte Frege eine Reihe von Grundgesetzen, die er den Axiomen der *Begriffsschrift* hinzufügte. Besonders bekannt ist

$\xi = \Delta$, unter den Δ fällt. Es ist also $\Gamma = \Delta$ immer derselbe Wahrheitswerth wie $\smile^{\mathfrak{f}}\!\top\,\mathfrak{f}(\Gamma)$, $\mathfrak{f}(\Delta)$. Folglich fällt $\smile^{\mathfrak{f}}\!\top\,\mathfrak{f}(\Gamma)$, $\mathfrak{f}(\Delta)$ unter jeden Begriff, unter den $\Gamma = \Delta$ fällt; also

$$\vdash g\left(\smile^{\mathfrak{f}}\!\top\, \mathfrak{f}(a),\ \mathfrak{f}(b)\right) \quad g(a = b) \qquad \text{(III}$$

Wir sahen (§ 3, § 9), dass eine Werthverlaufsgleichheit immer in eine Allgemeinheit einer Gleichheit umsetzbar ist und umgekehrt:

$$\vdash (\grave{\varepsilon}f(\varepsilon) = \grave{\alpha}g(\alpha)) = (\smile^{\mathfrak{a}}\, f(\mathfrak{a}) = g(\mathfrak{a})) \qquad \text{(V}$$

Hierbei sind die ersten Regeln der §§ 8 und 9 zu beachten.

§ 21. Um nun den Gebrauch der Functionsbuchstaben allgemein erklären zu können, bedürfen wir

Buchstaben ‚a' ³), und wenn wir einen Namen einer Function mit zwei Argumenten einsetzen wollten, so würden die ζ-Argumentstellen etwa unausgefüllt bleiben. Um z. B. den Namen der Function $\Psi(\xi, \zeta)$ einzusetzen, möchte man vielleicht schreiben ‚$\smile^{\mathfrak{a}}\, \Psi(\mathfrak{a}, \mathfrak{a})$'; aber dann hätte man in Wahrheit nicht den Namen der Function $\Psi(\xi, \zeta)$ eingesetzt, sondern den der Function mit einem Argumente $\Psi(\xi, \xi)$ (1. Regel des § 8). Wollte man schreiben ‚$\smile^{\mathfrak{a}}\, \Psi(\mathfrak{a}, 2)$', so würde man auch nur den Namen einer Function mit einem Argumente, $\Psi(\xi, 2)$ einsetzen. Man könnte etwa das ‚ζ' stehen lassen: ‚$\smile^{\mathfrak{a}}\, \Psi(\mathfrak{a}, \zeta)$' und hätte hier eine Function, deren Argument durch ‚ζ' angedeutet wäre. Wir fassen dies in der Betrachtung zusammen mit dem Falle, wo das Argumentzeichen in ‚$X(\xi)$' ersetzt

Abb. 2.3 Auszug aus dem 1. Band der *Grundgesetze der Arithmetik*. Die dargestellte Seite enthält eine Beschreibung des Grundgesetzes V, das Frege zu einer tragischen Figur der Wissenschaftsgeschichte werden ließ. Mit diesem Gesetz lässt sich ein Einlasstor für Paradoxien öffnen.

das fünfte Grundgesetz aus dem ersten Band (Abbildung 2.3). Es heißt *„Grundgesetz der Werthverläufe"* und sieht in Freges Notation so aus:

$$\vdash (\grave{\epsilon}f(\epsilon) = \grave{\alpha}g(\alpha)) = (\smile^{\mathfrak{a}}\, f(\mathfrak{a}) = g(\mathfrak{a})) \qquad \text{(V)}$$

Der Ausdruck $\grave{\epsilon}f(\epsilon)$ bezeichnet den *Werteverlauf* (engl. *course-of-values*) der Funktion f. Hierbei handelt es sich um die Mengendarstellung der Funktion f, in der die Argumente mit ihren Funktionswerten zu geordneten Paaren zusammengefasst sind. Dies liest sich in symbolischer Form so:

$$\grave{\epsilon}f(\epsilon) \ := \ \{(x, y) \mid y = f(x)\}$$

Jetzt ist klar, was das fünfte Grundgesetz inhaltlich besagt: Zwei Funktionen f und g sind genau dann identisch, wenn sie jedes Argument auf den gleichen Wert abbilden.

Ein wichtiger Spezialfall liegt vor, wenn die Funktionen f und g für jene Objekte stehen, die Frege *Begriffe* nennt. In diesem Fall bilden die Funktionen ihre Argumente auf *„das Wahre"* bzw. *„das Falsche"* ab und sind damit nichts anderes als Prädikate. Der Werteverlauf eines Begriffs wird als *Begriffsumfang* bezeichnet. In der Frege'schen Logik lässt sich jeder Begriffsumfang eindeutig mit einer Menge assoziieren, die genau jene Objekte umfasst, die auf *„das Wahre"* abgebildet werden. In moderner Schreibweise ist dies die Menge $\{x \mid F(x)\}$, und wir können das Grundgesetz V dann so notieren:

$$\{x \mid F(x)\} = \{x \mid G(x)\} \Leftrightarrow \forall z\,(F(z) \leftrightarrow G(z))$$

Frege ahnte noch nichts von der Sprengkraft, die sich in diesem Schema verbirgt. Ohne es zu wissen, hatte er das Fundament seiner Logik an einer tragenden Stelle beschädigt und ein Einfallstor für Paradoxien geöffnet. Für viele Jahre blieb dieses Einfallstor unbemerkt, und so entstand ein gigantisches Gedankengerüst auf einem instabilen Fundament.

Doch wie konnte es passieren, dass die Widersprüche, die sich in der Frege'schen Logik versteckten, so lange unentdeckt blieben? Zwei Gründe sind hierfür verantwortlich. Zunächst war die Mengenlehre ein sehr junges Fachgebiet, und die Mathematiker waren im Umgang mit den neuartigen Gebilden noch vergleichsweise ungeübt. Viel wichtiger ist in diesem Zusammenhang aber die Tatsache, dass Freges Beiträge in der Wissenschaftsgemeinde weitgehend ignoriert wurden. Seine Arbeiten fanden weder in den Jahresberichten der Mathematik Beachtung, noch wurden sie beispielsweise von Dedekind zitiert, der sich zur damaligen Zeit ebenfalls intensiv mit einer formalen Begründung des Zahlenbegriffs beschäftigte. Kronecker erwähnte die Arbeiten ebenfalls nicht, und selbst Cantor hielt Freges Beiträge für weitgehend bedeutungslos.

Frege war früh bewusst, dass es seine Ideen nicht leicht haben würden, Gehör zu finden. Im Vorwort der *Begriffsschrift* weist er ausdrücklich darauf hin:

> *„Ich hoffe, dass die Logiker, wenn sie sich durch den ersten Eindruck des Fremdartigen nicht zurückschrecken lassen, den Neuerungen, zu denen ich durch eine der Sache selbst innewohnende Notwendigkeit getrieben wurde, ihre Zustimmung nicht verweigern werden."*
>
> Gottlob Frege [21]

Damals war er offenbar noch guten Mutes, dass seine Ideen über kurz oder lang die ihnen gebührende Akzeptanz finden werden.

Im Vorwort des ersten Bandes der *Grundgesetze der Arithmetik* klingt er schon pessimistischer:

> *„Hiermit komme ich auf den zweiten Grund der Verspätung: die Muthlosigkeit, die mich zeitweilig überkam angesichts der kühlen Aufnahme, oder besser gesagt, des Mangels an Aufnahme meiner Schriften bei den Mathematikern und der Ungunst der wissenschaftlichen Strömungen, gegen die mein Buch zu kämpfen haben wird."*
>
> Gottlob Frege [22]

Die große Wertschätzung, die wir seinen Arbeiten heute entgegenbringen, kam für Frege zu spät. Vom langjährigen Kampf um die Akzeptanz seiner Arbeit zermürbt, war die Aufdeckung der Paradoxien im Jahr 1902 ein Schlag, von dem er sich nicht mehr erholen sollte. Er sah sein eigenes Lebenswerk als gescheitert an und publizierte nur noch wenige, unbedeutende Arbeiten. Am 26. Juli 1925 verließ Gottlob Frege im Alter von 76 Jahren die irdische Bühne als einsamer und verbitterter Mann.

2.2 Die natürlichen Zahlen

Giuseppe Peano
(1858 – 1932)

Die nächste Station unserer Reise ist Spinetta, ein kleines italienisches Dorf im südwestlichen Piemont. Dort wurde am 27. August 1858 Giuseppe Peano geboren, der wie kaum ein anderer die Art und Weise beeinflusst hat, in der wir mathematische Sachverhalte heute formulieren. Als Sohn einer Bauernfamilie wuchs Peano auf einer Farm in der Nähe der Stadt Cuneo auf und besuchte als Kind zunächst in Spinetta und anschließend in Cuneo die Schule. Peano war außerordentlich talentiert, und so beschlossen seine Eltern, ihn im Alter von 12 nach Turin zu schicken, wo er die nächsten Jahre bei seinem Onkel wohnte. Dort besuchte er das Gymnasium und studierte anschließend an der Universität Mathematik. Peanos außergewöhnliche Begabung bescherte ihm eine reibungslose akademische Karriere. 1880 verlieh ihm die Turiner Universität die Doktorwürde und berief ihn 1889, nach einer mehrjährigen Tätigkeit als wissenschaftlicher Assistent, zum Professor.

Einen großen Teil seines wissenschaftlichen Lebens widmete Peano dem *Formulario-Projekt*. Er verfolgte damit das Ziel, das mathematische Wissen in einer präzise definierten Symbolsprache zu formulieren und aus einer kleinen Menge a priori festgelegter Axiome formal herzuleiten. Die Ergebnisse dieser Arbeit können wir heute in den fünf Bänden des Werkes *Formulario Mathematica* nachlesen, die in den Jahren 1895 bis 1908 erschienen sind.

Peano vertrat viele philosophische Ansichten, die wir bereits bei Leibniz finden. Bemerkenswert ist in diesem Zusammenhang das folgende, aus [3] entnommene Zitat. Es zeigt, dass Peano ganz offensichtlich glaubte, den Leibniz'schen

Traum von einer *Characteristica universalis* mit seiner Symbolsprache verwirklicht zu haben:

> *„Nach zwei Jahrhunderten ist dieser ‚Traum' des Erfinders der Infinitesimalrechnung Wirklichkeit geworden. Wir haben nämlich die von Leibniz gestellte Aufgabe erfüllt."*
>
> Giuseppe Peano

2.2.1 Arithmetices principia

Auf die *Formulario Mathematica* wollen wir hier nicht im Detail eingehen, wohl aber auf ein früheres Werk: die *Arithmetices principia* aus dem Jahr 1889. Sie gehört zu Peanos wichtigsten Arbeiten und wurde später unter dem Titel *The principles of arithmetic* in die englische Sprache übersetzt. Alle nachstehend aufgeführten Textzitate beziehen sich auf die Bearbeitung in [72].

Die *Arithmetices principia* waren Peanos erster Versuch, eine Axiomatik der klassischen Mathematik zu entwickeln. Für ihn war die Mathematik an einem Punkt angekommen, an dem die Umgangssprache nicht mehr länger ausreichte, um die komplexer werdenden Sachverhalte mit der notwendigen Genauigkeit zu beschreiben. Genau wie Frege suchte Peano die Lösung in der Schaffung einer künstlichen Sprache:

> *„Questions that pertain to the foundations of mathematics, although treated by many in recent times, still lack a satisfactory solution. The difficulty has its main source in the ambiguity of language. That is why it is of the utmost importance to examine attentively the vary words we use. My goal has been to undertake this examination, and in this paper I am presenting the results of my study, as well as some applications to arithmetic. I have denoted by signs all ideas that occur in the principles of arithmetic, so that every proposition is stated only by means of these signs."*
>
> Giuseppe Peano [72]

Inhaltlich erinnert die Textstelle an das Vorwort der *Begriffsschrift*, doch obwohl sich deren Erscheinen 1889 zum zehnten Mal jährte, war Peano weder die *Begriffsschrift* noch eine andere Arbeit von Frege bekannt. Peano zitierte Frege das erste Mal im Jahr 1891 [71]. Dass die beiden Mathematiker über viele Jahre hinweg unabhängig voneinander arbeiteten, führte am Ende zu völlig unterschiedlichen Lösungsansätzen. Während Frege einen hoch entwickelten Logikapparat in einer schwer verständlichen Notation schuf, gelang Peano das genaue Gegenteil. Sein logisches Instrumentarium war weit weniger gereift als das Frege'sche, dafür hatte er eine Symbolsprache erschaffen, in der sich logische

	Peano	Russell	Hilbert, Ackermann		
	1889 [70]	1910 [92]	1928 [46]	1958 [48]	Gegenwärtig
Negation	$-\varphi$	$\sim\varphi$	$\overline{\varphi}$	$\neg\,\varphi$	$\overline{\varphi}$ $\neg\varphi$
Disjunktion	$\varphi \cup \psi$	$\varphi \vee \psi$	$\varphi \vee \psi$		$\varphi \vee \psi$
Konjunktion	$\varphi \cap \psi$ $\varphi \,.\, \psi$	$\varphi \,.\, \psi$	$\varphi \,\&\, \psi$	$\varphi \wedge \psi$	$\varphi \wedge \psi$
Implikation	$\varphi \supset \psi$ (gedrehtes C)	$\varphi \supset \psi$	$\varphi \rightarrow \psi$		$\varphi \rightarrow \psi$
Äquivalenz	$\varphi = \psi$	$\varphi \equiv \psi$	$\varphi \sim \psi$	$\varphi \leftrightarrow \psi$	$\varphi \leftrightarrow \psi$

Abb. 2.4 Historische Entwicklung der Logiksymbole

Sachverhalte elegant und präzise niederschreiben ließen. Viele der von ihm eingeführten Zeichen haben die Zeit überdauert und sind in ihrer ursprünglichen oder einer leicht veränderten Form immer noch in Gebrauch. Dies ist der Grund, warum Peanos Werke für uns vergleichsweise einfach zu lesen sind.

In Abbildung 2.4 ist zu sehen, wie sich die Logiksymbole über die Zeit verändert haben. Die Zeichen ‚$\cup$' und ‚$\cap$', mit denen in den *Arithmetices principia* die Disjunktion (ODER-Verknüpfung) und die Konjunktion (UND-Verknüpfung) beschrieben werden, hatte Peano erstmals in einer Arbeit aus dem Jahr 1888 für die Vereinigung bzw. den Schnitt von Mengen verwendet [69]. In der Logik wurden die Symbole im Laufe der Zeit durch ‚$\vee$' und ‚$\wedge$' ersetzt, aber im Bereich der Mengenlehre verwenden wir sie bis heute. Den Implikationsoperator hatte Peano durch ein gedrehtes C (‚Ɔ') dargestellt. Peano hat auch das Elementzeichen ‚$\in$' eingeführt; er notierte es lediglich in einer anderen Schriftart als ‚ε'. Ebenfalls aus seiner Feder stammt der Existenzquantor ‚$\exists$', der zusammen mit dem Allquantor ‚$\forall$' für das uns vertraute Erscheinungsbild prädikatenlogischer Formeln sorgt.

Außer den erwähnten Symbolen führte Peano eine spezielle Notation für die Gruppierung von Ausdrücken ein. Er war der Meinung, Formeln mit Hilfe von Punktsymbolen übersichtlicher gliedern zu können, als es mit den Klammersymbolen ‚(' und ‚)' möglich ist. Tatsächlich ist die Idee, die sich hinter seiner Punktnotation verbirgt, in wenigen Worten erklärt:

> „*To understand a formula divided by dots we first take together the signs that are not separated by any dot, next those separated by one dot, next those separated by two dots, and so on.*"
>
> Giuseppe Peano [72]

Zur Veranschaulichung der Notation bemüht Peano das folgende Beispiel:

$$\mathsf{ab \,.\, cd : ef \,.\, gh :. k} \tag{2.2}$$

Die oben zitierte Erklärung ist ausreichend, um diesen Ausdruck in eine gewöhnlich geklammerte Formel zu übersetzen:

1. „*We first take together the signs that are not separated by any dot,*“

☞ $(ab) \,.\, (cd) : (ef) \,.\, (gh) :.\, k$

2. „*next those separated by one dot,*“

☞ $((ab)(cd)) : ((ef)(gh)) :.\, k$

3. „*next those separated by two dots,*“

☞ $(((ab)(cd))((ef)(gh))) :.\, k$

4. „*and so on.*“

☞ $((((ab)(cd))((ef)(gh)))k)$

Die nachfolgend aufgeführten Beispiele sind den *Principia Mathematica* entnommen, in denen ausgiebig auf Peanos Symbolik zurückgegriffen wird. Das bei Russell und Whitehead allgegenwärtige Symbol ‚⊃‘ ist eine typografische Weiterentwicklung des Zeichens ‚Ɔ‘ und steht, genau wie ‚Ɔ‘ bei Peano, für die Implikation.

Beispiel 1: $p \supset q \,.\supset:\, q \supset r \,.\supset.\, p \supset r$

$$\begin{aligned} p \supset q \,.\supset:\, q \supset r \,.\supset.\, p \supset r &= (p \supset q) \,.\supset:\, (q \supset r) \,.\supset.\, (p \supset r) \\ &= (p \supset q) \supset: ((q \supset r) \supset (p \supset r)) \\ &= (p \supset q) \supset ((q \supset r) \supset (p \supset r)) \end{aligned}$$

☞ In moderner Schreibweise: $(p \to q) \to ((q \to r) \to (p \to r))$

„*if p implies q, then if q implies r, p implies r*“ [92]

Beispiel 2: $p \vee q \,.\supset:.\, p \,.\vee.\, q \supset r :\supset.\, p \vee r$

$$\begin{aligned} p \vee q \,.\supset:.\, p \,.\vee.\, q \supset r :\supset.\, p \vee r &= (p \vee q) \,.\supset:.\, p \,.\vee.\, (q \supset r) :\supset.\, (p \vee r) \\ &= (p \vee q) \supset:. (p \vee (q \supset r)) :\supset (p \vee r) \\ &= (p \vee q) \supset:. ((p \vee (q \supset r)) \supset (p \vee r)) \\ &= (p \vee q) \supset ((p \vee (q \supset r)) \supset (p \vee r)) \end{aligned}$$

☞ In moderner Schreibweise: $(p \vee q) \to ((p \vee (q \to r)) \to (p \vee r))$

„*if either p or q is true, then if either p or 'q implies r' is true, it follows that either p or r is true.*“ [92]

Die gezeigten Beispiele machen deutlich, warum die Punkt-Notation heute nicht mehr verwendet wird. Anders als in den geklammerten Ausdrücken sind die gruppierten Formelbestandteile in den punktierten Formeln nicht immer auf

Anhieb zu erkennen. Erschwerend kommt hinzu, dass Peano dem Punkt eine unglückliche Doppelbedeutung gab; er diente in seinen Formeln nicht nur als Klammerersatz, sondern gleichzeitig als Symbol für die UND-Verknüpfung. Formal gesehen ist dies kein Problem, da für jedes Punktsymbol immer zweifelsfrei entschieden werden kann, ob es als Gruppierungszeichen oder als Verknüpfungszeichen benutzt wird. Praktisch ist die Doppelnutzung nicht, da sie die Lesbarkeit teilweise erheblich erschwert. Das nächste Beispiel demonstriert dies:

- Beispiel 3: $\mathsf{p} \vee \mathsf{q} : \mathsf{p} \,.\, \vee \,.\, \mathsf{q} \supset \mathsf{r} : \supset \,.\, \mathsf{p} \vee \mathsf{r}$

$$\begin{aligned} \mathsf{p} \vee \mathsf{q} : \mathsf{p} \,.\, \vee \,.\, \mathsf{q} \supset \mathsf{r} : \supset \,.\, \mathsf{p} \vee \mathsf{r} &= (\mathsf{p} \vee \mathsf{q}) : \mathsf{p} \,.\, \vee \,.\, (\mathsf{q} \supset \mathsf{r}) : \supset \,.\, (\mathsf{p} \vee \mathsf{r}) \\ &= (\mathsf{p} \vee \mathsf{q}) : (\mathsf{p} \vee (\mathsf{q} \supset \mathsf{r})) : \supset (\mathsf{p} \vee \mathsf{r}) \\ &= ((\mathsf{p} \vee \mathsf{q}) : (\mathsf{p} \vee (\mathsf{q} \supset \mathsf{r}))) \supset (\mathsf{p} \vee \mathsf{r}) \\ &= ((\mathsf{p} \vee \mathsf{q}) \wedge (\mathsf{p} \vee (\mathsf{q} \supset \mathsf{r}))) \supset (\mathsf{p} \vee \mathsf{r}) \end{aligned}$$

☞ In moderner Schreibweise: $((\mathsf{p} \vee \mathsf{q}) \wedge (\mathsf{p} \vee (\mathsf{q} \rightarrow \mathsf{r}))) \rightarrow (\mathsf{p} \vee \mathsf{r})$

„*if either p or q is true, and either p or 'q implies r' is true, then either p or r is true.*“ [92]

Für die meisten Mathematiker ist die Punktnotation ein Relikt aus früheren Zeiten, und so gut wie kein junger Wissenschaftler kann mit ihr noch etwas anfangen. Dies ist einer der Gründe, warum wir uns heute schwer damit tun, historische Werke wie die *Principia Mathematica* flüssig zu lesen.

2.2.2 Axiome der Arithmetices principia

Bisher haben wir hauptsächlich über Peanos Notation gesprochen, die in Wirklichkeit den unbedeutenderen Teil seiner Arbeiten aus dem Jahr 1889 ausmacht. Dass wir die *Arithmetices principia* heute zu den wichtigsten Werken der mathematischen Weltliteratur zählen, hat vor allem inhaltliche Gründe. In ihr formulierte Peano die berühmten Axiome, mit denen sich die Struktur der natürlichen Zahlen eindeutig charakterisieren lässt. Wenn wir heute von den fünf *Peano-Axiomen* sprechen, so sind die Axiome 1, 6, 8, 7 und 9 (meist in dieser Reihenfolge) in Abbildung 2.5 gemeint. Wir wollen genauer hinsehen und klären, was sich hinter diesen Formeln im Einzelnen verbirgt:

- **1. 1 ε N.**
  Das Symbol ‚N‘ steht bei Peano für die Menge der natürlichen Zahlen. Das Axiom ist deshalb das gleiche wie die Formel

$$1 \in \mathbb{N} \tag{PA.1}$$

Axioms

1. $1 \,\varepsilon\, \mathrm{N}.$
2. $a \,\varepsilon\, \mathrm{N} \;.\supset.\; a = a.$
3. $a, b \,\varepsilon\, \mathrm{N} \;.\supset:\; a = b \;.=.\; b = a.$
4. $a, b, c \,\varepsilon\, \mathrm{N} \;.\supset.\because\; a = b \,.\, b = c \;:\supset.\; a = c.$
5. $a = b \,.\, b \,\varepsilon\, \mathrm{N} \;:\supset.\; a \,\varepsilon\, \mathrm{N}.$
6. $a \,\varepsilon\, \mathrm{N} \;.\supset.\; a + 1 \,\varepsilon\, \mathrm{N}.$
7. $a, b \,\varepsilon\, \mathrm{N} \;.\supset:\; a = b \;.=.\; a + 1 = b + 1.$
8. $a \,\varepsilon\, \mathrm{N} \;.\supset.\; a + 1 \,-\!=\, 1.$
9. $k \,\varepsilon\, \mathrm{K} \because 1 \,\varepsilon\, k \because x \,\varepsilon\, \mathrm{N} \,.\, x \,\varepsilon\, k \;:\supset_x.\; x + 1 \,\varepsilon\, k \;::\supset.\; \mathrm{N} \supset k.$

Definitions

10. $2 = 1 + 1$; $3 = 2 + 1$; $4 = 3 + 1$; and so forth.

Abb. 2.5 Charakterisierung der natürlichen Zahlen in der symbolischen Formelsprache von Giuseppe Peano [72]

und besagt in Worten:

„1 ist eine natürliche Zahl“.

Dass Peano die natürlichen Zahlen mit der 1 und nicht, wie wir, mit der 0 beginnen lässt, ist an dieser Stelle ohne Belang. Wichtig ist nur, dass die Zahlenreihe mit einem fest definierten Element anfängt, und dies ist bei Peano eben die 1. Wollen wir die Zahlenreihe bei 0 loslaufen lassen, so müssen wir in den Axiomen lediglich das Symbol 1 durch das Symbol 0 ersetzen.

6. $a \,\varepsilon\, \mathrm{N} \;.\supset.\; a + 1 \,\varepsilon\, \mathrm{N}.$

In moderner Notation nimmt das Axiom die folgende Gestalt an:

$$a \in \mathbb{N} \Rightarrow a + 1 \in \mathbb{N} \qquad \text{(PA.2)}$$

Es besagt in Worten, dass der Nachfolger einer natürlichen Zahl wieder eine natürliche Zahl ist. Durch die Eigenschaft von ‚+‘, eine Funktion zu sein, ist der Nachfolger eindeutig bestimmt, so dass wir das Axiom auch so formulieren können:

„Jede Zahl hat einen eindeutigen Nachfolger.“

8. $a \,\varepsilon\, \mathrm{N} \;.\supset.\; a + 1 \,-\!=\, 1.$

Das Minussymbol vor dem Gleichheitszeichen entspricht der Negation. Damit haben wir in moderner Schreibweise die folgende Formel vor uns:

$$a \in \mathbb{N} \Rightarrow a + 1 \neq 1 \qquad \text{(PA.3)}$$

In Worten besagt das Axiom:

„Alle Nachfolger sind von 1 verschieden.“

Oder, was dasselbe ist und der heute üblichen Formulierung entspricht:

„1 ist nicht der Nachfolger irgendeiner natürlichen Zahl.“

7. $a, b \,\varepsilon\, \mathrm{N} \,.\!\supset\!: a = b \,.\!=\!.\, a + 1 = b + 1.$
In moderner Schreibweise lautet diese Formel so:

$$a, b \in \mathbb{N} \Rightarrow (a = b \Leftrightarrow a + 1 = b + 1)$$

Das Axiom drückt aus, dass zwei Zahlen genau dann gleich sind, wenn es ihre Nachfolger sind. Die Richtung von links nach rechts folgt aus der Definition der Gleichheit, so dass wir das Axiom auch in dieser Form aufschreiben können:

$$a, b \in \mathbb{N} \Rightarrow (a + 1 = b + 1 \Rightarrow a = b)$$

Drehen wir die Richtung der inneren Implikation um, so erhalten wir

$$a, b \in \mathbb{N} \Rightarrow (a \neq b \Rightarrow a + 1 \neq b + 1) \qquad \text{(PA.4)}$$

Dies ist exakt die Formulierung, in der das Axiom in den meisten Lehrbüchern ausgesprochen wird:

„Verschiedene Zahlen haben verschiedene Nachfolger.“

9. $k \,\varepsilon\, \mathrm{K} \,.\!\therefore 1 \,\varepsilon\, k \,.\!\therefore x \,\varepsilon\, \mathrm{N} \,.\, x \,\varepsilon\, k \,:\!\supset_x\!.\, x + 1 \,\varepsilon\, k \,::\!\supset\!.\, \mathrm{N} \supset k.$
Der Ausdruck $k \,\varepsilon\, \mathrm{K}$ bedeutet bei Peano, dass k eine *Klasse* (eine *Menge*) ist. Benutzen wir den uns vertrauten Symbolvorrat, so erscheint die Formel in diesem Gewand:

$$1 \in M \wedge \forall x\, ((x \in \mathbb{N} \wedge x \in M) \Rightarrow x + 1 \in M) \Rightarrow \mathbb{N} \subseteq M \qquad \text{(PA.5)}$$

In Worten liest sie sich so:

„Enthält eine Menge M die Zahl 1 und für jede natürliche Zahl x aus M auch deren Nachfolger $x + 1$, so sind alle natürlichen Zahlen in M enthalten.“

Existieren, wie es beispielsweise in Gödels System P der Fall ist, ausschließlich natürliche Zahlen als Individuen, so können wir den Wortlaut ein Stück weit vereinfachen:

„Enthält eine Teilmenge $M \subseteq \mathbb{N}$ die Zahl 1 und zu jedem Element n auch ihren Nachfolger $n + 1$, so gilt $M = \mathbb{N}$.“

Als Nächstes betrachten wir eine beliebige Eigenschaft von natürlichen Zahlen, repräsentiert durch das Prädikatsymbol P, und schreiben $P(x)$, falls der Zahl x die Eigenschaft P zukommt. Dann können wir für M die Menge $\{x \in \mathbb{N} \mid P(x)\}$ wählen und den Wortlaut des Peano-Axioms so umformulieren:

> *„Gilt $P(1)$ und überträgt sich die Eigenschaft P von jeder natürlichen Zahl x auf deren Nachfolger, so kommt die Eigenschaft P ausnahmslos allen natürlichen Zahlen zu.“*

Spätestens jetzt ist klar, was sich hinter dem fünften Peano-Axiom wirklich verbirgt. Es ist das Prinzip der vollständigen Induktion, das uns aus der Schulmathematik wohlvertraut ist.

Peanos Zugang zu den natürlichen Zahlen besticht vor allem durch seine Leichtigkeit. Anders als Frege, der für den gleichen Zweck einen genauso umfangreichen wie schwerfälligen Begriffsapparat schuf, kam Peano mit wenigen elementaren Definitionen aus. Der Grund hierfür ist einfach: Anders als Frege verzichtete Peano darauf, die natürlichen Zahlen ihrem Wesen nach zu begründen. Er schuf seine Symbolsprache in erster Linie für den Zweck, die Ungenauigkeiten der Umgangssprache zu eliminieren:

> *„Auf diese Weise fixiert man eine eindeutige Korrespondenz zwischen Gedanken und Symbolen, eine Korrespondenz, die man in der Umgangssprache nicht findet.“*
>
> Giuseppe Peano [3]

Im Kern vertrat Peano die gleiche pragmatische Sichtweise, die wir heute in nahezu allen Disziplinen der modernen Mathematik antreffen. Dort spielen ontologische Überlegungen so gut wie keine Rolle mehr, und so sind es fast ausschließlich Philosophen, die sich heute mit solchen Fragestellungen beschäftigen.

Peanos pragmatische Herangehensweise brachte einen Logikapparat hervor, der die Objekt- und die Metaebene weit weniger präzise voneinander trennt, als es bei Frege der Fall war. Als Beispiel betrachten wir den Beweis für die Aussage *„2 ist eine natürliche Zahl“*, repräsentiert durch die Formel $2 \; \varepsilon \; N$:

- *Arithmetices principia* ([72], Seite 94):

***Proof*:**

P 1 .Ɔ:	**1 ε N**	**(1)**
1 [a] (P 6) .Ɔ:	**1 ε N .Ɔ. 1 + 1 ε N**	**(2)**
(1) (2) .Ɔ:	**1 + 1 ε N**	**(3)**
P 10 .Ɔ:	**2 = 1 + 1**	**(4)**
(4).(3).(2, 1 + 1) [a, b] (P 5) :Ɔ:	**2 ε N**	**(Theorem).**

Die Genauigkeit, die Peano hier im Umgang mit den Axiomen und Theoremen an den Tag legt, erinnert an die Beweisführung bei Frege und Hilbert. In jeder Zeile beschreibt er akribisch, welche Substitution auf eines der Axiomenschemata angewendet werden muss, um die gewünschten Formelinstanzen zu erhalten. Die Ableitung neuer Theoreme geschieht bei Peano dann aber wie von Geisterhand. Mit wenigen Blicken können wir in diesem kurzen Beweis zwei verschiedene Schlussregeln identifizieren, die an keiner Stelle seiner Arbeit definiert sind. Eine davon ist der Modus ponens, den wir bereits kennen; er wird implizit verwendet, um aus den Formeln (1) und (2) die Formel (3) abzuleiten. Um die letzte Zeile zu gewinnen, wird eine weitere Regel benötigt, die in formaler Schreibweise so aussieht:

$$\frac{\begin{array}{c}\varphi \\ \psi \\ \varphi \wedge \psi \to \chi\end{array}}{\chi}$$

Diese Regel ist logisch einwandfrei, benannt wird sie aber an keiner Stelle. Es wird offenbar, dass Peano auf die gleiche Art Beweise führt, wie es außerhalb der mathematischen Logik üblich ist. Er zerlegt den Beweis in eine Reihe von logischen Ableitungsschritten, die so elementar sind, dass kein Mathematiker an ihrer Richtigkeit zweifelt. Anders als Frege und Hilbert verzichtet Peano aber darauf, den logischen Schlussapparat formal zu definieren.

2.2.3 Isomorphiesatz von Dedekind

In diesem Abschnitt wollen wir zwei Fragen beantworten, die sich bei der Beschäftigung mit den Peano-Axiomen unweigerlich aufdrängen. Zum einen wollen wir klären, ob die besprochenen Axiome ausreichen, um die natürlichen Zahlen eindeutig zu charakterisieren, und zum anderen, ob wir dafür tatsächlich alle fünf benötigen.

Richard Dedekind (1831 – 1916)

Jeder von uns hat eine intuitive Vorstellung von der Kettenstruktur der natürlichen Zahlen, und auf den ersten Blick mag es so aussehen, als ob diese Struktur bereits durch die ersten beiden Peano-Axiome eindeutig beschrieben wird. Abbildung 2.6 deckt auf, dass dieser Eindruck täuscht. Dort sind drei Strukturen zu sehen, die nicht isomorph zu den natürlichen Zahlen sind und trotzdem die ersten beiden Peano-Axiome erfüllen. Um die natürlichen Zah-

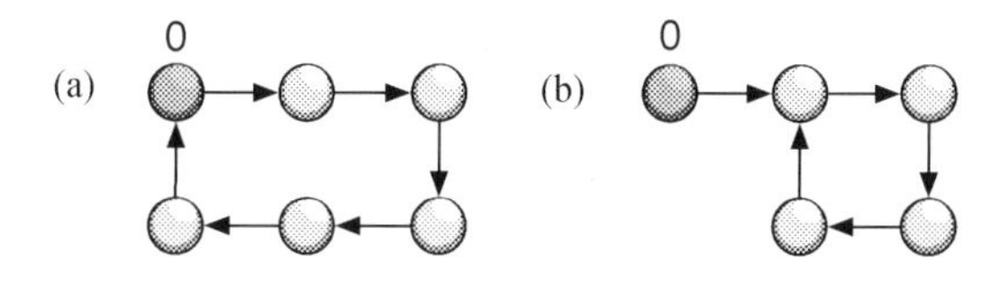

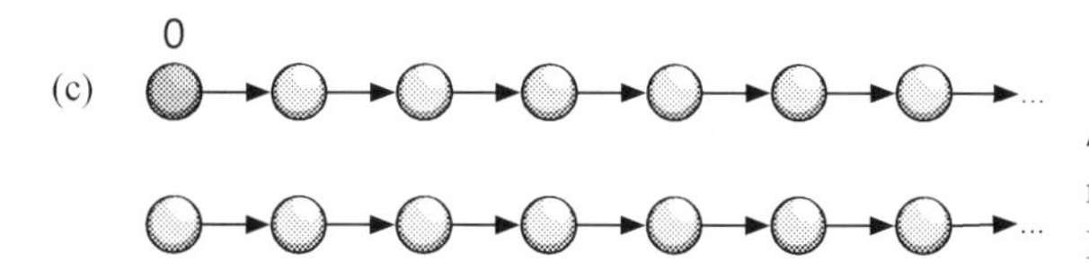

Abb. 2.6 Alle drei Strukturen erfüllen die ersten beiden Peano-Axiome.

len zu charakterisieren, sind offensichtlich noch andere Eigenschaften relevant. Abbildung 2.7 zeigt, dass wir tatsächlich alle drei der noch fehlenden Axiome hinzunehmen müssen, um die nichtisomorphen Strukturen aus Abbildung 2.6 zu beseitigen. Von den gezeigten Beispielen erfüllt nur die Kettenstruktur der natürlichen Zahlen alle fünf Peano-Axiome.

Durch die Hinzunahme der Axiome 3 bis 5 haben wir unter den Beispielstrukturen insbesondere all jene eliminiert, die einen Zyklus aufweisen. Dies wirft die Frage auf, ob die Axiome stark genug sind, um alle zyklischen Strukturen zu eliminieren. Die Überlegung in Abbildung 2.8 zeigt, dass wir diese Frage bejahen können.

Die Zyklenfreiheit ist ein wichtiges Zwischenergebnis, das wir arithmetisch so formulieren können:

Satz 2.1 (Zyklenfreiheit der natürlichen Zahlen)

Aus den 5 Peano-Axiomen folgt die Beziehung $x + n \neq x \quad (n \geq 1)$

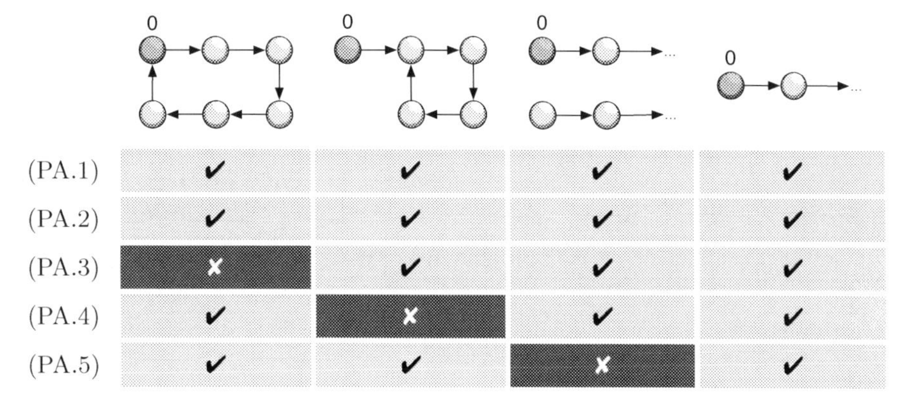

Abb. 2.7 Von diesen Beispielen ist die einseitig abgeschlossene Kettenstruktur der natürlichen Zahlen die einzige, die alle fünf Peano-Axiome gleichzeitig erfüllt.

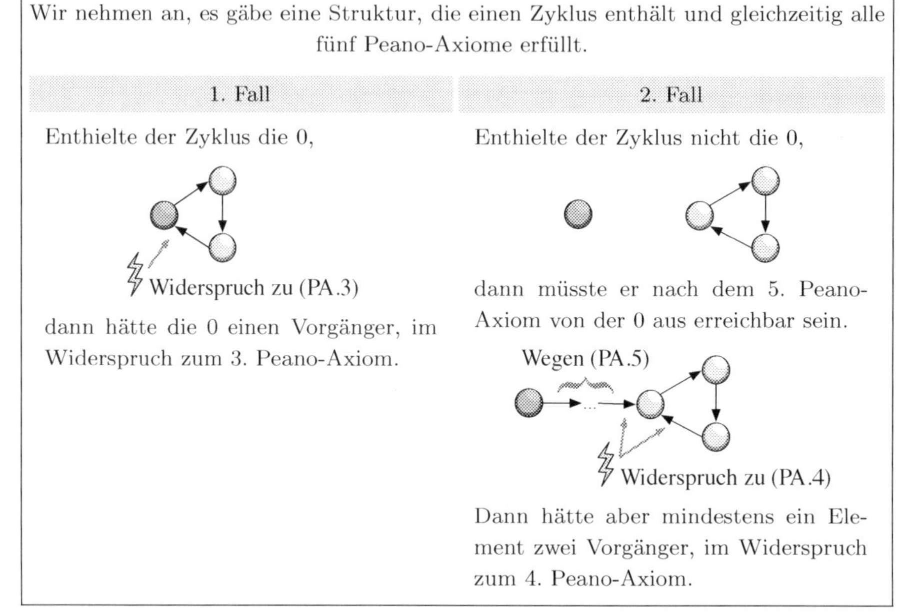

Abb. 2.8 Aus den Peano-Axiomen folgt die Zyklenfreiheit der natürlichen Zahlen.

Die Frage, ob die Peano-Axiome die natürlichen Zahlen eindeutig charakterisieren, ist damit noch nicht geklärt. Das bisher Gesagte schließt nicht aus, dass zyklenfreie Strukturen existieren, die nicht in Abbildung 2.7 aufgelistet sind und dennoch alle Peano-Axiome erfüllen.

Der Erste, der die Eindeutigkeitsfrage mit mathematischer Präzision beantworten konnte, war der deutsche Mathematiker Richard Dedekind. Sein Interesse an dieser Materie wurde in der zweiten Hälfte des neunzehnten Jahrhunderts geweckt, als die Diskussion über das Wesen der Zahlen in vollem Gange war. Erklärungsversuche gab es viele, doch die meisten von ihnen waren so vage und ungenau, dass Dedekind die Notwendigkeit gekommen sah, einen mathematisch präzisen Zugang zu den natürlichen Zahlen zu schaffen. Seine Arbeit an diesem Projekt hatte er in den Folgejahren immer wieder durch andere Aktivitäten unterbrochen, brachte sie 1888 dann aber doch erfolgreich zu Ende. In jenem Jahr publizierte er eine Schrift mit dem Titel *Was sind und was sollen die Zahlen?*, die rückblickend zu seinen bedeutendsten Werken zählt.

In §9, Nr. 126 dieser Arbeit beweist er einen Satz, der in Abbildung 2.9 im Originalwortlaut wiedergegeben ist und von Dedekind etwas ungelenk als *Satz der Definition durch Induktion* bezeichnet wird. Die dort zu lesende Formel

$$\psi(N) \; 3 \; \Omega$$

126. Satz der Definition durch Induktion. Ist eine beliebige (ähnliche oder unähnliche) Abbildung θ eines Systems Ω in sich selbst und außerdem ein bestimmtes Element ω in Ω gegeben, so gibt es eine und nur eine Abbildung ψ der Zahlenreihe N, welche den Bedingungen

I. $\psi(N) \mathfrak{z}\, \Omega$,

II. $\psi(1) = \omega$,

III. $\psi(n') = \theta\, \psi(n)$ genügt, wo n jede Zahl bedeutet.

Beweis. Da, wenn es wirklich eine solche Abbildung ψ gibt, in ihr nach 21 auch eine Abbildung ψ_n des Systems Z_n enthalten ist, welche den in 125 ausgesprochenen Bedingungen I, II, III genügt,

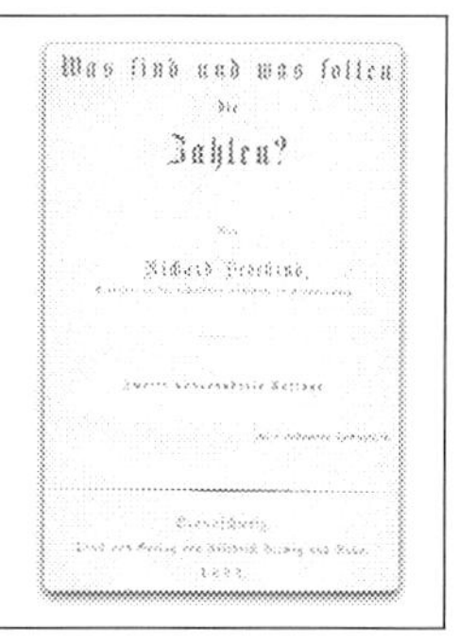

Abb. 2.9 In seiner Arbeit *Was sind und was sollen die Zahlen?* aus dem Jahr 1888 formulierte Richard Dedekind den *Satz der Definition durch Induktion*. Es ist jener Satz, den wir heute als *Dedekind'schen Rekursionssatz* bezeichnen.

drückt aus, dass ψ die natürlichen Zahlen in die Menge Ω abbildet, also eine Funktion der Form

$$\psi : \mathbb{N} \to \Omega$$

ist. Hinter den Formeln

$$\begin{aligned} \psi(1) &= \omega \\ \psi(n') &= \theta\, \psi(n) \end{aligned}$$

verbirgt sich ein Rekursionsschema, das Dedekind an späterer Stelle in seiner Arbeit verwendet, um die Addition, die Multiplikation und die Potenzierung auf den natürlichen Zahlen zu definieren. ω ist das Basiselement und die Funktion θ die rekursive Bildungsvorschrift, die den Funktionswert $\psi(n+1)$ über den vorangegangenen Wert $\psi(n)$ definiert. Bei Dedekind steht n' für den Nachfolger der natürlichen Zahl n.

In der modernen Literatur wird der *Satz der Definition durch Induktion* als *Dedekind'scher Rekursionssatz* bezeichnet und so notiert:

Satz 2.2 (Rekursionssatz von Dedekind)

Sei Ω eine Menge, $\omega \in \Omega$ und $\theta : \Omega \to \Omega$ eine Abbildung. Dann gibt es genau eine Abbildung $\psi : \mathbb{N} \to \Omega$, die den folgenden Bedingungen genügt:

$$\psi(0) = \omega \quad \text{und} \quad \psi(n+1) = \theta(\psi(n))$$

Abbildung 2.10 zeigt, wie sich der Rekursionssatz veranschaulichen lässt. Die Funktion ψ bildet die natürlichen Zahlen so auf die Elemente der Menge Ω ab, dass es keine Rolle spielt, ob wir für eine natürliche Zahl n zuerst den Nachfolger bestimmen und danach in die Menge Ω wechseln oder ob wir zuerst wechseln und

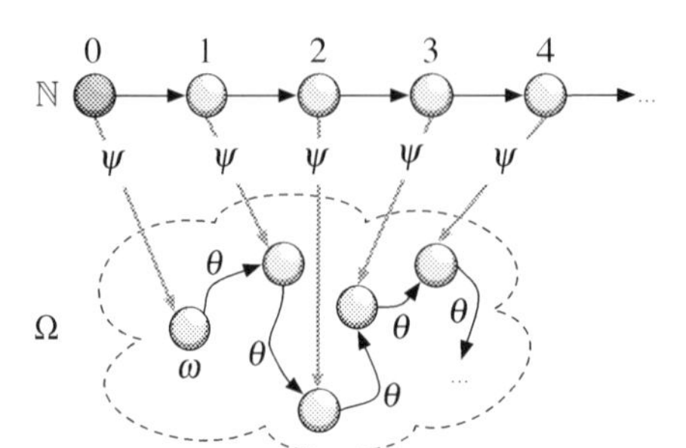

Abb. 2.10 Veranschaulichung des Dedekind'schen Rekursionssatzes

anschließend den Nachfolger bestimmen. Der Rekursionssatz stellt sicher, dass eine solche Funktion ψ immer existiert und zudem eindeutig bestimmt ist.

Als Nächstes wollen wir untersuchen, welche Konsequenzen sich aus dem Dedekind'schen Rekursionssatz im Hinblick auf die Peano-Axiome ergeben. In den nachfolgenden Betrachtungen sei $(\mathbb{N}, 0, +1)$ die Struktur der natürlichen Zahlen, wobei $+1$ die Nachfolgeroperation bezeichnet. Ferner sei $(\Omega, 0_\Omega, +_\Omega 1)$ eine andere Struktur mit einer eigenen Null und einer eigenen Nachfolgeroperation, die ebenfalls alle fünf Peano-Axiome erfüllt.

Wenn wir die Abbildung $\theta : \Omega \to \Omega$ über die Beziehung

$$\theta(x) = x +_\Omega 1$$

definieren, dann garantiert der Dedekind'sche Rekursionssatz die Existenz einer Abbildung ψ mit den Eigenschaften $\psi(0) = 0_\Omega$ und

$$\psi(x + 1) = \psi(x) +_\Omega 1 \tag{2.3}$$

Die Eigenschaft (2.3) macht die Abbildung ψ zu einem *Homomorphismus*. Tatsächlich können wir über ψ aber noch viel mehr aussagen:

- ψ ist injektiv ☞ $\psi(x) = \psi(y) \Rightarrow x = y$

  Wäre die Funktion nicht injektiv, dann gäbe es eine natürliche Zahl x und ein $n \geq 1$ mit $\psi(x) = \psi(x + n)$.

  Wegen $\psi(x + 1) = \psi(x) +_\Omega 1$ ist $\psi(x + n) = \psi(x) +_\Omega n$ und somit

  $$\psi(x) = \psi(x) +_\Omega n,$$

  im Widerspruch zu Satz 2.1. Folgerichtig muss ψ injektiv sein.

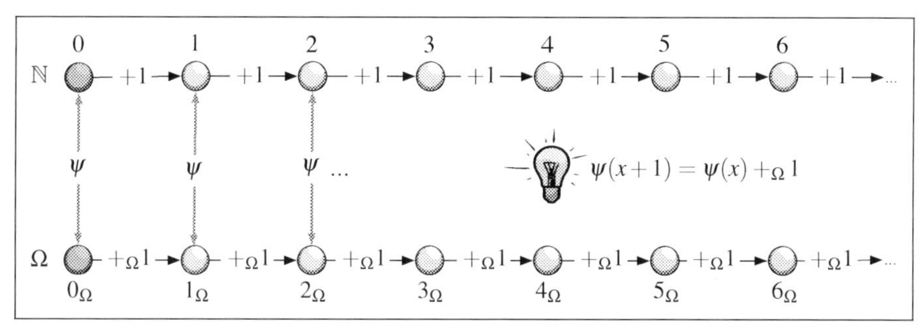

Abb. 2.11 Zwei Strukturen sind isomorph, wenn sich ihre Elemente über eine bijektive Abbildung einander so zuordnen lassen, dass es keine Rolle spielt, ob wir eine Operation auf den Elementen der einen Struktur oder auf den ihnen zugeordneten Elementen der anderen Struktur durchführen. Die enge Kopplung stellt sicher, dass sich beide Strukturen nur noch durch die Namen ihrer Elemente unterscheiden.

- ψ ist surjektiv ☞ $\forall y \; \exists x \; \psi(x) = y$

  Um dies einzusehen, betrachten wir die Menge aller $y \in \Omega$, die ein Urbild besitzen:

  $$U := \{y \in \Omega \mid \text{es existiert ein } x_y \in \mathbb{N} \text{ mit } \psi(x_y) = y\}$$

  Wegen $\psi(0) = 0_\Omega$ ist das Element 0_Ω in U enthalten. Ferner gilt für ein $y \in U$ die Beziehung

  $$y +_\Omega 1 = \psi(x_y) +_\Omega 1 = \psi(x_y + 1)$$

  $y +_\Omega 1$ hat also ebenfalls ein Urbild. Das bedeutet, dass für jedes $y \in U$ auch dessen Nachfolger $y +_\Omega 1$ ein Element von U ist. Aus dem 5. Peano-Axiom folgt dann, dass U sämtliche Elemente von Ω umfasst. Mit anderen Worten: Jedes Element von Ω besitzt ein Urbild.

Die Eigenschaften der Injektivität und der Surjektivität machen den Homomorphismus ψ zu einer Abbildung, die in der Mathematik als *Isomorphismus* bezeichnet wird (Abbildung 2.11). Aus der Existenz einer solchen Abbildung folgt, dass sich die Strukturen $\mathbb{N}$ und Ω lediglich durch die Benennung ihrer Symbole unterscheiden. Damit sind wir am Ziel unserer Überlegungen angekommen. Wir haben einen Beweis für den *Isomorphiesatz von Dedekind* gefunden:

Satz 2.3 (Isomorphiesatz von Dedekind)

Eine Struktur, die alle Peano-Axiome erfüllt, ist zur Struktur der natürlichen Zahlen isomorph; beide unterscheiden sich lediglich durch die Benennung der Symbole.

Damit ist bewiesen, dass die fünf Peano-Axiome die natürlichen Zahlen eindeutig charakterisieren. In Kapitel 4 werden uns die Peano-Axiome erneut begegnen. Dort werden wir sie in das System P integrieren, um den Grundbereich der Logikformeln auf die Menge der natürlichen Zahlen einzuschränken.

2.3 Principia Mathematica

In den vorangegangenen Abschnitten haben wir mehrfach herausgestellt, wie wichtig die Arbeiten von Frege und Peano für die theoretische Begründung der Mathematik waren. Tatsächlich sind der prädikatenlogische Kalkül von Frege und die Notation von Peano die Ingredienzien der modernen mathematischen Logik, doch weder dem Einen noch dem Anderen war es zu Lebzeiten gelungen, sie in geeigneter Weise zu kombinieren. Diese Glanztat war unserem dritten Protagonisten vorbehalten, dessen Leben und Werk wir in diesem Abschnitt detaillierter ansehen wollen.

Bertrand Russell
(1872 – 1970)

Bertrand Arthur William Russell wurde am 18. Mai 1872 als drittes Kind einer britischen Aristokratenfamilie geboren. Als er 2 Jahre alt war, fielen seine Schwester und seine Mutter der Diphtherie zum Opfer, und als wenige Jahre später auch noch sein Vater verstarb, wurde Bertrand 1876 in die Obhut seiner Großeltern gegeben. Sein Großvater war der zweimalige britische Premierminister Lord John Russell, der mit seiner Familie in Pembroke Lodge residierte, einem riesigen herrschaftlichen Wohnsitz in Richmond Park, nahe London. Als der Großvater 1878 verstarb, übernahm seine Großmutter die alleinige Verantwortung. Russell wuchs in reichen und behüteten Verhältnissen auf und besuchte nie eine öffentliche Schule. Stattdessen wurde er in Pembroke Lodge von Privatlehrern unterrichtet.

Schon als Kind entdeckte Russell seine Vorliebe für die Mathematik. Es waren ausgerechnet *Die Elemente* von Euklid, die in ihm ein leidenschaftliches Feuer entfachten. Bis in sein Erwachsenenalter sollte dieses Feuer unvermindert brennen:

> „*At the age of eleven, I began Euclid, with my brother as my tutor. This was one of the great events of my life, as dazzling as first love. I had not imagined that there was anything so delicious in the*

> *world. [...] From that moment until Whitehead and I finished* Principia Mathematica, *when I was thirty-eight, mathematics was my chief interest, and my chief source of happiness.“*
>
> Bertrand Russell [84]

Was Russell an dieses Zitat anfügt, ist genauso beachtenswert. Es zeigt, dass er bereits als Elfjähriger begann, eine tiefere philosophische Sicht auf die Begriffe und Methoden der Mathematik zu entwickeln. Es sind die ersten Anzeichen der logizistischen Denkweise, die sich wie ein roter Faden durch alle seine später verfassten Werke ziehen wird.

> *„Like all happiness, however, it was not unalloyed. I had been told that Euclid proved things, and was much disappointed that he started with axioms. After first I refused to accept them unless my brother could offer me some reason for doing so, but he said: 'If you don't accept them we cannot go on', and as I wished to go on, I reluctantly admitted them* pro ten. *The doubt as to the premisses of mathematics which I felt at that moment remained with me, and determined the course of my subsequent work.“*
>
> Bertrand Russell [84]

In seiner Autobiographie spricht Russell von vielen positiven, aber auch von negativen Tagen seiner Jugend. Er litt unter der Einsamkeit in Pembroke Lodge, genauso wie unter den gesellschaftlichen Normen der viktorianischen Zeit. In diesem Lichte ist zu verstehen, dass er die Aufnahme in das renommierte Trinity College im Jahr 1890 in mehrfacher Hinsicht als Befreiung empfand. Er genoss die Gesellschaft Gleichaltriger und fand in Cambridge zur selben Zeit den passenden Nährboden für die Reifung seines außergewöhnlichen Intellekts.

Russells besondere Begabung für Mathematik und Philosophie, die schon seinen Privatlehrern in Pembroke Lodge aufgefallen war, wurde auch in Cambridge schnell erkannt. Einer der Professoren, die am Trinity College lehrten und forschten, war der britische Philosoph und Mathematiker Alfred North Whitehead. Er war von Beginn an ein Fürsprecher Russells, und schon bald entstand zwischen den beiden eine enge Freundschaft.

Eine für sein späteres Leben entscheidende Begebenheit ereignete sich im vierten Studienjahr, als Russell, eher zufällig, auf die Werke von Frege und Cantor stieß:

> *„During my fourth year I read most of the great philosophers as well as masses of books on the philosophy of mathematics. James Ward was always giving me fresh books on this subject, and each time I returned them, saying that they were very bad books. [...] In the end, but after I had become a Fellow, I got from him two small books,*

neither of which he had read or supposed of any value. They were Georg Cantor's Mannigfaltigkeitslehre, *and Frege's* Begriffsschrift. *These two books at last gave me the gist of what I wanted, but in the case of Frege I possessed the book for years before I could make out what it meant. Indeed, I did not understand it until I had myself independently discovered most of what it contained.*"

Bertrand Russell [84]

Russell beendete sein Studium im Jahr 1894 und nutzte danach die Gelegenheit, in Cambridge ohne Lehrverpflichtungen zu forschen. Im Rahmen dieser Tätigkeit reiste er im Juli 1900 nach Paris. Sein Ziel war der zweite Internationale Mathematikerkongress, den wir in der Retrospektive als einen der wichtigsten Kongresse der Wissenschaftsgeschichte ansehen dürfen. David Hilbert hielt auf dieser Veranstaltung eine wegweisende Rede, die aus einem Ausblick auf das kommende Jahrhundert bestand. In dieser Rede trug er mehrere Probleme vor, die zur damaligen Zeit noch ungelöst, aber für die Mathematik von äußerster Wichtigkeit waren. An zweiter Stelle adressierte er eine Frage, die in einem direkten Bezug zur Gödel'schen Arbeit steht und viele Jahre später durch den zweiten Unvollständigkeitssatz auf eine unerwartete Weise beantwortet wurde. Die Rede ist von der Widerspruchsfreiheit der arithmetischen Axiome:

„*Vor allem aber möchte ich unter den zahlreichen Fragen, welche hinsichtlich der Axiome gestellt werden können, dies als das wichtigste Problem bezeichnen, zu beweisen, dass dieselben untereinander widerspruchslos sind, d. h., dass man aufgrund derselben mittelst einer endlichen Anzahl von logischen Schlüssen niemals zu Resultaten gelangen kann, die miteinander in Widerspruch stehen.*"

David Hilbert [45]

Die arithmetischen Axiome, die Hilbert hier anspricht, sind die Peano-Axiome, die wir in Abschnitt 2.2 im Detail erörtert haben. Giuseppe Peano war selbst ein Teilnehmer des Kongresses und so kam es, dass sich die Wege unserer Protagonisten dort kreuzten. Für Russell war die Begegnung mit Peano ein einschneidendes Erlebnis, das seine wissenschaftliche Zukunft nachhaltig beeinflussen sollte.

„*The Congress was a turning point in my intellectual life, because I there met Peano. I already knew him by name and had seen some of his work, but had not taken the trouble to master his notation. In discussions at the Congress I observed that he was always more precise than anyone else, and that he invariably got the better of any argument upon which he embarked. As the days went by, I decided that this must be owing to his mathematical logic.* [...] *It became clear to me that his notation afforded an instrument of logical analysis such as I had been seeking for years, and that by studying him I was acquiring a new and powerful technique for the work that I had long wanted to do.“*

Bertrand Russell [84]

In den Folgemonaten setze sich Russell intensiv mit Peanos Arbeiten auseinander. Gedanklich war Russell ein Mann der Frege'schen Schule, doch die unzureichenden Ausdrucksmittel hinderten ihn daran, Freges Ideen konsequent weiterzuentwickeln. Die Zusammenkunft mit Peano sollte dies nachhaltig ändern. Urplötzlich hatte Russell eine Symbolsprache an der Hand, mit der er seine Ideen präziser ausdrücken konnte als jemals zuvor; Dinge, die vorher vage und verschwommen wirkten, konnte er nun klar und deutlich sehen. Der Mathematikerkongress in Paris war zu einem Wendepunkt in Russells Leben geworden. Mit ihm begann eine Phase intellektueller Schaffenskraft, an die er sich mit den folgenden Worten erinnerte:

„The Whiteheads stayed with us at Fernhurst, and I explained my new ideas to him. Every evening the discussion ended with some difficulty, and every morning I found that the difficulty of the previous evening had solved itself while I slept. The time was one of intellectual intoxication. My sensations resembled those one has after climbing a mountain in a mist, when, on reaching the summit, the mist suddenly clears, and the country becomes visible for forty miles in every direction. For years, I have been endeavoring to analyze the fundamental notions of mathematics, such as order and cardinal numbers. Suddenly, in the space of a few weeks, I discovered what appeared to be definitive answers to the problems which had baffled me for years. And in the course of discovering these answers, I was introducing a new mathematical technique, by which regions formerly abandoned to the vaguenesses of philosophers were conquered for the precision of exact formulae. Intellectually, the month of September 1900 was the highest point of my life.“

Bertrand Russell [84]

Russell plante, die gewonnenen Erkenntnisse in einem Buch mit dem Titel *The Principles of Mathematics* zu publizieren, und begann im September 1900 mit der Erstellung des Manuskripts. Zu Beginn flossen die Seiten so flink aus seiner Feder, dass zum Winteranfang bereits vier von insgesamt sieben Teilen fertiggestellt waren.

Im Mai 1901 stieß Russell plötzlich auf Probleme:

„I thought the work was nearly finished, but in the month of May I had an intellectual set-back almost as severe as the emotional set-back which I had had in February. Cantor had a proof that there is

no greatest number, and it seemed to me that the number of all the things in the world ought to be the greatest possible. Accordingly, I examined his proof with some minuteness, and endeavored to apply it to the class of all the things there are. This led me to consider those classes which are not members of themselves, and to ask whether the class of such classes is or is not a member of itself. I found that either answer implies its contradictory.“

Bertrand Russell [84]

2.3.1 Satz von Cantor

Russells Probleme wurden durch eine Antinomie verursacht, die wir heute, ihrem Entdecker zu Ehren, als die *Cantor'sche Antinomie* bezeichnen. Sie ereilt uns immer dann, wenn wir zu leichtsinnig mit dem Begriff des aktual Unendlichen umgehen und z. B. die Menge aller Mengen als ein abgeschlossenes Ganzes ansehen.

Dass die Annahme über die Existenz der Menge aller Mengen zu Widersprüchen führt, folgt aus einer grundlegenden Entdeckung, die Georg Cantor bereits gegen Ende des neunzehnten Jahrhunderts machte. Cantor bemerkte, dass die Annahme, eine Menge L habe die gleiche Mächtigkeit (die gleiche *Kardinalität*) wie die Menge

$$M := \{f \mid f : L \to \{0,1\}\},$$

zu einem Widerspruch führt. In Worten ausgedrückt, ist M die Menge aller Funktionen, die L in die Menge $\{0,1\}$ abbilden.

Wir wollen Cantors Gedankengang genauer ansehen und nehmen an, es gäbe eine Bijektion β zwischen den Mengen L und M. Dann könnte M

„in der Form einer eindeutigen Funktion der beiden Veränderlichen x und z: $\varphi(x,z)$ gedacht werden, so dass durch jede Spezialisierung von z ein Element $f(x) = \varphi(x,z)$ von M erhalten wird und auch umgekehrt jedes Element $f(x)$ von M aus $\varphi(x,z)$ durch eine einzige bestimmte Spezialisierung von z hervorgeht.“

Georg Cantor [7]

Cantors Worte entsprechen der folgenden Definition (Abbildung 2.12):

$$\varphi(x,z) := (\beta(z))(x) \quad (x, z \in L)$$

Als nächstes benutzte Cantor das Prinzip der *Diagonalisierung*, um aus $\varphi(x,z)$ eine Funktion mit einer einzigen Veränderlichen zu erzeugen:

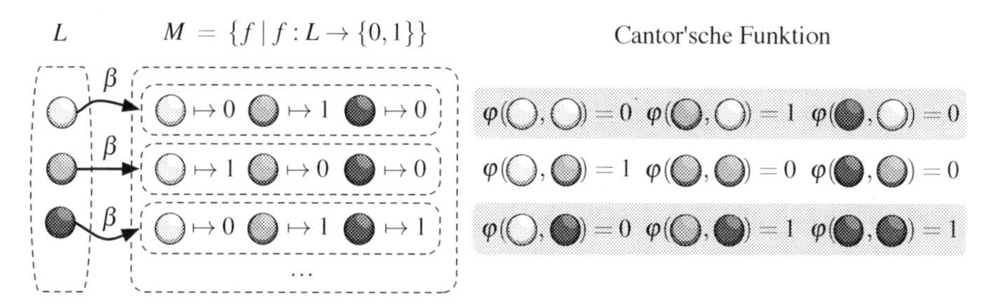

Abb. 2.12 Visualisierung der Cantor'schen Funktion $\varphi(x,z)$.

> *„Denn versteht man unter $g(x)$ diejenige eindeutige Funktion von x, welche nur die Werte 0 oder 1 annimmt und für jeden Wert von x von $\varphi(x,x)$ verschieden ist, [...]“*
>
> Georg Cantor [7]

Mit den uns vertrauten Symbolen können wir dies folgendermaßen aufschreiben (Abbildung 2.13):

$$g(x) := \begin{cases} 0 & \text{falls} \quad \varphi(x,x) = 1 \\ 1 & \text{falls} \quad \varphi(x,x) = 0 \end{cases}$$

Die Elemente $\varphi(x,x)$ sind die *Diagonalemente* der Funktion φ.

Die Definition von $g(x)$ führt unmittelbar zu einem Widerspruch, wie Cantor direkt im Anschluss an das vorherige Zitat anmerkt:

> *„[...] so ist einerseits $g(x)$ ein Element von M, andererseits kann $g(x)$ durch keine Spezialisierung $z = z_0$ aus $\varphi(x,z)$ hervorgehen, weil $\varphi(z_0,z_0)$ von $g(z_0)$ verschieden ist.“*
>
> Georg Cantor [7]

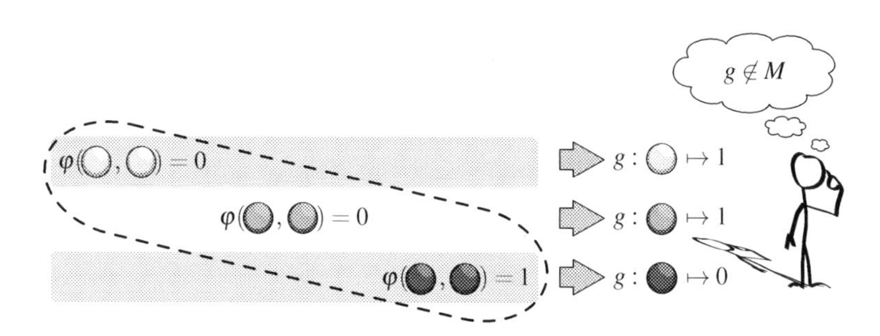

Abb. 2.13 Das Prinzip der Diagonalisierung. Aus den Diagonalelementen $\varphi(x,x)$ wird eine neue Funktion $g(x)$ erzeugt, die sich von jeder Funktion aus M an der Diagonalstelle unterscheidet. Damit liegt $g(x)$ selbst nicht in M.

Das bedeutet, dass wir die Annahme, die Mengen L und M ließen sich bijektiv aufeinander abbilden, fallen lassen müssen.

Wir können das gewonnene Ergebnis sogar noch stärker formulieren. Da sich die Menge L injektiv in die Menge M einbetten lässt, ist M mindestens so mächtig wie L (man wähle als Bildelement von $y \in L$ ganz einfach diejenige Funktion, die y auf 1 und alle anderen Elemente auf 0 abbildet). Damit können wir das Ergebnis in der folgenden Form notieren:

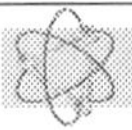

Satz 2.4 (Satz von Cantor, 1892)

Für jede Menge L ist die Menge $\{f \mid f : L \to \{0, 1\}\}$ mächtiger als L.

Diesen Satz hat Georg Cantor in seiner Arbeit aus dem Jahr 1892 bewiesen.

In Lehrbüchern wird der Satz von Cantor zumeist in einer abgewandelten Form präsentiert, die wir uns ebenfalls ansehen wollen.

Die moderne Formulierung basiert auf der Idee, jede Funktion der Form $f : L \to \{0, 1\}$ mit einer Teilmenge von L zu identifizieren. Die Zuordnung gelingt in eineindeutiger Weise, wenn wir in die Teilmenge genau diejenigen Elemente $x \in L$ aufnehmen, für die $f(x)$ den Wert 1 ergibt:

$$f \mapsto \{x \in L \mid f(x) = 1\}$$

Das bedeutet, dass wir die Menge M mit der Menge aller Teilmengen von L identifizieren können. Die Menge aller Teilmengen von L ist die *Potenzmenge* von L, für die im Folgenden das Symbol 2^L verwendet wird.

Damit sind wir in der Lage, Satz 2.4 in sein modernes Gewand zu kleiden:

Satz 2.5 (Satz von Cantor, moderne Formulierung)

Für jede Menge L ist die Potenzmenge 2^L mächtiger als L.

Bewiesen wird der Satz zumeist so: Wären die Mengen L und 2^L gleichmächtig, so müsste eine bijektive Abbildung $\beta : L \to 2^L$ existieren und für jedes Element $x \in L$ einer von zwei Fällen eintreten: Entweder ist x im Bildelement $\beta(x)$ enthalten ($x \in \beta(x)$) oder nicht ($x \notin \beta(x)$). Das bedeutet, dass die Bildmenge 2^L in die beiden Teilmengen

$$\{\beta(x) \mid x \in \beta(x)\} \tag{2.4}$$

$$\{\beta(x) \mid x \notin \beta(x)\} \tag{2.5}$$

zerfällt und jedes Bildelement $\beta(x)$ in der einen oder der anderen Menge enthalten sein muss. Als nächstes wird die Menge

$$G := \{x \in L \mid x \notin \beta(x)\} \tag{2.6}$$

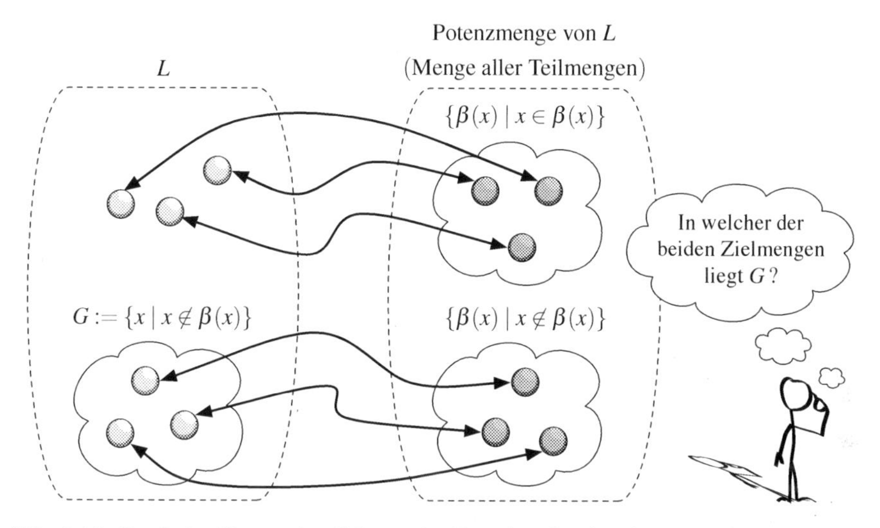

Abb. 2.14 Grafische Veranschaulichung des Beweises für den Satz von Cantor. Gäbe es eine bijektive Abbildung zwischen einer Menge L und ihrer Potenzmenge 2^L, so müsste die Menge G auch ein Bildelement sein und somit in einer der beiden dargestellten Zielmengen vorkommen. Beide Möglichkeiten führen zu einem Widerspruch.

betrachtet. Sie umfasst genau jene Elemente von L, die in die Menge (2.5) abgebildet werden (in Abbildung 2.14 ist dies die Menge rechts unten).

Da β bijektiv ist, muss in L ein Element g existieren mit

$$\beta(g) = G \tag{2.7}$$

Wie für alle Elemente aus L gilt auch für das Element g entweder die Eigenschaft $g \in G$ oder $g \notin G$. Beide Fälle führen aber unmittelbar zu einem Widerspruch:

$$g \in G \overset{(2.6)}{\Rightarrow} g \notin \beta(g) \overset{(2.7)}{\Rightarrow} g \notin G$$
$$g \notin G \overset{(2.6)}{\Rightarrow} g \in \beta(g) \overset{(2.7)}{\Rightarrow} g \in G$$

Daraus folgt, dass es die bijektive Funktion $\beta : L \to 2^L$ nicht geben kann.

Zunächst wirkt die Argumentation völlig anders als jene aus dem Originalbeweis, doch ein zweiter Blick macht schnell deutlich, dass wir den gleichen Wein in anderen Schläuchen vor uns haben. Um dies zu sehen, übertragen wir zunächst die Definition der Cantor'schen Funktion φ in die Teilmengenterminologie:

$$\varphi(x, z) = \begin{cases} 1 & \text{falls } x \in \beta(z) \\ 0 & \text{falls } x \notin \beta(z) \end{cases}$$

Für die Diagonalelemente bedeutet das:

$$\varphi(x,x) = \begin{cases} 1 & \text{falls } x \in \beta(x) \\ 0 & \text{falls } x \notin \beta(x) \end{cases}$$

Damit können wir die Funktion $g(x)$ so formulieren:

$$g(x) = \begin{cases} 0 & \text{falls } x \in \beta(x) \\ 1 & \text{falls } x \notin \beta(x) \end{cases}$$

Das bedeutet, dass $g(x)$ die Teilmenge von L charakterisiert, die genau jene Elemente $x \in L$ enthält, die nicht selbst in der ihr zugewiesenen Teilmenge vorkommen. Diese Menge ist exakt die Menge G, die wir weiter oben in der modernen Beweisvariante verwendet haben. Im Kern beruht somit auch der neue Beweis auf Cantors Diagonalisierung, wenngleich das Prinzip dort nicht so glasklar in Erscheinung tritt wie im Originalbeweis aus dem Jahr 1892.

Alles in allem deckt der Satz von Cantor eine beachtliche Eigenschaft von Potenzmengen auf: Er garantiert uns, dass wir über die Potenzmengenoperation stets zu einer Menge gelangen, die mächtiger ist als die Ausgangsmenge selbst. Das bedeutet, dass es keine *maximale Unendlichkeit* geben kann.

Cantor war dies schon vor 1892 bewusst. Er hatte das Ergebnis erstmals im Jahr 1883 bewiesen, allerdings mit einem Verfahren, das deutlich komplizierter war als seine neu entwickelte Diagonalisierungsmethode.

> *„Ich habe bereits in den ‚Grundlagen einer allgemeinen Mannigfaltigkeitslehre' (Leipzig 1883; Math. Annalen Bd. 21) durch ganz andere Hilfsmittel gezeigt, dass die Mächtigkeiten kein Maximum haben; dort wurde sogar bewiesen, dass der Inbegriff aller Mächtigkeiten, wenn wir letztere ihrer Grösse nach geordnet denken, eine ‚wohlgeordnete Menge' bildet, so dass es in der Natur zu jeder Mächtigkeit eine nächst größere gibt, aber auch auf jede ohne Ende steigende Menge von Mächtigkeiten eine nächst größere folgt."*
>
> Georg Cantor [7]

Aus der Tatsache, dass es keine maximale Unendlichkeit geben kann, folgt im Besonderen, dass wir die *Menge aller Mengen* niemals als abgeschlossenes Ganzes ansehen dürfen. Gäbe es nämlich eine solche Menge, nennen wir sie V, so erhielten wir aufgrund von Satz 2.5 die Beziehung $|V| < |2^V|$. Per Definition sind in V aber alle Elemente aus 2^V enthalten, so dass wir $|2^V| \leq |V|$ folgern könnten. Der entstandene Widerspruch $|V| < |V|$ ist die *Cantor'sche Antinomie*. Sie macht deutlich, dass der gedankliche Zusammenschluss aller Mengen selbst keine Menge ist.

Andere Mengenkonstrukte führen zu ähnlichen Widersprüchen. So bemerkte der italienische Mathematiker Cesare Burali-Forti bereits im Jahr 1897, dass die Menge Ω aller Ordinalzahlen, sofern sie denn existierte, selbst eine Ordinalzahl wäre. Wie alle Ordinalzahlen besäße Ω einen direkten Nachfolger $\Omega + 1$ und würde die Beziehung $\Omega < \Omega + 1$ erfüllen. Die Ordinalzahl $\Omega + 1$ wäre aber per Definition ein Element von Ω und damit kleiner als Ω. Der entstehende Widerspruch $\Omega < \Omega$ ist das *Burali-Forti-Paradoxon*. Es zeigt, dass auch der Zusammenschluss aller Ordinalzahlen zu groß ist, um als geschlossenes Ganzes zu existieren.

Auf ganz ähnliche Weise lässt sich zeigen, dass auch die Menge aller *Kardinalzahlen* nicht existieren kann. Die oben zitierte Textstelle deckt auf, dass Cantor dies im Jahr 1892 noch nicht wusste. Dort bezeichnet er den *„Inbegriff aller Mächtigkeiten“* noch als (wohlgeordnete) Menge.

Dass wir Gefahr laufen, in einem Moment der Unachtsamkeit, Mengen zu bilden, die kein abgeschlossenes Ganzes sind, war für Cantor kein dringliches Problem. Er vertraute auf die mathematische Intuition und glaubte, von Fall zu Fall entscheiden zu können, ob die Definition einer Menge legitim sei oder nicht.

2.3.2 Die Russell'sche Antinomie

Ihr düsteres Gesicht zeigen die Paradoxien dann, wenn wir Mathematik innerhalb eines formalen Systems betreiben und die Beweisführung dadurch auf die mechanische Ebene heben. Dort wacht nicht die mathematische Intuition, sondern das starre Regelwerk als einzige Instanz über die Zulässigkeit eines logischen Schlusses. Damit ist klar, warum Russell die entdeckte Antinomie keinesfalls ignorieren konnte. Er arbeitete daran, die Begriffe und Schlussweisen der klassische Mathematik in einem formalen System nachzubilden, und jeder Widerspruch, der sich auf formalem Weg innerhalb des System herleiten ließe, würde dieses Projekt auf einen Schlag ad absurdum führen.

Am 16. Juni 1902 wandte sich Russell mit seiner Entdeckung schriftlich an Frege. Sein Brief ist in Deutsch geschrieben und in Abbildung 2.15 in seinem ursprünglichen Wortlaut abgedruckt. Nach einer freundlichen Einleitung kommt Russell schnell zur Sache und schildert die entdeckte Antinomie, zunächst in einer logischen und anschließend in einer mengentheoretischen Formulierung. Beide Varianten wollen wir uns ansehen.

Logische Formulierung der Antinomie

Um die logische Variante der Russell'schen Antinomie heraufzubeschwören, benötigen wir spezielle *Prädikatenprädikate* [48], die nur in *Logiken höherer Stufe*

Friday's Hill.
Haslemere.

Den 16 Juni 1902

Sehr geehrter Herr Kollege!

Seit anderthalb Jahren kenne ich Ihre „Grundgesetze der Arithmetik“, aber jetzt erst ist es mir möglich geworden, die Zeit zu finden, für das gründliche Studium, das ich Ihren Schriften zu widmen beabsichtige. Ich finde mich in allen Hauptsachen mit Ihnen in vollem Einklang, besonders in der Verwerfung jedes psychologischen Moments von der Logik, und in der Schätzung einer Begriffsschrift für die Grundlagen der Mathematik und der formalen Logik, welche übrigens kaum zu unterscheiden sind. In vielen einzelnen Fragen finde ich bei Ihnen Diskussionen, Unterscheidungen, und Definitionen, die man vergebens bei anderen Logikern sucht. Besonders über die Funktion (§9 Ihrer Begriffsschrift) bin ich bis ins Einzelne selbstständig zu denselben Ansichten geführt worden. Nur in einem Punkte ist mir eine Schwierigkeit begegnet. Sie behaupten (S. 17) es könne auch die Funktion das unbestimmte Element bilden. Dies habe ich früher geglaubt, jedoch jetzt scheint mir diese Ansicht zweifelhaft, wegen des folgenden Widerspruchs: Sei w das Prädikat, ein Prädikat zu sein, welches von sich selbst nicht prädiziert werden kann. Kann man w von sich selbst prädizieren? Aus jeder Antwort folgt das Gegenteil. Deshalb muss man schließen, dass w kein Prädikat ist. Ebenso gibt es keine Klasse (als Ganzes) derjenigen Klassen, die als Ganze sich selber nicht angehören. Daraus schließe ich, dass unter gewissen Umständen eine definierbare Menge kein Ganzes bildet.
Ich bin im Begriff ein Buch über die Prinzipien der Mathematik zu vollenden, und ich möchte darin Ihr Werk sehr ausführlich besprechen. Ihre Bücher habe ich schon, oder ich kaufe sie bald; aber ich wäre Ihnen sehr dankbar, wenn Sie mir Sonderabdrücke Ihrer Artikel in verschiedenen Zeitschriften schicken könnten. Falls dies aber unmöglich sein sollte, so schaffe ich sie mir aus einer Bibliothek. Die exakte Behandlung der Logik, in den Fundamentalfragen, wo die Symbole versagen, ist sehr zurückgeblieben; bei Ihnen finde ich das Beste, was ich aus unserer Zeit kenne, und deshalb habe ich mir erlaubt, Ihnen mein tiefes Respekt auszudrücken. Es ist sehr zu bedauern, dass Sie nicht dazu gelangt sind, den zweiten Band Ihrer Grundgesetze zu veröffentlichen; hoffentlich wird das noch geschehen.

Mit hochachtungsvollem Grusse,
Ihr ergebenster
Bertrand Russell.

Obiger Widerspruch drückt sich in Peano's Begriffsschrift wie folgt aus:

$$w = \mathrm{cls} \cap x \ni (x \sim \varepsilon\, x) \,.\, \supset :\, w \,\varepsilon\, w \,.=.\, w \sim \varepsilon\, w.$$

Ich habe darüber an Peano geschrieben, aber er bleibt mir eine Antwort schuldig.

Abb. 2.15 Brief von Russell an Frege vom 16. Juni 1902 [29]

vorhanden sind. Sie sind den gewöhnlichen Prädikaten, die dann *Individuenprädikate* heißen, sehr ähnlich, erwarten anstelle von Individuenelementen aber an mindestens einer Argumentstelle ein Prädikat.

In der Tat ist es sehr einfach, Prädikatenprädikate zu definieren. Wir können nahezu jede Formel als die Definition eines solchen ansehen, indem wir die darin vorkommenden Prädikate als freie (Prädikat)variablen auffassen. Beispielsweise sind **T** und **F** mit

$$\mathbf{T}(\mathsf{P}) := \exists \mathsf{x}\, \mathsf{P}(\mathsf{x})$$
$$\mathbf{F}(\mathsf{P}) := \neg\exists \mathsf{x}\, \mathsf{P}(\mathsf{x})$$

zwei einstellige Prädikatenprädikate mit dem Argument P.

Setzen wir in **T** und **F** lediglich Individuenprädikate als Argumente ein, so bleiben wir in sicheren Fahrwassern. Aufmerksamer müssen wir sein, sobald auch Prädikatenprädikate als Argumente zugelassen werden (vgl. [48]). Stellen wir nämlich keinerlei Forderung an die Argumente, dann wären auch die *selbstprädizierenden* Ausdrücke **T**(**T**) und **F**(**F**) wohldefiniert. Wir wollen uns überlegen, was diese Ausdrücke genau bedeuten:

- Die Formel **T**(**T**) entspricht

  $$\exists \mathsf{x}\, \mathbf{T}(\mathsf{x})$$

  und besagt inhaltlich, dass ein Objekt x existiert, auf das **T** zutrifft. Da **T** ein Prädikat als Argument erwartet, können wir dies so formulieren: Es existiert ein Prädikat P, auf das **T** zutrifft:

  $$\exists \mathsf{P}\, \mathbf{T}(\mathsf{P})$$

  Lösen wir die Definition von **T** ein zweites Mal auf, so erhalten wir die nachstehende Formel:

  $$\exists \mathsf{P}\, \exists \mathsf{x}\, \mathsf{P}(\mathsf{x})$$

  Jetzt liest sich die Bedeutung von **T**(**T**) in klaren Worten: Es existieren ein Prädikat P und ein x, so dass $P(x)$ wahr ist. Eine noch kürzere Formulierung ist diese hier: Es gibt ein *erfüllbares* Prädikat. Dies ist eine wahre Aussage.

- Die Formel **F**(**F**) entspricht

  $$\neg\exists \mathsf{x}\, \mathbf{F}(\mathsf{x})$$

  und besagt inhaltlich, dass kein Objekt x existiert, auf das **F** zutrifft. Analog zum ersten Fall können wir dies so formulieren: Es existiert kein Prädikat P, auf das **F** zutrifft:

  $$\neg\exists \mathsf{P}\, \mathbf{F}(\mathsf{P})$$

Auch hier können wir für Klarheit sorgen, indem wir die Definition des Prädikats ein zweites Mal auflösen:

$$\neg\exists \mathsf{P}\ \neg\exists \mathsf{x}\ \mathsf{P}(\mathsf{x})$$

Diese Formel besagt, dass kein Prädikat P existiert, das für kein x wahr ist. Oder, was Dasselbe ist: Es gibt keine *unerfüllbaren* Prädikate. Dies ist eine falsche Aussage.

Bisher verursachen die definierten Prädikate noch keinerlei Probleme: $\mathbf{T}(\mathbf{T})$ ist eine wahre, $\mathbf{F}(\mathbf{F})$ eine falsche Aussage. In stürmische Gewässer gelangen wir dann, wenn wir das Russell'sche Prädikatenprädikat w betrachten:

$$w(\mathsf{P}) := \neg\mathsf{P}(\mathsf{P})$$

In Worten ausgedrückt, trifft w genau auf jene Prädikate P zu, für die $\mathsf{P}(\mathsf{P})$ falsch ist. Somit ist w *„das Prädikat, ein Prädikat zu sein, welches von sich selbst nicht prädiziert werden kann"*. Nach dem oben Gesagten gilt also $w(\mathbf{F})$, nicht aber $w(\mathbf{T})$.

Um die Russell'sche Antinomie herbeizuführen, müssen wir uns lediglich die Frage stellen, ob sich w *„selbst prädiziert"* (☞ $w(w)$) oder nicht (☞ $\neg w(w)$). Tatsächlich *„folgt aus jeder Antwort das Gegenteil"*:

$$\begin{aligned} w(w) &\Rightarrow \neg w(w) \\ \neg w(w) &\Rightarrow \neg\neg w(w) \Rightarrow w(w) \end{aligned}$$

Oder kürzer:

$$w(w) \Leftrightarrow \neg w(w)$$

Dies ist die logische Formulierung der Russell'schen Antinomie.

Mengentheoretische Formulierung der Antinomie

Die mengentheoretische Formulierung der Antinomie ist noch einfacher zu verstehen. In präziser Form beschreibt Russell sie am Ende seines Briefes in Peanos Symbolsprache:

$$w = \mathrm{cls} \cap x \ni (x \sim \varepsilon\, x)\,.\supset: w\,\varepsilon\, w\,.=.\, w \sim \varepsilon\, w.$$

Die Abkürzung ‚cls' steht für *class*. Folgerichtig besagt

$$w = \mathrm{cls},$$

dass w eine Menge ist. Der Ausdruck

$$x \sim \varepsilon\, x$$

bedeutet $x \notin x$, so dass wir die linke Seite der Implikation so formulieren können:

$$w = \{x \mid x \notin x\} \tag{2.8}$$

In Worten ist w die Menge aller Mengen, die sich nicht selbst enthalten. Die Definition von w führt sofort zu einem Widerspruch, wenn wir uns die Frage stellen, ob sich diese Menge selbst enthält oder nicht. Es gilt

$$w \in w \Rightarrow w \notin w$$
$$w \notin w \Rightarrow w \in w$$

Oder kürzer:

$$w \in w \Leftrightarrow w \notin w$$

Dies ist die mengentheoretische Formulierung der Russell'schen Antinomie.

Russells Entdeckung macht unmissverständlich deutlich, *„dass unter gewissen Umständen eine definierbare Menge kein Ganzes bildet."*

In Schutt und Asche

Freges Antwort ließ nicht lange auf sich warten. In seinem Brief vom 22. Juni, der im Originalwortlaut in Abbildung 2.16 wiedergegeben ist, bedankt er sich zunächst eingehend für das Interesse an seiner Arbeit. Anschließend bestätigt er die prinzipielle Richtigkeit von Russells Beobachtung, weist am Ende des Briefs aber höflich darauf hin, dass sich zumindest die logische Formulierung der Russell'schen Antinomie mit seinen Begriffen nicht nachbilden lässt. In der Frege'schen Logik ist die Anwendung eines Prädikats auf sich selbst explizit untersagt, so dass der Ausdruck $\mathsf{P}(\mathsf{P})$ keine wohldefinierte Formel ist.

Gleichwohl gesteht Frege ein, dass seine Logik gegen die mengentheoretische Formulierung der Antinomie nicht immun ist. Die Menge aller Mengen, die sich nicht selbst enthalten, lässt sich tatsächlich definieren, wenn auch nicht so einfach, wie es auf den ersten Blick erscheinen mag. Für Frege war dies ein Desaster. Die Russell'sche Antinomie deckte einen grundlegenden Fehler in seiner Logik auf, der nicht durch kosmetische Korrekturen zu beheben war. Auch der Zeitpunkt der Entdeckung kam denkbar ungelegen. Am Ende seines Antwortschreibens deutet er an, dass er gerade im Begriff war, den zweiten Band der Grundgesetze der Arithmetik fertigzustellen.

Trotz alledem wirkt Frege in seinem Brief erstaunlich offen und gefasst. Es ist wahrscheinlich, dass er erst nach und nach zu verstehen begann, dass die Arbeit, in die er viele Jahre seines Lebens investierte, in Trümmern lag. Und so klingt das Nachwort des zweiten Bands der Grundgesetze schon deutlich pessimistischer als sein eilig verfasster Brief.

Jena, den 22. Juni 1902.

Sehr geehrter Herr Kollege!

Besten Dank für Ihren interessanten Brief vom 16. Juni! Ich freue mich, dass Sie in Vielem mit mir einverstanden sind, und dass Sie die Absicht haben, mein Werk ausführlich zu besprechen. Auf Ihren Wunsch sende ich Ihnen die folgenden Drucksachen [...]

Ich habe einen leeren Umschlag erhalten, dessen Aufschrift von Ihrer Hand zu sein scheint. Ich vermute, dass Sie die Absicht gehabt haben, mir etwas zu schicken, was durch einen Zufall verloren gegangen ist. Ist dies der Fall, so danke ich Ihnen für die liebenswürdige Absicht. Die Vorderseite des Umschlags lege ich bei.

Wenn ich meine Begriffsschrift jetzt wieder lese, finde ich, dass ich in manchen Punkten anderer Ansicht geworden bin, wie Sie aus einer Vergleichung mit meinen Grundgesetzen d. A. ersehen werden. Den mit „Nicht minder erkennt man“ beginnenden Absatz auf S. 7 meiner Begriffsschrift bitte ich zu streichen, da er fehlerhaft ist, was übrigens ohne nachteilige Folgen für den übrigen Inhalt des Büchleins geblieben ist.

Ihre Entdeckung des Widerspruchs hat mich auf's Höchste überrascht und, fast möchte ich sagen, bestürzt, weil dadurch der Grund, auf dem ich die Arithmetik sich aufzubauen dachte, in's Wanken gerät. Es scheint danach, dass die Umwandlung der Allgemeinheit einer Gleichheit in eine Wertverlaufsgleichheit (§9 meiner Grundgesetze) nicht immer erlaubt ist, dass mein Gesetz V (§20. S. 36) falsch ist und dass meine Ausführungen im §31 nicht genügen, in allen Fällen meinen Zeichenverbindungen eine Bedeutung zu sichern. Ich muss noch weiter über die Sache nachdenken. Sie ist um so ernster, als mit dem Wegfall meines Gesetzes V nicht nur die Grundlage meiner Arithmetik, sondern die einzig mögliche Grundlage der Arithmetik überhaupt zu versinken scheint. Und doch, sollte ich denken, muss es möglich sein, solche Bedingungen für die Umwandlung der Allgemeinheit einer Gleichheit in eine Wertverlaufsgleichheit aufzustellen, dass das Wesentliche meiner Beweise erhalten bleibt. Jedenfalls ist Ihre Entdeckung sehr merkwürdig und wird vielleicht einen grossen Fortschritt in der Logik zur Folge haben, so unerwünscht sie auf den ersten Blick auch scheint.

Übrigens scheint mir der Ausdruck „Ein Prädikat wird von sich selbst prädiziert“ nicht genau zu sein. Ein Prädikat ist in der Regel eine Funktion erster Stufe, die als Argument einen Gegenstand verlangt und also nicht sich selbst als Argument (Subjekt) haben kann. Ich möchte also lieber sagen: „Ein Begriff wird von seinem eigenen Umfange prädiziert“. Wenn die Function $\phi(\epsilon)$ ein Begriff ist, so bezeichne ich dessen Umfang (oder die zugehörige Klasse) durch $\grave{\epsilon}\phi(\epsilon)$ (die Berechtigung hierzu ist mir nun freilich zweifelhaft geworden). In $\phi(\grave{\epsilon}\phi(\epsilon))$ oder $\grave{\epsilon}\phi(\epsilon) \cap \grave{\epsilon}\phi(\epsilon)$ haben wir dann die Prädizierung des Begriffes $\phi(\epsilon)$ von seinem eigenen Umfange. Der zweite Band meiner Grundgesetze soll demnächst erscheinen. Ich werde ihm wohl einen Anhang geben müssen, in dem Ihre Entdeckung gewürdigt wird. Wenn ich nur erst den richtigen Gesichtspunkt dafür hätte!

Mit hochachtungsvollem Grusse,
Ihr ergebenster
G. Frege.

Abb. 2.16 Antwort von Frege an Russell vom 22. Juni 1902 [29]

„Einem wissenschaftlichen Schriftsteller kann kaum etwas Unerwünschteres begegnen, als daß ihm nach Vollendung einer Arbeit eine der Grundlagen seines Baues erschüttert wird.
In diese Lage wurde ich durch einen Brief des Herrn Bertrand Russell versetzt, als der Druck dieses Bandes sich seinem Ende näherte. Es handelt sich um mein Grundgesetz (V). Ich habe mir nie verhehlt, daß es nicht so einleuchtend ist, wie die anderen, und wie es eigentlich von einem logischen Gesetz verlangt werden muß. [...] Ich hätte gerne auf diese Grundlage verzichtet, wenn ich irgendeinen Ersatz dafür gehabt hätte.“

Gottlob Frege [23, 26]

Auf den ersten Blick ist gar nicht so leicht zu erkennen, wie sich die Russell'sche Antinomie aus Freges Grundgesetz V herleiten lässt. Sehen wir also genauer hin!

Als erstes müssen wir herausfinden, wie die Eigenschaft der Selbstinklusion innerhalb der Frege'schen Logik beschrieben werden kann. Um hierfür den richtigen Ansatz zu wählen, werfen wir zunächst einen Blick auf die Konsequenzen, die sich aus den Beziehungen $x \in x$ bzw. $x \notin x$ ergeben:

- 1. Fall: $x \in x$
  Ist P das Prädikat, das genau auf diejenigen Objekte zutrifft, die in x enthalten sind, dann gilt
  $$x = \{y \mid P(y)\}$$
  oder, was Dasselbe ist:
  $$x = \grave{\epsilon}P(\epsilon)$$
  Wegen $x \in x$ gilt auch $P(x)$, und somit ist die folgende Formel wahr:
  $$\forall \mathsf{P}\ (\mathsf{x} = \grave{\epsilon}\mathsf{P}(\epsilon) \to \mathsf{P}(\mathsf{x}))$$
- 2. Fall: $x \notin x$
  In diesem Fall existiert ein Prädikat, das für alle Elemente aus x wahr ist, nicht aber für x selbst. Das bedeutet, dass die folgende Formel eine wahre Aussage ist:
  $$\exists \mathsf{P}\ (\mathsf{x} = \grave{\epsilon}\mathsf{P}(\epsilon) \wedge \neg\mathsf{P}(\mathsf{x}))$$
  Dies ist das Gleiche wie
  $$\neg\forall \mathsf{P}\ (\mathsf{x} = \grave{\epsilon}\mathsf{P}(\epsilon) \to \mathsf{P}(\mathsf{x}))$$

Voilà! Über die Definition

$$\mathsf{W}(\mathsf{x})\ :\Leftrightarrow\ \neg\forall \mathsf{P}\ (\mathsf{x} = \grave{\epsilon}\mathsf{P}(\epsilon) \to \mathsf{P}(\mathsf{x}))$$

erhalten wir ein Prädikat, das genau auf jene Mengen zutrifft, die sich nicht selbst enthalten. Folgerichtig ist

$$\grave{\epsilon}\mathsf{W}(\epsilon) \ = \ \{\mathsf{y} \mid \mathsf{W}(\mathsf{y})\}$$

die Russell'sche Menge w. Sie umfasst genau jene Mengen, die sich nicht selbst als Element enthalten.

Als Nächstes werfen wir einen erneuten Blick auf Freges Grundgesetz V aus Abbildung 2.3. Aus ihm folgt, wenn wir für $\mathfrak{a}$ den Ausdruck $\grave{\epsilon}\mathsf{W}(\epsilon)$ einsetzen, diese Beziehung:

$$\grave{\epsilon}\mathsf{W}(\epsilon) = \grave{\epsilon}\mathsf{Q}(\epsilon) \rightarrow (\mathsf{W}(\grave{\epsilon}\mathsf{W}(\epsilon)) \leftrightarrow \mathsf{Q}(\grave{\epsilon}\mathsf{W}(\epsilon)))$$

Diese Formel können wir in die folgende, abgeschwächte Form bringen:

$$\mathsf{W}(\grave{\epsilon}\mathsf{W}(\epsilon)) \rightarrow (\grave{\epsilon}\mathsf{W}(\epsilon) = \grave{\epsilon}\mathsf{Q}(\epsilon) \rightarrow \mathsf{Q}(\grave{\epsilon}\mathsf{W}(\epsilon)))$$

Da Q in dieser Formel für ein beliebiges Prädikat steht, können wir in Freges Logik den folgenden Schluss ziehen:

$$\mathsf{W}(\grave{\epsilon}\mathsf{W}(\epsilon)) \rightarrow \forall \mathsf{P}\ (\grave{\epsilon}\mathsf{W}(\epsilon) = \grave{\epsilon}\mathsf{P}(\epsilon) \rightarrow \mathsf{P}(\grave{\epsilon}\mathsf{W}(\epsilon))) \tag{2.9}$$

Ein gezielter Blick auf diese Formel macht klar, dass wir es quasi durch die Hintertür geschafft haben, das Prädikat W ein zweites Mal in die Formel einzuschleusen; die rechte Seite der Implikation entspricht jetzt nämlich genau dem Ausdruck $\neg\mathsf{W}(\grave{\epsilon}\mathsf{W}(\epsilon))$. Demnach ist Formel (2.9) genau das Gleiche wie

$$\mathsf{W}(\grave{\epsilon}\mathsf{W}(\epsilon)) \rightarrow \neg\mathsf{W}(\grave{\epsilon}\mathsf{W}(\epsilon)) \tag{2.10}$$

Andererseits folgt aus der Definition des Allquantors die Beziehung

$$\forall \mathsf{P}\ (\grave{\epsilon}\mathsf{W}(\epsilon) = \grave{\epsilon}\mathsf{P}(\epsilon) \rightarrow \mathsf{P}(\grave{\epsilon}\mathsf{W}(\epsilon))) \rightarrow (\grave{\epsilon}\mathsf{W}(\epsilon) = \grave{\epsilon}\mathsf{W}(\epsilon) \rightarrow \mathsf{W}(\grave{\epsilon}\mathsf{W}(\epsilon)))$$

$\grave{\epsilon}\mathsf{W}(\epsilon) = \grave{\epsilon}\mathsf{W}(\epsilon)$ ist immer wahr, so dass wir diese Formel zu

$$\forall \mathsf{P}\ (\grave{\epsilon}\mathsf{W}(\epsilon) = \grave{\epsilon}\mathsf{P}(\epsilon) \rightarrow \mathsf{P}(\grave{\epsilon}\mathsf{W}(\epsilon))) \rightarrow \mathsf{W}(\grave{\epsilon}\mathsf{W}(\epsilon))$$

vereinfachen können. Die linke Seite entspricht $\neg\mathsf{W}(\grave{\epsilon}\mathsf{W}(\epsilon))$, und wir erreichen

$$\neg\mathsf{W}(\grave{\epsilon}\mathsf{W}(\epsilon)) \rightarrow \mathsf{W}(\grave{\epsilon}\mathsf{W}(\epsilon)) \tag{2.11}$$

(2.10) und (2.11) ergeben zusammen den Widerspruch, den wir gesucht haben:

$$\neg\mathsf{W}(\grave{\epsilon}\mathsf{W}(\epsilon)) \leftrightarrow \mathsf{W}(\grave{\epsilon}\mathsf{W}(\epsilon)) \tag{2.12}$$

In Worten: Die Menge aller Mengen, die sich nicht selbst enthalten, ist genau dann in sich selbst enthalten, wenn sie es nicht ist. Eine unhaltbare Situation! So harmlos das fünfte Grundgesetz auch wirken mag: Es öffnet ein Einfallstor für die Russell'sche Antinomie, die Freges Logik als widersprüchlich entlarvt.

Anders als z. B. Cantor, der schon Jahre zuvor auf ähnliche Paradoxien gestoßen war, hatte Frege die Gefahr auf Anhieb erkannt. Für ihn war klar, dass wir uns bei der Frage, ob eine mathematische Definition eine aktual existente Menge beschreibt, nicht auf unsere Intuition berufen dürfen. Ein klares Regelwerk musste her, doch nach der Entdeckung der Antinomie hatte Frege keinerlei Vorstellung davon, wie ein solches aussehen könne. Im Nachwort der Grundgesetze bringt er seine Hilflosigkeit aufrichtig auf den Punkt:

> *„Und noch jetzt sehe ich nicht ein, wie die Arithmetik wissenschaftlich begründet werden könne, wie die Zahlen als logischer Gegenstand gefasst und in die Betrachtung eingeführt werden können, wenn es nicht – bedingungsweise wenigstens – erlaubt ist, von einem Begriffe zu seinem Umfange überzugehen. Darf ich immer von dem Umfange eines Begriffes, von einer Klasse sprechen? Und wenn nicht, woran erkennt man die Ausnahmefälle?“*
>
> Gottlob Frege [23, 26]

Frege konnte die Probleme nicht lösen, und wie die Jahre verstrichen, verwandelte sich seine Zuversicht allmählich in Resignation. Als später auch noch seine Frau verstarb, verfiel er in eine tiefe Depression, von der er sich zeitlebens nicht mehr erholte. Die Trümmer seines Lebenswerks vor Augen, schreibt er:

> *„Ich habe die Meinung aufgeben müssen, daß die Arithmetik ein Zweig der Logik sei und daß demgemäß in der Arithmetik alles rein logisch bewiesen werden müsse.“*
>
> Gottlob Frege [27, 28]

In einem Tagebucheintrag äußert er seine Enttäuschung in ganz ähnlicher Weise:

> *„Meine Anstrengungen, über das ins Klare zu kommen, was man Zahl nennen will, haben zu einem Misserfolg geführt. Man lässt sich gar zu leicht durch die Sprache irreführen.“*
>
> Gottlob Frege [27, 28]

Auch Russell stand dem Problem der Antinomien zunächst ratlos gegenüber, und so beschloss er notgedrungen, *The Principles of Mathematics* ohne eine befriedigende Lösung zu publizieren [81]:

> *„Trivial or not, the matter was a challenge. Throughout the latter half of 1901 I supposed the solution would be easy, but by the end of that time I had concluded that it was a big job. I therefore decided to finish* The Principles of Mathematics, *leaving the solution in abeyance.“*
>
> Bertrand Russell [84]

Im Gegensatz zu Frege glaubte Russell fest daran, die Antinomien aus der Mengenlehre verdrängen zu können. Es war offensichtlich, dass die herbeigeführten Widersprüche durch die Konstruktion von Inbegriffen entstehen, die gewissermaßen zu groß sind, um als abgeschlossenes Ganzes einen Sinn zu ergeben.

De facto war die Elimination der Antinomien eine Operation am offenen Herzen. Einerseits galt es, die zugrundeliegende Logik so zu beschneiden, dass sich selbstbezügliche Aussagen der Russell'schen Bauart nicht mehr formulieren ließen. Andererseits musste der chirurgische Eingriff den Patienten am Leben erhalten, d. h. die Logik musste in einer Form belassen werden, die ausdrucksstark genug ist, um die Begriffe und Schlussweisen der klassischen Mathematik abzubilden. Rückblickend schildert Russell die Ereignisse der Jahre 1903 und 1904 so:

> *„I was trying hard to solve the contradictions mentioned above. Every morning I would sit down before a blank sheet of paper. Throughout the day, with a brief interval for lunch, I would stare at the blank sheet. Often when evening came it was still empty.* [...] *the two summers of 1903 and 1904 remain in my mind as a period of complete intellectual deadlock. It was clear to me that I could not get on without solving the contradictions, and I was determined that no difficulty should turn me aside from the completion of* Principia Mathematica, *but it seemed quite likely that the whole of the rest of my life might be consumed in looking at that blank sheet of paper."*
>
> Bertrand Russell [84]

2.3.3 Typentheorie

1906 gelang Russell der Durchbruch. In jenem Jahr entwickelte er mit der *Ramified type theory* (*Verzweigten Typentheorie*) ein effektives Bollwerk gegen die Paradoxien der Mengenlehre. Die Typentheorie wurde von Russell erstmals in der 1908 erschienenen Arbeit *Mathematical logic as based on the theory of types* beschrieben; bekannt geworden ist sie aber vor allem durch ihre Verwendung in den *Principia Mathematica*. Russell schreibt:

> *„The following theory of symbolic logic recommended itself to me in the first instance by its ability to solve certain contradictions, of which the one best known to mathematicians is Burali-Forti's concerning the greatest ordinal."*
>
> Bertrand Russell [82]

Danach folgt eine detaillierte Analyse der wichtigsten bis dato entdeckten Antinomien. Russell führt aus, dass sämtliche Antinomien, so unterschiedlich sie in ihrer äußeren Erscheinung auch sind, eine entscheidende Eigenschaft teilen: die *Selbstreferenz*.

> „*In all the above contradictions (which are merely selections from an indefinite number) there is a common characteristic, which we may describe as self-reference or reflexiveness.* [...] *In each contradiction something is said about* all *cases of some kind, and from what is said a new case seems to be generated, which both is and is not of the same kind as the cases of which* all *were concerned in what was said*“
>
> Bertrand Russell [82]

Im dritten Abschnitt legt er den Grundgedanken seiner Typentheorie offen:

> „*A* type *is defined as the range of significance of a propositional function, i. e., as the collection of arguments for which the said function has values.*“
>
> Bertrand Russell [82]

Russells umgangssprachliche Beschreibung deckt sich mit dem gedanklichen Konstrukt, das wir auch heute mit dem Typenbegriff verbinden: Ein Typ bestimmt den Wertebereich, aus dem die Argumente eines Prädikats oder einer Funktion schöpfen.

In seiner allgemeinsten Form ist der Typenbegriff gar kein neuer Gedanke. Bereits Euklid unterschied streng zwischen Punkten und Geraden und etablierte auf diese Weise ein rudimentäres Typensystem.

Russell benutzte die Typisierung, um gewisse Ausdrücke, die sich im Rahmen der erlaubten syntaktischen Mittel niederschreiben ließen, als unzulässig zu erklären. In diesem Sinne sollte das Typensystem als Filter agieren, der potenziell paradoxe Formeln auf der syntaktischen Ebene eliminiert. Nach der eingehenden Analyse der Antinomien entschied er, ausnahmslos alle Formeln aus der Logik zu verbannen, die sich in irgendeiner Weise selbst referenzieren. In [82] hat Russell diesen Grundgedanken in Form eines Leitsatzes formuliert, den er selbst als *vicious circle principle* bezeichnet:

> „*The division of objects into types is necessitated by the reflexive fallacies which otherwise arise. These fallacies, as we saw, are to be avoided by what may be called the 'vicious-circle principle'; i. e., 'no totality can contain members defined in terms of itself'. This principle, in our technical language, becomes: 'Whatever contains an apparent variable must not be a possible value of that variable.' Thus whatever contains an apparent variable must be of a different type from the possible values of that variable; we will say that it is of* higher *type. Thus the apparent variables contained in an expression*

are what determines its type. This is the guiding principle in what follows.“

Bertrand Russell [82]

Um selbstreferenzierende Formeln aus der Logik zu verdrängen, formulierte Russell zwei hierarchische Ordnungen. Werden diese miteinander kombiniert, so entsteht das verzweigte Typensystem der *Principia Mathematica* (vgl. [57]).

Die erste Hierarchie entsteht durch die Forderung, dass die Argumente eines Prädikats stets einen geringeren Typ aufweisen müssen als das Prädikat selbst. Auf der untersten Ebene dieser Hierarchie stehen die *Individuenobjekte*. Sie sind die gedanklichen Gegenstände, über denen wir eine logische Formel interpretieren, und bilden zusammen den *Grundbereich* oder das *Universum* einer Interpretation. In Gödels System P, das wir ausführlich in Kapitel 4 besprechen, sind die Individuenobjekte die natürlichen Zahlen.

Darüber stehen die *Individuenprädikate* (Prädikate *erster Stufe*), deren Argumente Individuenelemente sind. Danach folgen Prädikate *zweiter Stufe*, die an mindestens einer Argumentstelle ein Individuenprädikat erwarten, und so setzt sich diese Hierarchie in das Unendliche fort.

In den *Principia Mathematica* ist das Typensystem umgangssprachlich beschrieben, und den Autoren gelingt es nicht immer, sämtliche Interpretationsspielräume zu eliminieren. Heute existieren für den Typenbegriff formale Definitionen, und eine solche wollen wir nun ansehen:

Definition 2.1 (Einfache Typen (*simple types*))

Die Menge der (*einfachen*) *Typen* ist rekursiv definiert:

- i und () sind Typen.
- Sind $\tau_1, \ldots, \tau_n$ Typen, so ist auch $(\tau_1, \ldots, \tau_n)$ ein Typ.

i und () sind die *Basistypen*, die sich über die angegebene Rekursionsregel zu komplexen Typen kombinieren lassen. Durch die sukzessive Anwendung der Bildungsregeln lassen sich unter anderem die folgenden Typen erzeugen:

$$\mathsf{i}; (); (\mathsf{i}); (\mathsf{i},\mathsf{i}); (\mathsf{i},\mathsf{i},\mathsf{i}); (()); ((\mathsf{i},\mathsf{i})); ((\mathsf{i}),(\mathsf{i})); ((\mathsf{i},\mathsf{i}),(\mathsf{i}),\mathsf{i}); \ldots$$

i ist der Typ der Individuenobjekte und () der Typ der aussagenlogischen Variablen, die wir formal als nullstellige Individuenprädikate ansehen dürfen. Damit ist auch die Bedeutung der Ausdrücke (i), (i, i) und (i, i, i) klar: Sie sind der Typ von einstelligen, zweistelligen und dreistelligen Individuenprädikaten. Die Bedeutung der anderen Typen ergibt sich analog. Beispielsweise ist ((i), i) der Typ eines Prädikats zweiter Stufe, das an seiner ersten Argumentstelle ein einstelliges Individuenprädikat und an seiner zweiten Argumentstelle ein Individuenelement erwartet.

Bringen wir die n freien Variablen einer Formel φ in eine definierte Ordnung, so können wir φ auf naheliegende Weise einen Typ zuordnen. Steht die erste freie Variable für ein Objekt vom Typ τ_1, die zweite für ein Objekt vom Typ τ_2 und so fort, dann ist $(\tau_1, \ldots, \tau_n)$ der Typ von φ.

Die nachstehenden Beispiele bringen Klarheit:

$$\varphi_1(\underbrace{\mathsf{x}}_{\mathsf{i}}) := (\mathsf{x} = \mathsf{x}) \qquad ☞\ \mathrm{Typ}(\varphi_1) = (\mathsf{i})$$

$$\varphi_2(\underbrace{\mathsf{P}}_{()}) := (\mathsf{P} \vee \neg\mathsf{P}) \qquad ☞\ \mathrm{Typ}(\varphi_2) = (())$$

$$\varphi_3(\underbrace{\mathsf{x}}_{\mathsf{i}}) := \forall\,\mathsf{P}\ (\mathsf{P}(\mathsf{x}) \vee \neg\mathsf{P}(\mathsf{x})) \qquad ☞\ \mathrm{Typ}(\varphi_3) = (\mathsf{i})$$

$$\varphi_4(\underbrace{\mathsf{P}}_{(\mathsf{i},\mathsf{i})}) := \forall\,\mathsf{x}\,\forall\,\mathsf{y}\ (\mathsf{P}(\mathsf{x},\mathsf{y}) \to \mathsf{P}(\mathsf{y},\mathsf{x})) \qquad ☞\ \mathrm{Typ}(\varphi_4) = ((\mathsf{i},\mathsf{i}))$$

$$\varphi_5(\underbrace{\mathsf{P}}_{(\mathsf{i})}, \underbrace{\mathsf{Q}}_{(\mathsf{i})}) := \forall\,\mathsf{x}\ (\mathsf{P}(\mathsf{x}) \to \mathsf{Q}(\mathsf{x})) \qquad ☞\ \mathrm{Typ}(\varphi_5) = ((\mathsf{i}),(\mathsf{i}))$$

$$\varphi_6(\underbrace{\mathsf{P}}_{(\mathsf{i},\mathsf{i})}, \underbrace{\mathsf{Q}}_{(\mathsf{i})}, \underbrace{\mathsf{y}}_{\mathsf{i}}) := \exists\,\mathsf{x}\ (\mathsf{P}(\mathsf{x},\mathsf{y}) \vee \mathsf{Q}(\mathsf{x})) \qquad ☞\ \mathrm{Typ}(\varphi_6) = ((\mathsf{i},\mathsf{i}),(\mathsf{i}),\mathsf{i})$$

Lassen wir jetzt nur noch die Niederschrift wohltypisierter Ausdrücke zu, so sind selbstbezügliche Formeln wie z. B. $\mathsf{P}(\mathsf{P})$ erfolgreich aus der Logik verdrängt.

Russell war sich unsicher, ob diese Art der Typisierung wirklich ausreicht, um sämtliche Antinomien fernzuhalten, und so entschied er sich dafür, ein zusätzliches Sicherheitsnetz einzuziehen. Um seine Beweggründe zu verstehen, richten wir unser Augenmerk auf die dritte der oben benutzten Beispielformeln:

$$\varphi_3(\mathsf{x}) \ := \ \forall\,\mathsf{P}\ (\mathsf{P}(\mathsf{x}) \vee \neg\mathsf{P}(\mathsf{x})) \tag{2.13}$$

Der Typ von φ_3 ist (i), da die einzige freie Variable x eine Individuenvariable ist. Innerhalb der Formel finden wir einen Allquantor vor, der eine Aussage über alle einstelligen Individuenprädikate macht, die ebenfalls vom Typ (i) sind. Das bedeutet, dass innerhalb der Formel über genau jene Objekte quantifiziert wird, zu denen die Formel selbst gehört, aber genau dies darf nach dem *vicious circle principle* nicht sein.

Um Selbstbezüge dieser Art zu verhindern, führte Russell eine zweite Hierarchie ein, die Formeln anhand ihrer syntaktischen Struktur unterscheidet und zusammen mit der ersten Hierarchie zur *verzweigten Typentheorie* führt. Russell etablierte die zweite Hierarchie, indem er jeder Formel eine Ordnungszahl zuwies, die unabhängig von ihrer ersten Hierarchiestufe ist. Zusätzlich schränkte er die Ausdrucksstärke der Quantoren ein. Diese durften ab jetzt nicht mehr über beliebige Objekte, sondern nur über Objekte einer gewissen Ordnung quantifizieren. Eine in diesem Sinne gestaltete Formel ist diese hier:

$$\forall\,\mathsf{P}^3\ (\mathsf{P}(\mathsf{x}) \vee \neg\mathsf{P}(\mathsf{x})) \tag{2.14}$$

Hier macht der Allquantor nicht mehr über alle Individuenprädikate eine Aussage, sondern nur noch über die Individuenprädikate der Ordnung 3. Die Formel selbst erhält die Ordnungszahl, die um 1 größer ist als alle in ihr genannten Ordnungszahlen. In unseren Beispiel ist dies die Zahl 4. Da die Ordnungszahl einer Formel per Definition größer ist als alle Ordnungszahlen, auf die sich die Quantoren beziehen, kann ein Selbstbezug, wie er in (2.13) vorhanden ist, nicht mehr entstehen.

Die verzweigte Typentheorie löste das Problem der Selbstreferenz mit harter Hand, und dies hatte gravierende Folgen. Insbesondere die zweite Hierarchie beschnitt die Ausdrucksfähigkeit der Logik in einem so hohen Maße, dass sich etliche mathematische Sachverhalte nur noch umständlich oder gar nicht mehr formulieren ließen. Russell war sich des Dilemmas bewusst und entschied sich, eine Reihe der eingeführten Beschränkung durch die Hinzunahme eines speziellen *Reduzibilitätsaxioms* wieder aufzuweichen. Das Ergebnis war eine Theorie, die zwar funktionierte, aber künstlich war. Von der Schönheit und Eleganz, nach der Mathematiker von jeher streben, war die verzweigte Typentheorie meilenweit entfernt. Im Vorwort der zweiten Auflage der *Principia Mathematica* weisen Russell und Whitehead selbst auf diesen Umstand hin. Sie schreiben über das Reduzibilitätsaxiom:

> *This axiom has a purely pragmatic justification: it leads to the desired results, and to no others. But clearly it is not the sort of axiom with which we can rest content.*
>
> Bertrand Russell, Alfred North Whitehead [93]

Eine bedeutende Vereinfachung hat die Russell'sche Logik später durch die Arbeiten von Frank Plumpton Ramsey erfahren. Der britische Mathematiker hatte gezeigt, dass die zweite Hierarchie nur zur Vermeidung sogenannter *semantischer Paradoxien* beiträgt, die durch eine Vermischung der Objekt- und der Metaebene entstehen [75]. Wird, wie es heute üblich ist, streng zwischen einer formalen Sprache und der zugehörigen Metasprache unterschieden, so verschwinden auch die semantischen Paradoxien. Damit hatte Ramsey gezeigt, dass die zweite Hierarchieebene zur Vermeidung der Antinomien gar nicht benötigt wird, und dies ist auch der Grund, warum die verzweigte Typentheorie in der Gödel'schen Arbeit an keiner Stelle erwähnt wird. In Kapitel 4 werden Sie sehen, dass Gödels System P auf einem primitiven Typensystem basiert, das mit dem hier erworbenen Vorwissen mühelos zu verstehen ist.

Auch wenn die Typentheorie in ihrer ursprünglichen Form kaum noch eine Rolle spielt, dürfen wir keinesfalls ihre historische Bedeutung übersehen. Mit ihr hatte Russell die Grundlage für ein Forschungsgebiet geschaffen, das im Laufe der Jahre viele neue Erkenntnisse lieferte. Stimulierende Impulse hat die Typentheorie insbesondere in der zweiten Hälfte des zwanzigsten Jahrhunderts durch die aufkeimende Informatik erhalten. In diesem Bereich wurden verschiedene

Typensysteme entwickelt, die eine wichtige Rolle in der Theorie der Programmiersprachen, im Compilerbau und in der Hardware- und Software-Verifikation spielen [52]. Der Leser, der sich intensiver mit den modernen Ausprägungen dieses Forschungsgebiets beschäftigen möchte, sei auf die sehr ausführliche Darstellung in [57] verwiesen.

2.3.4 Die Logik der Principia

Mit der verzweigten Typentheorie hatte Russell den Weg für eines der wichtigsten Werke der mathematischen Weltliteratur geebnet: die *Principia Mathematica.*

> *„After [I discovered the theory of types] it only remained to write the book out. Whitehead's teaching work left him not enough leisure for this mechanical job. I worked at it from ten to twelve hours a day for about eight month in the year, from 1907 to 1910."*
>
> Bertrand Russell [84]

Was Russell und Whitehead in mehrjähriger Arbeit zu Papier brachten, ist eine axiomatische Begründung für wichtige Teilgebiete der klassischen Mathematik. Dass die *Principia Mathematica* kein gewöhnliches Buch sind, wird bereits beim Aufschlagen sichtbar. Die beiden Autoren haben ihr monumentales Werk mit Tausenden und Abertausenden symbolischer Definitionen und Ableitungssequenzen gefüllt, die nur gelegentlich durch erklärende Textpassagen unterbrochen werden. Die Beispielseite in Abbildung 2.17 verdeutlicht, in welch außergewöhnlichem Stil dieses Werks verfasst ist.

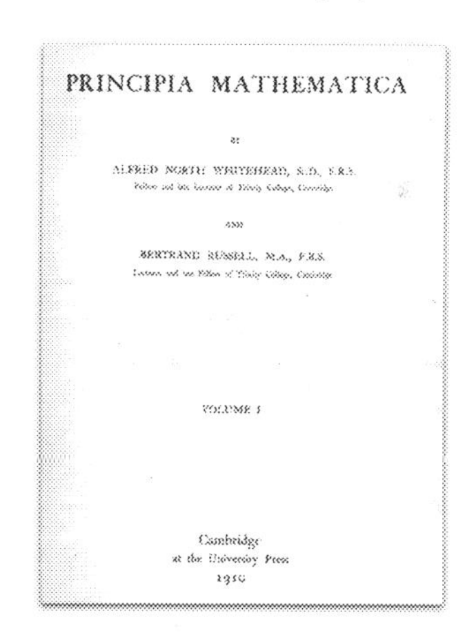
PRINCIPIA MATHEMATICA

ALFRED NORTH WHITEHEAD, Sc.D., F.R.S.

BERTRAND RUSSELL, M.A., F.R.S.

VOLUME I

Cambridge
at the University Press
1910

Insgesamt erstrecken sich die *Principia Mathematica* über mehr als 1800 Seiten und sind in drei Bände aufgeteilt. Der erste Band erschien im Jahr 1910, der zweite und der dritte folgten in den Jahren 1912 und 1913. Band I beginnt mit einer längeren Erklärung über die Ziele und Methoden der *Principia Mathematica* und geht mit einer umgangssprachlichen Einführung in die Typentheorie weiter. Danach folgt mit *Part I* der für uns wichtigste Teil. Er enthält eine Beschreibung der mathematischen Logik und ist in fünf Abschnitte aufgeteilt (*Section A* bis *Section E*). In Abschnitt A entwickeln Russell und Whitehead zunächst die aussagenlogische Komponente ihrer Logik und erweitern diese anschließend in Abschnitt B zu einer typisierten Prädikatenlogik.

SECTION A] CARDINAL COUPLES 379

$*54{\cdot}42$. $\vdash :: \alpha \epsilon 2 . \supset :. \beta \subset \alpha . \exists ! \beta . \beta \neq \alpha . \equiv . \beta \epsilon \iota``\alpha$

Dem.

$\vdash . *54{\cdot}4 . \supset \vdash :: \alpha = \iota`x \cup \iota`y . \supset :.$

$\beta \subset \alpha . \exists ! \beta . \equiv : \beta = \Lambda . \vee . \beta = \iota`x . \vee . \beta = \iota`y . \vee . \beta = \alpha : \exists ! \beta :$

$[*24{\cdot}53{\cdot}56 . *51{\cdot}161] \quad \equiv : \beta = \iota`x . \vee . \beta = \iota`y . \vee . \beta = \alpha \quad (1)$

$\vdash . *54{\cdot}25 . \text{Transp} . *52{\cdot}22 . \supset \vdash : x \neq y . \supset . \iota`x \cup \iota`y \neq \iota`x . \iota`x \cup \iota`y \neq \iota`y :$

$[*13{\cdot}12] \quad \supset \vdash : \alpha = \iota`x \cup \iota`y . x \neq y . \supset . \alpha \neq \iota`x . \alpha \neq \iota`y \quad (2)$

$\vdash . (1) . (2) . \supset \vdash :: \alpha = \iota`x \cup \iota`y . x \neq y . \supset :.$

$\beta \subset \alpha . \exists ! \beta . \beta \neq \alpha . \equiv : \beta = \iota`x . \vee . \beta = \iota`y :$

$[*51{\cdot}235] \quad \equiv : (\exists z) . z \epsilon \alpha . \beta = \iota`z :$

$[*37{\cdot}6] \quad \equiv : \beta \epsilon \iota``\alpha \quad (3)$

$\vdash . (3) . *11{\cdot}11{\cdot}35 . *54{\cdot}101 . \supset \vdash . \text{Prop}$

$*54{\cdot}43$. $\vdash :. \alpha , \beta \epsilon 1 . \supset : \alpha \cap \beta = \Lambda . \equiv . \alpha \cup \beta \epsilon 2$

Dem.

$\vdash . *54{\cdot}26 . \supset \vdash :. \alpha = \iota`x . \beta = \iota`y . \supset : \alpha \cup \beta \epsilon 2 . \equiv . x \neq y .$

$[*51{\cdot}231] \quad \equiv . \iota`x \cap \iota`y = \Lambda .$

$[*13{\cdot}12] \quad \equiv . \alpha \cap \beta = \Lambda \quad (1)$

$\vdash . (1) . *11{\cdot}11{\cdot}35 . \supset$

$\vdash :. (\exists x, y) . \alpha = \iota`x . \beta = \iota`y . \supset : \alpha \cup \beta \epsilon 2 . \equiv . \alpha \cap \beta = \Lambda \quad (2)$

$\vdash . (2) . *11{\cdot}54 . *52{\cdot}1 . \supset \vdash . \text{Prop}$

From this proposition it will follow, when arithmetical addition has been defined, that $1 + 1 = 2$.

Abb. 2.17 Die vielleicht bekannteste Seite der Principia Mathematica. Sie zeigt, wie die arithmetische Beziehung $1 + 1 = 2$ aus der formal entwickelten Ordinalzahltheorie abgeleitet werden kann.

Axiome werden in der *Principia Mathematica* als *Primitive propositions* bezeichnet und mit Pp abgekürzt.

Die aussagenlogischen Axiome der *Principia* sind in Abbildung 2.18 zu sehen. Sie lassen sich, mit Ausnahme des ersten Axioms, mühelos in die moderne Schreibweise übersetzen:

$$\text{Taut}: \ (\mathsf{p} \vee \mathsf{p}) \rightarrow \mathsf{p} \qquad \text{(PM.2)}$$

$$\text{Add}: \ \mathsf{q} \rightarrow (\mathsf{p} \vee \mathsf{q}) \qquad \text{(PM.3)}$$

$$\text{Perm}: \ (\mathsf{p} \vee \mathsf{q}) \rightarrow (\mathsf{q} \vee \mathsf{p}) \qquad \text{(PM.4)}$$

$$\text{Assoc}: \ \mathsf{p} \vee (\mathsf{q} \vee \mathsf{r}) \rightarrow \mathsf{q} \vee (\mathsf{p} \vee \mathsf{r}) \qquad \text{(PM.5)}$$

$$\text{Sum}: \ (\mathsf{q} \rightarrow \mathsf{r}) \rightarrow (\mathsf{p} \vee \mathsf{q} \rightarrow \mathsf{p} \vee \mathsf{r}) \qquad \text{(PM.6)}$$

The following are the primitive propositions employed in the calculus of propositions. The letters "Pp" stand for "primitive proposition."

(1) Anything implied by a true premiss is true Pp.

This is the rule which justifies inference.

(2) $\vdash : p \vee p . \supset . p$ **Pp,**

***i.e.* if *p* or *p* is true, then *p* is true.**

(3) $\vdash : q . \supset . p \vee q$ **Pp,**

***i.e.* if *q* is true, then *p* or *q* is true.**

(4) $\vdash : p \vee q . \supset . q \vee p$ **Pp,**

***i.e.* if *p* or *q* is true, then *q* or *p* is true.**

(5) $\vdash : p \vee (q \vee r) . \supset . q \vee (p \vee r)$ **Pp,**

***i.e.* if either *p* is true or "*q* or *r*" is true, then either *q* is true or "*p* or *r*" is true.**

(6) $\vdash :. q \supset r . \supset : p \vee q . \supset . p \vee r$ **Pp,**

***i.e.* if *q* implies *r*, then "*p* or *q*" implies "*p* or *r*."**

Abb. 2.18 Aussagenlogische Axiome der *Principia Mathematica* [92]

Anders als Frege, der in seinen Axiomen die Negation ‚$\neg$' und die Implikation ‚$\rightarrow$' verwendete, griffen Russell und Whitehead für die Formulierung ihrer Axiome auf die Disjunktion ‚$\vee$' und die Implikation ‚$\rightarrow$' zurück.

Die Klartextnamen „Taut", „Add", „Perm", „Assoc" und „Sum" stammen ebenfalls aus den *Principia*. Dort werden die Axiome zumeist über diese Namen referenziert und nicht über deren Nummern.

Das erste Axiom wurde von Russell und Whitehead nur umgangssprachlich formuliert und klingt auf den ersten Blick wenig aussagekräftig: *„Anything implied by a true premiss is true"*. Auf den zweiten Blick wird klar, dass sich hinter dieser Formulierung eine altbekannte Schlussregel verbirgt: der Modus ponens. Etwas präziser drücken sich Russell und Whitehead auf Seite 99 aus; dort formulieren sie die Modus-ponens-Schlussregel in einer prädikatenlogischen Variante:

$*$1·11. When ϕx can be asserted, where x is a real variable, and $\phi x \supset \psi x$ can be asserted, where x is a real variable, then ψx can be asserted, where x is a real variable. Pp.

Als nächstes wollen wir die Logik der *Principia* in Aktion erleben und zu diesem Zweck eine Reihe ausgewählter Beweise aus dem 1. Band ansehen.

Principia Mathematica, 1. Band, Seite 104:

$*$2·05. $\vdash :. q \supset r . \supset : p \supset q . \supset . p \supset r$

Dem.

$$\left[\text{Sum}\ \frac{\sim p}{p}\right] \vdash :. q \supset r . \supset : \sim p \vee q . \supset . \sim p \vee r \qquad (1)$$

$$[(1).(*1\cdot 01)] \vdash :. q \supset r . \supset : p \supset q . \supset . p \supset r$$

Der Beweis von Theorem $*$**2.05** setzt sich aus zwei Herleitungsschritten zusammen. Im ersten Schritt wird eine Instanz des 6. Axioms (Sum) gebildet, indem der Platzhalter p durch $\sim p$ ersetzt wird. Im zweiten Schritt wird die Disjunktion entsprechend der Definition

$$*1\cdot 01. \quad p \supset q . = . \sim p \vee q \quad \text{Df.}$$

durch den Implikationsoperator ersetzt. Befreien wir die Formeln vom Staub ihrer altbackenen Notation, so kommt tatsächlich ein trivialer Beweis zum Vorschein:

	$(q \to r) \to ((p \to q) \to (p \to r))$		**$*$2.05**
1.	$\vdash$	$(q \to r) \to ((\neg p \vee q) \to (\neg p \vee r))$	(PM.6)
2.	$\vdash$	$(q \to r) \to ((p \to q) \to (p \to r))$	(Def)

Die nächsten beiden Beweise sind kaum schwerer zu verstehen und liefern mit $*$**2.1** ein prominentes aussagenlogisches Theorem als Ergebnis: den *Satz vom ausgeschlossenen Dritten* (engl. *law of excluded middle*, lat. *tertium non datur*).

Principia Mathematica, 1. Band, Seite 105:

$*$2·08. $\vdash . p \supset p$

Dem.

$$\left[*2\cdot 05\ \frac{p \vee p,\ p}{q,\ \ r}\right] \vdash :: p \vee p . \supset . p : \supset :. p . \supset . p \vee p : \supset . p \supset p \qquad (1)$$

$$[\text{Taut}] \quad \vdash : p \vee p . \supset . p \qquad (2)$$

$$[(1).(2).*1\cdot 11] \quad \vdash :. p . \supset . p \vee p : \supset . p \supset p \qquad (3)$$

$$[2\cdot 07] \quad \vdash : p . \supset . p \vee p \qquad (4)$$

$$[(3).(4).*1\cdot 11] \quad \vdash . p \supset p$$

$*$2·1. $\vdash . \sim p \vee p \quad [\text{Id} . (*1\cdot 01)]$

Übersetzen wir die Punktsymbole mithilfe der Peano'schen Regeln in Klammern und tauschen die Symbole ‚$\sim$' und ‚$\supset$' durch ‚$\neg$' bzw. ‚$\to$' aus, so erscheinen die Herleitungssequenzen in diesem Gewand:

$p \to p$			**∗2.08**
1.	$\vdash$	$((p \lor p) \to p) \to ((p \to (p \lor p)) \to (p \to p))$	(∗2.05)
2.	$\vdash$	$(p \lor p) \to p$	(PM.2)
3.	$\vdash$	$(p \to (p \lor p)) \to (p \to p)$	(MP, 2,1)
4.	$\vdash$	$p \to (p \lor p)$	(PM.3)
5.	$\vdash$	$p \to p$	(MP, 4,3)

$\neg p \lor p$			**∗2.1**
1.	$\vdash$	$p \to p$	(∗2.08)
2.	$\vdash$	$\neg p \lor p$	(Def)

In Abschnitt B der *Principia Mathematica* führen Russell und Whitehead den *Allquantor* ‚$\forall$' und den *Existenzquantor* ‚$\exists$' ein und ergänzen den Vorrat an Axiomen um eine Reihe prädikatenlogischer Grundpropositionen. Unter den zahlreichen Definitionen, die zu Beginn dieses Abschnitts gegeben werden, befinden sich auch diese hier:

Principia Mathematica, 1. Band, Seite 135

∗9·03. $(x) . \phi x . \lor . p : = . (x) . \phi x \lor p$ Df
∗9·04. $p . \lor . (x) . \phi x : = . (x) . p \lor \phi x$ Df
∗9·05. $(\exists x) . \phi x . \lor . p : = . (\exists x) . \phi x \lor p$ Df
∗9·06. $p . \lor . (\exists x) . \phi x : = . (\exists x) . p \lor \phi x$ Df
∗9·07. $(x) . \phi x . \lor . (\exists y) . \psi y : = : (x) : (\exists y) . \phi x \lor \psi y$ Df
∗9·08. $(\exists y) . \psi y . \lor . (x) . \phi x : = : (x) : (\exists y) . \psi y \lor \phi x$ Df

Die ersten vier Definition bringen die bekannte Tatsache zum Ausdruck, dass sich der Wirkungsbereich eines Quantors in einer disjunktiv verknüpften Formel auf diejenigen Formelbestandteile einschränken lässt, in denen die quantifizierte Variable *frei* vorkommt. In der modernen Prädikatenlogik ist dieser Sachverhalt ebenfalls formalisiert, allerdings nicht in Form einer Definition, sondern in Form eines Axioms:

$$\forall \xi \, (\varphi \lor \psi) \to (\varphi \lor \forall \xi \, \psi) \quad (\text{für alle } \varphi \text{ mit } \xi \notin \varphi) \tag{2.15}$$

Die Schreibweise $\xi \notin \varphi$ drückt hier aus, dass die Variable ξ in φ nicht frei vorkommt. Das bedeutet, dass sich jedes der Vorkommen von ξ, falls es überhaupt welche gibt, im Wirkungsbereich eines Quantors befindet. In den modernen Formulierungen der Prädikatenlogik ist dieses Axiom ausreichend, um die anderen Varianten der Quantorenverschiebung herzuleiten.

Auf der nächsten Seite folgen weitere Axiome:

Principia Mathematica, 1. Band, Seite 136

***9·1.** $\vdash : \phi x \,.\, \supset .\, (\exists z) \,.\, \phi z$ Pp

***9·11.** $\vdash : \phi x \lor \phi y \,.\, \supset .\, (\exists z) \,.\, \phi z$ Pp

Von Bedeutung ist hier vor allem die Proposition ***9.1**. Weiter unten werden wir zeigen, wie sie sich in ein bekanntes Axiom der modernen Prädikatenlogik umformen lässt.

Ein genauso wichtiges Axiom ist dieses hier:

Principia Mathematica, 1. Band, Seite 137

$\vdash : [\phi y] \,.\, \supset .\, (x) \,.\, \phi x$ Pp.

Die eckigen Klammern besitzen eine besondere Bedeutung, auf die Russell und Whitehead auf S. 137 ausdrücklich hinweisen:

> „[...] *if we put*
>
> $$‚\vdash :\phi y. \supset .(x).\phi x‘$$
>
> *that means: ‚However y may be chosen, ϕy implies $(x).\phi x$‘ which is in general false. What we mean is: ‚If ϕy is true however y may be chosen, then $(x).\phi x$ is true.‘ But we have not supplied a symbol for the mere* hypothesis *of what is* asserted *in ‚$\vdash .\phi y$‘, where y is a real variable, and it is not worth while to supply a symbol, because it would be very rarely required. If for the moment, we use the symbol $[\phi y]$ to express this hypothesis, then our primitive proposition is*
>
> $$\vdash :[\phi y]. \supset .(x).\phi x \quad Pp.$$ “

Direkt nach der Definition dieses Axioms weisen Russell und Whitehead auf dessen eigentliche Bedeutung hin: Es wird in den Principia zur Deduktion neuer Theoreme genutzt:

> „*In practice, this proposition is only used for* inference, *not for implication. [...] This process will be called ‘turning a real variable into an apparent variable.’* “

Als Schlussregel nimmt das Axiom die folgende Gestalt an:

$$\frac{\varphi}{\forall x\, \varphi} \qquad \text{(G)}$$

(G) ist neben dem Modus ponens die zweite Schlussregel der modernen Prädikatenlogik und wird dort als *Generalisierungsregel* bezeichnet.

Der letzte Beweis, den wir in diesem Abschnitt betrachten, ist dieser hier:

Principia Mathematica, 1. Band, Seite 138

***9·2.** $\vdash : (x) . \phi x . \supset . \phi y$

The above proposition states the principle of deduction from the general to the particular, *i.e.* " what holds in all cases, holds in any one case."

Dem.

$\vdash . *2 \cdot 1 . \supset \vdash . \sim\phi y \vee \phi y$		(1)
$\vdash . *9 \cdot 1 . \supset \vdash : \sim\phi y \vee \phi y . \supset . (\exists x) . \sim\phi x \vee \phi y$		(2)
$\vdash . (1) . (2) . *1 \cdot 11 . \supset \vdash . (\exists x) . \sim\phi x \vee \phi y$		(3)
$[(3).(*9 \cdot 05)]$	$\vdash : (\exists x) . \sim\phi x . \vee . \phi y$	(4)
$[(4).(*9 \cdot 01 . *1 \cdot 01)]$	$\vdash : (x) . \phi x . \supset . \phi y$	

Auch diese Sequenz können wir problemlos in eine moderne Form bringen:

$\forall x\, \phi(x) \rightarrow \phi(y)$		***9.2**
1.	$\vdash \neg\phi(y) \vee \phi(y)$	(*2.1)
2.	$\vdash \neg\phi(y) \vee \phi(y) \rightarrow \exists x\, (\neg\phi(x) \vee \phi(y))$	(*9.1)
3.	$\vdash \exists x\, (\neg\phi(x) \vee \phi(y))$	(MP, 1,2)
4.	$\vdash \exists x\, \neg\phi(x) \vee \phi(y)$	(*9.05, 3)
5.	$\vdash \neg\forall x\, \phi(x) \vee \phi(y)$	(Def)
6.	$\vdash \forall x\, \phi(x) \rightarrow \phi(y)$	(Def)

Dieses Theorem finden wir in der modernen Prädikatenlogik in ganz ähnlicher Form unter den Axiomen wieder:

$$\forall \xi\, \varphi \rightarrow \varphi[\xi \leftarrow \sigma] \quad \text{(für jede kollisionsfreie Substitution)} \qquad (2.16)$$

In (2.16) wird das Einsetzen des Arguments σ durch eine syntaktische Substitution simuliert, d. h., jedes freies Vorkommen der Variablen ξ wird textuell durch die Zeichensequenz σ ausgetauscht. Auf diese Weise kann es passieren, dass eine Variable, die in φ frei vorkommt, nach der Ersetzung in den Wirkungsbereich eines Quantors gerät. Solche *Kollisionen* können zu inhaltlich falschen Formeln führen und müssen daher explizit verboten werden. In Abschnitt 4.1.2 werden wir den Substitutionsbegriff in aller Ausführlichkeit besprechen und die korrekte Verwendung des Axioms an einer Reihe von Beispielen demonstrieren.

Die Axiome, Definitionen, Theoreme und Schlussregeln, die wir exemplarisch aus den *Principia Mathematica* entnommen haben, waren nicht zufällig gewählt. Schreiben wir sie, wie in Tabelle 2.1 geschehen, nebeneinander auf, so erhalten wir ein Axiomensystem, wie es in modernen Lehrbüchern für die Begründung

Tab. 2.1 Ein vollständiges Axiomensystem für die Prädikatenlogik erster Stufe.

Axiome	
$(\varphi \vee \varphi) \rightarrow \varphi$	(PM.2)
$\psi \rightarrow (\varphi \vee \psi)$	(PM.3)
$(\varphi \vee \psi) \rightarrow (\psi \vee \varphi)$	(PM.4)
$(\psi \rightarrow \chi) \rightarrow (\varphi \vee \psi \rightarrow \varphi \vee \chi)$	(PM.6)
$\forall \xi\, \varphi \rightarrow \varphi[\xi \leftarrow \sigma]$ (für jede kollisionsfreie Substitution)	(2.16)
$\forall \xi\, (\varphi \vee \psi) \rightarrow (\varphi \vee \forall \xi\, \psi)$ (für alle φ mit $\xi \notin \varphi$)	(2.15)

Schlussregeln			
$\dfrac{\varphi, \varphi \rightarrow \psi}{\psi}$	(MP)	$\dfrac{\varphi}{\forall \xi\, \varphi}$	(G)

der Prädikatenlogik erster Stufe benutzt wird. Lediglich die aussagenlogischen Axiome sind manchmal andere, da viele zeitgenössische Autoren die in Abschnitt 2.1.2 vorgestellten Axiome von Łukasiewicz präferieren.

Dass Sie Russells fünftes Axiom (Assoc) in der Tabelle vergeblich suchen, ist übrigens kein Fehler. Im Jahr 1926 gelang Hilberts Schüler Paul Bernays der Nachweis, dass die aussagenlogischen Axiome der *Principia* nicht unabhängig voneinander sind und das fünfte Axiom aus den anderen formal hergeleitet werden kann. In Abschnitt 4.3 werden wir die Herleitungssequenz offenlegen.

Alles in allem haben die Überlegungen in diesem Abschnitt gezeigt, dass sich hinter der klobigen Typentheorie ein bekannter Logikkern verbirgt. Sämtliche Axiome und Schlussregeln, die zur Begründung der modernen Prädikatenlogik herangezogen werden, lassen sich in den *Principia Mathematica* in derselben oder einer ähnlichen Form wiederfinden. Es ist lediglich die antiquierte Notation, die uns diese Verwandtschaft nicht auf Anhieb erkennen lässt.

In der Retrospektive können wir sagen, dass Russell und Whitehead die formale Mathematik populär gemacht haben; sie führten mit den *Principia Mathematica* eindrucksvoll vor Augen, wie präzise und ausdrucksstark die Prädikatenlogik wirklich ist.

Unweigerlich wirft dies die Frage auf, ob den Studierenden heute empfohlen werden soll, die 1800 Seiten im Rahmen ihrer Ausbildung durchzuarbeiten. Die Antwort lautet nein. Hierzu ist die Logik der *Principia* in vielerlei Hinsicht zu unausgereift, als dass sie moderne Lehrbücher ersetzen könnte, und die klobige Typentheorie spielt in der modernen Logik ohnehin keine Rolle mehr.

Dennoch sind die *Principia Mathematica* auch heute noch von Bedeutung. Russell und Whitehead haben darin gezeigt, dass sich die klassische Mathematik tatsächlich so weit formalisieren lässt, dass das Führen eines Beweises auf die symbolische Manipulation von Zeichenketten reduziert werden kann. Besonders bemerkenswert ist die Tatsache, dass die Autoren ihre Methode nicht nur exemplarisch an ausgewählten Beispielen demonstrierten, sondern in einer akribischen Fleißarbeit auf große Teile der Mathematik angewandt haben. In diesem Sinne halten wir mit den über 1800 Seiten der Principia einen empirischen Beweis für die Grundauffassung der Formalisten und Logizisten in Händen, dass sich die Begriffe und Schlussweisen der gewöhnlichen Mathematik auf die symbolischen Beschreibungsmittel formaler Systeme abbilden lassen. Die *Principia Mathematica* zeigten, dass die formale Mathematik funktioniert, und genau dies ist ihre eigentliche Bedeutung.

2.4 Axiomatische Mengenlehre

Die nächste Station unserer Reise ist Berlin, wo am 27. Juli 1871 Ernst Friedrich Ferdinand Zermelo geboren wurde. Sein Vater, Theodor Zermelo, war Gymnasialprofessor und hatte zusammen mit seiner Frau Maria Auguste sechs Kinder. Ernst war der einzige Sohn und wuchs mit einer älteren und vier jüngeren Schwestern in einem bildungsnahen Umfeld auf. Zermelos Leben wurde von mehreren Schicksalsschlägen geprägt. Den ersten musste er im Alter von sieben Jahren verkraften, als seine Mutter nach der Geburt seiner jüngsten Schwester verstarb. Ein weiterer ereilte ihn 1889 kurz vor seiner Abiturprüfung. In jenem Jahr verloren er und seine Schwestern ihren Vater und blieben als Waisen zurück. Finanziell hatten die Eltern vorgesorgt, doch das Vormundschaftsgericht verfügte, dass der größte Teil des Vermögens für die Versorgung der jüngeren Schwestern aufgewendet werden müsse. Zermelo hatte Glück im Unglück. Aufgrund seiner exzellenten schulischen Leistungen wurden ihm zwei Stipendien gewährt, so dass er sich noch

Ernst Zermelo [56]
(1871 – 1953)

im selben Jahr als Student an der Berliner Friedrich-Wilhelm-Universität, der heutigen Humboldt-Universität, einschreiben konnte.

Zermelo war vielseitig interessiert und hörte Vorlesungen in Mathematik, Physik und Philosophie. Einen Teil der Studiensemester leistete er, den damaligen Gepflogenheiten entsprechend, an anderen Universitäten ab. So kam es, dass er an der Universität Halle-Wittenberg, eher zufällig, eine Vorlesung bei jenem Mann hörte, dessen wissenschaftliches Werk eine maßgebliche Rolle in seinem Leben spielen sollte: Georg Cantor. Die Mengenlehre gehörte damals noch nicht zu Zermelos Interessengebieten und spielte auch in der besagten Vorlesung gar keine Rolle; Cantor referierte seinerzeit über elliptische Funktionen.

Nach seiner Promotion im Jahr 1894 arbeitete Zermelo zunächst als Assistent von Max Planck am Berliner Institut für theoretische Physik. Im Jahr 1897 wechselte er nach Göttingen, um sich erneut dem Studium der Mathematik zu widmen. Die traditionsreiche Universitätsstadt bot Zermelo ein exzellentes Arbeitsumfeld und war unter dem Einfluss von David Hilbert auf dem Weg, zum weltweit führenden Zentrum der Mathematik aufzusteigen. Im Sommersemester 1898 beschäftigte sich Zermelo zum ersten Mal intensiv mit der Mengenlehre, zum Einen in einer Vorlesung von Arthur Schoenflies und zum Anderen in einem Seminar von Felix Klein [18]. Im Jahr 1899 habilitierte sich Zermelo in statistischer Mechanik und arbeitete anschließend an der Universität als Privatdozent. Es war der Einfluss von David Hilbert, der das Interesse des angewandten Mathematikers allmählich zu den Grundlagen der Mathematik verschob. Zermelo schreibt in [101]:

> *„Schon vor 30 Jahren, als ich Privatdozent in Göttingen war, begann ich unter dem Einflusse D. Hilberts, dem ich überhaupt das meiste in meiner wissenschaftlichen Entwickelung zu verdanken habe, mich mit den Grundlagenfragen der Mathematik zu beschäftigen, insbesondere aber mit den grundlegenden Problemen der Cantorschen Mengenlehre, die mir in der damals so fruchtbaren Zusammenarbeit der Göttinger Mathematiker erst in ihrer vollen Bedeutung zum Bewußtsein kamen. Es war damals die Zeit, wo die ‚Antinomien', die scheinbaren ‚Widersprüche' in der Mengenlehre, die allgemeinste Aufmerksamkeit auf sich zogen und berufene wie unberufene Federn zu den kühnsten wie zu den ängstlichsten Lösungsversuchen veranlaßten."*
>
> Ernst Zermelo, 1930

Unter anderem wurde Zermelos Aufmerksamkeit auf ein Problem gelenkt, das Hilbert zu den dringlichsten Grundlagenfragen auserkoren hatte und das Mathematiker bis heute fesselt: die *Kontinuumshypothese*.

2.4.1 Kontinuumshypothese

Hinter der *Kontinuumshypothese* (engl. *continuum hypothesis*, kurz CH) verbirgt sich eine Vermutung von Georg Cantor, die einen Zusammenhang zwischen der Mächtigkeit einer Menge M und der Mächtigkeit ihrer Potenzmenge 2^M postuliert. Um ihre exakte Formulierung zu verstehen, erinnern wir uns zunächst an den *Satz von Cantor*, den wir auf Seite 72 bewiesen haben. Er besagt, dass die Potenzmenge 2^M mächtiger ist als M selbst. Beginnen wir beispielsweise mit der Menge $\mathbb{N}$ der natürlichen Zahlen und bilden wieder und wieder die Potenzmenge, so garantiert uns der Satz von Cantor die folgende Hierarchie:

$$|\mathbb{N}| < |2^{\mathbb{N}}| < |2^{2^{\mathbb{N}}}| < |2^{2^{2^{\mathbb{N}}}}| < |2^{2^{2^{2^{\mathbb{N}}}}}| < \ldots$$

Cantor bezeichnete die Mächtigkeiten von unendlichen Mengen mit dem hebräischen Buchstaben Aleph ($\aleph$). Die kleinste Unendlichkeit entspricht der Mächtigkeit (der *Kardinalität*) der natürlichen Zahlen und wird mit der *Kardinalzahl* $\aleph_0$ bezeichnet. Eine kleinere Unendlichkeit als $|\mathbb{N}|$ kann es nicht geben, da sich alle unendlichen Teilmengen von $\mathbb{N}$ bijektiv auf $\mathbb{N}$ abbilden lassen. Die nächstgrößere Unendlichkeit wird mit der Kardinalzahl $\aleph_1$ bezeichnet und so fort. Besitzt eine Menge M die Kardinalität $\aleph_n$, so bezeichnet $2^{\aleph_n}$ die Kardinalität der Potenzmenge 2^M.

Es lässt sich leicht zeigen, dass die Menge $\mathbb{R}$ der reellen Zahlen die gleiche Mächtigkeit besitzt wie die Potenzmenge der natürlichen Zahlen, d. h., es gilt die Beziehung

$$|\mathbb{R}| = |2^{\mathbb{N}}| = 2^{\aleph_0} \tag{2.17}$$

Die Menge der reellen Zahlen ist also mächtiger als die Menge der natürlichen Zahlen. Cantor beschäftigte sich intensiv mit der Frage, ob sich zwischen den Mengen $\mathbb{N}$ und $\mathbb{R}$ weitere Unendlichkeiten verbergen. In einem Brief an Richard Dedekind vom 11. Juli 1877 äußert er die Vermutung, dass dies nicht der Fall ist:

> *„Darnach würden die linearen Mannigfaltigkeiten aus zwei Klassen bestehen, von denen die erste alle Mannigfaltigkeiten in sich faßt, welche sich auf die Form: functio ips. ν (wo ν alle positiven Zahlen durchläuft) bringen lassen; während die zweite Klasse alle diejenigen Mannigfaltigkeiten in sich aufnimmt, welche auf die Form: functio ips. x (wo x alle reellen Werte ≥ 0 und ≤ 1 annehmen kann) zurückführbar sind. Entsprechend diesen beiden Klassen würden daher bei den unendlichen linearen Mannigfaltigkeiten nur zweierlei Mächtigkeiten vorkommen; die genauere Untersuchung dieser Frage verschieben wir auf eine spätere Gelegenheit.“*
>
> Georg Cantor [16]

Würde Cantor seine Hypothese heute äußern, hätte er wahrscheinlich einen Wortlaut ähnlich diesem hier verwendet:

> *„Jede unendliche Teilmenge der reellen Zahlen besitzt die Mächtigkeit der natürlichen Zahlen oder die Mächtigkeit der reellen Zahlen."*

In einer noch kürzeren Formulierung lautet seine Hypothese so:

> *„Es gibt keine Menge M mit $|\mathbb{N}| < |M| < |\mathbb{R}|$."*

Wäre die Kontinuumshypothese wahr, so befänden sich die reellen Zahlen an zweiter Position ($\aleph_1$) in der unendlich langen Liste der Unendlichkeiten. Symbolisch können wir die Vermutung in der Form

$$|\mathbb{R}| \stackrel{?}{=} \aleph_1 \qquad (2.18)$$

ausdrücken und mithilfe von (2.17) folgendermaßen umschreiben:

$$2^{\aleph_0} \stackrel{?}{=} \aleph_1$$

Indem wir diese Gleichung zu

$$2^{\aleph_n} \stackrel{?}{=} \aleph_{n+1} \qquad (2.19)$$

verallgemeinern, erhalten wir die *verallgemeinerte Kontinuumshypothese* (engl. *generalized continuum hypothesis*, kurz GCH). Sie besagt in Worten, dass die Potenzmengenoperation lückenlos von einer Unendlichkeit zur nächsten führt (Abbildung 2.19).

Die Kontinuumshypothese beschäftigte Cantor bis zu seinem Lebensende. Einige Male glaubte er sich im Besitz eines Beweises, andere Male dachte er, die Hypothese widerlegt zu haben. Doch immer wieder tauchten Fehler auf, die seinen schon sicher geglaubten Erfolg zunichte machten. So sehr er sich auch bemühte, es blieb ihm zu Lebzeiten verwehrt, dieses große Rätsel der Mengenlehre zu lüften.

Für Hilbert war die Klärung der Kontinuumshypothese von so hoher Dringlichkeit, dass er sie in seiner Rede auf dem zweiten Internationalen Mathematikerkongresses in Paris an prominenter Stelle erwähnte. Sie rangiert an Position 1 seiner berühmten Liste ungelöster Probleme:

> *„Zwei Systeme, d. h. zwei Mengen von gewöhnlichen reellen Zahlen (oder Punkten) heißen nach Cantor äquivalent oder von gleicher Mächtigkeit, wenn sie zu einander in eine derartige Beziehung gebracht werden können, daß einer jeden Zahl der einen Menge eine und nur eine bestimmte Zahl der anderen Menge entspricht. Die Untersuchungen von Cantor über solche Punktmengen machen einen*

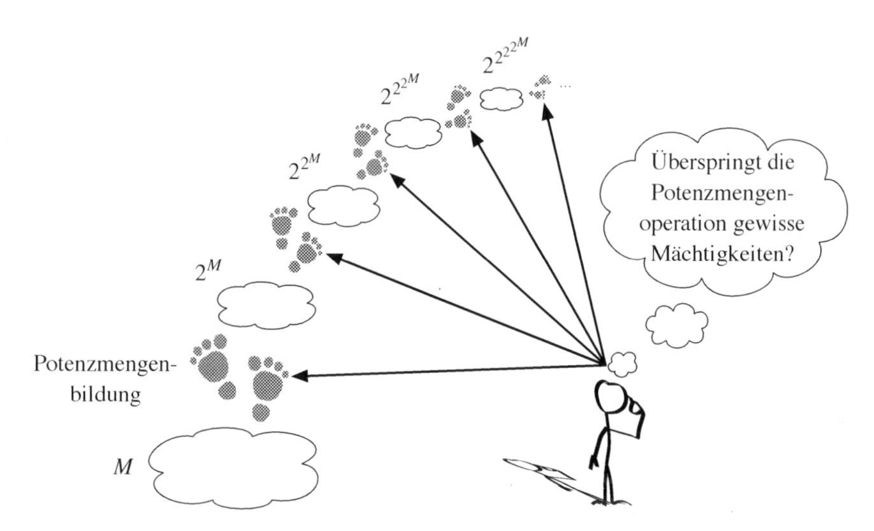

Abb. 2.19 Die allgemeine Kontinuumshypothese besagt, dass die Potenzmengenoperation, während sie von einer Unendlichkeit zur nächsten springt, keine Unendlichkeiten auslässt.

> *Satz sehr wahrscheinlich, dessen Beweis jedoch trotz eifrigster Bemühungen bisher noch Niemandem gelungen ist; dieser Satz lautet: ‚Jedes System von unendlich vielen reellen Zahlen d. h. jede unendliche Zahlen- (oder Punkt)menge ist entweder der Menge der ganzen natürlichen Zahlen 1, 2, 3, ... oder der Menge sämmtlicher reellen Zahlen und mithin dem Continuum, d. h. etwa den Punkten einer Strecke aequivalent; im Sinne der Aequivalenz giebt es hiernach nur zwei Zahlenmengen, die abzählbare Menge und das Continuum.' Aus diesem Satz würde zugleich folgen, daß das Continuum die nächste Mächtigkeit über die Mächtigkeit der abzählbaren Mengen hinaus bildet; der Beweis dieses Satzes würde mithin eine neue Brücke schlagen zwischen der abzählbaren Menge und dem Continuum."*
>
> David Hilbert, Paris, 1900 [45]

2.4.2 Wohlordnungssatz

Von ebenso großem Interesse sind für uns die Worte, die Hilbert an das obige Zitat anfügte. Wir hören deshalb weiter zu:

> *„Es sei noch eine andere sehr merkwürdige Behauptung Cantors erwähnt, die mit dem genannten Satze in engstem Zusammenhange steht und die vielleicht den Schlüssel zum Beweise dieses Satzes liefert. Irgend ein System von reellen Zahlen heißt geordnet, wenn von*

irgend zwei Zahlen des Systems festgesetzt ist, welches die frühere und welches die spätere sein soll, und dabei diese Festsetzung eine derartige ist, daß, wenn eine Zahl a früher als die Zahl b und b früher als c ist, so auch stets a früher als c erscheint. Die natürliche Anordnung der Zahlen eines Systems heiße diejenige, bei der die kleinere als die frühere, die größere als die spätere festgesetzt wird. Es giebt aber, wie leicht zu sehen ist, noch unendlich viele andere Arten, wie man die Zahlen eines Systems ordnen kann.“

David Hilbert, Paris, 1900 [45]

Was Hilbert hier wiedergibt, ist die klassische Definition einer total geordneten Menge:

Definition 2.2 (Ordnung, totale Ordnung)

Sei M eine Menge und ‚$<$‘ eine binäre Relation auf M.

- ‚$<$‘ ist eine *Ordnung* auf M, wenn ‚$<$‘
  - *irreflexiv*, ☞ $x \not< x$
  - *asymmetrisch* und ☞ aus $x < y$ folgt $y \not< x$
  - *transitiv* ist. ☞ aus $x < y$ und $y < z$ folgt $x < z$
- ‚$<$‘ ist eine *lineare* oder *totale Ordnung* auf M, wenn
  - ‚$<$‘ eine Ordnung ist und
  - alle Elemente in einer definierten Reihenfolge zueinander stehen. ☞ für alle x und y mit $x \neq y$ ist entweder $x < y$ oder $y < x$

Geordnete Mengen gibt es in der Mathematik zuhauf. Beispielsweise sind die bekannten Zahlenmengen $\mathbb{N}$, $\mathbb{Z}$, $\mathbb{Q}$ und $\mathbb{R}$ alle unter der gewöhnlichen Kleiner-Relation ‚$<$‘ total geordnet. Hilbert fährt fort:

„Wenn wir eine bestimmte Ordnung der Zahlen ins Auge fassen und aus denselben irgend ein besonderes System dieser Zahlen, ein sogenanntes Teilsystem oder eine Teilmenge, herausgreifen, so erscheint diese Teilmenge ebenfalls geordnet. Cantor betrachtet nun eine besondere Art von geordneten Mengen, die er als wohlgeordnete Mengen bezeichnet und die dadurch charakterisirt sind, daß nicht nur in der Menge selbst, sondern auch in jeder Teilmenge eine früheste Zahl existirt. Das System der ganzen Zahlen 1, 2, 3, ... in dieser seiner natürlichen Ordnung ist offenbar eine wohlgeordnete Menge. Dagegen ist das System aller reellen Zahlen, d. h. das Continuum in seiner natürlichen Ordnung offenbar nicht wohlgeordnet. Denn, wenn

wir als Teilmenge die Punkte einer endlichen Strecke mit Ausnahme des Anfangspunktes der Strecke ins Auge fassen, so besitzt diese Teilmenge jedenfalls kein frühestes Element.“

David Hilbert, Paris, 1900 [45]

Cantor war also nicht an beliebigen Ordnungen interessiert, sondern nur an solchen, die zu einer sogenannten *Wohlordnung* führen.

Definition 2.3 (Wohlordnung)

Sei M eine Menge und ‚$<$‘ eine binäre Relation auf M.

- ‚$<$‘ ist eine *Wohlordnung* auf M, wenn
  - ‚$<$‘ auf M eine totale Ordnung ist und
  - jede nichtleere Teilmenge $N \subseteq M$ ein kleinstes Element besitzt.

☞ es existiert ein $x \in N$ mit $x < y$ für alle $y \in N$ mit $y \neq x$

Von den genannten Beispielmengen $\mathbb{N}$, $\mathbb{Z}$, $\mathbb{Q}$ und $\mathbb{R}$ ist zunächst nur $\mathbb{N}$ wohlgeordnet. Nur für diese Menge gilt, dass jede ihrer nichtleeren Teilmengen ein minimales Element enthält, d. h. ein Element, das kleiner ist als alle anderen Elemente dieser Teilmenge.

Jetzt kommt in Hilberts Rede die entscheidende Passage:

„Es erhebt sich nun die Frage, ob sich die Gesamtheit aller Zahlen nicht in anderer Weise so ordnen läßt, daß jede Teilmenge ein frühestes Element hat, d. h. ob das Continuum auch als wohlgeordnete Menge aufgefaßt werden kann, was Cantor bejahen zu müssen glaubt. Es erscheint mir höchst wünschenswert, einen direkten Beweis dieser merkwürdigen Behauptung von Cantor zu gewinnen, etwa durch wirkliche Angabe einer solchen Ordnung der Zahlen, bei welcher in jedem Teilsystem eine früheste Zahl aufgewiesen werden kann.“

David Hilbert, Paris, 1900 [45]

Cantor hatte also vermutet, dass die reellen Zahlen so angeordnet werden können, dass eine Wohlordnung entsteht.

Wollten wir nicht die reellen Zahlen, sondern die ganzen Zahlen wohlordnen, so ginge dies problemlos von der Hand. Um sicherzustellen, dass jede nichtleere Teilmenge von $\mathbb{Z}$ ein minimales Element enthält, brauchen wir die ganzen Zahlen lediglich in diese Reihenfolge zu bringen:

$$0 < -1 < 1 < -2 < 2 < -3 < 3 < -4 < 4 < -5 < 5 < \ldots$$

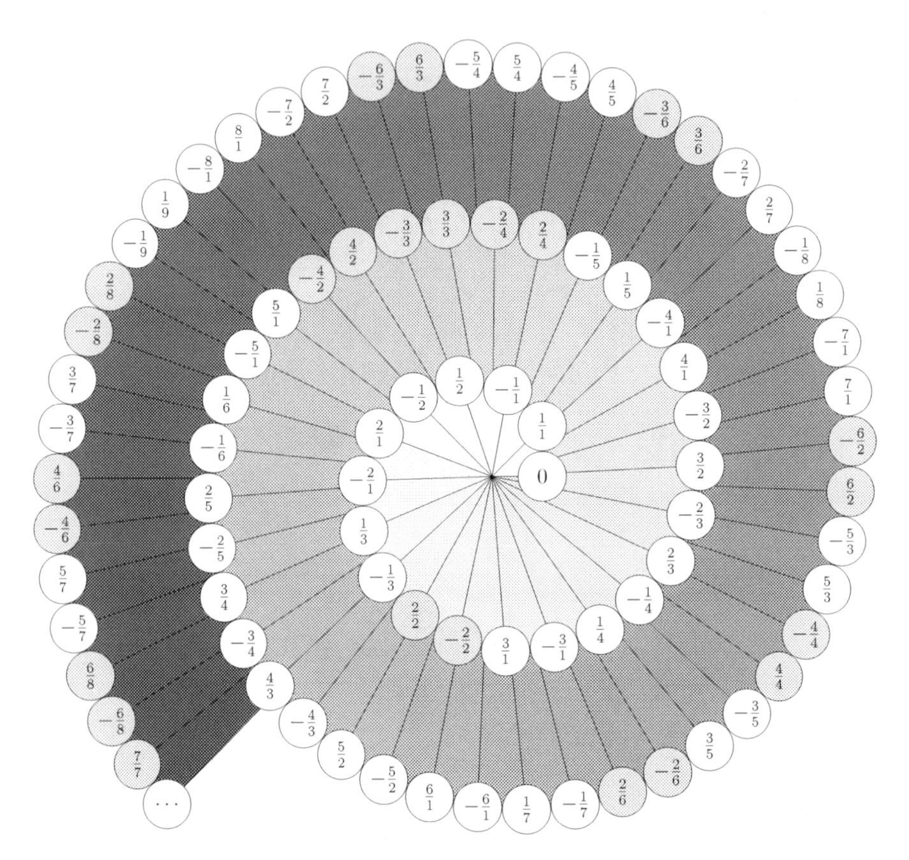

Abb. 2.20 Eine von unendlich vielen Wohlordnungen auf den rationalen Zahlen. Die grau unterlegten Brüche sind ungekürzt und lediglich zur Verdeutlichung des Aufzählungsschemas in die Kette integriert.

Dass auch die Menge $\mathbb{Q}$ der rationalen Zahlen wohlgeordnet werden kann, zeigt Abbildung 2.20. Dort ist die Null per Definition die kleinste Zahl, gefolgt von denjenigen Brüchen, deren absolute Summe aus Zähler und Nenner den Wert 2 ergibt. Danach folgen die Brüche, deren absolute Summe gleich 3 ist, und so fort. Die geänderte Reihenfolge stellt sicher, dass in jeder nichtleeren Teilmenge ein minimales Element enthalten ist.

Die Frage, ob auch die reellen Zahlen wohlgeordnet werden können, stellte Hilbert und seine Kollegen vor ein Rätsel. Im Gegensatz zu den ganzen und den rationalen Zahlen erwies sich das Kontinuum als außerordentlich störrisch und ließ sämtliche Versuche, eine solche Ordnung explizit zu konstruieren, von sich abprallen. Für Hilbert war die Klärung der Wohlordnungshypothese aber ein dringliches Problem; um das Jahr 1900 vermutete er darin den Schlüssel für die Entscheidung der noch wichtigeren Kontinuumshypothese.

So kam es, dass sich auch Zermelo intensiv mit den Eigenschaften wohlgeordneter Mengen beschäftigte und der Klärung dieser dringlichen Frage schließlich zum Durchbruch verhalf. Im Jahr 1904 publizierte er in den *Mathematischen Annalen* einen Beweis, der die Wohlordnungshypothese positiv entschied [96]:

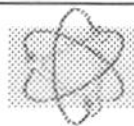

Satz 2.6 (Wohlordnungssatz von Zermelo, 1904)

Jede Menge lässt sich wohlordnen.

Zermelos Beweis markierte den Startpunkt einer Entwicklung, an deren Ende die axiomatische Mengenlehre stand. Um die Diskussionen zu verstehen, die nach der Publikation des Beweises vielerorts aufflammten, kommen wir nicht umhin, Zermelos Argumentationskette offenzulegen.

Der Beweis, dass jede Menge M wohlgeordnet werden kann, verläuft so:

- In ersten Schritt definiert Zermelo den Begriff der γ-Menge. Hierbei handelt es sich um wohlgeordnete Teilmengen von M mit besonderen Eigenschaften.
- Im zweiten Schritt zeigt er, dass die Elemente in den γ-Mengen stets in der gleichen Ordnungsbeziehung stehen. Das bedeutet, dass es für jede vorgelegte Schar von γ-Mengen eine eindeutig bestimmte Relation ‚$\prec$' gibt, die die Elemente in den γ-Mengen wohlordnet.
- Im dritten Schritt definiert Zermelo die Menge L_γ. Diese enthält alle Elemente, die in irgendeiner γ-Menge vorkommen. Anschließend überträgt er die Ordnung ‚$\prec$' auf diese Menge.
- Im vierten Schritt zeigt er, dass L_γ selbst eine γ-Menge ist und alle Elemente aus M enthalten muss. Daraus folgt, dass ‚$\prec$' die Menge M wohlordnet.

Nachdem der Beweis im Groben skizziert ist, wollen wir die einzelnen Schritte etwas detaillierter betrachten:

1. Schritt: Um den Begriff der γ-Menge zu definieren, benötigen wir eine *Auswahlfunktion* γ, die jeder nichtleeren Teilmenge M' von M ein beliebiges Element aus M' zuordnet. In Zermelos Worten klingt die Definition so:

> *„Jeder Teilmenge M' denke man sich ein beliebiges Element m' zugeordnet, das in M' selbst vorkommt und das ‚ausgezeichnete' Element von M' genannt werden möge. So entsteht eine ‚Belegung' γ der Menge M mit Elementen der Menge M von besonderer Art."*
>
> Ernst Zermelo [96]

Abbildung 2.21 demonstriert an zwei Beispielen, wie die Auswahlfunktion γ für die Menge $\{1, 2, 3\}$ aussehen könnte. Solange wir darauf achten, dass

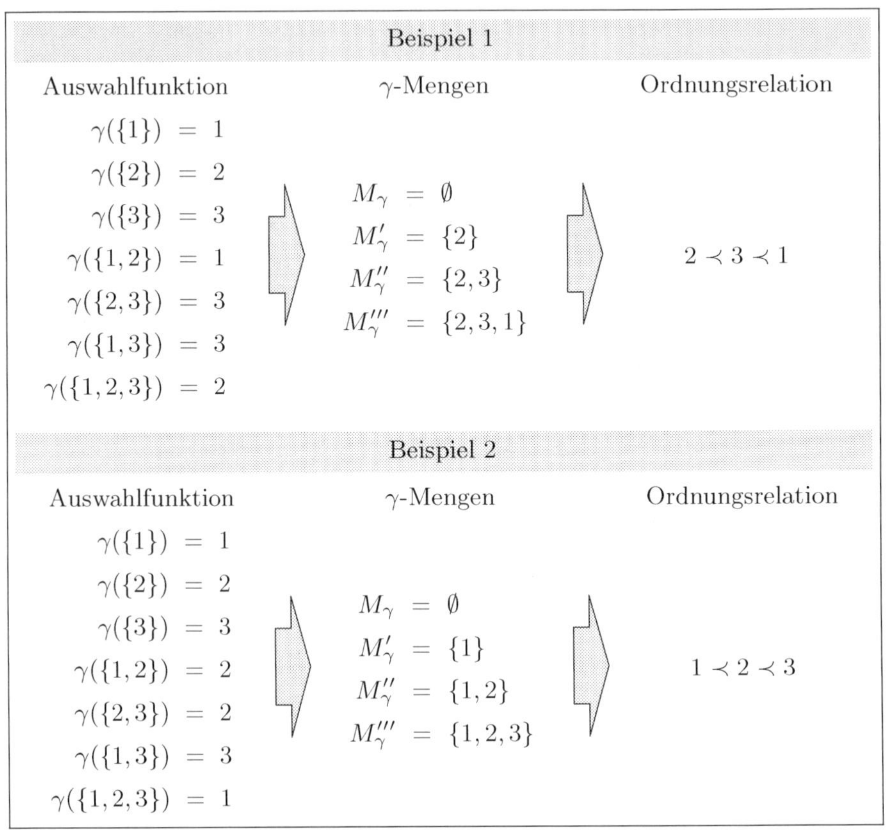

Abb. 2.21 Aus jeder Auswahlfunktion γ lässt sich eine Wohlordnung ableiten, hier demonstriert an der endlichen Menge $\{1,2,3\}$. Dies ist das Kernstücks in Zermelos Beweis des Wohlordnungssatzes.

der Funktionswert ein Element der Argumentmenge ist, spielt die konkrete Wahl von γ für den Beweis keine Rolle.

Verwendet wird die Auswahlfunktion in der nächsten Definition:

Definition 2.4 (γ-Menge)

Eine Teilmenge M_γ der Menge M heißt γ-*Menge*, wenn

- M_γ wohlgeordnet ist und
- jedes Element $a \in M_\gamma$ die Beziehung $\gamma(M \backslash A_a) = a$ erfüllt.

A_a das *Anfangsstück* von M_γ, das alle Elemente kleiner als a enthält.

Demnach ist eine γ-Menge eine wohlgeordnete Menge M_γ mit der besonderen Eigenschaft, dass das ausgezeichnete Element von $M \backslash A_a$ das minimale Element von $M_\gamma \backslash A_a$ ist. In dieser Formulierung klingt bereits an, dass wir bei der Konstruktion von γ-Mengen kaum Freiheit genießen.

Was das genau bedeutet, wollen wir an der Beispielmenge $M = \{1, 2, 3\}$ und der ersten in Abbildung 2.21 genannten γ-Funktion herausarbeiten. Die einfachste γ-Menge ist die leere Menge. Die γ-Mengen $\{a_1\}$ mit einem einzigen Element lassen sich in unserem Beispiel ebenfalls schnell berechnen. Für das Element a_1 ist das Anfangsstück A_{a_1} leer, und wir erhalten

$$a_1 \ = \ \gamma(M \backslash \emptyset) \ = \ \gamma(\{1, 2, 3\}) \ = \ 2$$

Folglich ist $\{2\}$ die einzige γ-Menge mit nur einem Element.

Für Mengen $\{a_1, a_2\}$ mit zwei Elementen können wir ganz ähnlich argumentieren. Ist a_1 das kleinere Element, so gilt, genau wie eben, $a_1 = \gamma(\{1, 2, 3\}) = 2$. Dann ist aber auch das größere Element a_2 eindeutig bestimmt. Es ist

$$a_2 \ = \ \gamma(M \backslash \{a_1\}) \ = \ \gamma(\{1, 3\}) \ = \ 3$$

Somit ist $\{2, 3\}$ die einzige γ-Menge mit zwei Elementen, und in dieser Menge gilt die Ordnungsbeziehung $2 \prec 3$.

Auf die gleiche Weise erhalten wir die eindeutig bestimmte γ-Menge $\{a_1, a_2, a_3\}$ mit drei Elementen. Das kleinste Element ist gleich 2, das nächstgrößere Element ist gleich 3 und für das größte Element a_3 gilt

$$a_3 \ = \ \gamma(M \backslash \{a_1, a_2\}) \ = \ \gamma(\{1\}) \ = \ 1$$

Somit ist $\{1, 2, 3\}$ die einzige γ-Menge mit drei Elementen und in dieser Menge gilt die Ordnungsbeziehung $2 \prec 3 \prec 1$.

2. Schritt: Die vier berechneten γ-Mengen $\emptyset$, $\{2\}$, $\{2, 3\}$ und $\{2, 3, 1\}$ teilen in unserem Beispiel eine wichtige Eigenschaft: Betrachten wir sie als geordnete Sequenzen, so ist immer eine das Anfangsstück der anderen:

2 ist das Anfangsstück von $2 \prec 3$

$2 \prec 3$ ist das Anfangsstück von $2 \prec 3 \prec 1$

Warum dies, zumindest für endliche γ-Mengen, immer so sein muss, hat unser Beispiel gezeigt. Dort sind die γ-Mengen in einem deterministischen Prozess durch die sukzessive Hinzunahme eines eindeutig bestimmten Elements entstanden. Mit einem verallgemeinerten Argument konnte Zermelo zeigen, dass sich diese Eigenschaft nicht nur bei endlichen, sondern bei beliebigen γ-Mengen beobachten lässt. In Zermelos Originalbeweis ist diese Überlegung Gegenstand von Punkt 5):

> *„5) Sind M'_γ und M''_γ irgend zwei verschiedene γ-Mengen (die aber zu derselben ein für allemal gewählten Belegung γ gehören!), so ist immer eine von beiden identisch mit einem Abschnitte der anderen.“*
>
> Ernst Zermelo [96]

Aus diesem Zwischenergebnis lassen sich wichtige Schlüsse ziehen. So folgt daraus, dass zwei Elemente a und b in jeder γ-Menge, die sowohl a als auch b enthält, in der gleichen Ordnungsbeziehung stehen. Dies ist ein Teil von Punkt 6) in Zermelos Beweis:

> *„6) Folgerungen. Haben zwei γ-Mengen ein Element a gemeinsam, so haben sie auch den Abschnitt A der vorangehenden Elemente gemein. Haben sie zwei Elemente a, b gemein, so ist in beiden Mengen entweder $a \prec b$ oder $b \prec a$.“*
>
> Ernst Zermelo [96]

3. Schritt: Zermelo bezeichnet ein Element, das in irgendeiner γ-Menge vorkommt, als γ-Element und definiert L_γ als die Menge aller γ-Elemente. Für unsere Beispiele aus Abbildung 2.21 können wir die Menge der γ-Elemente sofort angeben. Es ist $L_\gamma = \{1, 2, 3\}$, also die Menge M selbst.

Die Elemente von L_γ lassen sich ordnen, indem die Reihenfolge, in der sie in den einzelnen γ-Mengen vorkommen, auf die Menge L_γ übertragen wird. Dass wir dies dürfen, folgt aus dem bereits Bewiesenen. Zunächst garantiert Punkt 5), dass wir für zwei γ-Elemente a und b eine γ-Menge finden können, in denen beide vorkommen. Nach Punkt 6) sind die Ordnungsbeziehungen in allen γ-Mengen gleich, so dass wir die gefundene Menge benutzen können, um unter a und b das kleinere Element zu bestimmen. Zermelo drückt dies so aus:

> *„Sind a, b zwei beliebige γ-Elemente und M'_γ und M''_γ irgend zwei γ-Mengen, denen sie angehören, so enthält nach 5) die größere der beiden γ-Mengen beide Elemente und bestimmt die Ordnungsbeziehung $a \prec b$ oder $b \prec a$. Diese Ordnungsbeziehung ist nach 6) unabhängig von der Wahl der verwendeten γ-Menge.“*
>
> Ernst Zermelo [96]

Für die beiden Beispiele in Abbildung 2.21 führt dies zu den Ordnungen $2 \prec 3 \prec 1$ bzw. $1 \prec 2 \prec 3$.

4. Schritt: Als Nächstes beweist Zermelo zwei zentrale Eigenschaften von L_γ:

> *„7) Bezeichnet man als ‚γ-Element' jedes Element von M, das in irgendeiner γ-Menge vorkommt, so gilt der Satz: die Gesamtheit L_γ aller γ-Elemente läßt sich so ordnen, daß sie selbst eine γ-Menge darstellt, und umfaßt alle Elemente der ursprünglichen Menge M. Die letztere ist damit selbst wohlgeordnet."*
>
> Ernst Zermelo [96]

An dieses Zitat schließen sich fünf Unterpunkte I) bis V) an, in denen Zermelo Schritt für Schritt die Aussage des geäußerten Hilfssatzes herleitet.

Mit dem Beweis von Punkt 7) hatte er die Ziellinie überquert, denn jetzt stand fest: L_γ ist selbst eine γ-Menge und als solche wohlgeordnet. Da die Menge L_γ sämtliche Elemente von M enthält, muss ‚$\prec$' eine Wohlordnung auf M sein.

Der Beweis des Wohlordnungssatzes erregte unter Mathematikern großes Aufsehen und beflügelte Zermelos akademische Karriere. Im Jahr 1905 wurde er von der Universität Göttingen zum Professor berufen.

2.4.3 Zermelos Beweis in der Kritik

Das Auswahlaxiom

Hilberts Hoffnung, über die Wohlordnungshypothese die Kontinuumshypothese entscheiden zu können, erfüllte sich nicht. Aus Zermelos Beweis ging weder hervor, wie eine entsprechende Ordnung auf den reellen Zahlen konstruiert werden kann, noch gab er andere Hinweise darauf, die zur Klärung der Kontinuumshypothese beigetragen hätten.

Dass der Zermelo'sche Beweis nicht konstruktiv ist, hat einen Verursacher, den wir direkt benennen können: die Auswahlfunktion γ. Zermelo kümmerte sich nicht darum, wie diese Funktion auszusehen hatte, denn für seinen Beweis war lediglich von Bedeutung, dass eine Auswahlfunktion immer existiert, unabhängig von der Wahl der Ausgangsmenge M.

Für endliche Mengen M können wir eine Auswahlfunktion, wie in den Beispielen geschehen, explizit konstruieren und die Existenzfrage damit positiv beantworten. Bei unendlichen Mengen M ist die Situation ungleich schwieriger, da sich die zugeordneten Elemente nicht mehr eines nach dem anderen auflisten lassen. Dies ist aber sicher nur ein Darstellungsproblem, das mit der Existenz solcher Funktionen nichts zu tun hat, oder etwa nicht? Selbst wenn wir eine Auswahlfunktion für ein kompliziertes Mengensystem nicht explizit hinschreiben können, müsste es doch möglich sein, zumindest ihre Existenz im klassischen

Abb. 2.22 Veranschaulichung des Auswahlaxioms

System der Mathematik zu beweisen. Allen Bemühungen zum Trotz wurde ein solcher Beweis nie gefunden.

Heute wissen wir, dass der gesuchte Beweis nicht existiert, und dies hat einschneidende Konsequenzen: Wir sind gezwungen, Gewissheit durch Vertrauen zu ersetzen, indem wir die Existenz einer Auswahlfunktion schlicht und einfach postulieren. Genau dies ist die Aufgabe des *Auswahlaxioms* (*Axiom of choice*, kurz AC), das in seiner einfachsten Form so lautet:

> *„Jede Menge von nichtleeren Mengen hat eine Auswahlfunktion.“*

Eine äquivalente Formulierung ist diese hier (Abbildung 2.22):

> *„M sei eine Menge von nichtleeren Mengen. Dann können wir aus jeder Menge von M ein Element entnehmen und die gewählten Elemente in einer neuen Menge zusammenfassen.“*

Eine weitere äquivalente Formulierung kennen wir bereits: Es ist der Wohlordnungssatz selbst. Dies liegt daran, dass nicht nur der Wohlordnungssatz aus dem Auswahlaxiom folgt, sondern auch das Auswahlaxiom aus dem Wohlordnungssatz. Um dies einzusehen, nehmen wir an, M sei eine Menge nichtleerer Mengen. Der Wohlordnungssatz besagt, dass die Vereinigung aller in M enthaltenen Mengen eine Wohlordnung besitzt, und daraus folgt, dass jede Menge aus M ein minimales Element enthält. Vereinigen wir die minimalen Elemente zu einer neuen Menge, so erhalten wir das, wonach wir gesucht haben: eine Auswahlmenge für M.

Kurzum: Das Auswahlaxiom und der Wohlordnungssatz sind äquivalent. Das bedeutet, dass wir anstelle des Auswahlaxioms genauso gut den Wohlordnungssatz als Axiom postulieren können, und damit stehen wir vor einer prekären Situation. Mit dem Auswahlaxiom haben wir eine Aussage vor uns, die trivial erscheint, aber gleichzeitig zu einem Satz äquivalent ist, dessen inhaltliche

Aussage selbst auf den zweiten Blick nicht recht zu überzeugen vermag. Dies wirft die Frage auf, ob wir unserer Intuition hier wirklich trauen dürfen und das Auswahlaxiom tatsächlich eine triviale Wahrheit beschreibt.

Überlegungen dieser Art führten dazu, dass Zermelo mit der Publikation seines Beweises zahlreiche Mathematiker gegen sich aufbrachte, darunter namhafte Größen wie Giuseppe Peano, Émile Borel und Henri Poincaré [10, 76]. Für Borel war Zermelos Beweis nichts weiter als die Widerlegung des Auswahlaxioms, da aus ihm die widersinnige Schlussfolgerung gezogen werden konnte, alle Mengen seien wohlordenbar. Peano sah keine Möglichkeit, das Auswahlaxiom aus einfacheren Prinzipien abzuleiten, und bezweifelte daraufhin dessen Richtigkeit. Die Frage, ob das Auswahlaxiom einen intuitiv einsichtigen Sachverhalt beschreibt, war für ihn ohne Belang.

Die Diskussion über das Auswahlaxiom trieb einen Spalt durch die Wissenschaftsgemeinde, und beide Lager bedienten sich gelegentlich der Polemik. So spielte Zermelo in [97] darauf an, dass sich die Russell'sche Antinomie in Peanos Logik mit wenigen Federstrichen niederschreiben lässt:

> *„Freilich hätte Herr Peano noch ein einfaches Mittel, die in Frage stehenden Sätze wie noch viele andere aus seinen eigenen Prinzipien zu beweisen. Er brauchte nur von der neuerdings viel erörterten ‚Russellschen Antinomie' Gebrauch zu machen, da sich aus widersprechenden Prämissen bekanntlich alles beweisen lässt."*
>
> Ernst Zermelo

Für das Auswahlaxiom hatte Zermelo keinen Beweis in Händen, und wir haben bereits angedeutet, dass er keine Chance hatte, einen solchen zu finden.

Dass sich AC innerhalb der klassischen Mathematik weder beweisen noch widerlegen lässt, wurde später in zwei Etappen gezeigt. Den Anfang machte Kurt Gödel im Jahr 1938 mit dem Ergebnis, dass die Hinzunahme des Axioms keine Widersprüche im System der klassischen Mathematik erzeugt [33]. Komplettiert wurde der Beweis im Jahr 1963 durch den amerikanischen Mathematiker Paul Cohen. Er konnte zeigen, dass auch dann keine Widersprüche entstehen, wenn wir die Aussage des Auswahlaxioms negieren [11].

Die Unabhängigkeit von AC bedeutet, dass wir uns frei zwischen einer Mathematik mit Auswahlaxiom und einer Mathematik ohne Auswahlaxiom entscheiden können; keine der beiden Varianten birgt die Gefahr eines Widerspruchs. Doch welche Mathematik ist die richtige?

- 1. Möglichkeit: Wir akzeptieren AC
  Wenn wir das Auswahlaxiom akzeptieren, müssen wir uns fortan keine Gedanken mehr über die Existenz von Auswahlfunktionen machen; es gibt sie per Definition! Mithilfe von AC können wir neben dem Wohlordnungssatz viele andere Sätze beweisen, die uns aus dem Mathematikstudium geläufig

sind, beispielsweise den Satz, dass jeder Vektorraum eine Basis besitzt. Andererseits gelingt der Beweis von Sätzen, die unsere Intuition auf eine harte Probe stellen. Ein Beispiel ist das bekannte Banach-Tarski-Paradoxon. Es besagt, dass sich eine Kugel so in endlich viele Teile zerlegen lässt, dass sich daraus zwei Kugeln konstruieren lassen, die jeweils genauso groß sind wie die ursprüngliche [2].

- 2. Möglichkeit: Wir verwerfen AC
  Wenn wir das Auswahlaxiom verneinen, verlieren viele mathematische Sätze ihre Gültigkeit. In dieser Mathematik wäre der Wohlordnungssatz falsch, und es ließe sich beweisen, dass nicht mehr jeder Vektorraum eine Basis besitzt. Interessanterweise würden auch einige kontraintuitive Sätze ihre Gültigkeit verlieren, etwa der oben erwähnte Satz von Banach und Tarski.

Die blutigen Wunden, die durch die hitzig geführte Diskussion über das Auswahlaxiom gerissen wurden, sind heute weitgehend vernarbt. Die meisten heute lebenden Mathematiker halten das Auswahlaxiom für legitim, und nur noch wenige fordern dessen Verbannung.

Nichtprädikative Definitionen

Der französische Mathematiker Henri Poincaré attackierte Zermelos Beweis von einer ganz anderen Seite. Seine Kritik bezog sich auf die Definition der Menge L_γ, die aus all jenen Elementen besteht, die in irgendeiner γ-Menge vorkommen. L_γ ist, wie Zermelo selbst gezeigt hat, ebenfalls eine γ-Menge und wird damit implizit in ihrer eigenen Definition referenziert. Poincaré äußert sich wie folgt:

„*Die Vereinigung aller M_γ kann nur die Vereinigung all jener M_γ bedeuten, in deren Definition die Menge Γ nicht vorkommt. Folglich muss jenes M_γ, das aus Γ und dem ausgezeichneten Element von $E - \Gamma$ besteht, ausgeschlossen werden. Obwohl ich durchaus geneigt bin, Zermelos Axiom* [Auswahlaxiom] *anzunehmen, lehne ich seinen Beweis ab.*“ [76]

„*La somme logique de tous M_γ, cela doit vouloir dire la somme logique de tous les M_γ dans la définition desquels ne figure pas la notion de Γ; et alors le M_γ, formé par Γ et l'élément distingué de $E - \Gamma$ doit être exclu. Aussi, quoique je sois plutôt disposé à admettre l'axiom de Zermelo, je rejette sa démonstration.*“ [74]

E und Γ stehen bei Poincaré für die Zermelo'schen Mengen M und L_γ.

Erinnert Sie die geäußerte Kritik an die *Principia Mathematica*? Falls ja, dann haben Sie bereits ein gutes Gespür für die Gefühlslage der Mathematiker in der ersten Hälfte des zwanzigsten Jahrhunderts entwickelt. Der Kritikpunkt ist exakt der gleiche, der Russell zur Formulierung seines *vicious circle principle* veranlasste und der in Abschnitt 2.3.3 ausführlich diskutiert wurde.

2.4.4 Das Zermelo'sche Axiomensystem

Zunächst beharrte Zermelo auf der Korrektheit seiner Argumentation. Vier Jahre später lieferte er dann aber doch einen geänderten Beweis nach, der zumindest das Problem der nichtprädikativen Definition umging. Er ist 1908 in den *Mathematischen Annalen* erschienen und trägt den Titel *Neuer Beweis für die Möglichkeit einer Wohlordnung* [97]. In dieser Arbeit geht Zermelo sehr vorsichtig vor und definiert gleich zu Beginn vier Axiome, in denen er all jene Mengeneigenschaften postuliert, auf die später im Beweis zurückgegriffen wird. Die Axiome sind Teil eines größeren Axiomensystems, das Zermelo im selben Band der *Mathematischen Annalen* beschrieben hat. Diese Arbeit trägt den Titel *Untersuchungen über die Grundlagen der Mengenlehre I* und markiert die Geburtsstunde der axiomatischen Mengenlehre [98].

Für Zermelo war die Definition des Mengenbegriffs eine Gratwanderung. Sollte seine Arbeit einen praktischen Nutzen haben, musste die Definition so weit gefasst sein, dass keine als harmlos geltende Menge ausgeschlossen wurde. Gleichzeitig musste er darauf achten, nicht unbemerkt ein Einlasstor für Antinomien zu öffnen. Zermelo entschied sich für einen konstruktiven Ansatz und legte axiomatisch fest, wie sich einfache Mengen zu komplexen Mengen zusammenfügen lassen. Im Kern seiner Definition stehen die folgenden Bildungsgesetze:

- Die leere Menge $\emptyset$ ist eine Menge. ☞ Axiom der leeren Menge
- Sind M, N Mengen, so ist $\{M, N\}$ eine Menge. ☞ Axiom der Paarung
- Ist M eine Menge, so ist $\bigcup M$ eine Menge. ☞ Axiom der Vereinigung
- Ist M eine Menge, so ist 2^M eine Menge. ☞ Axiom der Potenzmenge

Hierin ist $\bigcup M$ eine abkürzende Schreibweise für

$$\bigcup_{x \in M} x$$

Diese Bildungsgesetze hat Zermelo zusätzlich um das *Axiom der Bestimmtheit* ergänzt. Dieses besagt, dass zwei Mengen genau dann gleich sind, wenn sie die gleichen Elemente enthalten.

Wir wollen ausloten, wie weitreichend diese Axiome sind. Sollten sie genügen, um die Existenz aller gewöhnlichen Mengen zu gewährleisten, so müsste aus ihnen insbesondere die Existenz der Mengen $M \cup N$, $M \cap N$ und $M \setminus N$ folgen. Die Vereinigungsmenge $M \cup N$ stellt uns vor keinerlei Probleme. Aus dem Paarungsaxiom folgt die Existenz der Menge $\{M, N\}$, und das Axiom der Vereinigung stellt sicher, dass dann auch die Menge $\bigcup\{M, N\} = M \cup N$ existiert. Für die Bildung der Schnitt- oder der Komplementmenge sind unsere bisherigen Mittel aber noch zu schwach. Um diese Mengen in der gewöhnlichen Form

$$\begin{aligned} M \cap N &:= \{x \mid x \in M \wedge x \in N\} \\ M \backslash N &:= \{x \mid x \in M \wedge x \notin N\} \end{aligned}$$

zu definieren, benötigen wir ein *Komprehensionsschema*, das in seiner allgemeinen Form so lautet:

„*Ist φ eine Formel, so ist $\{x \mid \varphi(x)\}$ eine Menge.*“

Zermelo konnte auf das allgemeine Komprehensionsschema natürlich nicht zurückgreifen, da die Wahl $\varphi = x \notin x$ die Russell'sche Antinomie hervorbringt. Er entschied sich deshalb für das inhaltlich schwächere *Aussonderungsschema*:

- Ist M eine Menge und φ eine Formel, so ist $\{x \mid x \in M \wedge \varphi(x)\}$ eine Menge.
☞ Axiomenschema der Aussonderung

Genau wie im Fall des allgemeinen Komprehensionsschemas dürfen wir für φ eine beliebige Formel wählen. Trotzdem birgt das Axiomenschema keinerlei Gefahren in sich, da φ nur auf die Elemente einer bereits bestehenden Menge angewendet wird. Das bedeutet, dass wir mit dem Aussonderungsschema keine beliebigen Zusammenfassungen kreieren, sondern lediglich Elemente aus einer bestehenden Menge separieren können. Aus diesem Grund wird das Schema in der Literatur auch gerne als *Axiomenschema der Separation* bezeichnet.

Mit dem Aussonderungsschema in Händen können wir den Schnitt und die Differenz zweier Mengen jetzt problemlos definieren:

$$\begin{aligned} M \cap N &:= \{x \mid x \in (M \cup N) \wedge \varphi(x)\} &\quad \text{mit } \varphi(x) &:= x \in M \wedge x \in N \\ M \backslash N &:= \{x \mid x \in M \wedge \varphi(x)\} &\quad \text{mit } \varphi(x) &:= x \notin N \end{aligned}$$

Können wir jetzt alle Mengen konstruieren, die uns geläufig sind? Die Antwort bleibt nein, denn sämtliche Mengen, die wir bisher erzeugen können, sind endlich. Um die Mengenbildung in das Unendliche (das *Transfinite*) fortzusetzen, müssen wir die Existenz einer unendlichen Menge axiomatisch absichern.

- $\{\emptyset, \{\emptyset\}, \{\{\emptyset\}\}, \{\{\{\emptyset\}\}\}, \ldots\}$ ist eine Menge. ☞ Axiom der Unendlichkeit

Die postulierte Menge wird heute als die *Zermelo'sche Zahlenreihe* bezeichnet und mit dem Symbol Z_0 abgekürzt.

Tatsächlich sind die diskutierten Axiome immer noch nicht vollständig, um alle Mengen zu erzeugen, die gemeinhin als sicher gelten. Zu den ersten, die diese Lücke bemerkten, gehörte der deutsch-israelische Mathematiker Abraham Fraenkel. In seiner 1922 erschienenen Arbeit mit dem Titel *Zu den Grundlagen der Cantor-Zermelo'schen Mengenlehre* gibt er das folgende Beispiel:

> *„Die sieben Zermeloschen Axiome reichen nicht aus zur Begründung der Mengenlehre. Zum Nachweis dieser Behauptung diene etwa das folgende einfache Beispiel: Es sei Z_0 die* [Zermelo'sche Zahlenreihe] [...]*; die Potenzmenge $\mathfrak{U}Z_0$ (Menge aller Untermengen von Z_0) werde mit Z_1, $\mathfrak{U}Z_1$ mit Z_2 bezeichnet usw. Dann gestatten die Axiome, wie deren Durchmusterung leicht zeigt, nicht die Bildung der Menge $\{Z_0, Z_1, \ldots\}$, also auch nicht die Bildung der Vereinigungsmenge."*
>
> Abraham Fraenkel, 1922 [20]

Um die Menge

$$\{\mathrm{Z}_0, \mathrm{Z}_1, \ldots\} = \{\mathrm{Z}_0, 2^{\mathrm{Z}_0}, 2^{2^{\mathrm{Z}_0}}, 2^{2^{2^{\mathrm{Z}_0}}}, 2^{2^{2^{2^{\mathrm{Z}_0}}}}, \ldots\} \tag{2.20}$$

bilden zu können, führte Fraenkel das *Ersetzungsschema* ein:

> *„Ist M eine Menge und wird jedes Element von M durch ein ‚Ding des Bereiches $\mathfrak{B}$' ersetzt, so geht M wiederum in eine Menge über."*
>
> Abraham Fraenkel, 1922 [20]

Das Axiomenschema garantiert das Folgende:

- Ist M eine Menge und f eine Funktion, die jedem Element aus M eine Menge zuordnet, so ist $\{f(x) \mid x \in M\}$ eine Menge.

☞ Axiomenschema der Ersetzung

Mit dem Ersetzungsschema können wir Fraenkels Beispielmenge $\{\mathrm{Z}_0, \mathrm{Z}_1, \ldots\}$ jetzt ohne Mühe aus der Zermelo'schen Zahlenreihe und der folgenden Funktion gewinnen:

$$f(x) := \begin{cases} \mathrm{Z}_0 & \text{für } x = \emptyset \\ 2^{\mathrm{Z}_0} & \text{für } x = \{\emptyset\} \\ 2^{2^{\mathrm{Z}_0}} & \text{für } x = \{\{\emptyset\}\} \\ 2^{2^{2^{\mathrm{Z}_0}}} & \text{für } x = \{\{\{\emptyset\}\}\} \\ \ldots & \ldots \end{cases}$$

Als Nebeneffekt erlaubt uns die Hinzunahme des Ersetzungsschemas, das Schema der Aussonderung und das Axiom der Paarung ersatzlos zu streichen. Beide lassen sich dann als Theoreme gewinnen.

Ein letztes Problem ist dieses hier: Die bisher formulierten Axiome gestatten es uns, Mengen explizit zu konstruieren; sie schließen aber nicht aus, dass daneben noch andere Mengen existieren. Um solche ungebetenen Gäste fern zu halten, formuliere Fraenkel das *Beschränktheitsaxiom*:

> „[*Es*] *geht hervor, dass das Axiomensystem keinen ‚kategorischen Charakter' besitzt, nämlich die Gesamtheit der Mengen nicht vollständig festlegt.* [...], *so kann hier den angegebenen Übelständen durch ein als neuntes und letztes Axiom aufzustellendes ‚Beschränktheitsaxiom' abgeholfen werden, das dem Mengenbegriff oder zweckmäßiger dem Bereich* $\mathfrak{B}$ den geringsten mit den übrigen Axiomen verträglichen Umfang auferlegt."
>
> Abraham Fraenkel, 1922 [20]

John von Neumann war mit der Formulierung dieses Axioms unzufrieden, da es sich inhaltlich auf die anderen Axiome bezieht. In seiner Mengenlehre aus dem Jahr 1925 ersetzte er es durch ein gleichwertiges Axiom, das unendlich absteigende Inklusionsketten verbietet. Zermelo griff dieses Axiom 1930 auf und formulierte es in der folgenden Form:

> „*Jede (rückschreitende) Kette von Elementen, in welcher jedes Glied Element des vorangehenden ist, bricht mit endlichem Index ab bei einem Urelement.*"
>
> Zermelo, 1930 [99]

Dies ist Zermelos *Axiom der Fundierung*. Es verneint die Existenz von Mengen, die in einer unendlich absteigenden Inklusionsbeziehung $M_0 \ni M_1 \ni M_2 \ni \ldots$ stehen.

Die vorgestellten Axiome bilden zusammen die *Zermelo-Fraenkel-Mengenlehre*, kurz ZF. Wird zusätzlich das Auswahlaxiom (AC) hinzugenommen, so entsteht die ZFC-Mengenlehre (*Zermelo-Fraenkel with Choice*), die heute von den meisten Mathematikern als die formale Grundlage der Mathematik akzeptiert wird. Damit ist auch klar, was die oben verwendete Formulierung, das Auswahlaxiom oder dessen Negation „erzeuge im System der klassischen Mathematik keine Widersprüche", in einem formalen Sinne bedeutet. Sie sagt aus, dass die Axiomenmengen $\mathrm{ZF} \cup \{\mathrm{AC}\}$ und $\mathrm{ZF} \cup \{\neg\mathrm{AC}\}$ widerspruchsfrei sind, sofern sich in ZF selbst keine Widersprüche ableiten lassen.

Die Forschung auf dem Gebiet der Mengenlehre hat weitere Axiomensysteme hervorgebracht, die mit ZF und ZFC heute in einer Reihe stehen. Beispiele sind die Mengenlehre von Wilhelm Ackermann [1] sowie die weniger bekannte *Morse-Kelley-Mengenlehre* [58, 65]. Der bekannteste Vertreter ist die um 1940 entstandene *Neumann-Bernays-Gödel-Mengenlehre*, kurz NBG. Diese Theorie unterscheidet zwischen *Mengen* und *Klassen*. Während z. B. die Menge aller Mengen in ZF und ZFC nicht existiert, ist sie in NBG in Form einer Klasse enthalten. Antinomien werden in dieser Theorie also nicht durch den Ausschluss der strittigen Objekte, sondern durch deren Verlagerung in die Klassenwelt vermieden. Klassen unterliegen dabei wichtigen Einschränkungen. Beispielsweise dürfen sie niemals ein Element einer anderen Menge oder einer anderen Klasse sein. Ein weiterer Vorteil der NBG-Mengenlehre ist deren endliche Axiomatisierbarkeit; sie kommt gänzlich ohne die Verwendung von Axiomenschemata aus.

Zermelo hatte mit dem Aufstellen seines Axiomensystem Großes geleistet, doch eines war ihm zu Lebzeiten nie gelungen: die Widerspruchsfreiheit seiner Axiome zu beweisen. Er wollte damit der drohenden Kritik zuvorkommen, seine Mengenlehre könnte die Gefahr einer Antinomie in sich bergen, doch der Beweis erwies sich als unerwartet schwierig. Am Ende blieb ihm keine andere Wahl, als sein Axiomensystem ohne eine formale Absicherung zu veröffentlichen.

Im Jahr 1910 wechselte Zermelo von Göttingen an die Universität Zürich, musste seinen Lehrstuhl aufgrund seiner schlechten Gesundheit aber schon sechs Jahre später wieder aufgeben. Fortan lebte er im Breisgau und arbeitete ab 1926 als Ehrenprofessor an der Universität Freiburg.

Nach der Publikation der Gödel'schen Unvollständigkeitssätze im Jahr 1931 war klar, warum Zermelo die Widerspruchsfreiheit seines Axiomensystems nicht beweisen konnte. Die Systeme ZF und ZFC entsprechen in ihrer Ausdrucksstärke der klassische Mathematik, und nach dem zweiten Gödel'schen Unvollständigkeitssatz kann kein System mit dieser Ausdrucksstärke seine eigene Widerspruchsfreiheit beweisen. Daraus folgt sofort, dass sich die Widerspruchsfreiheit von ZF oder ZFC nicht mit den Mitteln der klassischen Mathematik beweisen lässt.

Zermelo hatte die Beweise der Unvollständigkeitssätze nie akzeptiert und gehörte zeitlebens zu Gödels stärksten Kritikern. Als beide im September 1931 auf der Versammlung der Deutschen Mathematiker-Vereinigung in Bad Elster zusammentrafen, ließ Zermelo keinen Zweifel daran, was er von dem jungen Gödel und seinen absurden Ergebnissen hielt. Zunächst lehnte er jede Konversation ab, doch am Ende kam doch noch ein persönliches Gespräch zustande, das unerwartet friedlich verlief. Bereits sechs Tage später teilte Zermelo dann aber schriftlich mit, einen Fehler im Beweis der Unvollständigkeitssätze gefunden zu haben. Es folgte ein Briefwechsel, in dem Gödel nochmals versuchte, seine Herleitung zu erklären. Zermelo ließ sich von den gelieferten Argumenten nicht beirren und machte seine Kritik 1932 schließlich öffentlich [100]. Gödel war kein Mann der Konfrontation und unternahm danach keine weiteren Versuche mehr, die Missverständnisse auszuräumen.

Zermelo lehrte in Freiburg bis 1935. In diesem Jahr verlor er unter der Herrschaft der Nationalsozialisten sein Amt und durfte erst 1946 an die Universität zurückkehren. Die Gesundheit des mittlerweile Fünfundsiebzigjährigen war zu dieser Zeit bereits so angegriffen, dass er keine Lehrveranstaltungen mehr abhalten konnte. Ernst Zermelo starb am 21. Mai 1953 in Freiburg im Alter von 81 Jahren.

Damit ist es an der Zeit, unsere Reise in die Geschichte der mathematischen Logik zu beenden und die Bühne für den eigentlichen Gegenstand unseres Interesses freizugeben: den Beweis der Gödel'schen Unvollständigkeitssätze. So soll es geschehen: Vorhang auf!

3 Beweisskizze

„Selbst einer ihrer eigenen Dichter sagt: ‚Die Kreter sind von jeher Lügner, böse Tiere, faule Bäuche.'"
Neues Testament, Titus-Brief 1:12

Nachdem wir uns in Kapitel 2 das notwendige Wissen angeeignet haben, um neben den formalen Details auch die philosophischen Aspekte der Unvollständigkeitssätze zu verstehen, ist es an der Zeit, zur Gödel'schen Arbeit zurückzukehren. In den wenigen, bisher zitierten Passagen hatte Gödel eine Bestandsaufnahme der Mathematik des frühen zwanzigsten Jahrhunderts vorgenommen und mit den *Principia Mathematica* sowie der Zermelo-Fraenkel-Mengenlehre zwei der damals vorherrschenden axiomatischen Systeme erwähnt. Waren diese Begriffe gegen Ende von Kapitel 1 noch inhaltsleere Hülsen, so erscheinen sie nach unserem historischen Exkurs in hellen Farben vor unserem geistigen Auge. Wir sind nun gut gewappnet, um auch den Rest der Gödel'schen Arbeit zu meistern. Hören wir also erneut zu!

geführt sind. Es liegt daher die Vermutung nahe, daß diese Axiome und Schlußregeln dazu ausreichen, alle mathematischen Fragen, die sich in den betreffenden Systemen überhaupt formal ausdrücken lassen, auch zu entscheiden. Im folgenden wird gezeigt, daß dies nicht der Fall ist, sondern daß es in den beiden angeführten

Mit den *Principia Mathematica* und der Zermelo-Fraenkel-Mengenlehre haben wir zwei axiomatische Systeme kennen gelernt, die ausdrucksstark genug sind, um die Begriffe und Schlussweisen der klassischen Mathematik zu formalisieren. Das bedeutet, dass sich jeder Beweis, der mit endlich vielen Federstrichen auf Papier gebracht werden kann, in den genannten Systemen nachvollziehen lässt. Hieraus folgt, dass die *Principia Mathematica* und die Zermelo-Fraenkel-Mengenlehre im Sinne von Definition 1.5 vollständig wären, wenn die Begriffe und Schlussweisen der Mathematik ausreichen würden, um jede mathematische Aussage entweder zu beweisen oder zu widerlegen, und genau dies war über Tausende von Jahren eine unausgesprochene Grundannahme.

In diesem Licht der Dinge ist zu verstehen, warum die Vollständigkeit in der mathematischen Diskussion so lange eine untergeordnete Rolle spielte; sie war für Viele ein so grundlegender Wesenszug dieser Wissenschaft, dass sie nie ernsthaft in Zweifel gezogen wurde. Es kommt hinzu, dass Russell, Whitehead und Zermelo ihre Systeme in einer Zeit aufstellten, in der die mengentheoretischen Antinomien allgegenwärtig waren. Hierdurch war die Widerspruchsfreiheit zu einem zentralen Thema geworden, das wie kaum ein anderes das Interesse der Mathematiker auf sich zog.

Nachdem man sich zu Beginn des zwanzigsten Jahrhunderts vom Würgegriff der Antinomien befreit hatte, glaubten viele Mathematiker, mit den *Principia Mathematica* und der Zermelo-Fraenkel-Mengenlehre genau das in Händen zu halten, wonach sie so lange gesucht hatten: ein korrektes und zugleich vollständiges formales System für die Mathematik. In der oben zitierten Passage kündigt Gödel an, genau das zu widerlegen: In den vom ihm angeführten Systemen (und nicht nur in diesen!) existieren Aussagen, die *unentscheidbar* sind, d. h., weder sie selbst noch ihre Negation können aus den Axiomen abgeleitet werden.

3.1 Arithmetische Formeln

Schon früh in seiner Arbeit gibt Gödel einen interessanten Aspekt des ersten Unvollständigkeitssatzes preis:

> nicht der Fall ist, sondern daß es in den beiden angeführten Systemen sogar relativ einfache Probleme aus der Theorie der gewöhnlichen ganzen Zahlen gibt [4]), die sich aus den Axiomen nicht
>
> [4]) D. h. genauer, es gibt unentscheidbare Sätze, in denen außer den logischen Konstanten: $\overline{}$ (nicht), $\vee$ (oder), (x) (für alle), $=$ (identisch mit) keine anderen Begriffe vorkommen als $+$ (Addition), $.$ (Multiplikation), beide bezogen auf natürliche Zahlen, wobei auch die Präfixe (x) sich nur auf natürliche Zahlen beziehen dürfen.
>
> 174 Kurt Gödel,
>
> entscheiden lassen. Dieser Umstand liegt nicht etwa an der speziellen

Um unentscheidbare Aussagen zu finden, müssen wir also gar nicht auf exotische Teilgebiete der Mathematik ausweichen; wir finden sie im Herzen der Mathematik, in der uns wohlvertrauten Theorie der natürlichen Zahlen.

In Fußnote 4 präzisiert Gödel, was er unter arithmetischen Aussagen versteht. Es sind Formeln, in denen neben den aussagenlogischen Konnektiven und den prädikatenlogischen Quantoren lediglich die arithmetischen Operatoren ‚+' und ‚×' sowie die Gleichheit vorkommen und die Variablen über dem Grundbereich der natürlichen Zahlen interpretiert werden. Heute bezeichnen wir solche Formeln als *Formeln der Peano-Arithmetik*, oder kurz als *PA-Formeln*.

Eine Formel dieser Bauart ist die folgende:

$$
\begin{aligned}
&\neg\forall \mathsf{n}\, (\neg(\mathsf{n}+\mathsf{n}=\mathsf{n}) \vee \\
&\quad \forall \mathsf{n}'\, (\mathsf{n}'=\mathsf{n} \vee \neg(\mathsf{n}'\times \mathsf{n}'=\mathsf{n}') \vee \\
&\quad\quad \forall \mathsf{n}''\, (\neg(\mathsf{n}''=\mathsf{n}'+\mathsf{n}') \vee \\
&\quad\quad\quad \neg\forall \mathsf{x}\, (\forall \mathsf{y}\, \neg(\mathsf{x}=\mathsf{n}''\times \mathsf{y}) \vee \forall \mathsf{y}\, \neg(\mathsf{x}=\mathsf{n}'+\mathsf{n}'+\mathsf{n}'+\mathsf{y}) \vee \neg(\\
&\quad\quad\quad\quad \forall \mathsf{p}\, (\mathsf{p}=\mathsf{n}' \vee \neg\forall \mathsf{y}\, (\forall \mathsf{z}\, \neg(\mathsf{y}\times \mathsf{z}=\mathsf{p}) \vee (\mathsf{y}=\mathsf{n}' \vee \mathsf{y}=\mathsf{p})) \vee \\
&\quad\quad\quad\quad\quad \forall \mathsf{q}\, (\mathsf{q}=\mathsf{n}' \vee \neg\forall \mathsf{y}\, (\forall \mathsf{z}\, \neg(\mathsf{y}\times \mathsf{z}=\mathsf{q}) \vee (\mathsf{y}=\mathsf{n}' \vee \mathsf{y}=\mathsf{q})) \vee \\
&\quad\quad\quad\quad\quad\quad \neg(\mathsf{x}=\mathsf{p}+\mathsf{q})))))))
\end{aligned}
$$

Die Formel können wir übersichtlicher notieren, wenn wir den Existenzquantor ‚$\exists$', die Konjunktion ‚$\wedge$' und die Implikation ‚$\rightarrow$' in der gewöhnlichen Weise als syntaktische Abkürzungen verstehen:

$$
\begin{aligned}
\exists \xi\, \varphi &:= \neg\forall \xi\, \neg\varphi \\
\varphi \wedge \psi &:= \neg(\neg\varphi \vee \neg\psi) \\
\varphi \rightarrow \psi &:= \neg\varphi \vee \psi
\end{aligned}
$$

Damit können wir unsere Beispielformel folgendermaßen umschreiben:

$$
\begin{aligned}
&\exists \mathsf{n}\, (\mathsf{n}+\mathsf{n}=\mathsf{n} \wedge \\
&\quad \exists \mathsf{n}'\, (\neg(\mathsf{n}'=\mathsf{n}) \wedge \mathsf{n}'\times \mathsf{n}'=\mathsf{n}' \wedge \\
&\quad\quad \exists \mathsf{n}''\, (\mathsf{n}''=\mathsf{n}'+\mathsf{n}' \wedge \\
&\quad\quad\quad \forall \mathsf{x}\, (\exists \mathsf{y}\, \mathsf{x}=\mathsf{n}''\times \mathsf{y} \wedge \exists \mathsf{y}\, \mathsf{x}=\mathsf{n}'+\mathsf{n}'+\mathsf{n}'+\mathsf{y} \rightarrow (\\
&\quad\quad\quad\quad \exists \mathsf{p}\, (\neg(\mathsf{p}=\mathsf{n}') \wedge \forall \mathsf{y}\, (\exists \mathsf{z}\, (\mathsf{y}\times \mathsf{z}=\mathsf{p}) \rightarrow (\mathsf{y}=\mathsf{n}' \vee \mathsf{y}=\mathsf{p})) \wedge \\
&\quad\quad\quad\quad\quad \exists \mathsf{q}\, (\neg(\mathsf{q}=\mathsf{n}') \wedge \forall \mathsf{y}\, (\exists \mathsf{z}\, (\mathsf{y}\times \mathsf{z}=\mathsf{q}) \rightarrow (\mathsf{y}=\mathsf{n}' \vee \mathsf{y}=\mathsf{q})) \wedge \\
&\quad\quad\quad\quad\quad\quad \mathsf{x}=\mathsf{p}+\mathsf{q})))))))
\end{aligned}
$$

Um der inhaltlichen Bedeutung dieser Formel auf die Spur zu kommen, wollen wir ihre einzelnen Bestandteile nun separat analysieren:

- $\exists \mathsf{n}\, \mathsf{n}+\mathsf{n}=\mathsf{n}$
  Diese Formel ist genau dann wahr, wenn die Variable n als eine natürliche Zahl n interpretiert wird, die der Bedingung $n+n=n$ genügt. Die Zahl 0 erfüllt als einzige diese Forderung, so dass wir jedes Vorkommen der Variablen n gedanklich durch die Zahl 0 ersetzen dürfen.

- $\exists \mathsf{n}' \, (\neg(\mathsf{n}' = \mathsf{n}) \land \mathsf{n}' \times \mathsf{n}' = \mathsf{n}')$
  Diese Formel ist genau dann wahr, wenn die Variable n' als eine natürliche Zahl n' interpretiert wird, die von 0 verschieden ist und gleichzeitig die Bedingung $n' \cdot n' = n'$ erfüllt. Die Zahl 1 ist die einzige, die hierfür in Frage kommt, und das bedeutet, dass wir jedes Vorkommen der Variablen n' gedanklich durch die Zahl 1 ersetzen dürfen.

- $\exists \mathsf{n}'' \; \mathsf{n}'' = \mathsf{n}' + \mathsf{n}'$
  Die Bedeutung dieser Teilformel ist nach dem bisher Gesagten ebenfalls leicht zu verstehen. Nachdem wir über die vorangegangenen Teilformeln der Variablen n' den Zahlenwert 1 aufgezwungen haben, kann diese Formel nur dann wahr sein, wenn n'' als die Zahl 2 interpretiert wird.

Diese ersten drei Beispiele haben gezeigt, wie wir in einer arithmetischen Formel auf die natürlichen Zahlen zugreifen können. Damit dies noch einfacher gelingt, wollen wir erlauben, die natürlichen Zahlen über Konstantensymbole zu referenzieren. In Anlehnung an das formale System aus Abschnitt 1.2 benutzen wir das Symbol $\overline{n}$ als Stellvertreter für den Zahlenwert n. Schreiben wir zusätzlich $\xi \neq \zeta$ anstelle von $\neg(\xi = \zeta)$, dann sieht die ursprüngliche Formel so aus:

$$\begin{aligned}
&\forall \mathsf{x} \, (\exists \mathsf{y} \, \mathsf{x} = \overline{2} \times \mathsf{y} \land \exists \mathsf{y} \, \mathsf{x} = \overline{3} + \mathsf{y} \to (\\
&\quad \exists \mathsf{p} \, (\mathsf{p} \neq \overline{1} \land \forall \mathsf{y} \, (\exists \mathsf{z} \, (\mathsf{y} \times \mathsf{z} = \mathsf{p}) \to (\mathsf{y} = \overline{1} \lor \mathsf{y} = \mathsf{p})) \land \\
&\qquad \exists \mathsf{q} \, (\mathsf{q} \neq \overline{1} \land \forall \mathsf{y} \, (\exists \mathsf{z} \, (\mathsf{y} \times \mathsf{z} = \mathsf{q}) \to (\mathsf{y} = \overline{1} \lor \mathsf{y} = \mathsf{q})) \land \\
&\qquad\quad \mathsf{x} = \mathsf{p} + \mathsf{q}))))
\end{aligned}$$

Die weiteren Teilformeln sind nun ebenfalls mit wenig Mühe zu verstehen:

- $\exists \mathsf{y} \; \mathsf{x} = \overline{2} \times \mathsf{y}$
  Diese Formel ist genau dann wahr, wenn wir x als eine gerade Zahl interpretieren. Im Folgenden kürzen wir Teilformeln dieser Bauart durch den Ausdruck $\mathsf{even}(\mathsf{x})$ ab.

- $\exists \mathsf{y} \; \mathsf{z} \times \mathsf{y} = \mathsf{x}$
  Diese Formel ähnelt in ihrem Aufbau der Vorherigen. Sie ist genau dann wahr, wenn wir z und x so interpretieren, dass die z zugeordnete Zahl die x zugeordnete Zahl teilt. Zur Vereinfachung benutzen wir hierfür die gewöhnliche mathematische Schreibweise $\mathsf{z}|\mathsf{x}$.

- $\exists \mathsf{y} \; \mathsf{x} = \overline{3} + \mathsf{y}$
  Diese Formel ist genauso leicht zu verstehen. Sie ist genau dann wahr, wenn wir die Variable x als eine natürliche Zahl größer als 2 interpretieren. Im Folgenden schreiben wir hierfür $\mathsf{x} > \overline{2}$ oder, was dasselbe ist, $\mathsf{x} \geq \overline{3}$.

Mit den vereinbarten Schreiberleichterungen können wir die Beispielformel jetzt noch übersichtlicher darstellen:

$$\begin{aligned}
&\forall \mathsf{x}\, (\mathsf{even}(\mathsf{x}) \wedge \mathsf{x} > \overline{2} \rightarrow (\\
&\quad \exists \mathsf{p}\, (\mathsf{p} \neq \overline{1} \wedge \forall \mathsf{y}\, (\mathsf{y}|\mathsf{p} \rightarrow (\mathsf{y} = \overline{1} \vee \mathsf{y} = \mathsf{p})) \wedge \\
&\qquad \exists \mathsf{q}\, (\mathsf{q} \neq \overline{1} \wedge \forall \mathsf{y}\, (\mathsf{y}|\mathsf{q} \rightarrow (\mathsf{y} = \overline{1} \vee \mathsf{y} = \mathsf{q})) \wedge \\
&\qquad\quad \mathsf{x} = \mathsf{p} + \mathsf{q}))))
\end{aligned}$$

- $\exists \mathsf{p}\, (\mathsf{p} \neq \overline{1} \wedge \forall \mathsf{y}\, (\mathsf{y}|\mathsf{p} \rightarrow (\mathsf{y} = \overline{1} \vee \mathsf{y} = \mathsf{p})))$
  Diese Formel ist genau dann wahr, wenn wir p als eine natürliche Zahl $\neq 1$ interpretieren, die nur durch 1 und sich selbst teilbar ist. Dies ist gleichbedeutend mit der Aussage *„p ist eine Primzahl“*, was wir ab jetzt mit $\mathsf{prime}(\mathsf{p})$ ausdrücken.

Jetzt schrumpft unsere Ausgangsformel weiter zusammen zu

$$\forall \mathsf{x}\, (\mathsf{even}(\mathsf{x}) \wedge \mathsf{x} > \overline{2} \rightarrow \exists \mathsf{p}\, (\mathsf{prime}(\mathsf{p}) \wedge \exists \mathsf{q}\, (\mathsf{prime}(\mathsf{q}) \wedge \mathsf{x} = \mathsf{p} + \mathsf{q})))$$

In dieser Form zeigt die Formel ihr wahres Gesicht. Sie hat die *starke Goldbach'sche Vermutung* zum Inhalt, die zu den berühmtesten bis dato offenen Fragen der Zahlentheorie gehört (Abbildung 3.1):

> *„Jede gerade natürliche Zahl $n > 2$ lässt sich als Summe zweier Primzahlen schreiben.“*
>
> Starke Goldbach'sche Vermutung

Benannt ist die Vermutung nach dem deutschen Mathematiker Christian Goldbach. Im Jahr 1742 stellte er in einem Brief an Leonhard Euler die These auf, dass sich jede natürliche Zahl größer als 2 als eine dreigliedrige Summe aufschreiben lässt, in der ausschließlich Primzahlen oder die 1 vorkommen. Seine These verbirgt sich in einer hastig formulierten Randnotiz:

> * *„Nachdem ich dieses wieder durchgelesen, finde ich, daß sich die conjecture in summo rigore demonstrieren lässet in casu $n+1$, si successerit in casu n, et $n+1$ dividi possit in duos numeros primos. Die Demonstration ist sehr leicht.* ***Es scheinet wenigstens, daß eine jede Zahl, die größer ist als 2, ein aggregatum trium numerorum primorum sey.***“
>
> Christian Goldbach, 7. Juni 1742

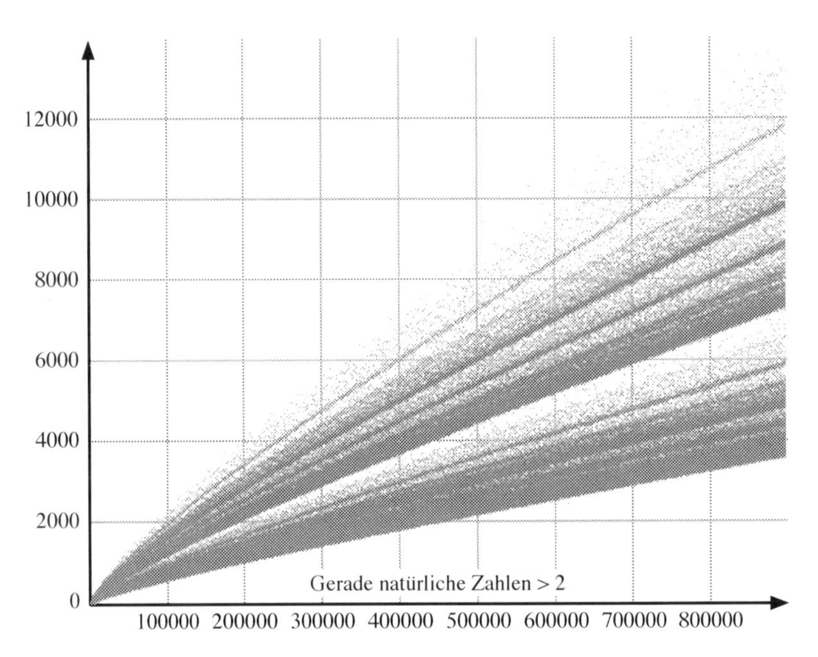

Abb. 3.1 Nach der (starken) Goldbach'schen Vermutung lassen sich alle geraden Zahlen $n > 2$ als Summe zweier Primzahlen schreiben. In dem dargestellten Diagramm sind die geraden Zahlen auf der x-Achse aufgetragen, und die Datenpunkte geben die Anzahl der möglichen Zerlegungen an. Die Goldbach'sche Vermutung ist genau dann wahr, wenn kein Datenpunkt auf der x-Achse liegt.

Die historische Formulierung wird heute als die *schwache Goldbach'sche Vermutung* bezeichnet, da sie aus der starken Variante gefolgert werden kann.

Ob Goldbach mit seiner Vermutung recht hatte, wissen wir nicht. Auch wenn sich die Hinweise darauf mehren, steht ein formaler Beweis bis heute aus. Ist die Goldbach'sche Vermutung vielleicht eine Aussage im Gödel'schen Sinne, die im System der klassischen Mathematik nicht bewiesen werden kann? Die Vehemenz, mit der sie sich einer Lösung bisher entzogen hat, mag diesen Verdacht nähren, Gewissheit liefert sie freilich nicht. Auch die berühmte Vermutung von Pierre de Fermat, dass die Gleichung $a^n + b^n = c^n$ für $n > 2$ keine Lösungen in den positiven ganzen Zahlen hat, widersetzte sich über dreihundert Jahre lang allen Beweisversuchen. Erst im Jahr 1995

Pierre de Fermat
(1607 oder 1608 – 1665)

konnte der Brite Andrew Wiles einen lückenlosen Beweis für die *Taniyama-Shimura-Vermutung* vorbringen, aus der sich der Fermat'sche Satz als Korollar ergibt [94, 86].

Nichtsdestotrotz haben die unentscheidbaren Aussagen, die Gödel in seiner Arbeit konstruiert, große Gemeinsamkeiten mit den Vermutungen von Goldbach und Fermat. Alle drei stammen aus der Zahlentheorie und lassen sich mit einfachen sprachlichen Mitteln formulieren. Dazu ist jedes formale System in der Lage, das ausdrucksstark genug ist, um über die additiven und multiplikativen Eigenschaften der natürlichen Zahlen zu sprechen. Die Komplexität der Formeln könnte dagegen kaum unterschiedlicher sein. Im Gegensatz zur Goldbach'schen und zur Fermat'schen Vermutung, die sich mit wenigen Federstrichen aufschreiben lassen, sind die von Gödel konstruierten Formeln wahre Monstren, die wir nie im Klartext zu sehen bekommen werden.

Gödel hat den Zusammenhang, der zwischen seinen unentscheidbaren Formeln und der Goldbach'schen bzw. der Fermat'schen Vermutung besteht, bereits bei der ersten öffentlichen Formulierung seines Unvollständigkeitssatzes in Königsberg hergestellt. Weiter oben, auf Seite 39, sind wir seinen Worten bereits begegnet; dort war der Mittelteil des Zitats aus Verständnisgründen aber noch durch Auslassungspunkte ersetzt. Mit unserem jetzigen Wissen sind wir in der Lage, das Zitat in seiner vollen Länge zu verstehen:

> *„Man kann – unter Voraussetzung der Widerspruchsfreiheit der klassischen Mathematik – sogar Beispiele für Sätze (und zwar solche von der Art des Goldbach'schen oder Fermat'schen) angeben, die zwar inhaltlich richtig, aber im formalen System der klassischen Mathematik unbeweisbar sind."*
>
> Kurt Gödel [9]

entscheiden lassen. Dieser Umstand liegt nicht etwa an der speziellen Natur der aufgestellten Systeme, sondern gilt für eine sehr weite Klasse formaler Systeme, zu denen insbesondere alle gehören, die aus den beiden angeführten durch Hinzufügung endlich vieler Axiome entstehen [5]), vorausgesetzt, daß durch die hinzugefügten Axiome keine

[5]) Dabei werden in PM nur solche Axiome als verschieden gezählt, die aus einander nicht bloß durch Typenwechsel entstehen.

An dieser Stelle deutet Gödel an, wie weitreichend seine Ergebnisse sind. In seiner Arbeit wird er die Unvollständigkeit für ein konkretes formales System herleiten, das er schlicht als System P bezeichnet. Hierbei handelt es sich um eine rudimentäre Variante der *Principia Mathematica*, die sich aber genauso gut in der Terminologie der Zermelo-Fraenkel-Mengenlehre formulieren ließe. Dies bedeutet aber keineswegs, dass Gödel nur die Unvollständigkeit dieser beiden Systeme gezeigt hat. Es ist ein bedeutendes Ergebnis seiner Arbeit, dass sich sein Beweis auf alle formalen Systeme übertragen lässt, die über die additiven und multiplikativen Eigenschaften der natürlichen Zahlen sprechen. Hieraus ergibt sich, dass Systeme wie die *Principia Mathematica* und die Zermelo-Fraenkel-Mengenlehre nicht *vervollständigt* werden können, d. h., dass es unmöglich ist, Gödels Unvollständigkeitssätzen durch die Hinzunahme weiterer Axiome zu entkommen. Jedes neu hinzugefügte Axiom reißt an einer anderen Stelle ein Loch in das System und sorgt für die Existenz neuer unentscheidbarer Aussagen.

Für den Moment wollen wir uns mit dieser noch recht vage formulierten Vorausschau begnügen. In Abschnitt 6.1.2 wird Gödel präzisieren, wann ein formales System in den Sog des ersten Unvollständigkeitssatzes gerät und warum jeder Versuch, es zu vervollständigen, zum Scheitern verurteilt ist.

Kaum ist es ausgesprochen, müssen wir einen Teil des Gesagten auch schon wieder revidieren:

> entstehen [5]), vorausgesetzt, daß durch die hinzugefügten Axiome keine falschen Sätze von der in Fußnote [4]) angegebenen Art beweisbar werden.

Mit diesem Nebensatz spielt Gödel auf eine grundlegende Eigenschaft aller formalen Systeme an, die den gewöhnlichen aussagenlogischen Schlussapparat beinhalten. Ein solches System kann nur dann unvollständig sein, wenn es widerspruchsfrei ist. Der Grund dafür ist einfach: Lässt sich in einem solchen System ein widersprüchliches Formelpaar φ und $\neg\varphi$ aus den Axiomen herleiten, so ist auch jede andere Formel beweisbar. Damit sind insbesondere auch alle inhaltlich wahren Formeln beweisbar, und das formale System, so nutzlos es auch sei, ist im Sinne von Definition 1.5 vollständig. Auf Seite 183 kommen wir auf diesen Punkt zurück. Dort werden wir zeigen, wie die angesprochene Herleitung im Detail funktioniert.

> Wir skizzieren, bevor wir auf Details eingehen, zunächst den Hauptgedanken des Beweises, natürlich ohne auf Exaktheit Anspruch zu erheben. Die Formeln eines formalen Systems (wir beschränken

Gödel kündigt hier an, wie es weitergeht: Es folgt eine Passage, die den Beweisweg offenlegt, ohne einen Anspruch auf Exaktheit zu erheben. Dieser didaktische Ansatz ist gelungen und spielt gleichermaßen dem Aufbau dieses Buches in die

Hände. Ohne die Originalarbeit verlassen zu müssen, können wir einen intuitiven Zugang zu Gödels erstem Unvollständigkeitssatz schaffen und dabei auf ein Gewirr aus Definitionen, Sätzen und Beweisen verzichten. Ein ungutes Gefühl brauchen wir dabei nicht zu haben. Gödel wird alle Details des Beweises später nachreichen.

3.2 Arithmetisierung der Syntax

zu erheben. Die Formeln eines formalen Systems (wir beschränken uns hier auf das System PM) sind äußerlich betrachtet endliche Reihen der Grundzeichen (Variable, logische Konstante und Klammern bzw. Trennungspunkte) und man kann leicht genau präzisieren, welche Reihen von Grundzeichen sinnvolle Formeln sind und welche nicht[6]). Analog sind Beweise vom formalen Standpunkt nichts anderes als endliche Reihen von Formeln (mit bestimmten angebbaren Eigenschaften). Für metamathematische Betrachtungen

[6]) Wir verstehen hier und im folgenden unter „Formel aus PM" immer eine ohne Abkürzungen (d. h. ohne Verwendung von Definitionen) geschriebene Formel. Definitionen dienen ja nur der kürzeren Schreibweise und sind daher prinzipiell überflüssig.

Das hier Gesagte ist uns aus Kapitel 2 wohlvertraut. Dort haben wir gelernt, Formeln und Beweise eines formalen Systems als symbolische Zeichenketten aufzufassen, die sich nach mechanischen Regeln manipulieren lassen.

angebbaren Eigenschaften). Für metamathematische Betrachtungen ist es natürlich gleichgültig, welche Gegenstände man als Grundzeichen nimmt, und wir entschließen uns dazu, natürliche Zahlen[7]) als solche zu verwenden. Dementsprechend ist dann eine Formel eine endliche Folge natürlicher Zahlen[8]) und eine Beweisfigur eine endliche Folge von endlichen Folgen natürlicher Zahlen. Die meta-

[7]) D. h. wir bilden die Grundzeichen in eineindeutiger Weise auf natürliche Zahlen ab. (Vgl. die Durchführung auf S. 179.)

[8]) D. h. eine Belegung eines Abschnittes der Zahlenreihe mit natürlichen Zahlen. (Zahlen können ja nicht in räumliche Anordnung gebracht werden.)

Wenige Zeilen reichen Gödel hier aus, um ein Kernelement seines Beweises zu beschreiben. Er weist darauf hin, dass es im Grunde keine Rolle spielt, welches Alphabet wir zur Niederschrift von Formeln verwenden. Es ist bedeutungslos, ob wir die logische Implikation durch das Zeichen ‚$\supset$' symbolisieren, wie es Russell tat, oder dafür das gegenwärtig bevorzugte Zeichen ‚$\rightarrow$' verwenden. Genauso gut können wir, und dies ist ein Schlüsselelement im Beweis des ersten Unvollständigkeitssatzes, Formeln durch natürliche Zahlen darstellen. Den Übergang von Zeichen zu Zahlen nennen wir die *Arithmetisierung der Syntax*, und die verwendete Zuordnungsvorschrift heißt *Gödelisierung*. Die numerische Repräsentation einer Formel φ ist deren *Gödelnummer* und wird mit $\ulcorner\varphi\urcorner$ abgekürzt.

Dass sich jede Zeichenkette, und damit insbesondere auch jede Formel und jeder Beweis eines formalen Systems, gödelisieren lässt, ist im Informationszeitalter keine spektakuläre Nachricht. Um eine Zeichensequenz zu arithmetisieren, genügt es, sie in die Konsole eines Computers einzutippen und anschließend das Speicherabbild in eine natürliche Zahl zu übersetzen.

Das Gesagte wollen wir an drei Formeln aus den *Principia Mathematica* ausprobieren. Als Beispiele dienen uns die drei Formeln auf Seite 93, mit denen der Beweis von Theorem $*$**2.08** endet.

- Beispiel 1: $\varphi_1 := (\mathsf{p} \rightarrow (\mathsf{p} \vee \mathsf{p})) \rightarrow (\mathsf{p} \rightarrow \mathsf{p})$

```
echo "(p->(pvp))->(p->p)" | hexdump
28 70 2D 3E 28 70 76 70 29 29 2D 3E 28   (p->(pvp))->(
70 2D 3E 70 29 00 00 00 00 00 00 00 00   p->p)........
```

$$\ulcorner\varphi_1\urcorner = 28702D3E2870767029292D3E28702D3E7029_{16} \quad \text{(Hexadezimal)}$$
$$= 3522663200367977117319339317059413685989417 \quad \text{(Dezimal)}$$

- Beispiel 2: $\varphi_2 := (\mathsf{p} \rightarrow (\mathsf{p} \vee \mathsf{p}))$

```
echo "(p->(pvp))" | hexdump
28 70 2D 3E 28 70 76 70 29 29 00 00 00   (p->(pvp))..
```

$$\ulcorner\varphi_2\urcorner = 28702D3E287076702929_{16} \quad \text{(Hexadezimal)}$$
$$= 190963954738685029656873 \quad \text{(Dezimal)}$$

- Beispiel 3: $(\mathsf{p} \rightarrow \mathsf{p})$

```
echo "(p->p)" | hexdump
28 70 2D 3E 70 29 00 00 00 00 00 00 00   (p->p).......
```

$$\ulcorner\varphi_3\urcorner = 28702D3E7029_{16} \quad \text{(Hexadezimal)}$$
$$= 44462260514857 \quad \text{(Dezimal)}$$

Die Tatsache, dass φ_3 durch die Anwendung der Modus-Ponens-Schlussregel aus φ_1 und φ_2 entstanden ist, können wir jetzt arithmetisch ausdrücken. Dies gelingt, indem wir anstelle der Formeln φ_1, φ_2 und φ_3 deren Gödelnummern $\ulcorner\varphi_1\urcorner$, $\ulcorner\varphi_2\urcorner$ und $\ulcorner\varphi_3\urcorner$ betrachten und die syntaktische Manipulation der Zeichenketten in eine numerische Gleichung übersetzen. Wir erhalten dann die Beziehung

$$\ulcorner\varphi_1\urcorner = \ulcorner\varphi_2\urcorner \cdot 16^{16} + \underbrace{11582}_{\text{,->`}} \cdot 16^{12} + \ulcorner\varphi_3\urcorner$$

Diesen Zusammenhang können wir auf beliebige Formeln erweitern. Eine Formel φ_3 geht genau dann durch die Anwendung der Modus-Ponens-Schlussregel aus den Formeln φ_1 und φ_2 hervor, wenn die Gödelnummern $\ulcorner\varphi_1\urcorner$, $\ulcorner\varphi_2\urcorner$ und $\ulcorner\varphi_3\urcorner$ die Beziehung

$$\ulcorner\varphi_1\urcorner = \ulcorner\varphi_2\urcorner \cdot 16^{2 \cdot l(\varphi_3)+4} + 11582 \cdot 16^{2 \cdot l(\varphi_3)} + \ulcorner\varphi_3\urcorner$$

erfüllen, wobei $l(\varphi_3)$ die Anzahl der Zeichen in φ_3 bedeutet. $l(\varphi_3)$ können wir durch $\frac{1}{2}(\lfloor\log_{16}\ulcorner\varphi_3\urcorner\rfloor + 1)$ ersetzen und erhalten mit

$$\ulcorner\varphi_1\urcorner = \ulcorner\varphi_2\urcorner \cdot 16^{\lfloor\log_{16}\ulcorner\varphi_3\urcorner\rfloor+5} + 11582 \cdot 16^{\lfloor\log_{16}\ulcorner\varphi_3\urcorner\rfloor+1} + \ulcorner\varphi_3\urcorner$$

eine ordinäre Gleichung der Zahlentheorie. Noch besser wird dies sichtbar, wenn wir die Platzhalter $\ulcorner\varphi_1\urcorner$, $\ulcorner\varphi_2\urcorner$ und $\ulcorner\varphi_3\urcorner$ durch gewöhnliche Variablen x, y und z ersetzen:

$$x = y \cdot 16^{\lfloor\log_{16} z\rfloor+5} + 11582 \cdot 16^{\lfloor\log_{16} z\rfloor+1} + z \tag{3.1}$$

Mit (3.1) ist uns die Konstruktion einer Gleichung gelungen, die zur gleichen Zeit zwei inhaltlich verschiedene Bedeutungen in sich trägt.

- Die erste Bedeutung ist eine arithmetische. Gleichung (3.1) stellt einen numerischen Zusammenhang zwischen drei natürlichen Zahlen x, y und z her und entspricht einer gewöhnlichen Aussage aus dem Gebiet der Zahlentheorie.
- Daneben besitzt die Gleichung eine metatheoretische Bedeutung. Setzen wir nämlich für x, y und z die Gödelnummern von drei Formeln φ_1, φ_2 und φ_3 ein, so ist (3.1) genau dann wahr, wenn φ_3 durch die Modus-Ponens-Schlussregel aus den Formeln φ_2 und φ_1 abgeleitet werden kann.

Damit haben wir einen wichtigen Isomorphismus zwischen formalen Systemen auf der einen Seite und der Arithmetik auf der anderen Seite aufgedeckt (Abbildung 3.2). Diesem ist es zu verdanken, dass wir die syntaktischen Manipulationen eines formalen Systems immer auch arithmetisch deuten können und sich gleichzeitig viele zahlentheoretische Formeln als metatheoretische Aussagen über formale Systeme interpretieren lassen. Die Gödelisierung ist die Brücke, die beide Welten miteinander verbindet.

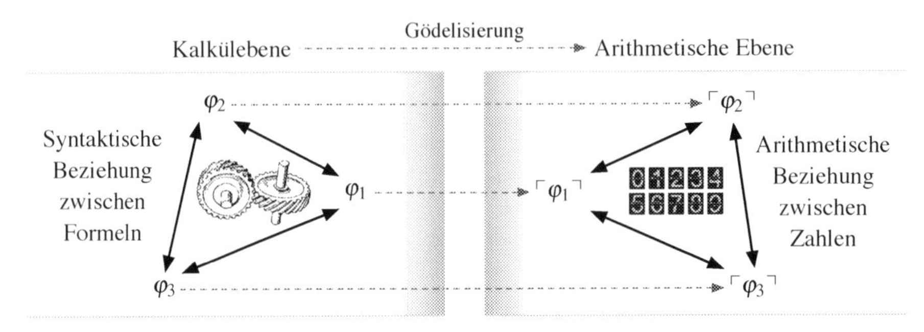

Abb. 3.2 Die Gödelisierung bildet Formeln und Beweise auf natürliche Zahlen ab. Hierdurch entsteht ein isomorphes Bild im Bereich der Arithmetik.

Beachten Sie, dass die Gödelisierung, mit der wir die Arithmetisierung der Syntax hier demonstriert haben, nur eine von vielen möglichen ist. Für den Beweis des ersten Unvollständigkeitssatzes ist sie sogar denkbar ungeeignet, da die meisten syntaktischen Operationen zu komplizierten arithmetischen Beziehungen führen. Dies ist der Grund, warum Gödel, wie Sie in Abschnitt 4.5 sehen werden, eine völlig andere, mathematisch elegantere Codierung wählte.

An einer späterer Stelle der Arbeit wird ein schweißtreibender handwerklicher Teil folgen, in dem Gödel eine längere Liste von Meta-Aussagen abarbeitet und in eine äquivalente Liste arithmetischer Definitionen übersetzt. Dort werden Sie sehen, dass die Palette von Begriffen und Eigenschaften, die sich arithmetisch definieren lassen, riesig ist. Wir finden darin einfache, wie die Eigenschaft eines Zeichens, eine Variable zu sein, aber auch komplizierte, wie die Eigenschaft einer Zeichenkette, eine wohldefinierte Formel, eine Beweiskette oder die Endformel einer solchen Kette zu sein.

Das letztgenannte Beispiel ist besonders wichtig und bedeutet konkret das Folgende: Es existiert eine arithmetische Formel $F(\mathsf{v})$, die genau dann zu einer inhaltlich wahren Aussage wird, wenn wir die Variable v als die Gödelnummer einer beweisbaren Formel interpretieren.

Gödel erklärt diesen Sachverhalt so:

endliche Folge von endlichen Folgen natürlicher Zahlen. **Die metamathematischen Begriffe (Sätze) werden dadurch zu Begriffen (Sätzen) über natürliche Zahlen bzw. Folgen von solchen [9]) und daher (wenigstens teilweise) in den Symbolen des Systems PM selbst ausdrückbar. Insbesondere kann man zeigen, daß die Begriffe „Formel", „Beweisfigur", „beweisbare Formel" innerhalb des Systems PM definierbar sind, d. h. man kann z. B. eine Formel $F(v)$ aus PM mit einer freien Variablen v (vom Typus einer Zahlenfolge) angeben [10]), so daß $F(v)$ inhaltlich interpretiert besagt: v ist eine beweisbare Formel.** Nun

[9]) m. a. W.: Das oben beschriebene Verfahren liefert ein isomorphes Bild des Systems PM im Bereich der Arithmetik und man kann alle metamathematischen Überlegungen ebenso gut an diesem isomorphen Bild vornehmen. Dies geschieht in der folgenden Beweisskizze, d. h. unter „Formel", „Satz", „Variable" etc. sind immer die entsprechenden Gegenstände des isomorphen Bildes zu verstehen.

[10]) Es wäre sehr leicht (nur etwas umständlich), diese Formel tatsächlich hinzuschreiben.

Die Konstruktion der Formel $F(\mathsf{v})$ ist ein wichtiger Baustein im Beweis des ersten Unvollständigkeitssatzes und wird uns später in aller Ausführlichkeit beschäftigen. Vergessen Sie dabei niemals, dass ausschließlich die Axiome und die Schlussregeln eines formalen Systems dafür verantwortlich sind, ob eine Formel beweisbar ist oder nicht. Das bedeutet, dass die angesprochene Formel $F(\mathsf{v})$ in jedem formalen System eine andere ist.

3.3 Ich bin unbeweisbar!

An dieser Stelle wird es besonders spannend: Gödel skizziert die Konstruktion einer Formel A, die in der Logik der *Principia Mathematica* nicht entschieden werden kann. Das bedeutet, dass A und $\neg A$ beide unbeweisbar sind, sich also keine der Beiden durch die wiederholte Anwendung der Schlussregeln aus den Axiomen ableiten lässt.

inhaltlich interpretiert besagt: v ist eine beweisbare Formel. Nun stellen wir einen unentscheidbaren Satz des Systems PM, d. h. einen Satz A, für den weder A noch *non*-A beweisbar ist, folgendermaßen her:

Über formal unentscheidbare Sätze der Principia Mathematica etc. 175

Eine Formel aus PM mit genau einer freien Variablen, u. zw. vom Typus der natürlichen Zahlen (Klasse von Klassen) wollen wir ein Klassenzeichen nennen. Die Klassenzeichen denken wir uns irgend-

Ein *Klassenzeichen* ist eine Formel, die genau eine freie Variable enthält, wobei diese Variable eine Individuenvariable ist. Die Klassenzeichen sind abzählbar und lassen sich, sobald wir uns auf eine Ordnung geeinigt haben, in einer unendlich langen Liste aufzählen:

$$\varphi_0(\xi), \varphi_1(\xi), \varphi_2(\xi), \varphi_3(\xi), \varphi_4(\xi), \varphi_5(\xi), \ldots \tag{3.2}$$

Die Formel $\varphi_n(\xi)$ nennen wir das n-te Klassenzeichen. Gödel verwendet eine andere Terminologie und bezeichnet das n-te Klassenzeichen mit $R(n)$:

$$R(n) = \varphi_n(\xi)$$

Klassenzeichen nennen. Die Klassenzeichen denken wir uns irgendwie in eine Folge geordnet[11]), bezeichnen das n-te mit $R(n)$ und bemerken, daß sich der Begriff „Klassenzeichen" sowie die ordnende Relation R im System PM definieren lassen. Sei α ein beliebiges

[11]) Etwa nach steigender Gliedersumme und bei gleicher Summe lexikographisch.

Dieser Satz ist besonders wichtig. Er sagt aus, dass wir eine Formel $\psi_K(\xi)$ finden können, die genau dann wahr ist, wenn wir die freie Variable ξ als die Gödelnummer eines Klassenzeichens interpretieren. Das Gleiche gilt für die Relation R. Es existiert eine Formel $\psi_R(\xi, \zeta)$, die genau dann wahr ist, wenn wir ξ als die Zahl n und ζ als die Gödelnummer des n-ten Klassenzeichens interpretieren.

In den meisten Logiken besitzen die natürlichen Zahlen eine direkte Entsprechung in Form von speziellen Zeichenketten, und in Abschnitt 1.2 haben wir mit dem System E ein solches formales System auch schon kennen gelernt. Dort haben wir den Ausdruck $\overline{n}$ als eine Abkürzung für

$$\overline{n} := \underbrace{\mathsf{s}(\mathsf{s}(\ldots\mathsf{s}}_{n\text{-mal}}(0)\ldots))$$

definiert und inhaltlich als die natürliche Zahl n interpretiert.

Ersetzen wir in einem Klassenzeichen $\alpha(\xi)$ die freie Variable ξ durch einen Ausdruck der Form $\overline{n}$ (*„das Zeichen für die natürliche Zahl n"*), so erhalten wir eine geschlossene Formel, die wir mit $\alpha(\overline{n})$ abkürzen. In seiner Beweisskizze (und nur dort!) benutzt Gödel dafür die etwas eigentümliche Schreibweise $[\alpha; n]$:

$$[\alpha; n] = \alpha(\overline{n})$$

Gödel greift erneut einem Ergebnis aus dem Hauptteil vor und betont, dass sich die Einsetzung von $\overline{n}$ in eine Formel $\alpha(\xi)$ ebenfalls arithmetisch charakterisieren lässt und damit innerhalb der *Principia Mathematica* definiert werden kann:

Relation R im System PM definieren lassen. Sei α ein beliebiges Klassenzeichen; mit $[\alpha; n]$ bezeichnen wir diejenige Formel, welche aus dem Klassenzeichen α dadurch entsteht, daß man die freie Variable durch das Zeichen für die natürliche Zahl n ersetzt. Auch die Tripel-Relation $x = [y; z]$ erweist sich als innerhalb PM definierbar.

	0	1	2	3	4	5		q	
$\varphi_0(\xi)$	$\varphi_0(\overline{0})$	$\varphi_0(\overline{1})$	$\varphi_0(\overline{2})$	$\varphi_0(\overline{3})$	$\varphi_0(\overline{4})$	$\varphi_0(\overline{5})$	$\ldots$	$\varphi_0(\overline{q})$	$\ldots$
$\varphi_1(\xi)$	$\varphi_1(\overline{0})$	$\varphi_1(\overline{1})$	$\varphi_1(\overline{2})$	$\varphi_1(\overline{3})$	$\varphi_1(\overline{4})$	$\varphi_1(\overline{5})$	$\ldots$	$\varphi_1(\overline{q})$	$\ldots$
$\varphi_2(\xi)$	$\varphi_2(\overline{0})$	$\varphi_2(\overline{1})$	$\varphi_2(\overline{2})$	$\varphi_2(\overline{3})$	$\varphi_2(\overline{4})$	$\varphi_2(\overline{5})$	$\ldots$	$\varphi_2(\overline{q})$	$\ldots$
$\varphi_3(\xi)$	$\varphi_3(\overline{0})$	$\varphi_3(\overline{1})$	$\varphi_3(\overline{2})$	$\varphi_3(\overline{3})$	$\varphi_3(\overline{4})$	$\varphi_3(\overline{5})$	$\ldots$	$\varphi_3(\overline{q})$	$\ldots$
$\varphi_4(\xi)$	$\varphi_4(\overline{0})$	$\varphi_4(\overline{1})$	$\varphi_4(\overline{2})$	$\varphi_4(\overline{3})$	$\varphi_4(\overline{4})$	$\varphi_4(\overline{5})$	$\ldots$	$\varphi_4(\overline{q})$	$\ldots$
$\varphi_5(\xi)$	$\varphi_5(\overline{0})$	$\varphi_5(\overline{1})$	$\varphi_5(\overline{2})$	$\varphi_5(\overline{3})$	$\varphi_5(\overline{4})$	$\varphi_5(\overline{5})$	$\ldots$	$\varphi_5(\overline{q})$	$\ldots$
	$\vdots$	$\vdots$	$\vdots$	$\vdots$	$\vdots$	$\vdots$	$\ddots$	$\vdots$	
$\varphi_q(\xi)$	$\varphi_q(\overline{0})$	$\varphi_q(\overline{1})$	$\varphi_q(\overline{2})$	$\varphi_q(\overline{3})$	$\varphi_q(\overline{4})$	$\varphi_q(\overline{5})$	$\ldots$	$\varphi_q(\overline{q})$	$\ldots$
	$\vdots$	$\vdots$	$\vdots$	$\vdots$	$\vdots$	$\vdots$	$\ddots$	$\vdots$	

Abb. 3.3 Ausschnitt aus einer unendlichen großen Tabelle, in der sämtliche Instanzen der Klassenzeichen vorkommen. Gödel zeigt an späterer Stelle, dass auf der Hauptdiagonalen eine Formel $\varphi_q(\overline{q})$ existiert, die unentscheidbar ist, d. h., dass weder $\varphi_q(\overline{q})$ noch $\neg\varphi_q(\overline{q})$ bewiesen werden können.

Für das Verständnis des nun folgenden Hauptarguments ist es hilfreich, sich die Klassenzeichen als Zeileneinträge einer unendlich großen Tabelle vorzustellen (Abbildung 3.3). Diese ist so aufgebaut, dass in der n-ten Zeile das n-te Klassenzeichen erscheint. In den Spalten sind die verschiedenen Formelinstanzen eingetragen, die durch das Einsetzen eines Ausdrucks der Form $\overline{n}$ entstehen. Besonders interessant sind für uns die *Diagonalelemente* $\varphi_n(\overline{n})$. Sie bilden zusammen die Hauptdiagonale der Tabelle und entstehen, indem die Variable des n-ten Klassenzeichens durch die Termrepräsentation der natürlichen Zahl n ersetzt wird.

Nun definieren wir eine Klasse K natürlicher Zahlen folgendermaßen:

$$n \,\varepsilon\, K \equiv \overline{Bew\,[R\,(n)\,;\,n]}\,^{11a)} \tag{1}$$

(wobei $Bew\,x$ bedeutet: x ist eine beweisbare Formel). Da die Begriffe, welche im Definiens vorkommen, sämtlich in PM definierbar sind, so auch der daraus zusammengesetzte Begriff K, d. h. es gibt ein Klassenzeichen S[12]), so daß die Formel $[S;n]$ inhaltlich gedeutet besagt, daß die natürliche Zahl n zu K gehört. S ist als Klassen-

[11a]) Durch Überstreichen wird die Negation bezeichnet.

[12]) Es macht wieder nicht die geringsten Schwierigkeiten, die Formel S tatsächlich hinzuschreiben.

In unserer Notation liest sich die Definition von K folgendermaßen:

$$K := \{n \mid \nvdash \varphi_n(\overline{n})\}$$

Demnach ist eine natürliche Zahl n genau dann in der Menge K enthalten, wenn das n-te Diagonalelement unbeweisbar ist:

$$n \in K \Leftrightarrow \nvdash \varphi_n(\overline{n}) \tag{3.3}$$

Gödel weist darauf hin und wird später in aller Ausführlichkeit zeigen, dass die Mengenzugehörigkeit zu K innerhalb der *Principia Mathematica* oder eines verwandten Systems definierbar ist. Das bedeutet in diesem Kontext, dass wir eine Formel $S(\xi)$ finden können, die genau dann inhaltlich wahr wird, wenn wir die freie Variable ξ durch die Termrepräsentation $\overline{n}$ einer natürlichen Zahl n aus der Menge K ersetzen. Es gilt also

$$\models S(\overline{n}) \Leftrightarrow n \in K \tag{3.4}$$

Als Nächstes folgt eine wichtige Beobachtung: $S(\xi)$ ist eine Formel mit genau einer freien Variablen und damit selbst ein Klassenzeichen!

besagt, daß die natürliche Zahl n zu K gehört. S ist als Klassenzeichen mit einem bestimmten $R(q)$ identisch, d. h. es gilt

$$S = R(q)$$

für eine bestimmte natürliche Zahl q. Wir zeigen nun, daß der

Die Argumentation ist einleuchtend: Wenn $S(\xi)$ selbst ein Klassenzeichen ist, dann muss es in irgendeiner Zeile unserer Tabelle vorkommen. Bezeichnen wir die Nummer dieser Zeile, genau wie es Gödel getan hat, mit q, so ist $S(\xi)$ mit der Formel $\varphi_q(\xi)$ identisch:

$$S(\xi) = \varphi_q(\xi) \tag{3.5}$$

Setzen wir für ξ die Termrepräsentation $\overline{q}$ der Zahl q ein, so erhalten wir mit $\varphi_q(\overline{q})$ jene Formel, nach der wir gesucht haben: Weder sie selbst noch ihre Negation kann beweisbar sein, wenn das zugrunde liegende formale System korrekt ist. Um dies einzusehen, unterscheiden wir zwei Fälle (Abbildung 3.4):

- Angenommen, $\varphi_q(\overline{q})$ sei beweisbar
  Ist das formale System korrekt, so ist jede beweisbare Aussage auch inhaltlich richtig (aus $\vdash \varphi_q(\overline{q})$ folgt $\models \varphi_q(\overline{q})$). Die Formel $\varphi_q(\overline{q})$ ist nach (3.5) die gleiche wie $S(\overline{q})$, und das bedeutet nach (3.4), dass q zur Menge K gehört. Jetzt folgt aus (3.3), dass es keinen Beweis für $\varphi_q(\overline{q})$ geben kann.

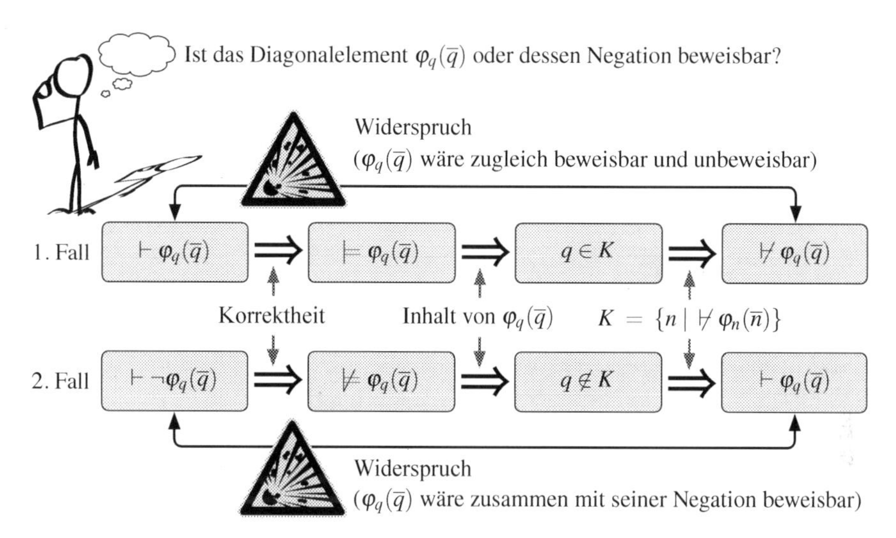

Abb. 3.4 So argumentiert Gödel in der Beweisskizze. Er zeigt, dass sowohl die Annahme, das Diagonalelement $\varphi_q(\overline{q})$ sei beweisbar, als auch die Annahme, dessen Negation $\neg\varphi_q(\overline{q})$ sei beweisbar, zu einem Widerspruch führt.

- Angenommen, $\neg\varphi_q(\overline{q})$ sei beweisbar
  In diesem Fall ist $\varphi_q(\overline{q})$ inhaltlich falsch, und das bedeutet nach (3.5) und (3.4), dass q nicht zur Menge K gehören kann. Dann existiert nach (3.3) ein Beweis für $\varphi_q(\overline{q})$, im Widerspruch zu der Tatsache, dass in einem korrekten formalen System niemals eine Formel zusammen mit ihrer Negation abgeleitet werden kann.

Damit sind wir am Ziel: Ist das formale System korrekt, so kann weder $\varphi_q(\overline{q})$ noch $\neg\varphi_q(\overline{q})$ aus den Axiomen deduziert werden. Aus Gödels Mund klingt die Argumentation so:

> für eine bestimmte natürliche Zahl q. Wir zeigen nun, daß der Satz $[R(q); q]$ [13]) in PM unentscheidbar ist. Denn angenommen der Satz $[R(q); q]$ wäre beweisbar, dann wäre er auch richtig, d. h. aber nach dem obigen q würde zu K gehören, d. h. nach (1) es würde $\overline{Bew}\,[R(q); q]$ gelten, im Widerspruch mit der Annahme. Wäre dagegen die Negation von $[R(q); q]$ beweisbar, so würde $\overline{q \,\varepsilon\, K}$, d. h. $Bew\,[R(q); q]$ gelten. $[R(q); q]$ wäre also zugleich mit seiner Negation beweisbar, was wiederum unmöglich ist.
>
> [13]) Man beachte, daß „$[R(q); q]$" (oder was dasselbe bedeutet „$[S; q]$") bloß eine metamathematische Beschreibung des unentscheidbaren Satzes ist. Doch kann man, sobald man die Formel S ermittelt hat, natürlich auch die Zahl q bestimmen und damit den unentscheidbaren Satz selbst effektiv hinschreiben.

Die Fußnote 13 wollen wir uns genauer ansehen. Zunächst weist Gödel darauf hin, dass die Zeichenkette $[S; q]$ (in unserer Notation ist dies die Zeichenkette $\varphi_q(\overline{q})$) nur eine indirekte, eine „*metamathematische*" Beschreibung der unentscheidbaren Formel ist und nicht die Formel selbst. Das heißt nicht, dass wir die unentscheidbare Formel nicht im Klartext aufschreiben könnten. Dies wäre tatsächlich möglich, da sich $S(\xi)$ explizit konstruieren lässt und wir damit theoretisch in der Lage wären, auch ihre Position in der Aufzählung (3.2) zu bestimmen. Diese Position ist die Zahl q. Würden wir in $S(\xi)$ dann alle Vorkommen der freien Variablen durch den Ausdruck $\overline{q}$ ersetzen, so erhielten wir die unentscheidbare Formel $\varphi_q(\overline{q})$ im Klartext.

Praktisch würden wir bei der Konstruktion allerdings schnell auf Probleme stoßen. Die darin enthaltenen Teilformeln wären so groß und ihre Gödelnummern so riesig, dass unser irdisches Repertoire an Papier und Tinte schon nach wenigen Konstruktionsschritten aufgebraucht wäre. Wir tun also gut daran, jedweden Versuch in dieser Richtung zu unterlassen.

Als Nächstes wollen wir die Formel $\varphi_q(\overline{q})$ inhaltlich interpretieren. Zunächst benutzen wir (3.3), um (3.4) folgendermaßen umzuschreiben:

$$\models S(\overline{n}) \Leftrightarrow \not\vdash \varphi_n(\overline{n}) \tag{3.6}$$

$\varphi_q(\overline{q})$ ist die Formel $S(\overline{q})$, so dass wir (3.6) weiter umformen können zu

$$\models \varphi_q(\overline{q}) \Leftrightarrow \not\vdash \varphi_q(\overline{q}) \tag{3.7}$$

Jetzt ist klar, welche inhaltliche Bedeutung $\varphi_q(\overline{q})$ in sich trägt. Die Formel steht für die Aussage

„*Ich bin unbeweisbar!*"

Unsere Überlegungen haben deutlich gemacht, wie trickreich die Gödel'sche Konstruktion ist. Über das Prinzip der Diagonalisierung ist es gelungen, in $\varphi_q(\overline{q})$ eine metatheoretische Aussage einzuschleusen, die sich auf sich selbst bezieht. Die Formel postuliert ihre eigene Unbeweisbarkeit und kann, wenn das zugrunde liegende formale System korrekt ist, nicht beweisbar sein.

3.4 Gödel, Richard und der Lügner

Der geschilderte Selbstbezug erinnert an zwei bekannte Paradoxien, die Gödel umgehend anspricht:

Die Analogie dieses Schlusses mit der Antinomie Richard springt in die Augen; auch mit dem „Lügner" besteht eine nahe Verwandtschaft[14]), denn der unentscheidbare Satz $[R(q); q]$ besagt ja, daß q zu K gehört, d. h. nach (1), daß $[R(q); q]$ nicht beweisbar ist. Wir haben also einen Satz vor uns, der seine eigene Unbeweisbarkeit behauptet[15]). Die eben auseinandergesetzte Beweismethode

[14]) Es läßt sich überhaupt jede epistemologische Antinomie zu einem derartigen Unentscheidbarkeitsbeweis verwenden.

[15]) Ein solcher Satz hat entgegen dem Anschein nichts Zirkelhaftes an sich, denn er behauptet zunächst die Unbeweisbarkeit einer ganz bestimmten Formel (nämlich der q-ten in der lexikographischen Anordnung bei einer bestimmten Einsetzung), und erst nachträglich (gewissermaßen zufällig) stellt sich heraus, daß diese Formel gerade die ist, in der er selbst ausgedrückt wurde.

Wenngleich die Parallelen zu den erwähnten Paradoxien keinerlei Bedeutung für die formale Durchführung des Gödel'schen Beweises haben, geben sie wertvolle Hinweise darauf, warum in jedem hinreichend ausdrucksstarken formalen System unentscheidbare Sätze existieren müssen. Sehen wir also genauer hin!

3.4.1 Das Lügner-Paradoxon

Das Lügner-Paradoxon entsteht immer dann, wenn eine Aussage inhaltlich ihren eigenen Wahrheitswert verneint. In seiner einfachsten Form erhalten wir es durch den simplen Ausruf

„Ich lüge!"

Abbildung 3.5 zeigt, warum uns die Frage nach der Wahrheit oder der Falschheit dieser Aussage in eine prekäre Situation versetzt. Auf der einen Seite kann die Aussage nicht wahr sein, da sie inhaltlich behauptet, falsch zu sein. Auf der anderen Seite kann sie auch nicht falsch sein, da die Aussage genau dies von sich selbst behauptet und damit wahr wäre.

Das Lügner-Paradoxon kommt in verschiedenen Spielarten vor und lässt sich auch dann hervorrufen, wenn sich ein Satz nicht direkt auf sich selbst bezieht. Das nachstehende Beispiel zeigt, dass eine indirekte, sich über mehrere Sätze erstreckende Aussage das gleiche widersprüchliche Ergebnis hervorbringen kann:

Sokrates: *„Was Platon sagt, ist falsch!"*

Platon: *„Was Sokrates sagt, ist wahr!"*

Vergleichen wir das Lügner-Paradoxon mit der unentscheidbaren Formel $\varphi_q(\overline{q})$, so fällt eine Gemeinsamkeit sofort ins Auge: die *Selbstreferenz*. Die Gödel'sche Formel $\varphi_q(\overline{q})$ postuliert ihre eigene Unbeweisbarkeit und macht damit in der

Abb. 3.5 Das Lügner-Paradoxon. Die Annahme, der Lügner sage die Unwahrheit, führt zu einem Widerspruch, genauso wie die Annahme, er sage die Wahrheit.

gleichen Weise eine Aussage über sich selbst wie der vermeintliche Lügner. Dennoch existiert zwischen beiden ein entscheidender Unterschied: Anders als der Lügner behauptet die Formel $\varphi_q(\overline{q})$ nicht ihre eigene Falschheit, sondern lediglich ihre eigene Unbeweisbarkeit. Zunächst klingt der Unterschied marginal, denn wir wissen, dass in einem korrekten und vollständigen formalen System die wahren Aussagen und die beweisbaren Aussagen identisch sind und es deshalb keine Rolle spielt, ob wir nach der Wahrheit oder nach der Beweisbarkeit fragen. Und tatsächlich: Unter der Annahme, das zugrunde liegende formale System sei korrekt und zugleich vollständig, geraten wir in den denselben Teufelskreis, in dem der Lügner gefangen ist: Wäre die Formel $\varphi_q(\overline{q})$ wahr, so wäre sie unbeweisbar, im Widerspruch zur Vollständigkeit. Wäre sie dagegen falsch, so müsste sie beweisbar sein, was in einem korrekten Kalkül nicht sein kann (Abbildung 3.6 links).

Anders als im Fall des Lügner-Paradoxons können wir diesen Teufelskreis durchbrechen, indem wir die Vollständigkeitsannahme aufgeben (Abbildung 3.6 rechts). In diesem Fall führt zwar die Annahme, die Formel $\varphi_q(\overline{q})$ sei falsch, zu einem Widerspruch, nicht aber die Annahme, sie sei wahr. In unvollständigen formalen Systemen, und nur in diesen, können Formeln existieren, die wahr, aber unbeweisbar sind.

Die Existenz der Gödel'schen Formel erzeugt also keinesfalls eine Antinomie. Eine solche entstünde nur dann, wenn sich eine Formel mit der inhaltlichen Aussage von $\varphi_q(\overline{q})$ konstruieren und gleichzeitig ein korrektes und vollständiges formales System angeben ließe. In einem unvollständigen formalen System befinden sich die Begriffe der Wahrheit und der Beweisbarkeit aber nicht in Kongruenz, und genau dies ist die entscheidende Eigenschaft, die den Widerspruch verschwinden lässt.

☞ Die Gödel'sche Formel $\varphi_q(\overline{q})$ besagt inhaltlich: *„Ich bin unbeweisbar!“*

In korrekten und vollständigen formalen Systemen erzeugt die Formel $\varphi_q(\overline{q})$ den gleichen Zirkelschluss, der auch dem Lügner-Paradoxon zugrunde liegt.

Lassen wir die Annahme der Vollständigkeit fallen, so verschwindet auch der Widerspruch. Die Formel ist wahr, aber innerhalb des Systems unbeweisbar.

Abb. 3.6 Gödels Hauptargument erzeugt denselben widersprüchlichen Selbstbezug, der auch dem Lügner-Paradoxon zugrunde liegt. Der Widerspruch verschwindet, wenn wir die Annahme über die Existenz eines korrekten und zugleich vollständigen formalen Systems fallen lassen.

3.4.2 Die Richard'sche Antinomie

Die Richard'sche Antinomie wurde 1905 von dem französischen Mathematiklehrer Jules Richard in einem Brief an den Herausgeber der Zeitschrift *Revue générale des sciences pures et appliquées* ausgesprochen und in der Juni-Ausgabe des gleichen Jahres veröffentlicht [77]. 1906 wurde der Beitrag in der *Acta Mathematica* nachgedruckt [78] und später ins Englische übersetzt. Die weiter unten angeführten Zitate beziehen sich auf die Version in [79].

Richard schrieb seinen Brief in einer Zeit, in der die Ordinalzahl- und die Kardinalzahltheorie durch vermeintliche Antinomien ins Wanken gerieten, und er glaubte, vergleichbare Widersprüche mit viel einfacheren Mitteln hervorrufen zu können. Er war davon überzeugt, Antinomien im Bereich der reellen Zahlen – dem Kontinuum – gefunden zu haben:

> *„It is not necessary to go so far as the theory of ordinal numbers to find such contradictions. Here is one that presents itself at the moment we study the continuum and to which some others could probably be reduced.“*
>
> Jules Richard [79]

Zu Beginn stellte Richard fest, dass sich manche reellen Zahlen umgangssprachlich beschreiben lassen und andere nicht. Diese Überlegung führte ihn auf direktem Weg zu der Richard'schen Menge E, die alle reellen Zahlen enthält, für die eine solche Beschreibung existiert. In seinem Brief beschreibt er ausführlich, wie er diese Menge zu definieren gedenkt:

> „*I am going to define a certain set of numbers, which I shall call the set E, through the following considerations. Let us write all permutations of the twenty-six letters of the French alphabet taken two at a time, putting these permutations in alphabetical order; then, after them, all permutations taken three at a time, in alphabetical order; then, after them, all permutations taken four at a time, and so forth. These permutations may contain the same letter repeated several times; they are permutations with repetitions.* [...] *The definition of a number being made up of words, and these words of letters, some of these permutations will be definitions of numbers. Let us cross out from our permutations all those that are not definitions of numbers.*“
>
> Jules Richard [79]

Folgen wir Richards Anweisungen, so entsteht eine unendlich lange Tabelle, die alle endlichen Sequenzen enthält, die sich mit den Buchstaben unseres Alphabets bilden lassen. Auch wenn die allermeisten Sequenzen inhaltlich keinen Sinn ergeben, werden wir ab und zu auf eine Zeichenkette treffen, die eine Zahl beschreibt (Abbildung 3.7 links). Die Zahlen, die auf diese Weise definiert werden können, bilden zusammen die Menge E.

Jetzt sind wir der Antinomie von Richard schon ganz nahe.

> „*Now here comes the contradiction. We can form a number not belonging to this set. ‚Let p be the digit in the nth decimal place of the nth number of the set E; let us form a number having* 0 *for its integral part and, in its nth decimal place,* $p + 1$ *if p is not* 8 *or* 9, *and* 1 *otherwise.‘ This number N does not belong to the set E. If it were the nth number of the set E, the digit in its nth decimal place would be the same as the one in the nth decimal place of that number, which is not the case.*“
>
> Jules Richard [79]

Dieser Argumentation können wir uns nicht entziehen. Auf der einen Seite lässt sich mithilfe des Diagonalisierungsprinzips mit Leichtigkeit eine Zahl x konstruieren, die nicht in der Tabelle enthalten sein kann ($x \notin E$). Auf der anderen Seite gibt es für die Diagonalisierungsmethode eine umgangssprachliche Beschreibung, die an irgendeiner Stelle in unserer Tabelle vorkommen muss, und daraus folgt $x \in E$. Damit haben wir eine Zahl gefunden, für die gleichzeitig $x \in E$ und $x \notin E$ gilt. Eine unhaltbare Situation!

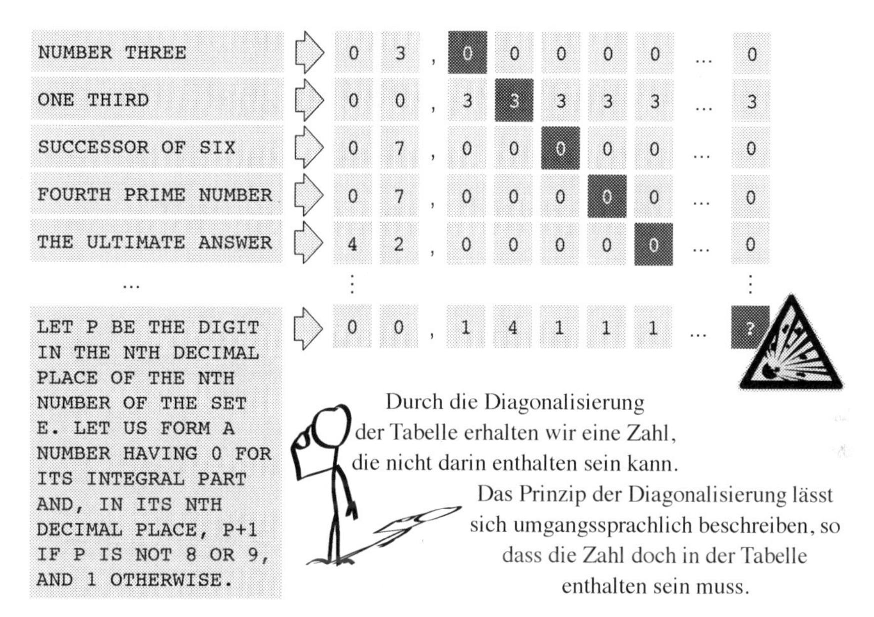

Abb. 3.7 Die Richard'sche Antinomie resultiert aus der Ungenauigkeit der Umgangssprache. Es scheint, als ließe sich eine Zahl konstruieren, die nachweislich nicht konstruierbar ist.

Verursacht wird die Richard'sche Antinomie durch einen Selbstbezug, der in der Konstruktion der Diagonalisierungsaussage verborgen ist. Um ihn zu sehen, nehmen wir an, die Diagonalaussage komme in der n-ten Zeile vor. Sie besagt dann inhaltlich, dass die n-te Ziffer – dies ist ihre eigene Diagonalziffer – von sich selbst verschieden ist. Hierdurch führt die Annahme, die Diagonalaussage beschreibe tatsächlich eine reelle Zahl, für jeden konkret gewählten Zahlenwert zu einem Widerspruch.

Richard hat die nach ihm benannte Antinomie über das Prinzip der Diagonalisierung erzeugt, und genau hier besteht eine Parallele zum Beweis des ersten Unvollständigkeitssatzes: Gödels unentscheidbare Formel befindet sich auf der Diagonalen der Tabelle aller Klassenzeicheninstanzen. Wir können nicht oft genug betonen, dass die Gödel'sche Konstruktion nur dann einen Widerspruch hervorbringt, wenn wir von einem korrekten und zugleich vollständigen formalen System ausgehen. Verzichten wir auf die Forderung der Vollständigkeit, so verschwindet der Widerspruch, und genau dies ist der Unterschied zwischen dem Gödel'schen Argument und den klassischen Antinomien.

Die Richard'sche Antinomie macht deutlich, wie viel Vorsicht wir im Umgang mit umgangssprachlichen Formulierungen an den Tag legen müssen. Die natürliche Sprache ist ein genauso mächtiges wie ungenaues Ausdrucksmittel, das uns selbstbezügliche und inhärent widersprüchliche Aussagen mit wenigen Federstrichen niederschreiben lässt. Im selben Atemzug zeigt die Richard'sche

Konstruktion, dass die Widersprüche nicht immer so offensichtlich sind wie im Falle des Lügners. Wir müssen hier schon genauer hinsehen, um den Selbstbezug zu entlarven.

Das Lügner-Paradoxon und die Richard'sche Antinomie sind sogenannte *semantische Antinomien*, da sie auf der Ungenauigkeit der Umgangssprache und einer daraus resultierenden Vermischung zwischen der Objekt- und der Metasprache beruhen. In formalen Logiken, die beide Ebenen klar voneinander trennen, verschwinden diese Antinomien meist von selbst.

3.4.3 Wann ist ein formales System betroffen?

Im nächsten Abschnitt fasst Gödel zusammen, für welche formalen Systeme die Argumentation der Beweisskizze zutrifft:

barkeit behauptet [15]). Die eben auseinandergesetzte Beweismethode

176 Kurt Gödel,

läßt sich offenbar auf jedes formale System anwenden, das erstens inhaltlich gedeutet über genügend Ausdrucksmittel verfügt, um die in der obigen Überlegung vorkommenden Begriffe (insbesondere den Begriff „beweisbare Formel") zu definieren, und in dem zweitens jede beweisbare Formel auch inhaltlich richtig ist. Die nun folgende

Die Argumentation in der Beweisskizze ist nur für solche formalen Systeme richtig, die über die Fähigkeit verfügen, in einem gewissen Umfang über sich selbst zu sprechen. Insbesondere muss das betrachtete formale System die Eigenschaft der *Beweisbarkeit* innerhalb seiner Objektsprache definieren können. Als Zweites haben wir darauf vertraut, dass jede beweisbare Formel inhaltlich richtig ist. Das heißt, dass wir die Argumentationskette nur auf solche formalen Systeme anwenden können, die im Sinne von Definition 1.5 korrekt sind.

Im Folgenden wird Gödel darangehen, das Skizzierte zu präzisieren. Er wird akribisch darlegen, was es bedeutet, einen Begriff innerhalb eines formalen Systems zu „definieren", und er wird detailliert herleiten, unter welchen Voraussetzungen dies möglich ist und unter welchen nicht.

jede beweisbare Formel auch inhaltlich richtig ist. Die nun folgende exakte Durchführung des obigen Beweises wird unter anderem die

Aufgabe haben, die zweite der eben angeführten Voraussetzungen durch eine rein formale und weit schwächere zu ersetzen.

Gödel wird die Voraussetzung der Korrektheit im Hauptteil seines Beweises deutlich abschwächen. Es war ihm wichtig, den Beweis der Unvollständigkeitssätze nicht auf den semantischen Wahrheitsbegriff zu stützen, da seine Arbeit in einer Zeit entstand, in der die mengentheoretischen Paradoxien noch in aller Munde waren und viele seiner Zeitgenossen dem Wahrheitsbegriff skeptisch oder gar feindselig gegenüberstanden. Es war eine Zeit, in der nach Gödels Worten *„ein Konzept der objektiven mathematischen Wahrheit* [...] *mit größtem Misstrauen betrachtet und in weiten Kreisen als bedeutungsleer zurückgewiesen wurde.“* [14].

Damit sind wir an einem wichtigen Punkt angekommen: Der erste Gödel'sche Unvollständigkeitssatz existiert in mehreren Varianten, von denen die drei wichtigsten in Abbildung 3.8 zu sehen sind. Ganz oben ist die semantische Variante dargestellt, auf die sich Gödel in seiner Beweisskizze bezieht. Sie ist die schwächste der drei und macht eine Aussage über korrekte formale Systeme, d. h. über Systeme, in denen alle beweisbaren Aussagen inhaltlich wahr sind. Ganz unten ist die syntaktische Variante zu sehen. Sie kommt ohne die inhaltliche Deutung von Formeln aus und nimmt an keiner Stelle auf die semantischen Begriffe der Korrektheit und der Vollständigkeit Bezug. An deren Stelle treten die rein syntaktischen Begriffe der Widerspruchsfreiheit und der Negationsvollständigkeit.

Gödel hatte den Beweis der syntaktischen Variante im Sinn, konnte sein Ziel aber nicht vollständig erreichen. Er sah sich gezwungen, die Voraussetzung geringfügig zu verstärken, und forderte anstelle der Widerspruchsfreiheit die sogenannte ω-Widerspruchsfreiheit ein. Was sich hinter diesem Begriff genau verbirgt, werden wir in Abschnitt 6.1 herausarbeiten. Nur soviel vorweg: Jedes ω-widerspruchsfreie formale System ist auch widerspruchsfrei, nicht aber umgekehrt.

Die Variante des ersten Unvollständigkeitssatzes, den Gödel in seiner Originalarbeit beweist, ist daher geringfügig schwächer als die syntaktische Variante, aber immer noch wesentlich stärker als die semantische. Dass die syntaktische Variante ebenfalls richtig ist, wissen wir seit 1936. In jenem Jahr bewies der amerikanische Logiker Barkley Rosser, dass die Voraussetzung der ω-Widerspruchsfreiheit durch die gewöhnliche Widerspruchsfreiheit ersetzt werden kann [80, 13].

Im letzten Abschnitt der Beweisskizze weist Gödel darauf hin, dass sich aus dem ersten Unvollständigkeitssatz eine bemerkenswerte Folgerung ergibt:

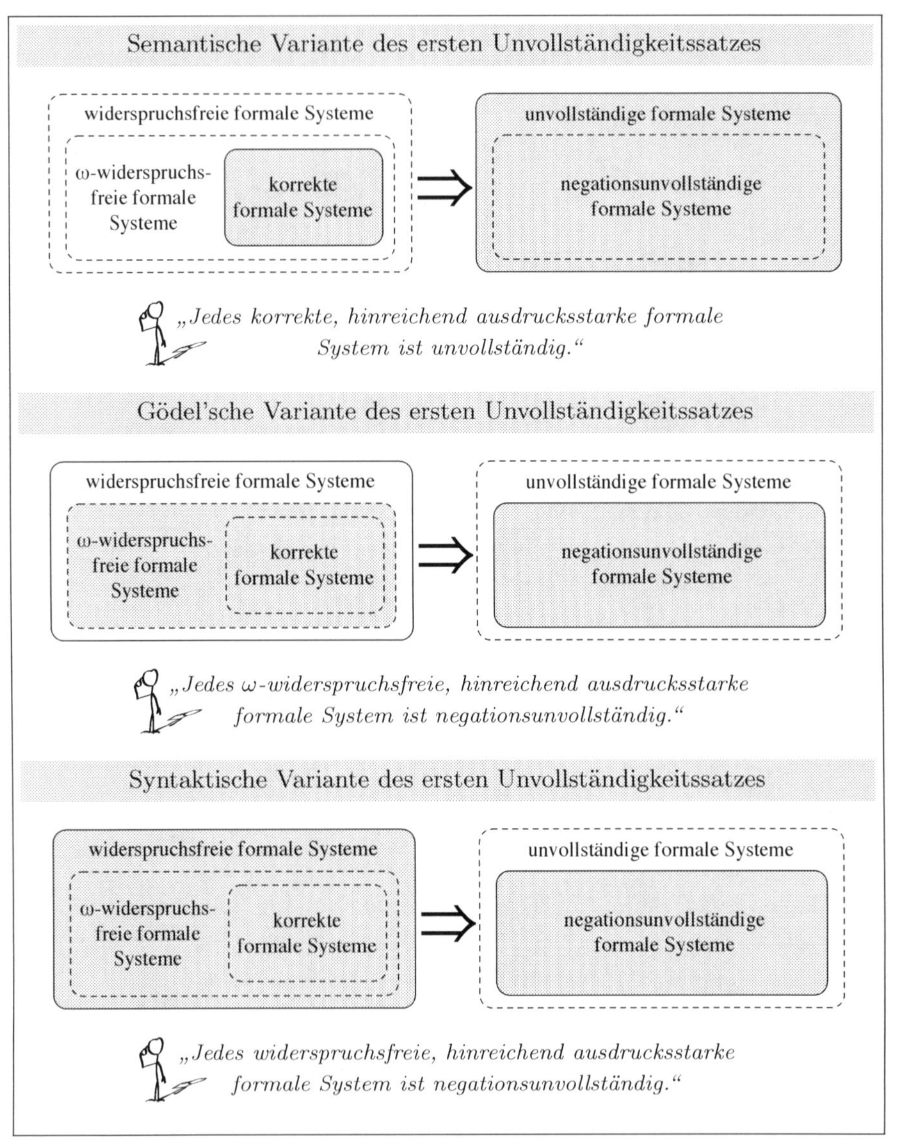

Abb. 3.8 Drei Varianten des ersten Unvollständigkeitssatzes. Die semantische Variante ist die schwächste und die syntaktische Variante die stärkste Formulierung.

Aus der Bemerkung, dass $[R(q); q]$ seine eigene Unbeweisbarkeit behauptet, folgt sofort, dass $[R(q); q]$ richtig ist, denn $[R(q); q]$ ist ja unbeweisbar (weil unentscheidbar). Der im System PM unentscheidbare Satz wurde also durch metamathematische Überlegungen doch entschieden. Die genaue Analyse dieses merkwürdigen Umstandes führt zu überraschenden Resultaten, bezüglich der Widerspruchsfreiheitsbeweise formaler Systeme, die in Abschnitt 4 (Satz XI) näher behandelt werden.

Der hier am Schluss erwähnte Satz XI ist der zweite Gödel'sche Unvollständigkeitssatz. Er besagt, dass ein formales System, das ausdrucksstark genug ist, um den Beweis des ersten Unvollständigkeitssatzes zu formalisieren, seine eigene Widerspruchsfreiheit nicht beweisen kann. Bereits im ersten Kapitel haben wir angedeutet, wie weitreichend dieser Satz in philosophischer Hinsicht ist. Für die meisten Mathematiker attestiert er die Unmöglichkeit des Hilbert-Programms: des Beweises der Widerspruchsfreiheit der klassischen Mathematik mit finiten Mitteln.

4 Das System P

„P ist im wesentlichen das System, welches man erhält, wenn man die Peano'schen Axiome mit der Logik der PM [Principia Mathematica] *überbaut."*

Kurt Gödel [32]

Der erste Teil der Gödel'schen Arbeit liegt hinter uns. Wir haben die Beweisskizze vollständig durchgearbeitet und wissen nun, auf welchem Weg Gödel den ersten Unvollständigkeitssatz beweisen wird. In diesem Kapitel wenden wir uns dem zweiten Teil der Arbeit zu, der sich mit der Präzisierung der skizzierten Beweisschritte beschäftigt. Los geht es mit der Definition des formalen Systems P, das als Grundlage für den Beweis der Unvollständigkeitssätze dient.

2.

Wir gehen nun an die exakte Durchführung des oben skizzierten Beweises und geben zunächst eine genaue Beschreibung des formalen Systems *P*, für welches wir die Existenz unentscheidbarer Sätze nachweisen wollen. *P* ist im wesentlichen das System, welches

Gödel wird mit P ein formales System definieren, in dem sich Aussagen über die natürlichen Zahlen formulieren lassen. Wer für dessen Aufbau Pate stand, hat er bereits im Titel seiner Arbeit verraten: es sind die *Principia Mathematica* (PM) von Russell und Whitehead.

Sätze nachweisen wollen. *P* ist im wesentlichen das System, welches man erhält, wenn man die Peanoschen Axiome mit der Logik der PM[16]) überbaut (Zahlen als Individuen, Nachfolgerrelation als undefinierten Grundbegriff).

[16]) Die Hinzufügung der Peanoschen Axiome ebenso wie alle anderen am System PM angebrachten Abänderungen dienen lediglich zur Vereinfachung des Beweises und sind prinzipiell entbehrlich.

Wir führen P auf die gleiche Art und Weise ein wie das Beispielsystem E, das wir in Abschnitt 1.2 zur Veranschaulichung der Grundmerkmale formaler Systeme herangezogen haben. Als Erstes definieren wir die Syntax, d. h., wir legen fest, nach welchen Regeln die Zeichenketten aufgebaut sind, die Formeln genannt nennen. Als Zweites verleihen wir den einzelnen Sprachbestandteilen eine inhaltliche Bedeutung und definieren auf diese Weise die Semantik. Als Drittes geben wir die Axiome und Schlussregeln an, die uns für die Herleitung von Theoremen zur Verfügung stehen.

4.1 Syntax

> Die Grundzeichen des Systems P sind die folgenden:
> I. Konstante: „$\sim$" (nicht), „$\vee$" (oder), „Π" (für alle), „0" (Null), „f" (der Nachfolger von), „(", „)" (Klammern).
> II. Variable ersten Typs (für Individuen, d. h. natürliche Zahlen inklusive 0): „x_1", „y_1", „z_1", ...
> Variable zweiten Typs (für Klassen von Individuen): „x_2", „y_2", „z_2", ...
> Variable dritten Typs (für Klassen von Klassen von Individuen): „x_3", „y_3", „z_3", ...
> usw. für jede natürliche Zahl als Typus [17]).
>
> [17]) Es wird vorausgesetzt, daß für jeden Variablentypus abzählbar viele Zeichen zur Verfügung stehen.

Die Zeichen ‚$\sim$' und ‚Π' sind heute nicht mehr gebräuchlich. Benutzen wir für sie die modernen Symbole ‚$\neg$' (Negation) und ‚$\forall$' (Allquantifikation), dann liest sich die Definition so:

Definition 4.1 (Grundzeichen des Systems P)

Die Formeln von P sind aus den folgenden Grundzeichen aufgebaut:

- ‚$\neg$', ‚$\vee$', ‚$\forall$' (Logische Operatoren und Quantoren)
- ‚0' (Nullstelliges Konstantenzeichen)
- ‚f' (Einstelliges Funktionszeichen)
- ‚(', ‚)' (Gruppierungssymbole)
- $x_1, y_1, z_1, \ldots$ (Variablen des ersten Typs)
- $x_2, y_2, z_2, \ldots$ (Variablen des zweiten Typs)

⋮

- $x_i, y_i, z_i, \ldots$ (Variablen des i-ten Typs)

⋮

Achten Sie im Folgenden akribisch auf die Indices der Variablen! In der Mathematik und der modernen Logik spielt es normalerweise keine Rolle, ob wir eine Variable als x_1 oder x_2 bezeichnen; die Indices haben keine semantische Bedeutung und dienen lediglich dem Zweck, eine genügend große Menge an Bezeichnern zu erzeugen.

In der Typentheorie, und somit auch in Gödels System P, ist dies anders. Hier definiert der Index den Typ einer Variablen, d. h. die Hierarchiestufe, auf der sie sich befindet. Damit sind x_1 und x_2 in der Typentheorie nicht nur namentlich, sondern auch inhaltlich verschiedene Dinge.

Im Folgenden werden wir Variablen häufig durch Platzhalter ersetzen. Spielt der Typ einer Variablen dabei keine Rolle, so benutzen wir indexlose Platzhalter wie ξ oder ζ. Wollen wir dagegen ausdrücken, dass an einer bestimmten Stelle eine Variable des i-ten Typs vorkommt, so schreiben wir ξ_i oder ζ_i. Wir halten fest:

ξ, ζ etc. stehen für beliebige Variablen, z. B. x_1, y_2, oder z_3.

ξ_1, ζ_1 etc. stehen für beliebige Variablen des ersten Typs, z. B. x_1, y_1 oder z_1.

ξ_2, ζ_2 etc. stehen für beliebige Variablen des zweiten Typs, z. B. x_2, y_2 oder z_2.

...

Als Nächstes weist Gödel auf eine Besonderheit hin, die sein System von den *Principia Mathematica* unterscheidet. Während wir in der Logik der PM Ausdrücke wie $\mathsf{x}_2(\mathsf{x}_1, \mathsf{y}_1)$ formen dürfen, sind in Gödels System P alle Variablen der höheren Typen einstellige Prädikate. Es ist damit zulässig, $\mathsf{x}_2(\mathsf{x}_1)$ zu schreiben, nicht aber $\mathsf{x}_2(\mathsf{x}_1, \mathsf{y}_1)$. Gödel stellt vorab klar, dass dies keine Einschränkung im eigentliche Sinne ist:

Anm.: Variable für zwei- und mehrstellige Funktionen (Relationen) sind als Grundzeichen überflüssig, da man Relationen als Klassen geordneter Paare definieren kann und geordnete Paare wiederum als Klassen von Klassen, z. B. das geordnete Paar a, b durch $((a), (a, b))$, wo (x, y) bzw. (x) die Klassen bedeuten, deren einzige Elemente x, y bzw. x sind [18]).

[18]) Auch inhomogene Relationen können auf diese Weise definiert werden, z. B. eine Relation zwischen Individuen und Klassen als eine Klasse aus Elementen der Form: $((x_2), ((x_1), x_2))$. Alle in den PM über Relationen beweisbaren Sätze sind, wie eine einfache Überlegung lehrt, auch bei dieser Behandlungsweise beweisbar.

4.1.1 Terme und Formeln

Als Nächstes führt Gödel mehrere Begriffe ein, unter denen sich auch der besonders wichtige Begriff des *Zahlzeichens* befindet:

> Über formal unentscheidbare Sätze der Principia Mathematica etc. 177
>
> Unter einem Zeichen ersten Typs verstehen wir eine Zeichenkombination der Form:
>
> $a, \quad fa, \quad ffa, \quad fffa \ldots$ usw.
>
> wo a entweder 0 oder eine Variable ersten Typs ist. Im ersten Fall nennen wir ein solches Zeichen Zahlzeichen. Für $n > 1$ verstehen wir unter einem Zeichen n-ten Typs dasselbe wie Variable n-ten Typs. Zeichenkombinationen der Form $a(b)$, wo b

Würde Gödel seine Arbeit heute verfassen, hießen die Zeichen ersten Typs mit hoher Wahrscheinlichkeit *Terme*.

Definition 4.2 (Terme des Systems P)

Für die Bildung von Termen gelten in P die folgenden Regeln:

- 0 ist ein Term.
- Jede Variable ξ_1 des ersten Typs ist ein Term.
- Ist σ ein Term, so ist es auch f σ.

Ist ξ_1 eine beliebige Variable ersten Typs, so sind

$$\xi_1, \mathsf{f}\ \xi_1, \mathsf{f}\ \mathsf{f}\ \xi_1, \mathsf{f}\ \mathsf{f}\ \mathsf{f}\ \xi_1, \ldots$$

allesamt Terme (*Zeichen ersten Typs*). Einige konkrete Terme sind

$$\mathsf{x}_1, \mathsf{f}\ \mathsf{x}_1, \mathsf{f}\ \mathsf{f}\ \mathsf{x}_1, \mathsf{f}\ \mathsf{f}\ \mathsf{f}\ \mathsf{x}_1, \ldots$$

$$\mathsf{y}_1, \mathsf{f}\ \mathsf{y}_1, \mathsf{f}\ \mathsf{f}\ \mathsf{y}_1, \mathsf{f}\ \mathsf{f}\ \mathsf{f}\ \mathsf{y}_1, \ldots$$

$$\mathsf{z}_1, \mathsf{f}\ \mathsf{z}_1, \mathsf{f}\ \mathsf{f}\ \mathsf{z}_1, \mathsf{f}\ \mathsf{f}\ \mathsf{f}\ \mathsf{z}_1, \ldots$$

Ferner existieren die variablenfreien Terme

$$\mathsf{0}, \mathsf{f}\ \mathsf{0}, \mathsf{f}\ \mathsf{f}\ \mathsf{0}, \mathsf{f}\ \mathsf{f}\ \mathsf{f}\ \mathsf{0}, \ldots \qquad (4.1)$$

Sie sind das, was Gödel *Zahlzeichen* nennt. Der gewählte Name erklärt sich von selbst, sobald die Symbole mit einer inhaltlichen Bedeutung versehen sind.

Gödel wird das Symbol 0 mit der natürlichen Zahl 0 und das Symbol f mit der Nachfolgeroperation identifizieren, so dass jedes Zahlzeichen, inhaltlich gesehen, für eine bestimmte natürliche Zahl steht.

Die Zeichen höherer Typen sind noch einfacher zu verstehen, da sie mit den Variablen höherer Typen identisch sind. x_2, y_2, z_2 sind *Zeichen zweiten Typs*, x_3, y_3, z_3 sind *Zeichen dritten Typs* und so fort.

Als nächstes definiert Gödel den Begriff der *Elementarformel*.

> Variable n-ten Typs. Zeichenkombinationen der Form $a\,(b)$, wo b ein Zeichen n-ten und a ein Zeichen $n+1$-ten Typs ist, nennen wir **Elementarformeln.** Die Klasse der Formeln definieren wir als die

Was Gödel eine Elementarformel nennt, würden die meisten Autoren unserer Zeit als eine *atomare Formel* bezeichnen:

Definition 4.3 (Atomare Formeln von P)

Folgende Zeichenketten sind die *atomaren Formeln* von P:

- $\xi_2(\sigma)$
- $\xi_{n+1}(\zeta_n)$ $(n \geq 2)$

ξ_i und ζ_i stehen für Variable des Typs i, und σ steht für einen Term.

Beispielsweise sind $x_2(x_1)$ und $x_3(x_2)$ atomare Formeln, nicht aber $x_3(x_1)$. Hinter den Bildungsregeln verbirgt sich das charakteristische Prinzip der Typentheorie, dass ein Prädikat des Typs $n+1$ ein Argument des Typs n erwartet.

> Elementarformeln. Die Klasse der **Formeln** definieren wir als die kleinste Klasse [19]), zu welcher sämtliche Elementarformeln gehören und zu welcher zugleich mit a, b stets auch $\sim(a)$, $(a) \vee (b)$, $x\Pi\,(a)$ gehören (wobei x eine beliebige Variable ist) [19a]). $(a) \vee (b)$ nennen wir die **Disjunktion** aus a und b, $\sim(a)$ die **Negation** und $x\Pi\,(a)$ eine **Generalisation** von a. Satzformel heißt eine Formel, in
>
> [19]) Bez. dieser Definition (und analoger später vorkommender) vgl. J. Łukasiewicz und A. Tarski, Untersuchungen über den Aussagenkalkül, Comptes Rendus des séances de la Société des Sciences et des Lettres de Varsovie XXIII, 1930, Cl. III.
>
> [19a]) $x\Pi\,(a)$ ist also auch dann eine Formel, wenn x in a nicht oder nicht frei vorkommt. In diesem Fall bedeutet $x\Pi\,(a)$ natürlich dasselbe wie a.

Damit ist geklärt, wie die Formeln von P aufgebaut sind:

Definition 4.4 (Formeln des Systems P)

Für die Bildung von Formeln gelten in P die folgenden Regeln:

- Alle atomaren Formeln sind Formeln.
- Sei ξ eine Variable. Wenn φ und ψ Formeln sind, dann sind es auch
  - $\neg(\varphi)$ (*Negation*)
  - $(\varphi) \vee (\psi)$ (*Disjunktion*)
  - $\forall \xi\, (\varphi)$ (*Generalisation* oder *Allquantifikation*)

Zusätzlich vereinbaren wir die üblichen Abkürzungen:

$$(\varphi) \to (\psi) := (\neg(\varphi)) \vee (\psi) \quad (\textit{Implikation})$$
$$(\varphi) \wedge (\psi) := \neg((\neg(\varphi)) \vee (\neg(\psi))) \quad (\textit{Konjunktion})$$
$$(\varphi) \leftrightarrow (\psi) := ((\varphi) \to (\psi)) \wedge ((\psi) \to (\varphi)) \quad (\textit{Äquivalenz})$$
$$\exists \xi\, (\varphi) := \neg(\forall \xi\, (\neg(\varphi))) \quad (\textit{Existenzquantifikation})$$

Zeichenketten, die den vereinbarten Bildungsregeln genügen, sind z. B. diese hier:

$$\neg(\forall \mathsf{x}_2\, ((\mathsf{x}_2(\mathsf{f}\ \mathsf{x}_1)) \to (\mathsf{x}_2(\mathsf{0})))) \tag{4.2}$$
$$(\forall \mathsf{x}_2\, ((\mathsf{x}_2(\mathsf{f}\ \mathsf{x}_1)) \to (\mathsf{x}_2(\mathsf{f}\ \mathsf{y}_1)))) \to (\forall \mathsf{x}_2\, ((\mathsf{x}_2(\mathsf{x}_1)) \to (\mathsf{x}_2(\mathsf{y}_1)))) \tag{4.3}$$
$$((\mathsf{x}_2(\mathsf{0})) \wedge (\forall \mathsf{x}_1\, ((\mathsf{x}_2(\mathsf{x}_1)) \to (\mathsf{x}_2(\mathsf{f}\ \mathsf{x}_1))))) \to (\forall \mathsf{x}_1\, (\mathsf{x}_2(\mathsf{x}_1))) \tag{4.4}$$

Behalten Sie zu jeder Zeit im Gedächtnis, dass die neuen Operatoren nicht zu der formalen Sprache von P gehören. Sie sind lediglich als syntaktische Abkürzungen zu verstehen, die uns das Aufschreiben von Formeln erleichtern.

Legen wir unsere Syntaxdefinition streng aus, so sind die nachstehenden Zeichenketten keine Formeln. Die darin vorkommenden Teilausdrücke sind nicht vollständig geklammert:

$$\neg\forall \mathsf{x}_2\, (\mathsf{x}_2(\mathsf{f}\ \mathsf{x}_1) \to (\mathsf{x}_2(\mathsf{0}))) \tag{4.5}$$
$$\forall \mathsf{x}_2\, (\mathsf{x}_2(\mathsf{f}\ \mathsf{x}_1) \to \mathsf{x}_2(\mathsf{f}\ \mathsf{y}_1)) \to \forall \mathsf{x}_2\, (\mathsf{x}_2(\mathsf{x}_1) \to (\mathsf{x}_2(\mathsf{y}_1))) \tag{4.6}$$
$$\mathsf{x}_2(\mathsf{0}) \wedge \forall \mathsf{x}_1\, (\mathsf{x}_2(\mathsf{x}_1) \to \mathsf{x}_2(\mathsf{f}\ \mathsf{x}_1)) \to \forall \mathsf{x}_1\, \mathsf{x}_2(\mathsf{x}_1) \tag{4.7}$$

Da diese Formeln für uns einfacher zu lesen sind als ihre vollständig geklammerten Pendants (4.2) bis (4.4), werden wir in Zukunft bewusst auf die Niederschrift des einen oder anderen Klammerpaars verzichten. Bindungsregeln werden uns dabei helfen, Zweideutigkeiten zu vermeiden. Sie definieren, an welchen Positionen wir uns die weggelassenen Klammerpaare hinzudenken müssen, um native

Formeln des Systems P zu erhalten. Im Einzelnen handelt es sich um die folgenden Regeln:

- ‚$\forall$' und ‚$\exists$' binden am stärksten.
- ‚$\neg$' bindet stärker als ‚$\wedge$'.
- ‚$\wedge$' bindet stärker als ‚$\vee$'.
- ‚$\vee$' bindet stärker als ‚$\rightarrow$' und ‚$\leftrightarrow$'.

$\forall$ $\exists$ $\neg$ $\wedge$ $\vee$ $\rightarrow$ $\leftrightarrow$

stärkere Bindung — schwächere Bindung

Hieraus folgt beispielsweise, dass sich der Quantor in

$$\forall x_1\ x_2(x_1) \rightarrow x_3(x_2)$$

nur auf den linken Operanden bezieht. Die Formel entspricht

$$(\forall x_1\ x_2(x_1)) \rightarrow x_3(x_2)$$

und ist streng von dieser hier zu unterscheiden:

$$\forall x_1\ (x_2(x_1) \rightarrow x_3(x_2))$$

Als Nächstes müssen wir klären, wie Ausdrücke geklammert werden, in denen der gleiche Operator mehrfach hintereinander vorkommt. Wir vereinbaren, dass der Negationsoperator *rechtsassoziativ* und alle binären Operatoren *linksassoziativ* geklammert werden. Die folgenden Beispiele zeigen, was das bedeutet:

$$\neg\neg\neg\varphi = \neg(\neg(\neg\varphi))$$
$$\varphi \vee \psi \vee \chi = (\varphi \vee \psi) \vee \chi$$
$$\varphi \rightarrow \psi \rightarrow \chi = (\varphi \rightarrow \psi) \rightarrow \chi$$

Variable können in einer Formel *gebunden* oder *frei* vorkommen. Von einem gebundenen Vorkommen sprechen wir immer dann, wenn die Variable ξ in eine Teilformel der Form $\forall \xi\ \varphi$ oder $\exists \xi\ \varphi$ eingebettet ist; andernfalls ist das Vorkommen frei. Das nachstehende Beispiel demonstriert, dass eine Variable in ein und derselben Formel sowohl frei als auch gebunden vorkommen kann:

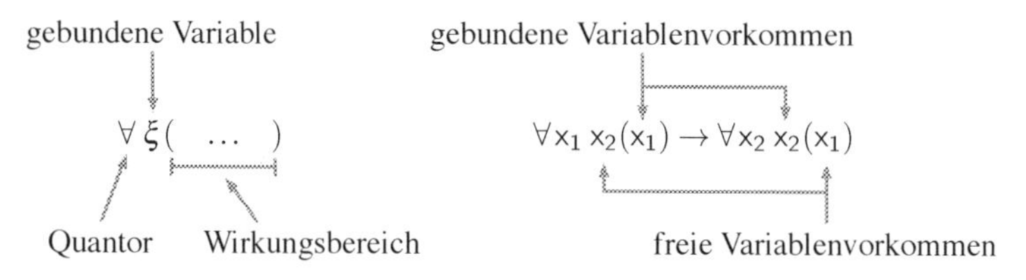

Heute ist es üblich, eine Formel, in der keine Variable frei vorkommt, als eine *geschlossene Formel* zu bezeichnen und ansonsten von einer *offenen Formel* zu sprechen. In den Dreißigerjahren wurden diese beiden Begriffe noch nicht benutzt, und entsprechend fremd klingen Gödels Worte:

eine Generalisation von a. Satzformel heißt eine Formel, in der keine freie Variable vorkommt (freie Variable in der bekannten Weise definiert). Eine Formel mit genau n-freien Individuenvariablen (und sonst keinen freien Variablen) nennen wir n-stelliges Relationszeichen, für $n = 1$ auch Klassenzeichen.

Prägen Sie sich insbesondere den Begriff des Klassenzeichens gut ein. Bereits in der Beweisskizze haben wir gesehen, dass diese Formeln in Gödels Argumentation eine prominente Rolle spielen.

Gödel bezeichnet eine Formel, in der alle Variablen der höheren Typen gebunden sind, als

- *Satzformel*, wenn sie keine freie Variable enthält.
- *Relationszeichen*, wenn sie freie Variable enthält.
- *Klassenzeichen*, wenn sie genau eine freie Variable enthält.

4.1.2 Substitutionen

Unter Subst $a \binom{v}{b}$ (wo a eine Formel, v eine Variable und b ein Zeichen vom selben Typ wie v bedeutet) verstehen wir die Formel, welche aus a entsteht, wenn man darin v überall, wo es frei ist, durch b ersetzt[20]). Wir sagen, daß eine Formel a eine

[20]) Falls v in a nicht als freie Variable vorkommt, soll Subst $a \binom{v}{b} = a$ sein. Man beachte, daß „Subst" ein Zeichen der Metamathematik ist.

Substitutionen werden benutzt, um die freien Vorkommen einer Variablen durch andere Teilausdrücke zu ersetzen. Ist $\varphi(\xi)$ eine Formel mit der freien Variablen ξ, dann bezeichnet

$$\varphi[\xi \leftarrow \sigma] \tag{4.8}$$

die Formel, die aus φ durch die Ersetzung aller freier Vorkommen von ξ durch σ entsteht. Geht aus dem Kontext hervor, dass in der Formel φ die Variable ξ ersetzt wird, so schreiben wir für (4.8) vereinfachend

$$\varphi(\sigma)$$

Diese Notation haben wir bereits in der Beweisskizze verwendet.

Um die korrekte Typisierung einer Formel zu wahren, darf eine Variable ξ nur durch einen Ausdruck des gleichen Typs substituiert werden. Das bedeutet, dass eine Variable ersten Typs durch einen beliebigen Term, eine Variable i-ten Typs mit $i \geq 2$ aber nur durch eine Variable i-ten Typs ersetzt werden darf. Die nachstehenden Substitutionen sind erlaubt:

$$\varphi[\mathsf{x}_1 \leftarrow \mathsf{y}_1] \ ✔ \qquad \varphi[\mathsf{x}_1 \leftarrow \mathsf{0}] \ ✔ \qquad \varphi[\mathsf{x}_1 \leftarrow \mathsf{f\ 0}] \ ✔$$
$$\varphi[\mathsf{x}_2 \leftarrow \mathsf{x}_2] \ ✔ \qquad \varphi[\mathsf{x}_2 \leftarrow \mathsf{y}_2] \ ✔ \qquad \varphi[\mathsf{x}_2 \leftarrow \mathsf{z}_2] \ ✔$$

Die folgenden Substitutionen erzeugen Typenkonflikte und sind verboten:

$$\varphi[\mathsf{x}_1 \leftarrow \mathsf{y}_2] \ ✘ \qquad \varphi[\mathsf{x}_2 \leftarrow \mathsf{0}] \ ✘ \qquad \varphi[\mathsf{x}_2 \leftarrow \mathsf{f\ x}_1] \ ✘$$

Die nächsten Beispiele verdeutlichen, wie die Ersetzung der Variablen im Einzelnen ausgeführt wird. Da Gödel eine für uns ungewöhnliche Notation verwendet, sind alle Substitutionen doppelt angegeben: zunächst in Gödels ursprünglicher Notation und danach in einer moderneren Formulierung:

- Gödels Schreibweise

$$\text{Subst } x_2 \, \Pi \, x_2(x_1) \, \binom{x_1}{0} = x_2 \, \Pi \, x_2(0)$$
$$\text{Subst } x_2 \, \Pi \, x_2(x_1) \, \binom{x_1}{y_1} = x_2 \, \Pi \, x_2(y_1)$$

- Moderne Schreibweise

$$(\forall \mathsf{x}_2 \ \mathsf{x}_2(\mathsf{x}_1))[\mathsf{x}_1 \leftarrow \mathsf{0}] = \forall \mathsf{x}_2 \ \mathsf{x}_2(\mathsf{0})$$
$$(\forall \mathsf{x}_2 \ \mathsf{x}_2(\mathsf{x}_1))[\mathsf{x}_1 \leftarrow \mathsf{y}_1] = \forall \mathsf{x}_2 \ \mathsf{x}_2(\mathsf{y}_1)$$

Kommt die substituierte Variable, wie im nächsten Beispiel, sowohl frei als auch gebunden vor, so bleiben die gebundenen Vorkommen unangetastet:

- Gödels Schreibweise

$$\text{Subst } x_1 \, \Pi \, x_2(x_1) \rightarrow x_2 \, \Pi \, x_2(x_1) \, \binom{x_1}{y_1} = x_1 \, \Pi \, x_2(x_1) \rightarrow x_2 \, \Pi \, x_2(y_1)$$
$$\text{Subst } x_1 \, \Pi \, x_2(x_1) \rightarrow x_2 \, \Pi \, x_2(x_1) \, \binom{x_2}{y_2} = x_1 \, \Pi \, y_2(x_1) \rightarrow x_2 \, \Pi \, x_2(x_1)$$

- Moderne Schreibweise

$$(\forall \mathsf{x}_1 \ \mathsf{x}_2(\mathsf{x}_1) \rightarrow \forall \mathsf{x}_2 \ \mathsf{x}_2(\mathsf{x}_1))\,[\mathsf{x}_1 \leftarrow \mathsf{y}_1] = (\forall \mathsf{x}_1 \ \mathsf{x}_2(\mathsf{x}_1) \rightarrow \forall \mathsf{x}_2 \ \mathsf{x}_2(\mathsf{y}_1))$$
$$(\forall \mathsf{x}_1 \ \mathsf{x}_2(\mathsf{x}_1) \rightarrow \forall \mathsf{x}_2 \ \mathsf{x}_2(\mathsf{x}_1))\,[\mathsf{x}_2 \leftarrow \mathsf{y}_2] = (\forall \mathsf{x}_1 \ \mathsf{y}_2(\mathsf{x}_1) \rightarrow \forall \mathsf{x}_2 \ \mathsf{x}_2(\mathsf{x}_1))$$

Falls die zu ersetzende Variable an keiner Stelle frei vorkommt, wird die ursprüngliche Formel durch die Substitution nicht verändert.

Das nächste Beispiel demonstriert eine Besonderheit, die wir nicht übergehen dürfen:

- Gödels Schreibweise

$$\text{Subst } (E\, y_1)(x_2(x_1)\,\&\, y_2(y_1))\ \binom{x_1}{y_1} = (E\, y_1)(x_2(y_1)\,\&\, y_2(y_1))$$

- Moderne Schreibweise

$$(\exists\, \mathsf{y}_1\ (\mathsf{x}_2(\mathsf{x}_1) \wedge \mathsf{y}_2(\mathsf{y}_1)))\,[\mathsf{x}_1 \leftarrow \mathsf{y}_1] = \exists\, \mathsf{y}_1\ (\mathsf{x}_2(\mathsf{y}_1) \wedge \mathsf{y}_2(\mathsf{y}_1))$$

Diese Substitution erzeugt eine sogenannte *Kollision*, da sie die freie Variable x_1 durch eine Variable ersetzt, die an der Substitutionsstelle durch einen Quantor gebunden ist. Im Folgenden werden vor allem die *kollisionsfreien Substitutionen* eine Rolle spielen, zu denen insbesondere alle der weiter oben betrachteten Beispiele gehören.

In Fußnote 20 weist Gödel darauf hin, dass „Subst" ein *„Zeichen der Metamathematik"* ist. Das bedeutet, dass dieses Symbol nicht zu den nativen Sprachelementen von P gehört und sich damit grundlegend von Zeichen wie z. B. ‚$\vee$' oder ‚$\neg$' unterscheidet, die Teil der Objektsprache sind.

Als letzten syntaktischen Begriff führt Gödel die *Typenerhöhung* ein.

> frei ist, durch b ersetzt [20]). Wir sagen, daß eine Formel a eine Typenerhöhung einer anderen b ist, wenn a aus b dadurch entsteht, daß man den Typus aller in b vorkommenden Variablen um die gleiche Zahl erhöht.

Um mit dieser Methode aus einer Formel φ eine andere Formel ψ zu gewinnen, müssen wir lediglich eine natürliche Zahl $n \geq 1$ wählen und jede Variable ξ_i durch die Variable ξ_{i+n} ersetzen. Beispielsweise lassen sich aus

$$\forall\, \mathsf{x}_2\ (\mathsf{x}_2(\mathsf{x}_1) \to \mathsf{x}_2(\mathsf{y}_1))$$

die folgenden Formeln über das Prinzip der Typenerhöhung gewinnen:

$$\forall\, \mathsf{x}_3\ (\mathsf{x}_3(\mathsf{x}_2) \to \mathsf{x}_3(\mathsf{y}_2))$$
$$\forall\, \mathsf{x}_4\ (\mathsf{x}_4(\mathsf{x}_3) \to \mathsf{x}_4(\mathsf{y}_3))$$
$$\forall\, \mathsf{x}_5\ (\mathsf{x}_5(\mathsf{x}_4) \to \mathsf{x}_5(\mathsf{y}_4))$$
$$\ldots$$

4.2 Semantik

Nachdem wir vereinbart haben, wie sich die Grundzeichen des Systems P zu komplexen Formeln kombinieren lassen, werden wir die Formelbestandteile nun mit einer inhaltlichen Bedeutung versehen. Genau wie im Falle des Beispielsystems E aus Abschnitt 1.2 wird die Semantik über eine Modellrelation ‚$\models$' festgelegt. Für die Definition dieser Relation benötigen wir den Begriff der *Interpretation*, den wir an dieser Stelle vorausschicken:

Definition 4.5 (Interpretation)

Eine Interpretation I ist eine Abbildung mit den folgenden Eigenschaften:

- I ordnet dem Term $\mathsf{0}$ die natürliche Zahl 0 zu.
- I ordnet jedem Term der Form $\mathsf{f}\ \sigma$ die natürliche Zahl $I(\sigma) + 1$ zu.
- I ordnet jeder Variablen ξ_{i+1} $(i \geq 0)$ ein Element der Menge $\mathcal{P}^i(\mathbb{N})$ zu.

  $\mathcal{P}^i(\mathbb{N})$ ist die Potenzmenge i-ter Ordnung und rekursiv definiert:

$$\mathcal{P}^0(\mathbb{N}) := \mathbb{N} \qquad \mathcal{P}^{i+1}(\mathbb{N}) := 2^{\mathcal{P}^i(\mathbb{N})}$$

Unter anderem besagt diese Definition das Folgende:

- $I(\xi_1)$ ist eine natürliche Zahl.
  ☞ z. B. 42
- $I(\overline{n})$ ist die natürliche Zahl n.
  ☞ Merke: $\overline{n}$ ist die Kurzschreibweise für $\underbrace{\mathsf{f}\ \mathsf{f}\ \ldots \mathsf{f}}_{n\text{-mal}}\ \mathsf{0}$
- $I(\xi_2)$ ist eine Menge von natürlichen Zahlen.
  ☞ z. B. $\{2, 3, 5, 7, 11, 13, 17, 19, 23, \ldots\}$
- $I(\xi_3)$ ist eine Menge von Mengen natürlicher Zahlen.
  ☞ z. B. $\{\{0, 1\}, \{1, 2\}, \{2, 3\}, \{3, 4\}, \{4, 5\}, \ldots\}$
- $I(\xi_4)$ ist eine Menge von Mengen von Mengen natürlicher Zahlen.
  ☞ z. B. $\{\{\{0\}, \{0, 1\}\}, \{\{1\}, \{1, 2\}\}, \{\{2\}, \{2, 3\}\}, \ldots\}$

Über den Interpretationsbegriff können wir den Formeln von P eine inhaltliche Bedeutung verleihen. Die Schreibweise $I \models \varphi$ drückt aus, dass φ zu einer inhaltlich wahren Aussage wird, wenn wir die Variablen so interpretieren, wie es I vorgibt. Formal ist die Modellrelation wie folgt definiert:

Definition 4.6 (Modellrelation)

Sei I eine Interpretation. Die Modellrelation $I \models \varphi$ ist induktiv definiert:

$$\begin{aligned} I \models \xi_{i+1}(\zeta_i) \;&:\Leftrightarrow\; I(\zeta_i) \in I(\xi_{i+1}) \\ I \models \neg\varphi \;&:\Leftrightarrow\; I \not\models \varphi \\ I \models \varphi \vee \psi \;&:\Leftrightarrow\; I \models \varphi \text{ oder } I \models \psi \\ I \models \forall \xi_{i+1}\, \varphi \;&:\Leftrightarrow\; \text{Für alle } N \in \mathcal{P}^i(\mathbb{N}) \text{ gilt } I_{\xi_{i+1}/N} \models \varphi \end{aligned}$$

Eine Interpretation I mit $I \models \varphi$ heißt *Modell* für φ.

Die Schreibweise $I_{\xi/N}$ ist neu. Mit ihr ist jene Interpretation gemeint, die ξ auf N abbildet und ansonsten mit I identisch ist:

$$I_{\xi/N}(\zeta) := \begin{cases} N & \text{falls } \zeta = \xi \\ I(\zeta) & \text{sonst} \end{cases}$$

Die inhaltlichen Bedeutungen der logischen Operatoren ‚$\wedge$', ‚$\rightarrow$', ‚$\leftrightarrow$' und des Existenzquantors ‚$\exists$' lassen sich aus Definition 4.6 ableiten. Es gilt:

$$\begin{aligned} I \models \varphi \wedge \psi \;&\Leftrightarrow\; I \models \varphi \text{ und } I \models \psi \\ I \models \varphi \rightarrow \psi \;&\Leftrightarrow\; \text{Aus } I \models \varphi \text{ folgt } I \models \psi \\ I \models \varphi \leftrightarrow \psi \;&\Leftrightarrow\; I \models \varphi \text{ genau dann, wenn } I \models \psi \\ I \models \exists \xi_{i+1}\, \varphi \;&\Leftrightarrow\; \text{Für ein } N \in \mathcal{P}^i(\mathbb{N}) \text{ gilt } I_{\xi_{i+1}/N} \models \varphi \end{aligned}$$

Als Beispiel betrachten wir die Formel

$$\forall \mathsf{x}_1\, (\mathsf{x}_2(\mathsf{x}_1) \vee \mathsf{y}_2(\mathsf{x}_1)) \tag{4.9}$$

und eine Interpretation I mit

$$I(\mathsf{x}_2) := \{0, 2, 4, 6, 8, 10, \ldots\} \qquad (☞ \text{ alle geraden Zahlen})$$
$$I(\mathsf{y}_2) := \{1, 3, 5, 7, 9, 11, \ldots\} \qquad (☞ \text{ alle ungeraden Zahlen})$$

Dann gilt der folgende Zusammenhang:

$$\begin{aligned} I \models \mathsf{x}_2(\mathsf{x}_1) \;&\Leftrightarrow\; I \text{ interpretiert die Variable } \mathsf{x}_1 \text{ als eine gerade Zahl.} \\ I \models \mathsf{y}_2(\mathsf{x}_1) \;&\Leftrightarrow\; I \text{ interpretiert die Variable } \mathsf{x}_1 \text{ als eine ungerade Zahl.} \end{aligned}$$

Daraus folgt für alle $n \in \mathbb{N}$ die Beziehung

$$I_{\mathsf{x}_1/n} \models \mathsf{x}_2(\mathsf{x}_1) \vee \mathsf{y}_2(\mathsf{x}_1)$$

Das wiederum bedeutet, dass die Beispielformel (4.9) unter der Interpretation I zu einer inhaltlich wahren Aussage wird:

$$I \models \forall \mathsf{x}_1 \, (\mathsf{x}_2(\mathsf{x}_1) \vee \mathsf{y}_2(\mathsf{x}_1))$$

Dieses Ergebnis überrascht nicht, schließlich steht die Formel unter der gewählten Interpretation ihrer Symbole für die wahre arithmetische Aussage

„Jede natürliche Zahl ist gerade oder ungerade.“

Als nächstes betrachten wir eine Interpretation I' mit

$$I'(\mathsf{x}_2) := \{0, 2, 4, 6, 8, 10, \ldots\} \qquad (☞ \text{ alle geraden Zahlen})$$
$$I'(\mathsf{y}_2) := \{0, 1, 4, 9, 16, 25, \ldots\} \qquad (☞ \text{ alle Quadratzahlen})$$

In diesem Fall erhalten wir das Ergebnis

$$I' \not\models \forall \mathsf{x}_1 \, (\mathsf{x}_2(\mathsf{x}_1) \vee \mathsf{y}_2(\mathsf{x}_1))$$

Auch dies entspricht unserer Erwartung, da die Formel unter dieser Interpretation für die folgende, inhaltlich falsche Aussage steht:

„Jede natürliche Zahl ist gerade oder eine Quadratzahl.“

Die nächsten beiden Begriffe sind nun ebenfalls leicht zu verstehen:

Definition 4.7 (Logische Folgerung, Äquivalenz)

- ψ ist eine logische Folgerung aus φ, kurz $\varphi \models \psi$, wenn Folgendes gilt:

$$I \models \varphi \Rightarrow I \models \psi$$

(☞ Jedes Modell von φ ist ein Modell von ψ.)

- φ und ψ sind äquivalent, kurz $\varphi \equiv \psi$, wenn Folgendes gilt:

$$\varphi \models \psi \text{ und } \psi \models \varphi$$

(☞ φ und ψ haben dieselben Modelle.)

Die Schreibweise $\varphi \models \psi$ lässt sich in naheliegender Weise auf Mengen von Formeln verallgemeinern. Ist M eine solche Menge, so drückt

$$M \models \psi \tag{4.10}$$

aus, dass jede Interpretation I, die ein Modell aller Formeln aus M ist, auch ein Modell von ψ ist. Wählen wir für M die leere Menge, so bedeutet (4.10), dass ausnahmslos jede Interpretation ein Modell von ψ ist. In diesem, und nur in diesem, Fall bezeichnen wir ψ als wahr und schreiben

$$\models \psi$$

anstelle von $\emptyset \models \psi$. Nachstehend sehen Sie mehrere Beispiele für wahre und für falsche Formeln:

$$\models \exists x_2 \, \exists y_2 \, (\forall x_1 \, x_2(x_1) \vee y_2(x_1))$$
$$\models \forall x_1 \, \exists y_1 \, \neg\forall x_2 \, (x_2(x_1) \rightarrow x_2(y_1))$$
$$\models x_2(x_1) \rightarrow \exists x_1 \, x_2(x_1)$$

$$\not\models \forall x_1 \, (x_2(x_1) \vee y_2(x_1))$$
$$\not\models \exists y_1 \, \forall x_1 \, \neg\forall x_2 \, (x_2(x_1) \rightarrow x_2(y_1))$$
$$\not\models x_2(x_1) \rightarrow \forall x_1 \, x_2(x_1)$$

Ein wichtiger Sonderfall liegt vor, wenn wir uns auf die Betrachtung von geschlossenen Formeln beschränken. Ist φ eine solche Formel, so ist sie entweder für alle Interpretationen wahr ($\models \varphi$) oder für alle Interpretationen falsch. Gilt Letzteres, so ist die negierte Formel $\neg\varphi$ für alle Interpretationen wahr ($\models \neg\varphi$). Das Gesagte macht klar: Betrachten wir ausschließlich geschlossene Formeln von P, so finden wir unter φ und $\neg\varphi$ immer genau eine inhaltlich wahre und eine inhaltlich falsche Formel vor.

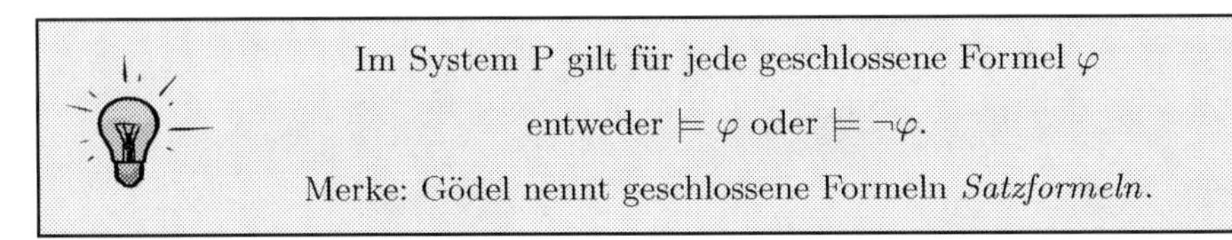
Im System P gilt für jede geschlossene Formel φ

entweder $\models \varphi$ oder $\models \neg\varphi$.

Merke: Gödel nennt geschlossene Formeln *Satzformeln*.

Für offene Formeln lässt sich ein solcher Zusammenhang nicht herstellen. Betrachten wir z. B. die Formel

$$\varphi := \forall x_1 \, x_2(x_1),$$

so gilt weder $\models \varphi$ noch $\models \neg\varphi$, da sowohl φ als auch $\neg\varphi$ unter manchen Interpretationen zu einer inhaltlich falschen Aussage werden.

4.2.1 Definition der Gleichheit

Die Fähigkeit, über beliebige Variablen quantifizieren zu können, macht Gödels System P zu einer *Logik höherer Stufe*. Anders als in *Logiken erster Stufe*, in denen die Quantoren ausschließlich auf Individuenvariablen, d. h. auf Variablen des ersten Typs, angewendet werden dürfen, ist es in P erlaubt, auch die Variablen der höheren Typen zu binden. Was dies inhaltlich bedeutet, macht die folgende umgangssprachliche Beschreibung des Allquantors deutlich:

- $\forall x_1 \,\hat{=}\,$ *Für alle natürlichen Zahlen ist ...*

- $\forall \mathsf{x}_2 \mathrel{\widehat{=}}$ *Für alle Eigenschaften natürlicher Zahlen ist ...*
- $\forall \mathsf{x}_3 \mathrel{\widehat{=}}$ *Für alle Eigenschaften von Eigenschaften natürlicher Zahlen ist ...*

Die Freiheit, über die Eigenschaften der natürlichen Zahlen sprechen zu können, sorgt für eine hohe Ausdrucksstärke. Unter Anderem lässt sie uns in P eine Relation definieren, die in der Mathematik eine besondere Rolle spielt: die Gleichheit. Sie zu „definieren" bedeutet, eine Formel $\varphi_{\text{id}}(\xi_1, \zeta_1)$ anzugeben, die genau dann wahr ist, wenn die beiden freien Individuenvariablen ξ_1 und ζ_1 als dasselbe Individuum interpretiert werden:

$$I \models \varphi_{\text{id}}(\xi_1, \zeta_1) \;:\Leftrightarrow\; I(\xi_1) = I(\zeta_1)$$

Für die Konstruktion von φ_{id} benötigen wir eine Charakterisierung der Gleichheit, die mit den Sprachmitteln von P auskommt. Die Lösung für dieses Problem finden wir bei Leibniz:

„Eadem sunt quae sibi ubique substitui possunt, salva veritate." [12]

„Dieselben sind, die sich überall ersetzen können, bei Wahrung von Wahrheit"

Gottfried Wilhelm Leibniz (1646 – 1716)

Was wir hier vor uns haben, ist das berühmte *Leibniz'sche Identitätsprinzip*. Es besagt, dass ξ_1 und ζ_1 genau dann für dasselbe Individuum stehen, wenn sie durch keine Eigenschaft unterschieden werden können. Für eine beliebige Eigenschaft bedeutet das, dass sie genau dann auf ξ_1 zutrifft, wenn sie auf ζ_1 zutrifft. Diese Charakterisierung der Gleichheit können wir ohne Umwege in eine Formel des Systems P übersetzen:

$$\xi_1 = \zeta_1 \;:=\; \forall \mathsf{x}_2\ (\mathsf{x}_2(\xi_1) \leftrightarrow \mathsf{x}_2(\zeta_1)) \tag{4.11}$$

Über das Prinzip der Typenerhöhung können wir die Definition der Gleichheit problemlos auf beliebige Typen übertragen:

$$\xi_i = \zeta_i \;:=\; \forall \mathsf{x}_{i+1}\ (\mathsf{x}_{i+1}(\xi_i) \leftrightarrow \mathsf{x}_{i+1}(\zeta_i)) \qquad (i \geq 1)$$

Es ist ein wichtiges Ergebnis der mathematischen Logik, dass die Quantifikation über den Individuenbereich – im Falle des Systems P sind dies die natürlichen Zahlen – nicht ausreicht, um die Gleichheit zu definieren. In Logiken erster Stufe, zu denen unter anderem die bekannte Prädikatenlogik erster Stufe (PL1) gehört, muss das Gleichheitszeichen als eigenständiges Symbol in die Logik integriert und mit einer speziellen Semantik versehen werden. Dies ist der Grund, warum dort streng zwischen der PL1 und der PL1 mit Gleichheit unterschieden wird. Im System P ist eine solche Differenzierung, wie wir gerade gesehen haben, nicht nötig; hier können wir die Gleichheit mühelos über die Quantifikation einer Variablen zweiten Typs definieren.

4.2.2 Definition der natürlichen Zahlen

Mit der Gleichheitsdefinition in Händen können wir die auf Seite 152 definierten Formeln (4.5) bis (4.7) jetzt viel eleganter formulieren. Wir erhalten:

$$\mathsf{f}\ \mathsf{x}_1 \neq 0 \tag{4.12}$$

$$\mathsf{f}\ \mathsf{x}_1 = \mathsf{f}\ \mathsf{y}_1 \rightarrow \mathsf{x}_1 = \mathsf{y}_1 \tag{4.13}$$

$$\mathsf{x}_2(0) \wedge \forall \mathsf{x}_1\ (\mathsf{x}_2(\mathsf{x}_1) \rightarrow \mathsf{x}_2(\mathsf{f}\ \mathsf{x}_1)) \rightarrow \forall \mathsf{x}_1\ \mathsf{x}_2(\mathsf{x}_1) \tag{4.14}$$

In dieser Darstellung zeigen die Formeln ihr wahres Gesicht: Es sind drei der fünf Peano-Axiome, über die sich die natürlichen Zahlen eindeutig charakterisieren lassen.

Nachdem wir mit der Semantik von P nun hinreichend vertraut sind, wollen wir uns mit den Axiomen und Schlussregeln befassen, die uns zur Herleitung von Theoremen zur Verfügung stehen.

4.3 Axiome und Schlussregeln

Die Peano-Axiome in der Sprache von P zu formalisieren, ist eine Grundvoraussetzung, um Theoreme über die natürlichen Zahlen auf der syntaktischen Ebene zu beweisen. Daher überrascht es nicht, dass Gödel die Definition seines Axiomensystems mit genau diesen Axiomen beginnt:

Folgende Formeln (I bis V) heißen A x i o m e (sie sind mit Hilfe der in bekannter Weise definierten Abkürzungen: $.\,, \supset, \equiv, (Ex), =$ [21]) und mit Verwendung der üblichen Konventionen über das Weglassen von Klammern angeschrieben) [22]):

I. 1. $\sim (f x_1 = 0)$

2. $f x_1 = f y_1 \supset x_1 = y_1$

3. $x_2(0) \,.\, x_1 \Pi (x_2(x_1) \supset x_2(f x_1)) \supset x_1 \Pi (x_2(x_1))$.

[21]) $x_1 = y_1$ ist, wie in PM I, * 13 durch $x_2 \Pi (x_2(x_1) \supset x_2(y_1))$ definiert zu denken (ebenso für die höheren Typen).

[22]) Um aus den angeschriebenen Schemata die Axiome zu erhalten, muß man also (in II, III, IV nach Ausführung der erlaubten Einsetzungen) noch

1. die Abkürzungen eliminieren,
2. die unterdrückten Klammern hinzufügen.

Man beachte, daß die so entstehenden Ausdrücke „Formeln" in obigem Sinn sein müssen. (Vgl. auch die exakten Definitionen der metamathem. Begriffe S. 182 fg.)

Übersetzen wir die Formeln in die moderne Schreibweise, so erhalten wir die drei Formeln (4.12), (4.13) und (4.14). Dass Gödel hier nur drei der fünf Peano-Axiome nennt, ist übrigens kein Fehler. Die ersten beiden Peano-Axiome sind implizit formalisiert, da wir die 0 als Konstantensymbol und die Nachfolgeroperation f als Funktionssymbol in der Sprache verankert haben.

Erinnern Sie sich noch an den Isomorphiesatz von Dedekind, den wir auf Seite 65 besprochen haben? Mit ihm sind wir in der Lage, einen augenscheinlichen Widerspruch auszuräumen, der Ihnen weiter oben vielleicht aufgefallen war. In Definition 4.5 haben wir explizit festgelegt, dass die Symbole 0 und f als die Null bzw. die Nachfolgeroperation auf den natürlichen Zahlen interpretiert werden; Gödel selbst hat sie dagegen als undefinierte Grundbegriffe belassen. Seine Worte von Seite 147 lauteten:

> Sätze nachweisen wollen. *P* ist im wesentlichen das System, welches man erhält, wenn man die Peanoschen Axiome mit der Logik der PM [16]) überbaut (Zahlen als Individuen, Nachfolgerrelation als undefinierten Grundbegriff).

Bleiben die Symbole 0 und f undefiniert, so können wir sie inhaltlich beliebig interpretieren, solange diese Interpretation mit den Axiomen verträglich ist. Dass sie trotzdem die von uns festgelegte Semantik besitzen müssen, folgt aus dem Isomorphiesatz von Dedekind. Dieser besagt, dass die Peano-Axiome die natürlichen Zahlen bis auf Isomorphie eindeutig charakterisieren, und damit gibt es für die Symbole 0 und f nur eine Möglichkeit: die Interpretation des Symbols 0 als die Null und des Symbols f als die Nachfolgeroperation.

Formeln oder Formelmengen, die nur eine einzige inhaltliche Bedeutung ihrer Symbole zulassen, heißen *kategorisch*. Im Fall der Peano-Axiome sorgt die Kategorizität dafür, dass den Symbolen 0 und f jene Bedeutung aufgezwungen wird, die wir auch in Definition 4.5 für sie vorgesehen hatten. Das bedeutet im Umkehrschluss, dass wir bei der Festlegung der Semantik gar keine Wahl hatten. Mit jeder anderen inhaltlichen Bedeutung von 0 und f wären wir mit dem Axiomensystem von P in Konflikt geraten.

Gödels Fußnoten 21 und 22 sind ebenfalls wichtig. In Fußnote 21 definiert Gödel die Gleichheit und fällt hierfür die folgende Entscheidung:

$$x_1 = y_1 \;:=\; \forall x_2\,(x_2(x_1) \rightarrow x_2(y_1)) \tag{4.15}$$

Die Formel gilt natürlich nicht nur für die beiden Variablen x_1 und y_1, sondern für beliebige Variablen des ersten Typs. Verallgemeinert liest sich (4.15) dann so:

$$\xi_1 = \zeta_1 \;:=\; \forall x_2\,(x_2(\xi_1) \rightarrow x_2(\zeta_1)) \tag{4.16}$$

Gödel verwendet dieses Schema *„ebenso für die höheren Typen"*:

$$\xi_i = \zeta_i \;:=\; \forall x_{i+1}\,(x_{i+1}(\xi_i) \rightarrow x_{i+1}(\zeta_i)) \tag{4.17}$$

Diese Formel unterscheidet sich geringfügig von unserer eigenen Definition, die wir weiter oben direkt aus der Leibniz'schen Charakterisierung der Gleichheit abgeleitet haben. Auf Seite 161 haben wir das Folgende vereinbart:

$$\xi_i = \zeta_i \;:=\; \forall \mathsf{x}_{i+1}\ (\mathsf{x}_{i+1}(\xi_i) \leftrightarrow \mathsf{x}_{i+1}(\zeta_i)) \qquad (i \geq 1)$$

Die Gödel'sche Definition stammt aus den *Principia Mathematica* und scheint auf den ersten Blick schwächer zu sein als die Leibniz'sche. Tatsächlich sind beide Definitionen äquivalent, wie sich leicht überprüfen lässt. Ist nämlich

$$\mathsf{x}_{i+1}(\xi_i) \rightarrow \mathsf{x}_{i+1}(\zeta_i)$$

immer wahr, egal welche Relation wir gedanklich für x_{i+1} einsetzen, so ist die Beziehung immer auch für die jeweils komplementäre Relation wahr. Ist also

$$\forall \mathsf{x}_{i+1}\ (\mathsf{x}_{i+1}(\xi_i) \rightarrow \mathsf{x}_{i+1}(\zeta_i)) \tag{4.18}$$

eine wahre Formel, so ist es auch

$$\forall \mathsf{x}_{i+1}\ (\neg \mathsf{x}_{i+1}(\xi_i) \rightarrow \neg \mathsf{x}_{i+1}(\zeta_i)), \tag{4.19}$$

und diese Formel ist gleichwertig mit

$$\forall \mathsf{x}_{i+1}\ (\mathsf{x}_{i+1}(\zeta_i) \rightarrow \mathsf{x}_{i+1}(\xi_i)) \tag{4.20}$$

Zusammen zeigen (4.17) und (4.20), dass zwischen Gödels Gleichheitsdefinition und dem Leibniz'schen Identitätsprinzip kein Unterschied besteht. Auf Seite 191 kommen wir auf die hier skizzierte Herleitung zurück. Dort werden wir die Argumentation innerhalb von P formalisieren und (4.20) schrittweise aus den Axiomen herleiten.

In Fußnote 22 weist Gödel darauf hin, dass die Formeln in der abgebildeten Form keine echten Formeln des Systems P sind. Um diese zu erhalten, *„muss man also noch*

- *1. die Abkürzungen eliminieren,*

$$\sim \mathsf{x}_2\, \Pi\, (\sim \mathsf{x}_2(\mathsf{f}\ \mathsf{x}_1) \vee \mathsf{x}_2(0))$$
$$\sim \mathsf{x}_2\, \Pi\, (\sim \mathsf{x}_2(\mathsf{f}\ \mathsf{x}_1) \vee \mathsf{x}_2(\mathsf{f}\ \mathsf{y}_1)) \vee \mathsf{x}_2\, \Pi\, (\sim \mathsf{x}_2(\mathsf{x}_1) \vee \mathsf{x}_2(\mathsf{y}_1))$$
$$\sim (\sim (\sim \mathsf{x}_2(0) \vee \sim \mathsf{x}_1 \Pi (\sim \mathsf{x}_2(\mathsf{x}_1) \vee \mathsf{x}_2(\mathsf{f}\ \mathsf{x}_1)))) \vee \mathsf{x}_1 \Pi (\mathsf{x}_2(\mathsf{x}_1))$$

- *2. die unterdrückten Klammern hinzufügen."*

$$\sim (\mathsf{x}_2\, \Pi\, ((\sim (\mathsf{x}_2(\mathsf{f}\ \mathsf{x}_1))) \vee (\mathsf{x}_2(0))))$$
$$(\sim (\mathsf{x}_2\, \Pi\, ((\sim (\mathsf{x}_2(\mathsf{f}\ \mathsf{x}_1))) \vee (\mathsf{x}_2(\mathsf{f}\ \mathsf{y}_1))))) \vee (\mathsf{x}_2\, \Pi\, ((\sim (\mathsf{x}_2(\mathsf{f}\ \mathsf{x}_1))) \vee (\mathsf{x}_2(\mathsf{f}\ \mathsf{y}_1))))$$
$$(\sim (\sim ((\sim (\mathsf{x}_2(0))) \vee (\sim (\mathsf{x}_1\, \Pi\, ((\sim (\mathsf{x}_2(\mathsf{x}_1))) \vee (\mathsf{x}_2(\mathsf{f}\ \mathsf{x}_1)))))))) \vee (\mathsf{x}_1\, \Pi\, (\mathsf{x}_2(\mathsf{x}_1)))$$

Dies sind die drei Peano-Axiome, ausgedrückt in der nativen Sprache von P. Die Formeln sind reichlich unübersichtlich, und ihre wahren Bedeutungen sind in dieser Form kaum noch zu erkennen.

Als Nächstes führt Gödel eine Reihe aussagenlogischer Axiome ein:

178 Kurt Gödel,

II. Jede Formel, die aus den folgenden Schemata durch Einsetzung beliebiger Formeln für p, q, r entsteht.

1. $p \vee p \supset p$ 3. $p \vee q \supset q \vee p$
2. $p \supset p \vee q$ 4. $(p \supset q) \supset (r \vee p \supset r \vee q)$.

Die eingeführten Axiome kennen wir bereits von Seite 91 (Abbildung 2.18). Es sind die Axiome (2), (3), (4) und (6) der *Principia Mathematica.*

Direkt im Anschluss lässt Gödel zwei prädikatenlogische Axiome folgen:

III. Jede Formel, die aus einem der beiden Schemata

1. $v\Pi(a) \supset \text{Subst } a \binom{v}{c}$
2. $v\Pi(b \vee a) \supset b \vee v\Pi(a)$

dadurch entsteht, daß man für a, v, b, c folgende Einsetzungen vornimmt (und in 1. die durch „Subst" angezeigte Operation ausführt):

Für a eine beliebige Formel, für v eine beliebige Variable, für b eine Formel, in der v nicht frei vorkommt, für c ein Zeichen vom selben Typ wie v, vorausgesetzt, daß c keine Variable enthält, welche in a an einer Stelle gebunden ist, an der v frei ist[23]).

[23]) c ist also entweder eine Variable oder 0 oder ein Zeichen der Form $f \ldots fu$, wo u entweder 0 oder eine Variable 1. Typs ist. Bez. des Begriffs „frei (gebunden) an einer Stelle von a" vgl. die in Fußnote [24]) zitierte Arbeit I A 5.

In moderner Schreibweise sehen diese beiden Axiome so aus:

$$\forall \xi_n\, \varphi \to \varphi[\xi_n \leftarrow \sigma_n] \qquad \text{(die Substitution ist kollisionsfrei)}$$

$$\forall \xi\, (\psi \vee \varphi) \to (\psi \vee \forall \xi\, \varphi) \qquad (\xi \text{ kommt in } \psi \text{ nicht frei vor})$$

Aus dem Schema III.1 lässt sich z. B. das folgende Axiom gewinnen:

$$\forall \mathsf{x}_1\, \mathsf{y}_2(\mathsf{x}_1) \to \mathsf{y}_2(\mathsf{y}_1)$$

Denken Sie im Folgenden stets daran, dass wir das Schema nur unter zwei Bedingungen anwenden dürfen:

- Der Typ von σ_n muss mit dem Typ der substituierten Variablen übereinstimmen, d. h., wir dürfen x_1 z. B. nicht durch y_2 ersetzen. Ließen wir dies zu, so würde zu den Axiomen von P auch die Formel

$$\forall \mathsf{x}_1\ \mathsf{y}_2(\mathsf{x}_1) \to \mathsf{y}_2(\mathsf{y}_2)$$

  gehören, die mit dem syntaktischen Aufbau von P unverträglich ist.

- Die Substitution muss *kollisionsfrei* erfolgen, d. h., es ist nicht erlaubt, eine Variable, die in σ_n frei vorkommt, durch die Ersetzung zu binden. Warum diese Regel für die Korrektheit des Kalküls wichtig ist, zeigt das folgende Beispiel:

$$\forall \mathsf{x}_1\ \exists \mathsf{y}_1\ (\mathsf{x}_1 \neq \mathsf{y}_1) \to \exists \mathsf{y}_1\ (\mathsf{y}_1 \neq \mathsf{y}_1)$$

  Diese Formel ist inhaltlich falsch, und dennoch wäre sie ein Axiom, wenn wir auf die Forderung der Kollisionsfreiheit verzichten würden.

IV. Jede Formel, die aus dem Schema

$$1.\ (E\,u)\,(v\,\Pi\,(u(v) \equiv a))$$

dadurch entsteht, daß man für v bzw. u beliebige Variable vom Typ n bzw. $n+1$ und für a eine Formel, die u nicht frei enthält, einsetzt. Dieses Axiom vertritt das Reduzibilitätsaxiom (Komprehensionsaxiom der Mengenlehre).

Gödel nennt es beim Namen. Hinter diesem Axiom verbirgt sich ein Komprehensionsschema, wie wir es in ähnlicher Form auf Seite 114 kennen gelernt haben. Die Gefahr einer Antinomie brauchen wir dabei nicht zu fürchten. Das Typensystem von P verhindert hier die Bildung von widersprüchlichen Konstrukten wie der Menge aller Mengen.

Weiter unten werden wir über Gödels Komprehensionsschema die Äquivalenz zwischen der Gödel'schen und der Leibniz'schen Gleichheitsdefinition beweisen. Es ist das formale Instrument, mit dem wir den auf Seite 164 skizzierten Schluss von (4.18) nach (4.19) innerhalb von P nachvollziehen können.

V. Jede Formel, die aus der folgenden durch Typenerhöhung entsteht (und diese Formel selbst):

$$1.\ x_1\,\Pi\,(x_2\,(x_1) \equiv y_2\,(x_1)) \supset x_2 = y_2.$$

Dieses Axiom besagt, daß eine Klasse durch ihre Elemente vollständig bestimmt ist.

Um die Bedeutung der Formel zu verstehen, nehmen wir an, die Interpretation I ordne den Variablen x_2 und y_2 die Mengen $X \subseteq \mathbb{N}$ bzw. $Y \subseteq \mathbb{N}$ zu. Dann drückt das Axiom den folgenden inhaltlichen Zusammenhang aus:

$$(x \in X \Leftrightarrow x \in Y) \Rightarrow X = Y$$

In Worten liest sich das Geschriebene so: Enthalten X und Y die gleichen Elemente ($x \in X \Leftrightarrow x \in Y$), dann sind X und Y identisch ($X = Y$). Dies ist das *Extensionalitätprinzip* der Mengenlehre. In seiner allgemeinen Formulierung besagt das Prinzip, dass die Bedeutung eines Ausdrucks allein durch seinen Umfang bestimmt ist, d. h. durch die Objekte, die er benennt oder beschreibt. Das heißt für die Mengenlehre, *„dass eine Klasse* [Menge] *durch ihre Elemente vollständig bestimmt ist"*.

Als Nächstes wendet sich Gödel dem logischen Schlussapparat zu:

Eine Formel c heißt unmittelbare Folge aus a und b (bzw. aus a), wenn a die Formel $(\sim(b)) \vee (c)$ ist. (bzw. wenn c die Formel $v\Pi(a)$ ist, wo v eine beliebige Variable bedeutet). Die Klasse der beweisbaren Formeln wird definiert als die kleinste Klasse von Formeln, welche die Axiome enthält und gegen die Relation „unmittelbare Folge" abgeschlossen ist [24]).

[24]) Die Einsetzungsregel wird dadurch überflüssig, daß wir alle möglichen Einsetzungen bereits in den Axiomen selbst vorgenommen haben (analog bei J. v. Neumann, Zur Hilbertschen Beweistheorie, Math. Zeitschr. 26, 1927).

Gödel legt hier fest, dass zu den beweisbaren Formeln genau jene gehören, die eine *unmittelbare Folge* aus den Axiomen oder bereits bewiesenen Formeln sind. Nach seiner Definition ist

- ψ eine unmittelbare Folge aus den Formeln φ und $\neg\varphi \vee \psi$ und
- $\forall \xi\, \varphi$ für jede Variable eine unmittelbare Folge aus der Formel φ.

Schreiben wir die Formel $\neg\varphi \vee \psi$ kürzer, und zwar als $\varphi \to \psi$, so erhalten wir die folgenden beiden Schlussregeln als Ergebnis:

$$\frac{\begin{array}{c}\varphi \\ \varphi \to \psi\end{array}}{\psi} \quad \text{(MP)} \qquad\qquad \frac{\varphi}{\forall \xi\, \varphi} \quad \text{(G)}$$

Hinter der ersten Regel verbirgt sich der *Modus ponens*, mit dem wir bereits bestens vertraut sind. Die zweite Regel heißt *Generalisierungsregel*. Über sie können wir freie Variablen durch einen Allquantor binden.

Die Axiome und Schlussregeln sind jetzt vollständig definiert und in Tabelle 4.1 in einer Übersicht zusammengefasst. Damit ist die Zeit gekommen, Gödels System P zum Leben zu erwecken.

4.4 Formale Beweise

Wir beginnen diesen Abschnitt mit einem sehr einfachen Beispiel, dem Beweis des Theorems $\mathsf{x}_2(0) \to \mathsf{x}_2(0)$:

$\mathsf{x}_2(0) \to \mathsf{x}_2(0)$

1. $\vdash$ $\mathsf{x}_2(0) \to \mathsf{x}_2(0) \vee \mathsf{x}_2(0)$ (II.2)
2. $\vdash$ $\mathsf{x}_2(0) \vee \mathsf{x}_2(0) \to \mathsf{x}_2(0)$ (II.1)
3. $\vdash$ $(\mathsf{x}_2(0) \vee \mathsf{x}_2(0) \to \mathsf{x}_2(0)) \to$ $(\neg \mathsf{x}_2(0) \vee (\mathsf{x}_2(0) \vee \mathsf{x}_2(0)) \to (\neg \mathsf{x}_2(0) \vee \mathsf{x}_2(0)))$ (II.4)
4. $\vdash$ $(\mathsf{x}_2(0) \vee \mathsf{x}_2(0) \to \mathsf{x}_2(0)) \to$ $((\mathsf{x}_2(0) \to \mathsf{x}_2(0) \vee \mathsf{x}_2(0)) \to (\mathsf{x}_2(0) \to \mathsf{x}_2(0)))$ (Def, 3)
5. $\vdash$ $(\mathsf{x}_2(0) \to \mathsf{x}_2(0) \vee \mathsf{x}_2(0)) \to (\mathsf{x}_2(0) \to \mathsf{x}_2(0))$ (MP, 2,4)
6. $\vdash$ $\mathsf{x}_2(0) \to \mathsf{x}_2(0)$ (MP, 1,5)

Die Beweiskette beginnt mit drei Axiomen, die aus den Schemata II.2, II.1 und II.4 durch die Anwendung der folgenden Substitutionen entstanden sind:

$$[\varphi \leftarrow \mathsf{x}_2(0), \psi \leftarrow \mathsf{x}_2(0)] \qquad \text{(angewendet auf II.2)}$$
$$[\varphi \leftarrow \mathsf{x}_2(0)] \qquad \text{(angewendet auf II.1)}$$
$$[\varphi \leftarrow \mathsf{x}_2(0) \vee \mathsf{x}_2(0), \psi \leftarrow \mathsf{x}_2(0), \chi \leftarrow \neg \mathsf{x}_2(0)] \qquad \text{(angewendet auf II.4)}$$

Der Übergang von 3. nach 4. ist kein richtiger Herleitungsschritt, da beide Formeln zwar unterschiedlich aussehen, aber in Wirklichkeit gleich sind. Es wurden lediglich die Teilausdrücke

$$\neg \mathsf{x}_2(0) \vee (\mathsf{x}_2(0) \vee \mathsf{x}_2(0)) \text{ und } \neg \mathsf{x}_2(0) \vee \mathsf{x}_2(0)$$

gegen ihre äquivalenten Darstellungen

$$\mathsf{x}_2(0) \to \mathsf{x}_2(0) \vee \mathsf{x}_2(0) \text{ bzw. } \mathsf{x}_2(0) \to \mathsf{x}_2(0)$$

ausgetauscht. In den letzten beiden Zeilen wird das Theorem durch die wiederholte Anwendung der Modus-Ponens-Schlussregel aus den vorherigen Gliedern der Beweiskette gewonnen.

Der nächste Beweis funktioniert nach dem gleichen Schema und liefert uns das Theorem $\mathsf{x}_2(\mathsf{f}\ 0) \to \mathsf{x}_2(\mathsf{f}\ 0)$:

Tab. 4.1 Gödels System P im Überbick

Axiomengruppe I (Peano-Axiome)		
$\neg(\mathsf{f}\,\mathsf{x}_1 = 0)$		(I.1)
$\mathsf{f}\,\mathsf{x}_1 = \mathsf{f}\,\mathsf{y}_1 \rightarrow \mathsf{x}_1 = \mathsf{y}_1$		(I.2)
$\mathsf{x}_2(0) \wedge \forall \mathsf{x}_1\, (\mathsf{x}_2(\mathsf{x}_1) \rightarrow \mathsf{x}_2(\mathsf{f}\,\mathsf{x}_1)) \rightarrow \forall \mathsf{x}_1\, \mathsf{x}_2(\mathsf{x}_1)$		(I.3)
Axiomengruppe II (Aussagenlogische Axiome)		
$\varphi \vee \varphi \rightarrow \varphi$		(II.1)
$\varphi \rightarrow \varphi \vee \psi$		(II.2)
$\varphi \vee \psi \rightarrow \psi \vee \varphi$		(II.3)
$(\varphi \rightarrow \psi) \rightarrow (\chi \vee \varphi \rightarrow \chi \vee \psi)$		(II.4)
Axiomengruppe III (Prädikatenlogische Axiome)		
$\forall \xi_n\, \varphi \rightarrow \varphi[\xi_n \leftarrow \sigma_n]$	(falls die Substitution kollisionsfrei ist)	(III.1)
$\forall \xi\, (\psi \vee \varphi) \rightarrow (\psi \vee \forall \xi\, \varphi)$	(ξ kommt in ψ nicht frei vor)	(III.2)
Axiomengruppe IV (Komprehension)		
$\exists \xi_{n+1}\, \forall \zeta_n\, (\xi_{n+1}(\zeta_n) \leftrightarrow \varphi)$	(ξ_{n+1} kommt in φ nicht frei vor)	(IV.1)
Axiomengruppe V (Extensionalität)		
$\forall \mathsf{x}_1\, (\mathsf{x}_2(\mathsf{x}_1) \leftrightarrow \mathsf{y}_2(\mathsf{x}_1)) \rightarrow \mathsf{x}_2 = \mathsf{y}_2$		(V.1)
Schlussregeln		
$\dfrac{\begin{matrix}\varphi \\ \varphi \rightarrow \psi\end{matrix}}{\psi}$ (MP)	$\dfrac{\varphi}{\forall \xi\, \varphi}$	(G)

$\mathsf{x}_2(\mathsf{f}\ 0) \to \mathsf{x}_2(\mathsf{f}\ 0)$

1. $\vdash \mathsf{x}_2(\mathsf{f}\ 0) \to \mathsf{x}_2(\mathsf{f}\ 0) \lor \mathsf{x}_2(\mathsf{f}\ 0)$ (II.2)
2. $\vdash \mathsf{x}_2(\mathsf{f}\ 0) \lor \mathsf{x}_2(\mathsf{f}\ 0) \to \mathsf{x}_2(\mathsf{f}\ 0)$ (II.1)
3. $\vdash (\mathsf{x}_2(\mathsf{f}\ 0) \lor \mathsf{x}_2(\mathsf{f}\ 0) \to \mathsf{x}_2(\mathsf{f}\ 0)) \to (\neg\mathsf{x}_2(\mathsf{f}\ 0) \lor (\mathsf{x}_2(\mathsf{f}\ 0) \lor \mathsf{x}_2(\mathsf{f}\ 0)) \to (\neg\mathsf{x}_2(\mathsf{f}\ 0) \lor \mathsf{x}_2(\mathsf{f}\ 0)))$ (II.4)
4. $\vdash (\mathsf{x}_2(\mathsf{f}\ 0) \lor \mathsf{x}_2(\mathsf{f}\ 0) \to \mathsf{x}_2(\mathsf{f}\ 0)) \to ((\mathsf{x}_2(\mathsf{f}\ 0) \to \mathsf{x}_2(\mathsf{f}\ 0) \lor \mathsf{x}_2(\mathsf{f}\ 0)) \to (\mathsf{x}_2(\mathsf{f}\ 0) \to \mathsf{x}_2(\mathsf{f}\ 0)))$ (Def, 3)
5. $\vdash (\mathsf{x}_2(\mathsf{f}\ 0) \to \mathsf{x}_2(\mathsf{f}\ 0) \lor \mathsf{x}_2(\mathsf{f}\ 0)) \to (\mathsf{x}_2(\mathsf{f}\ 0) \to \mathsf{x}_2(\mathsf{f}\ 0))$ (MP, 2,4)
6. $\vdash \mathsf{x}_2(\mathsf{f}\ 0) \to \mathsf{x}_2(\mathsf{f}\ 0)$ (MP, 1,5)

Beide Beweise sind strukturell identisch, und wir können auf die gezeigte Weise ganz offensichtlich für jede Formel φ das Theorem $\varphi \to \varphi$ ableiten. Aus diesem Grund werden wir in den folgenden Beweisen, wann immer dies möglich ist, Teilformeln durch Platzhalter ersetzen. Als Ergebnis erhalten wir dann jeweils eine Beweisschablone, die durch die Substitution der Platzhalter in eine echte Beweiskette übersetzt werden kann.

Für unser Beispiel sieht diese Beweisschablone so aus:

$\varphi \to \varphi$ (H.0)

1. $\vdash \varphi \to \varphi \lor \varphi$ (II.2)
2. $\vdash \varphi \lor \varphi \to \varphi$ (II.1)
3. $\vdash (\varphi \lor \varphi \to \varphi) \to ((\neg\varphi \lor (\varphi \lor \varphi)) \to (\neg\varphi \lor \varphi))$ (II.4)
4. $\vdash (\varphi \lor \varphi \to \varphi) \to ((\varphi \to \varphi \lor \varphi) \to (\varphi \to \varphi))$ (Def, 3)
5. $\vdash (\varphi \to \varphi \lor \varphi) \to (\varphi \to \varphi)$ (MP, 2,4)
6. $\vdash \varphi \to \varphi$ (MP, 1,5)

In den weiter unten aufgeführten Beweisen werden wir neben dem Modus ponens (MP) auch den *Modus barbara* (MB) als Schlussregel zulassen. Dabei handelt es sich um den zweigliedrigen *Kettenschluss*, der sich in unserer Notation so aufschreiben lässt:

$$\frac{\begin{array}{c}\varphi \to \psi \\ \psi \to \chi\end{array}}{\varphi \to \chi} \qquad \text{(MB)}$$

Die neue Schlussregel bedingt keine Änderung am System P, da wir sie mit dessen hauseigenen Mitteln nachbilden können. Damit ist gemeint, dass wir jeden Beweis, der den Modus barbara verwendet, so umformulieren können, dass diese Regel nicht mehr vorkommt. Die nachstehende Beweiskette zeigt, wie sich aus $\varphi \to \psi$ und $\psi \to \chi$ die Formel $\varphi \to \chi$ ohne den Modus barbara ableiten lässt.

Legitimation der Schlussregel (MB)

1.		$\varphi \to \psi$	
2.		$\psi \to \chi$	
3.	$\vdash$	$(\psi \to \chi) \to (\neg\varphi \lor \psi \to \neg\varphi \lor \chi)$	(II.4)
4.	$\vdash$	$(\psi \to \chi) \to ((\varphi \to \psi) \to (\varphi \to \chi))$	(Def, 3)
5.	$\vdash$	$(\varphi \to \psi) \to (\varphi \to \chi)$	(MP, 2,4)
6.	$\vdash$	$\varphi \to \chi$	(MP, 1,5)

Durch die neue Schlussregel können wir den Beweis unseres Beispieltheorems jetzt viel kompakter aufschreiben. Die Beweisschablone schrumpft auf nur noch drei Zeilen zusammen:

$\varphi \to \varphi$ (H.0)

1.	$\vdash$	$\varphi \to \varphi \lor \varphi$	(II.2)
2.	$\vdash$	$\varphi \lor \varphi \to \varphi$	(II.1)
3.	$\vdash$	$\varphi \to \varphi$	(MB, 1,2)

Die folgenden Schlussregeln lassen sich auf die gleiche Weise legitimieren:

$$\frac{\varphi \to \psi}{\chi \lor \varphi \to \chi \lor \psi} \quad \text{(DL)} \qquad \frac{\varphi \to \psi}{\varphi \lor \chi \to \psi \lor \chi} \quad \text{(DR)}$$

$$\frac{\varphi \to \psi}{(\chi \to \varphi) \to (\chi \to \psi)} \quad \text{(IL)}$$

Legitimation der Schlussregel (DL)

1.		$\varphi \to \psi$	
2.	$\vdash$	$(\varphi \to \psi) \to (\chi \lor \varphi \to \chi \lor \psi)$	(II.4)
3.	$\vdash$	$\chi \lor \varphi \to \chi \lor \psi$	(MP, 1,2)

Legitimation der Schlussregel (DR)

1.		$\varphi \to \psi$	

2. $\vdash \chi \vee \varphi \rightarrow \chi \vee \psi$ (DL, 1)
3. $\vdash \varphi \vee \chi \rightarrow \chi \vee \varphi$ (II.3)
4. $\vdash \varphi \vee \chi \rightarrow \chi \vee \psi$ (MB, 3,2)
5. $\vdash \chi \vee \psi \rightarrow \psi \vee \chi$ (II.3)
6. $\vdash \varphi \vee \chi \rightarrow \psi \vee \chi$ (MB, 4,5)

Legitimation der Schlussregel (IL)

1. $\varphi \rightarrow \psi$
2. $\vdash (\neg\chi \vee \varphi) \rightarrow (\neg\chi \vee \psi)$ (DL, 1)
3. $\vdash (\chi \rightarrow \varphi) \rightarrow (\chi \rightarrow \psi)$ (Def, 2)

4.4.1 Aussagenlogische Theoreme

Wir werden in P nun weitere Theoreme herleiten und beginnen mit dem Beweis der aussagenlogischen Tautologien in Tabelle 4.2. Die Theoreme (H.x) stammen aus dem bekannten Lehrbuch *Grundzüge der Theoretischen Logik* von David Hilbert und Wilhelm Ackermann aus dem Jahr 1928. Das Werk ist in insgesamt 6 Auflagen erschienen und war über viele Jahre das führende Lehrbuch im Bereich der mathematischen Logik. In den ersten drei Auflagen hatten die beiden Autoren auf das gleiche Axiomensystem zurückgegriffen wie Gödel, so dass sich die Beweise der Theoreme eins zu eins im System P nachvollziehen lassen. In den späteren Ausgaben wurde das Axiomensystem durch ein anderes ersetzt, und so sind die ursprünglichen Beweissequenzen dort auch nicht mehr zu finden.

Trotz seines hohen Alters ist das Buch von Hilbert und Ackermann auch heute noch lesenswert; es hat kaum etwas von seiner Klarheit und Stringenz eingebüßt, die es von Anfang an ausgezeichnet hat. Einen Aspekt sollten Sie bei der Lektüre der Originalquelle dennoch beachten. Hilbert und Ackermann benutzten den Ausdruck $\varphi\psi$ als abkürzende Schreibweise für die Disjunktion $(\varphi \vee \psi)$ und nicht, wie es heute üblich ist, für die Konjunktion $(\varphi \wedge \psi)$.

Neben den Hilbert'schen Beispielen finden Sie in Tabelle 4.2 auch Theoreme, die mit dem Buchstaben F bzw. A beginnen. Die Theoreme (F.x) sind Teil des Frege'schen Axiomensystems, das wir auf Seite 47 besprochen haben, und (A.x) sind Theoreme, die aus keiner historischen Quelle stammen.

$(\varphi \rightarrow \psi) \rightarrow ((\chi \rightarrow \varphi) \rightarrow (\chi \rightarrow \psi))$ (H.1)

1. $\vdash (\varphi \rightarrow \psi) \rightarrow (\neg\chi \vee \varphi \rightarrow \neg\chi \vee \psi)$ (II.4)
2. $\vdash (\varphi \rightarrow \psi) \rightarrow ((\chi \rightarrow \varphi) \rightarrow (\chi \rightarrow \psi))$ (Def, 1)

Tab. 4.2 Theoreme des Systems P

Theoremgruppe 1: Aussagenlogik		
(H.1)	$(\varphi \to \psi) \to ((\chi \to \varphi) \to (\chi \to \psi))$	
(H.2)	$\neg\varphi \vee \varphi$	
(H.3)	$\varphi \vee \neg\varphi$	
(H.4)	$\varphi \to \neg\neg\varphi$	identisch mit Freges Axiom (F.6)
(H.5)	$\neg\neg\varphi \to \varphi$	identisch mit Freges Axiom (F.5)
(H.6)	$(\varphi \to \psi) \to (\neg\psi \to \neg\varphi)$	identisch mit Freges Axiom (F.4)
(H.7)	$\neg(\varphi \wedge \psi) \to \neg\varphi \vee \neg\psi$	
(H.8)	$\neg\varphi \vee \neg\psi \to \neg(\varphi \wedge \psi)$	
(H.9)	$\neg(\varphi \vee \psi) \to \neg\varphi \wedge \neg\psi$	
(H.10)	$\neg\varphi \wedge \neg\psi \to \neg(\varphi \vee \psi)$	
(H.11)	$\varphi \wedge \psi \to \psi \wedge \varphi$	
(H.12)	$\varphi \wedge \psi \to \varphi$	
(H.13)	$\varphi \wedge \psi \to \psi$	
(H.14)	$\varphi \vee (\psi \vee \chi) \to \psi \vee (\varphi \vee \chi)$	
(F.3)	$(\varphi \to (\psi \to \chi)) \to (\psi \to (\varphi \to \chi))$	
(H.15)	$\varphi \vee (\psi \vee \chi) \to (\varphi \vee \psi) \vee \chi$	
(H.16)	$(\varphi \vee \psi) \vee \chi \to \varphi \vee (\psi \vee \chi)$	
(H.17)	$(\varphi \wedge \psi) \wedge \chi \to \varphi \wedge (\psi \wedge \chi)$	
(H.18)	$\varphi \to (\psi \to \varphi \wedge \psi)$	
(A.1)	$(\varphi \to (\psi \to \chi)) \to (\varphi \wedge \psi \to \chi)$	
(A.2)	$(\varphi \wedge \psi \to \chi) \to (\varphi \to (\psi \to \chi))$	
(A.3)	$\varphi \vee (\varphi \vee \psi) \to \varphi \vee \psi$	
(A.4)	$(\varphi \to (\varphi \to \psi)) \to (\varphi \to \psi)$	
(H.19)	$\varphi \vee (\psi \wedge \chi) \to (\varphi \vee \psi) \wedge (\varphi \vee \chi)$	
(H.20)	$(\varphi \vee \psi) \wedge (\varphi \vee \chi) \to \varphi \vee (\psi \wedge \chi)$	
(A.5)	$\varphi \wedge (\psi \vee \chi) \to (\varphi \wedge \psi) \vee (\varphi \wedge \chi)$	
(A.6)	$(\varphi \wedge \psi) \vee (\varphi \wedge \chi) \to \varphi \wedge (\psi \vee \chi)$	
(F.1)	$\varphi \to (\psi \to \varphi)$	
(F.2)	$(\varphi \to (\psi \to \chi)) \to ((\varphi \to \psi) \to (\varphi \to \chi))$	
(A.7)	$\neg\varphi \to (\varphi \to \psi)$	

$\neg\varphi \vee \varphi$ (H.2)

1. $\vdash$ $\varphi \to \varphi \vee \varphi$ (II.2)
2. $\vdash$ $\varphi \vee \varphi \to \varphi$ (II.1)
3. $\vdash$ $\varphi \to \varphi$ (MB, 1,2)
4. $\vdash$ $\neg\varphi \vee \varphi$ (Def, 3)

$\varphi \vee \neg\varphi$ (H.3)

1. $\vdash$ $\neg\varphi \vee \varphi$ (H.2)
2. $\vdash$ $\neg\varphi \vee \varphi \to \varphi \vee \neg\varphi$ (II.3)
3. $\vdash$ $\varphi \vee \neg\varphi$ (MP, 1,2)

$\varphi \to \neg\neg\varphi$ (H.4)

1. $\vdash$ $\neg\varphi \vee \neg\neg\varphi$ (H.3)
2. $\vdash$ $\varphi \to \neg\neg\varphi$ (Def, 1)

$\neg\neg\varphi \to \varphi$ (H.5)

1. $\vdash$ $\neg\varphi \to \neg\neg\neg\varphi$ (H.4)
2. $\vdash$ $\varphi \vee \neg\varphi \to \varphi \vee \neg\neg\neg\varphi$ (DL, 1)
3. $\vdash$ $\varphi \vee \neg\varphi$ (H.3)
4. $\vdash$ $\varphi \vee \neg\neg\neg\varphi$ (MP, 3,2)
5. $\vdash$ $\varphi \vee \neg\neg\neg\varphi \to \neg\neg\neg\varphi \vee \varphi$ (II.3)
6. $\vdash$ $\neg\neg\neg\varphi \vee \varphi$ (MP, 4,5)
7. $\vdash$ $\neg\neg\varphi \to \varphi$ (Def, 6)

$(\varphi \to \psi) \to (\neg\psi \to \neg\varphi)$ (H.6)

1. $\vdash$ $\psi \to \neg\neg\psi$ (H.4)
2. $\vdash$ $\neg\varphi \vee \psi \to \neg\varphi \vee \neg\neg\psi$ (DL, 1)
3. $\vdash$ $\neg\varphi \vee \neg\neg\psi \to \neg\neg\psi \vee \neg\varphi$ (II.3)
4. $\vdash$ $\neg\varphi \vee \psi \to \neg\neg\psi \vee \neg\varphi$ (MB, 2,3)
5. $\vdash$ $(\varphi \to \psi) \to (\neg\psi \to \neg\varphi)$ (Def, 4)

Die Formeln (H.4), (H.5) und (H.6) kennen wir bereits aus Abschnitt 2.1.2. Sie sind Teil des Axiomensystems der *Begriffsschrift* und mit den Formeln (F.6), (F.5) und (F.4) auf Seite 47 identisch.

Mithilfe von (H.6) können wir mehrere neue Schlussregeln legitimieren, die sich als sehr nützlich erweisen werden:

$$\frac{\varphi \to \psi}{\neg\psi \to \neg\varphi} \quad \text{(INV)} \qquad\qquad \frac{\neg\varphi \to \neg\psi}{\psi \to \varphi} \quad \text{(INV)}$$

$$\frac{\varphi \to \psi}{\chi \wedge \varphi \to \chi \wedge \psi} \quad \text{(KL)} \qquad\qquad \frac{\varphi \to \psi}{\varphi \wedge \chi \to \psi \wedge \chi} \quad \text{(KR)}$$

Aufgrund ihrer inhaltlichen Nähe verwenden wir für die ersten beiden Regeln die gleiche Abkürzung (INV).

Legitimation der Schlussregel INV (Variante 1)

1.		$\varphi \to \psi$	
2.	$\vdash$	$(\varphi \to \psi) \to (\neg\psi \to \neg\varphi)$	(H.6)
3.	$\vdash$	$\neg\psi \to \neg\varphi$	(MP, 1,2)

Legitimation der Schlussregel INV (Variante 2)

1.		$\neg\varphi \to \neg\psi$	
2.	$\vdash$	$(\neg\varphi \to \neg\psi) \to (\neg\neg\psi \to \neg\neg\varphi)$	(H.6)
3.	$\vdash$	$\neg\neg\psi \to \neg\neg\varphi$	(MP, 1,2)
4.	$\vdash$	$\psi \to \neg\neg\psi$	(H.4)
5.	$\vdash$	$\psi \to \neg\neg\varphi$	(MB, 4,3)
6.	$\vdash$	$\neg\neg\varphi \to \varphi$	(H.5)
7.	$\vdash$	$\psi \to \varphi$	(MB, 5,6)

Legitimation der Schlussregel (KL)

1.		$\varphi \to \psi$	
2.	$\vdash$	$\neg\psi \to \neg\varphi$	(INV, 1)
3.	$\vdash$	$\neg\chi \vee \neg\psi \to \neg\chi \vee \neg\varphi$	(DL, 2)
4.	$\vdash$	$(\neg\chi \vee \neg\psi \to \neg\chi \vee \neg\varphi) \to (\neg(\neg\chi \vee \neg\varphi) \to \neg(\neg\chi \vee \neg\psi))$	(H.6)
5.	$\vdash$	$\neg(\neg\chi \vee \neg\varphi) \to \neg(\neg\chi \vee \neg\psi)$	(MP, 3,4)
6.	$\vdash$	$\chi \wedge \varphi \to \chi \wedge \psi$	(Def, 5)

Legitimation der Schlussregel (KR)

1. $\varphi \to \psi$
2. $\vdash \neg\psi \to \neg\varphi$ (INV, 1)
3. $\vdash \neg\psi \vee \neg\chi \to \neg\varphi \vee \neg\chi$ (DR, 2)
4. $\vdash (\neg\psi \vee \neg\chi \to \neg\varphi \vee \neg\chi) \to (\neg(\neg\varphi \vee \neg\chi) \to \neg(\neg\psi \vee \neg\chi))$ (H.6)
5. $\vdash \neg(\neg\varphi \vee \neg\chi) \to \neg(\neg\psi \vee \neg\chi)$ (MP, 3,4)
6. $\vdash \varphi \wedge \chi \to \psi \wedge \chi$ (Def, 5)

$\neg(\varphi \wedge \psi) \to \neg\varphi \vee \neg\psi$ (H.7)

1. $\vdash \neg\neg(\neg\varphi \vee \neg\psi) \to \neg\varphi \vee \neg\psi$ (H.5)
2. $\vdash \neg(\varphi \wedge \psi) \to \neg\varphi \vee \neg\psi$ (Def, 1)

$\neg\varphi \vee \neg\psi \to \neg(\varphi \wedge \psi)$ (H.8)

1. $\vdash \neg\varphi \vee \neg\psi \to \neg\neg(\neg\varphi \vee \neg\psi)$ (H.4)
2. $\vdash \neg\varphi \vee \neg\psi \to \neg(\varphi \wedge \psi)$ (Def, 1)

$\neg(\varphi \vee \psi) \to \neg\varphi \wedge \neg\psi$ (H.9)

1. $\vdash \neg\neg\varphi \to \varphi$ (H.5)
2. $\vdash \neg\neg\varphi \vee \neg\neg\psi \to \varphi \vee \neg\neg\psi$ (DR, 1)
3. $\vdash \neg\neg\psi \to \psi$ (H.5)
4. $\vdash \varphi \vee \neg\neg\psi \to \varphi \vee \psi$ (DL, 3)
5. $\vdash \neg\neg\varphi \vee \neg\neg\psi \to \varphi \vee \psi$ (MB, 2,4)
6. $\vdash \neg(\varphi \vee \psi) \to \neg(\neg\neg\varphi \vee \neg\neg\psi)$ (INV, 5)
7. $\vdash \neg(\varphi \vee \psi) \to \neg\varphi \wedge \neg\psi$ (Def, 6)

$\neg\varphi \wedge \neg\psi \to \neg(\varphi \vee \psi)$ (H.10)

1. $\vdash \varphi \to \neg\neg\varphi$ (H.4)
2. $\vdash \varphi \vee \psi \to \neg\neg\varphi \vee \psi$ (DR, 1)
3. $\vdash \psi \to \neg\neg\psi$ (H.4)
4. $\vdash \neg\neg\varphi \vee \psi \to \neg\neg\varphi \vee \neg\neg\psi$ (DL, 3)
5. $\vdash \varphi \vee \psi \to \neg\neg\varphi \vee \neg\neg\psi$ (MB, 2,4)
6. $\vdash \neg(\neg\neg\varphi \vee \neg\neg\psi) \to \neg(\varphi \vee \psi)$ (INV, 5)

7. $\vdash \neg\varphi \wedge \neg\psi \rightarrow \neg(\varphi \vee \psi)$ (Def, 6)

$\varphi \wedge \psi \rightarrow \psi \wedge \varphi$ (H.11)

1. $\vdash \neg\psi \vee \neg\varphi \rightarrow \neg\varphi \vee \neg\psi$ (II.3)
2. $\vdash \neg(\neg\varphi \vee \neg\psi) \rightarrow \neg(\neg\psi \vee \neg\varphi)$ (INV, 1)
3. $\vdash \varphi \wedge \psi \rightarrow \psi \wedge \varphi$ (Def, 2)

$\varphi \wedge \psi \rightarrow \varphi$ (H.12)

1. $\vdash \neg\varphi \rightarrow \neg\varphi \vee \neg\psi$ (II.2)
2. $\vdash \neg(\neg\varphi \vee \neg\psi) \rightarrow \neg\neg\varphi$ (INV, 1)
3. $\vdash \varphi \wedge \psi \rightarrow \neg\neg\varphi$ (Def, 2)
4. $\vdash \neg\neg\varphi \rightarrow \varphi$ (H.5)
5. $\vdash \varphi \wedge \psi \rightarrow \varphi$ (MB, 3,4)

$\varphi \wedge \psi \rightarrow \psi$ (H.13)

1. $\vdash \psi \wedge \varphi \rightarrow \psi$ (H.12)
2. $\vdash \varphi \wedge \psi \rightarrow \psi \wedge \varphi$ (H.11)
3. $\vdash \varphi \wedge \psi \rightarrow \psi$ (MB, 2,1)

Das nächste Theorem ist das fünfte aussagenlogische Axiom der *Principia Mathematica*. Der formale Beweis ist der 1926 erschienenen Arbeit *Axiomatische Untersuchung des Aussagen-Kalküls der „Principia Mathematica“* [5] entnommen, in der Paul Bernays die Ergebnisse seiner Habilitationsschrift aus dem Jahr 1918 zusammengefasst hat [4]. Bernays hat mit dieser Herleitungssequenz gezeigt, dass das fünfte Axiom der *Principia* ersatzlos aus der Liste der Axiome gestrichen werden darf.

$\varphi \vee (\psi \vee \chi) \rightarrow \psi \vee (\varphi \vee \chi)$ (H.14)

1. $\vdash \chi \rightarrow \chi \vee \varphi$ (II.2)
2. $\vdash \chi \vee \varphi \rightarrow \varphi \vee \chi$ (II.3)
3. $\vdash \chi \rightarrow \varphi \vee \chi$ (MB, 1,2)
4. $\vdash (\chi \rightarrow \varphi \vee \chi) \rightarrow (\psi \vee \chi \rightarrow \psi \vee (\varphi \vee \chi))$ (II.4)
5. $\vdash \psi \vee \chi \rightarrow \psi \vee (\varphi \vee \chi)$ (MP, 3,4)
6. $\vdash (\psi \vee \chi \rightarrow \psi \vee (\varphi \vee \chi)) \rightarrow (\varphi \vee (\psi \vee \chi) \rightarrow \varphi \vee (\psi \vee (\varphi \vee \chi)))$ (II.4)
7. $\vdash \varphi \vee (\psi \vee \chi) \rightarrow \varphi \vee (\psi \vee (\varphi \vee \chi))$ (MP, 5,6)

8. $\vdash$ $\varphi \vee (\psi \vee (\varphi \vee \chi)) \rightarrow (\psi \vee (\varphi \vee \chi)) \vee \varphi$ (II.3)
9. $\vdash$ $\varphi \vee (\psi \vee \chi) \rightarrow (\psi \vee (\varphi \vee \chi)) \vee \varphi$ (MB, 7,8)
10. $\vdash$ $\varphi \rightarrow \varphi \vee \chi$ (II.2)
11. $\vdash$ $\varphi \vee \chi \rightarrow (\varphi \vee \chi) \vee \psi$ (II.2)
12. $\vdash$ $(\varphi \vee \chi) \vee \psi \rightarrow \psi \vee (\varphi \vee \chi)$ (II.3)
13. $\vdash$ $\varphi \vee \chi \rightarrow \psi \vee (\varphi \vee \chi)$ (MB, 11,12)
14. $\vdash$ $\varphi \rightarrow \psi \vee (\varphi \vee \chi)$ (MB, 10,13)
15. $\vdash$ $(\varphi \rightarrow \psi \vee (\varphi \vee \chi)) \rightarrow$
$((\psi \vee (\varphi \vee \chi)) \vee \varphi \rightarrow (\psi \vee (\varphi \vee \chi)) \vee (\psi \vee (\varphi \vee \chi)))$ (II.4)
16. $\vdash$ $(\psi \vee (\varphi \vee \chi)) \vee \varphi \rightarrow (\psi \vee (\varphi \vee \chi)) \vee (\psi \vee (\varphi \vee \chi))$ (MP, 14,15)
17. $\vdash$ $(\psi \vee (\varphi \vee \chi)) \vee (\psi \vee (\varphi \vee \chi)) \rightarrow \psi \vee (\varphi \vee \chi)$ (II.1)
18. $\vdash$ $(\psi \vee (\varphi \vee \chi)) \vee \varphi \rightarrow \psi \vee (\varphi \vee \chi)$ (MB, 16,17)
19. $\vdash$ $\varphi \vee (\psi \vee \chi) \rightarrow \psi \vee (\varphi \vee \chi)$ (MB, 9,18)

Aus diesem Theorem können wir sofort das dritte Axiom der *Begriffsschrift* herleiten. Dieses unterscheidet sich von (H.14) lediglich in der Schreibweise:

$(\varphi \rightarrow (\psi \rightarrow \chi)) \rightarrow (\psi \rightarrow (\varphi \rightarrow \chi))$ (F.3)

1. $\vdash$ $\neg\varphi \vee (\neg\psi \vee \chi) \rightarrow \neg\psi \vee (\neg\varphi \vee \chi)$ (H.14)
2. $\vdash$ $\neg\varphi \vee (\psi \rightarrow \chi) \rightarrow \neg\psi \vee (\varphi \rightarrow \chi)$ (Def, 1)
3. $\vdash$ $(\varphi \rightarrow (\psi \rightarrow \chi)) \rightarrow (\psi \rightarrow (\varphi \rightarrow \chi))$ (Def, 2)

Mit diesem Theorem können wir eine weitere komfortable Schlussrege legitimieren. Wir bezeichnen sie als *Vertauschungsregel*, kurz VT.

$$\frac{\varphi \rightarrow (\psi \rightarrow \chi)}{\psi \rightarrow (\varphi \rightarrow \chi)} \qquad \text{(VT)}$$

Legitimation der Schlussregel (VT)

1. $\varphi \rightarrow (\psi \rightarrow \chi)$
2. $\vdash$ $(\varphi \rightarrow (\psi \rightarrow \chi)) \rightarrow (\psi \rightarrow (\varphi \rightarrow \chi))$ (F.3)
3. $\vdash$ $\psi \rightarrow (\varphi \rightarrow \chi)$ (MP, 1,2)

$\varphi \vee (\psi \vee \chi) \rightarrow (\varphi \vee \psi) \vee \chi$ (H.15)

1. $\vdash$ $\psi \vee \chi \rightarrow \chi \vee \psi$ (II.3)
2. $\vdash$ $\varphi \vee (\psi \vee \chi) \rightarrow \varphi \vee (\chi \vee \psi)$ (DL, 1)

3. $\vdash \quad \varphi \vee (\chi \vee \psi) \to \chi \vee (\varphi \vee \psi)$ (H.14)

4. $\vdash \quad \varphi \vee (\psi \vee \chi) \to \chi \vee (\varphi \vee \psi)$ (MB, 2,3)

5. $\vdash \quad \chi \vee (\varphi \vee \psi) \to (\varphi \vee \psi) \vee \chi$ (H.3)

6. $\vdash \quad \varphi \vee (\psi \vee \chi) \to (\varphi \vee \psi) \vee \chi$ (MB, 4,5)

$(\varphi \vee \psi) \vee \chi \to \varphi \vee (\psi \vee \chi)$ (H.16)

1. $\vdash \quad (\varphi \vee \psi) \vee \chi \to \chi \vee (\varphi \vee \psi)$ (H.3)

2. $\vdash \quad \chi \vee (\varphi \vee \psi) \to \varphi \vee (\chi \vee \psi)$ (H.14)

3. $\vdash \quad (\varphi \vee \psi) \vee \chi \to \varphi \vee (\chi \vee \psi)$ (MB, 1,2)

4. $\vdash \quad \chi \vee \psi \to \psi \vee \chi$ (H.3)

5. $\vdash \quad \varphi \vee (\chi \vee \psi) \to \varphi \vee (\psi \vee \chi)$ (DL, 4)

6. $\vdash \quad (\varphi \vee \psi) \vee \chi \to \varphi \vee (\psi \vee \chi)$ (MB, 3,5)

$(\varphi \wedge \psi) \wedge \chi \to \varphi \wedge (\psi \wedge \chi)$ (H.17)

1. $\vdash \quad \neg\neg(\neg\psi \vee \neg\chi) \to \neg\psi \vee \neg\chi$ (H.5)

2. $\vdash \quad \neg\varphi \vee \neg\neg(\neg\psi \vee \neg\chi) \to \neg\varphi \vee (\neg\psi \vee \neg\chi)$ (DL, 1)

3. $\vdash \quad \neg\varphi \vee (\neg\psi \vee \neg\chi) \to (\neg\varphi \vee \neg\psi) \vee \neg\chi$ (H.15)

4. $\vdash \quad \neg\varphi \vee \neg\neg(\neg\psi \vee \neg\chi) \to (\neg\varphi \vee \neg\psi) \vee \neg\chi$ (MB, 2,3)

5. $\vdash \quad \neg\varphi \vee \neg\psi \to \neg\neg(\neg\varphi \vee \neg\psi)$ (H.4)

6. $\vdash \quad \neg\chi \vee (\neg\varphi \vee \neg\psi) \to \neg\chi \vee \neg\neg(\neg\varphi \vee \neg\psi)$ (DL, 5)

7. $\vdash \quad (\neg\varphi \vee \neg\psi) \vee \neg\chi \to \neg\chi \vee (\neg\varphi \vee \neg\psi)$ (H.3)

8. $\vdash \quad (\neg\varphi \vee \neg\psi) \vee \neg\chi \to \neg\chi \vee \neg\neg(\neg\varphi \vee \neg\psi)$ (MB, 7,6)

9. $\vdash \quad \neg\chi \vee \neg\neg(\neg\varphi \vee \neg\psi) \to \neg\neg(\neg\varphi \vee \neg\psi) \vee \neg\chi$ (H.3)

10. $\vdash \quad (\neg\varphi \vee \neg\psi) \vee \neg\chi \to \neg\neg(\neg\varphi \vee \neg\psi) \vee \neg\chi$ (MB, 8,9)

11. $\vdash \quad (\neg\varphi \vee \neg\neg(\neg\psi \vee \neg\chi)) \to \neg\neg(\neg\varphi \vee \neg\psi) \vee \neg\chi$ (MB, 4,10)

12. $\vdash \quad \neg(\neg\neg(\neg\varphi \vee \neg\psi) \vee \neg\chi) \to \neg(\neg\varphi \vee \neg\neg(\neg\psi \vee \neg\chi))$ (INV, 11)

13. $\vdash \quad \neg(\neg(\varphi \wedge \psi) \vee \neg\chi) \to \neg(\neg\varphi \vee \neg(\psi \wedge \chi))$ (Def, 12)

14. $\vdash \quad (\varphi \wedge \psi) \wedge \chi \to \varphi \wedge (\psi \wedge \chi)$ (Def, 13)

$\varphi \to (\psi \to \varphi \wedge \psi)$ (H.18)

1. $\vdash \quad (\neg\varphi \vee \neg\psi) \vee \neg(\neg\varphi \vee \neg\psi)$ (H.3)

2. $\vdash \quad (\neg\varphi \vee \neg\psi) \vee \neg(\neg\varphi \vee \neg\psi) \to \neg\varphi \vee (\neg\psi \vee \neg(\neg\varphi \vee \neg\psi))$ (H.16)

3. $\vdash \quad \neg\varphi \vee (\neg\psi \vee \neg(\neg\varphi \vee \neg\psi))$ (MP, 1,2)

4. $\vdash \quad \neg\varphi \vee (\neg\psi \vee (\varphi \wedge \psi))$ (Def, 3)

5. $\vdash$ $\varphi \to (\psi \to \varphi \wedge \psi)$ (Def, 4)

$(\varphi \to (\psi \to \chi)) \to (\varphi \wedge \psi \to \chi)$ **(A.1)**

1. $\vdash$ $(\neg\varphi \vee \neg\psi) \to \neg\neg(\neg\varphi \vee \neg\psi)$ (H.4)
2. $\vdash$ $(\neg\varphi \vee \neg\psi) \vee \chi \to \neg\neg(\neg\varphi \vee \neg\psi) \vee \chi$ (DR, 1)
3. $\vdash$ $\neg\varphi \vee (\neg\psi \vee \chi) \to (\neg\varphi \vee \neg\psi) \vee \chi$ (H.15)
4. $\vdash$ $\neg\varphi \vee (\neg\psi \vee \chi) \to \neg\neg(\neg\varphi \vee \neg\psi) \vee \chi$ (MB, 3,2)
5. $\vdash$ $(\varphi \to (\psi \to \chi)) \to (\neg(\neg\varphi \vee \neg\psi) \to \chi)$ (Def, 4)
6. $\vdash$ $(\varphi \to (\psi \to \chi)) \to (\varphi \wedge \psi \to \chi)$ (Def, 5)

$(\varphi \wedge \psi \to \chi) \to (\varphi \to (\psi \to \chi))$ **(A.2)**

1. $\vdash$ $\neg\neg(\neg\varphi \vee \neg\psi) \to (\neg\varphi \vee \neg\psi)$ (H.5)
2. $\vdash$ $\neg\neg(\neg\varphi \vee \neg\psi) \vee \chi \to (\neg\varphi \vee \neg\psi) \vee \chi$ (DR, 1)
3. $\vdash$ $(\neg\varphi \vee \neg\psi) \vee \chi \to \neg\varphi \vee (\neg\psi \vee \chi)$ (H.16)
4. $\vdash$ $\neg\neg(\neg\varphi \vee \neg\psi) \vee \chi \to \neg\varphi \vee (\neg\psi \vee \chi)$ (MB, 2,3)
5. $\vdash$ $(\neg(\neg\varphi \vee \neg\psi) \to \chi) \to (\varphi \to (\psi \to \chi))$ (Def, 4)
6. $\vdash$ $(\varphi \wedge \psi \to \chi) \to (\varphi \to (\psi \to \chi))$ (Def, 5)

$\varphi \vee (\varphi \vee \psi) \to \varphi \vee \psi$ **(A.3)**

1. $\vdash$ $\varphi \vee (\varphi \vee \psi) \to (\varphi \vee \varphi) \vee \psi$ (H.15)
2. $\vdash$ $(\varphi \vee \varphi) \to \varphi$ (H.1)
3. $\vdash$ $(\varphi \vee \varphi) \vee \psi \to \varphi \vee \psi$ (DR, 2)
4. $\vdash$ $\varphi \vee (\varphi \vee \psi) \to \varphi \vee \psi$ (MB, 1,3)

$(\varphi \to (\varphi \to \psi)) \to (\varphi \to \psi)$ **(A.4)**

1. $\vdash$ $\neg\varphi \vee (\neg\varphi \vee \psi) \to \neg\varphi \vee \psi$ (A.3)
2. $\vdash$ $(\varphi \to (\varphi \to \psi)) \to (\varphi \to \psi)$ (Def, 1)

$\varphi \vee (\psi \wedge \chi) \to (\varphi \vee \psi) \wedge (\varphi \vee \chi)$ **(H.19)**

1. $\vdash$ $\psi \wedge \chi \to \psi$ (H.12)
2. $\vdash$ $\varphi \vee (\psi \wedge \chi) \to \varphi \vee \psi$ (DL, 1)
3. $\vdash$ $\psi \wedge \chi \to \chi$ (H.13)
4. $\vdash$ $\varphi \vee (\psi \wedge \chi) \to \varphi \vee \chi$ (DL, 3)

5. $\vdash \varphi \vee \psi \rightarrow (\varphi \vee \chi \rightarrow (\varphi \vee \psi) \wedge (\varphi \vee \chi))$ (H.18)
6. $\vdash \varphi \vee (\psi \wedge \chi) \rightarrow (\varphi \vee \chi \rightarrow (\varphi \vee \psi) \wedge (\varphi \vee \chi))$ (MB, 2,5)
7. $\vdash \varphi \vee \chi \rightarrow (\varphi \vee (\psi \wedge \chi) \rightarrow (\varphi \vee \psi) \wedge (\varphi \vee \chi))$ (VT, 6)
8. $\vdash \varphi \vee (\psi \wedge \chi) \rightarrow (\varphi \vee (\psi \wedge \chi) \rightarrow (\varphi \vee \psi) \wedge (\varphi \vee \chi))$ (MB, 4,7)
9. $\vdash (\varphi \vee (\psi \wedge \chi) \rightarrow (\varphi \vee (\psi \wedge \chi) \rightarrow (\varphi \vee \psi) \wedge (\varphi \vee \chi))) \rightarrow$
   $(\varphi \vee (\psi \wedge \chi) \rightarrow (\varphi \vee \psi) \wedge (\varphi \vee \chi))$ (A.4)
10. $\vdash \varphi \vee (\psi \wedge \chi) \rightarrow (\varphi \vee \psi) \wedge (\varphi \vee \chi)$ (MP, 8,9)

$(\varphi \vee \psi) \wedge (\varphi \vee \chi) \rightarrow \varphi \vee (\psi \wedge \chi)$ (H.20)

1. $\vdash \psi \rightarrow (\chi \rightarrow \psi \wedge \chi)$ (H.18)
2. $\vdash (\chi \rightarrow \psi \wedge \chi) \rightarrow (\varphi \vee \chi \rightarrow \varphi \vee (\psi \wedge \chi))$ (H.4)
3. $\vdash \psi \rightarrow (\varphi \vee \chi \rightarrow \varphi \vee (\psi \wedge \chi))$ (MB, 1,2)
4. $\vdash \varphi \vee \chi \rightarrow (\psi \rightarrow \varphi \vee (\psi \wedge \chi))$ (VT, 3)
5. $\vdash (\psi \rightarrow \varphi \vee (\psi \wedge \chi)) \rightarrow (\varphi \vee \psi \rightarrow \varphi \vee (\varphi \vee (\psi \wedge \chi)))$ (H.4)
6. $\vdash \varphi \vee \chi \rightarrow (\varphi \vee \psi \rightarrow \varphi \vee (\varphi \vee (\psi \wedge \chi)))$ (MB, 4,5)
7. $\vdash \varphi \vee (\varphi \vee (\psi \wedge \chi)) \rightarrow \varphi \vee (\psi \wedge \chi)$ (A.3)
8. $\vdash (\varphi \vee \psi \rightarrow \varphi \vee (\varphi \vee (\psi \wedge \chi))) \rightarrow (\varphi \vee \psi \rightarrow \varphi \vee (\psi \wedge \chi))$ (IL, 7)
9. $\vdash \varphi \vee \chi \rightarrow (\varphi \vee \psi \rightarrow \varphi \vee (\psi \wedge \chi))$ (MB, 6,8)
10. $\vdash \varphi \vee \psi \rightarrow (\varphi \vee \chi \rightarrow \varphi \vee (\psi \wedge \chi))$ (VT, 9)
11. $\vdash (\varphi \vee \psi \rightarrow (\varphi \vee \chi \rightarrow \varphi \vee (\psi \wedge \chi))) \rightarrow$
   $((\varphi \vee \psi) \wedge (\varphi \vee \chi) \rightarrow \varphi \vee (\psi \wedge \chi))$ (A.1)
12. $\vdash (\varphi \vee \psi) \wedge (\varphi \vee \chi) \rightarrow \varphi \vee (\psi \wedge \chi)$ (MP, 10,11)

$\varphi \wedge (\psi \vee \chi) \rightarrow (\varphi \wedge \psi) \vee (\varphi \wedge \chi)$ (A.5)

1. $\vdash (\neg\varphi \vee \neg\psi) \wedge (\neg\varphi \vee \neg\chi) \rightarrow \neg\varphi \vee (\neg\psi \wedge \neg\chi)$ (H.20)
2. $\vdash \neg(\neg\varphi \vee (\neg\psi \wedge \neg\chi)) \rightarrow \neg((\neg\varphi \vee \neg\psi) \wedge (\neg\varphi \vee \neg\chi))$ (INV, 1)
3. $\vdash \neg((\neg\varphi \vee \neg\psi) \wedge (\neg\varphi \vee \neg\chi)) \rightarrow \neg(\neg\varphi \vee \neg\psi) \vee \neg(\neg\varphi \vee \neg\chi)$ (H.7)
4. $\vdash \neg(\neg\varphi \vee (\neg\psi \wedge \neg\chi)) \rightarrow \neg(\neg\varphi \vee \neg\psi) \vee \neg(\neg\varphi \vee \neg\chi)$ (MB, 2,3)
5. $\vdash \neg(\neg\varphi \vee (\neg\psi \wedge \neg\chi)) \rightarrow (\varphi \wedge \psi) \vee (\varphi \wedge \chi)$ (Def, 4)
6. $\vdash \neg\psi \wedge \neg\chi \rightarrow \neg(\psi \vee \chi)$ (H.10)
7. $\vdash \neg\varphi \vee (\neg\psi \wedge \neg\chi) \rightarrow \neg\varphi \vee \neg(\psi \vee \chi)$ (DL, 6)
8. $\vdash \neg(\neg\varphi \vee \neg(\psi \vee \chi)) \rightarrow \neg(\neg\varphi \vee (\neg\psi \wedge \neg\chi))$ (INV, 7)
9. $\vdash \varphi \wedge (\psi \vee \chi) \rightarrow \neg(\neg\varphi \vee (\neg\psi \wedge \neg\chi))$ (Def, 8)
10. $\vdash \varphi \wedge (\psi \vee \chi) \rightarrow (\varphi \wedge \psi) \vee (\varphi \wedge \chi)$ (MB, 9,5)

$(\varphi \wedge \psi) \vee (\varphi \wedge \chi) \rightarrow \varphi \wedge (\psi \vee \chi)$ (A.6)

1. $\vdash \neg\varphi \vee (\neg\psi \wedge \neg\chi) \rightarrow (\neg\varphi \vee \neg\psi) \wedge (\neg\varphi \vee \neg\chi)$ (H.19)
2. $\vdash \neg((\neg\varphi \vee \neg\psi) \wedge (\neg\varphi \vee \neg\chi)) \rightarrow \neg(\neg\varphi \vee (\neg\psi \wedge \neg\chi))$ (INV, 1)
3. $\vdash \neg(\neg\varphi \vee \neg\psi) \vee \neg(\neg\varphi \vee \neg\chi) \rightarrow \neg((\neg\varphi \vee \neg\psi) \wedge (\neg\varphi \vee \neg\chi))$ (H.8)
4. $\vdash \neg(\neg\varphi \vee \neg\psi) \vee \neg(\neg\varphi \vee \neg\chi) \rightarrow \neg(\neg\varphi \vee (\neg\psi \wedge \neg\chi))$ (MB, 3,2)
5. $\vdash (\varphi \wedge \psi) \vee (\varphi \wedge \chi) \rightarrow \neg(\neg\varphi \vee (\neg\psi \wedge \neg\chi))$ (Def, 4)
6. $\vdash \neg(\psi \vee \chi) \rightarrow \neg\psi \wedge \neg\chi$ (H.9)
7. $\vdash \neg\varphi \vee \neg(\psi \vee \chi) \rightarrow \neg\varphi \vee (\neg\psi \wedge \neg\chi)$ (DL, 6)
8. $\vdash \neg(\neg\varphi \vee (\neg\psi \wedge \neg\chi)) \rightarrow \neg(\neg\varphi \vee \neg(\psi \vee \chi))$ (INV, 7)
9. $\vdash \neg(\neg\varphi \vee (\neg\psi \wedge \neg\chi)) \rightarrow \varphi \wedge (\psi \vee \chi)$ (Def, 8)
10. $\vdash (\varphi \wedge \psi) \vee (\varphi \wedge \chi) \rightarrow \varphi \wedge (\psi \vee \chi)$ (MB, 5,9)

Als Nächstes folgen die beiden verbleibenden Axiome der *Begriffsschrift*: die Frege'schen Axiome (F.1) und (F.2).

$\varphi \rightarrow (\psi \rightarrow \varphi)$ (F.1)

1. $\vdash \varphi \rightarrow \varphi \vee \neg\psi$ (H.2)
2. $\vdash \varphi \vee \neg\psi \rightarrow \neg\psi \vee \varphi$ (H.3)
3. $\vdash \varphi \rightarrow \neg\psi \vee \varphi$ (MB, 1,2)
4. $\vdash \varphi \rightarrow (\psi \rightarrow \varphi)$ (Def, 3)

$(\varphi \rightarrow (\psi \rightarrow \chi)) \rightarrow ((\varphi \rightarrow \psi) \rightarrow (\varphi \rightarrow \chi))$ (F.2)

1. $\vdash \neg\varphi \vee \varphi$ (H.2)
2. $\vdash \neg\varphi \vee \varphi \rightarrow (\neg\varphi \vee \neg\psi \rightarrow (\neg\varphi \vee \varphi) \wedge (\neg\varphi \vee \neg\psi))$ (H.18)
3. $\vdash \neg\varphi \vee \neg\psi \rightarrow (\neg\varphi \vee \varphi) \wedge (\neg\varphi \vee \neg\psi)$ (MP, 1,2)
4. $\vdash (\neg\varphi \vee \varphi) \wedge (\neg\varphi \vee \neg\psi) \rightarrow \neg\varphi \vee (\varphi \wedge \neg\psi)$ (H.20)
5. $\vdash \neg\varphi \vee \neg\psi \rightarrow \neg\varphi \vee (\varphi \wedge \neg\psi)$ (MB, 3,4)
6. $\vdash \neg\varphi \vee (\varphi \wedge \neg\psi) \rightarrow (\varphi \wedge \neg\psi) \vee \neg\varphi$ (H.3)
7. $\vdash \neg\varphi \vee \neg\psi \rightarrow (\varphi \wedge \neg\psi) \vee \neg\varphi$ (MB, 5,6)
8. $\vdash \psi \rightarrow \neg\neg\psi$ (H.4)
9. $\vdash \neg\varphi \vee \psi \rightarrow \neg\varphi \vee \neg\neg\psi$ (DL, 8)
10. $\vdash \neg(\neg\varphi \vee \neg\neg\psi) \rightarrow \neg(\neg\varphi \vee \psi)$ (INV, 9)
11. $\vdash \varphi \wedge \neg\psi \rightarrow \neg(\varphi \rightarrow \psi)$ (Def, 10)

12. $\vdash$ $(\varphi \wedge \neg\psi) \vee \neg\varphi \rightarrow \neg(\varphi \rightarrow \psi) \vee \neg\varphi$ (DR, 11)

13. $\vdash$ $\neg\varphi \vee \neg\psi \rightarrow \neg(\varphi \rightarrow \psi) \vee \neg\varphi$ (MB, 7,12)

14. $\vdash$ $\neg\varphi \vee (\neg\psi \vee \chi) \rightarrow (\neg\varphi \vee \neg\psi) \vee \chi$ (H.15)

15. $\vdash$ $(\varphi \rightarrow (\psi \rightarrow \chi)) \rightarrow (\neg\varphi \vee \neg\psi) \vee \chi$ (Def, 14)

16. $\vdash$ $(\neg\varphi \vee \neg\psi) \vee \chi \rightarrow (\neg(\varphi \rightarrow \psi) \vee \neg\varphi) \vee \chi$ (DR, 13)

17. $\vdash$ $(\neg(\varphi \rightarrow \psi) \vee \neg\varphi) \vee \chi \rightarrow \neg(\varphi \rightarrow \psi) \vee (\neg\varphi \vee \chi)$ (H.16)

18. $\vdash$ $(\neg\varphi \vee \neg\psi) \vee \chi \rightarrow \neg(\varphi \rightarrow \psi) \vee (\neg\varphi \vee \chi)$ (MB, 16,17)

19. $\vdash$ $(\neg\varphi \vee \neg\psi) \vee \chi \rightarrow ((\varphi \rightarrow \psi) \rightarrow (\varphi \rightarrow \chi))$ (Def, 18)

20. $\vdash$ $(\varphi \rightarrow (\psi \rightarrow \chi)) \rightarrow ((\varphi \rightarrow \psi) \rightarrow (\varphi \rightarrow \chi))$ (MB, 15,19)

An dieser Stelle ist klar: Sämtliche aussagenlogischen Axiome der *Begriffsschrift* sind Theoreme von P. Damit ist sichergestellt, dass jede aussagenlogische Formel, die sich mit den Mitteln der *Begriffsschrift* ableiten lässt, auch in Gödels System P bewiesen werden kann. Es lässt sich zeigen, dass auch die Umkehrung gilt, d. h., dass beide aussagenlogischen Schlussapparate äquivalent sind.

Mit dem nächsten Theorem lösen wir unser Versprechen von Seite 126 ein. Dort haben wir erklärt, dass sich in einem formalen System, das den gewöhnlichen aussagenlogischen Schlussapparat enthält, aus einem widersprüchlichen Formelpaar φ und $\neg\varphi$ jede andere Formel herleiten lässt. Das folgende Theorem macht deutlich, warum dies so ist:

$\neg\varphi \rightarrow (\varphi \rightarrow \psi)$ (A.7)

1. $\vdash$ $\neg\neg\psi \rightarrow \psi$ (H.5)
2. $\vdash$ $\neg\neg\psi \vee \neg\varphi \rightarrow \psi \vee \neg\varphi$ (DR, 1)
3. $\vdash$ $\psi \vee \neg\varphi \rightarrow \neg\varphi \vee \psi$ (H.3)
4. $\vdash$ $\neg\neg\psi \vee \neg\varphi \rightarrow \neg\varphi \vee \psi$ (MB, 2,3)
5. $\vdash$ $(\neg\psi \rightarrow \neg\varphi) \rightarrow (\varphi \rightarrow \psi)$ (Def, 4)
6. $\vdash$ $\neg\varphi \rightarrow (\neg\psi \rightarrow \neg\varphi)$ (F.1)
7. $\vdash$ $\neg\varphi \rightarrow (\varphi \rightarrow \psi)$ (MB, 6,5)

Ist für eine Formel φ sowohl φ als auch $\neg\varphi$ ein Theorem, so können wir über (A.7) jede beliebige Formel ψ durch zweimalige Anwendung der Modus-ponens-Schlussregel herleiten:

Aus φ und $\neg\varphi$ folgt jede beliebige Formel ψ.

1. φ
2. $\neg\varphi$

3. $\vdash$ $\neg\varphi \to (\varphi \to \psi)$ (A.7)

4. $\vdash$ $\varphi \to \psi$ (MP, 2,3)

5. $\vdash$ ψ (MP, 1,4)

4.4.2 Hypothesenbasiertes Beweisen

In diesem Abschnitt werden wir ein Beschreibungsmittel einführen, mit dem sich unsere Beweisschablonen noch kompakter darstellen lassen.

Die Verkürzung basiert auf der Idee, in der Beweiskette neben den Axiomen und den bereits bewiesenen Theoremen auch beliebige andere Formeln zuzulassen, die den Stellenwert von *Hypothesen* besitzen. Ein Beweis, der sich auf Hypothesen stützt, ist z. B. dieser hier:

Aus der Hypothese $\forall x_1\, x_2(x_1)$ folgt $\forall y_1\, x_2(y_1)$

1. $\forall x_1\, x_2(x_1)$ (Hyp)

2. $\vdash$ $\forall x_1\, x_2(x_1) \to x_2(y_1)$ (III.1)

3. $\vdash$ $x_2(y_1)$ (MP, 1,2)

4. $\vdash$ $\forall y_1\, x_2(y_1)$ (G, 3)

Natürlich ist die Formel $\forall y_1\, x_2(y_1)$ kein Theorem von P, da wir für ihren Beweis vorausgesetzt haben, dass $\forall x_1\, x_2(x_1)$ ein Theorem ist. Genau genommen haben wir das Folgende bewiesen:

„*Ist $\forall x_1\, x_2(x_1)$ ein Theorem, dann ist auch $\forall y_1\, x_2(y_1)$ ein Theorem.*"

Mit dem Implikationsoperator können wir solche Wenn-Dann-Beziehungen innerhalb der Objektsprache ausdrücken. Deshalb liegt die Vermutung nahe, dass sich die oben gezeigte Ableitungssequenz in einen Beweis für das Theorem

$$\forall x_1\, x_2(x_1) \to \forall y_1\, x_2(y_1)$$

umschreiben lässt. Mit etwas Aufwand ist dies tatsächlich möglich:

$\forall x_1\, x_2(x_1) \to \forall y_1\, x_2(y_1)$

1. $\vdash$ $\forall x_1\, x_2(x_1) \to \forall x_1\, x_2(x_1)$ (H.0)

2. $\vdash$ $\forall x_1\, x_2(x_1) \to x_2(y_1)$ (III.1)

3. $\vdash$ $(\forall x_1\, x_2(x_1) \to x_2(y_1)) \to (\forall x_1\, x_2(x_1) \to (\forall x_1\, x_2(x_1) \to x_2(y_1)))$ (F.1)

4. $\vdash$ $\forall x_1\, x_2(x_1) \to (\forall x_1\, x_2(x_1) \to x_2(y_1))$ (MP, 2,3)

5. $\vdash$ $(\forall x_1\, x_2(x_1) \to (\forall x_1\, x_2(x_1) \to x_2(y_1))) \to$
$((\forall x_1\, x_2(x_1) \to \forall x_1\, x_2(x_1)) \to (\forall x_1\, x_2(x_1) \to x_2(y_1)))$ (F.2)

6. $\vdash$ $(\forall x_1\, x_2(x_1) \to \forall x_1\, x_2(x_1)) \to (\forall x_1\, x_2(x_1) \to x_2(y_1))$ (MP, 4,5)

7. $\vdash$ $\forall x_1\, x_2(x_1) \to x_2(y_1)$ (MP, 1,6)

8. $\vdash$ $\forall y_1\, (\forall x_1\, x_2(x_1) \to x_2(y_1))$ (G, 7)

9. $\vdash$ $\forall y_1\, (\neg\forall x_1\, x_2(x_1) \vee x_2(y_1))$ (Def, 8)

10. $\vdash$ $\forall y_1\, (\neg\forall x_1\, x_2(x_1) \vee x_2(y_1)) \to (\neg\forall x_1\, x_2(x_1) \vee \forall y_1\, x_2(y_1))$ (III.2)

11. $\vdash$ $\neg\forall x_1\, x_2(x_1) \vee \forall y_1\, x_2(y_1)$ (MP, 9,10)

12. $\vdash$ $\forall x_1\, x_2(x_1) \to \forall y_1\, x_2(y_1)$ (Def, 11)

Die Konstruktion basiert auf der Idee, die ursprüngliche Beweiskette

$$\psi_1, \psi_2, \psi_3, \psi_4$$

in eine Kette der Form

$$\forall x_1\, x_2(x_1) \to \psi_1, \ldots, \forall x_1\, x_2(x_1) \to \psi_2, \ldots, \forall x_1\, x_2(x_1) \to \psi_3, \ldots, \forall x_1\, x_2(x_1) \to \psi_4$$

zu übersetzen. Um von einer Zeile zur nächsten zu kommen, sind mehrere Zwischenschritte nötig, die im Beweis grau dargestellt sind. An unserem Beispiel können wir mühelos ablesen, wie diese Zwischenschritte konstruiert werden:

- Die Hypothese φ wird über (H.0) in $\varphi \to \varphi$ verwandelt.
- Axiome werden über (F.1) in die passende Form gebracht.
- Der Modus ponens wird mithilfe von (F.2) simuliert.
- Die Generalisierungsregel wird mithilfe von (III.2) simuliert.

Ab jetzt schreiben wir einen Beweis, der sich in der oben geschilderten Weise auf Hypothesen stützt, so auf:

$\forall x_1\, x_2(x_1) \to \forall y_1\, x_2(y_1)$

1. $\forall x_1\, x_2(x_1)$ (Hyp)
   2. $\vdash$ $\forall x_1\, x_2(x_1) \to x_2(y_1)$ (III.1)
   3. $\vdash$ $x_2(y_1)$ (MP, 1,2)
   4. $\vdash$ $\forall y_1\, x_2(y_1)$ (G, 3)
5. $\vdash$ $\forall x_1\, x_2(x_1) \to \forall y_1\, x_2(y_1)$ (DT)

Die Abkürzung DT steht für *Deduktionstheorem*. Hierbei handelt es sich um einen Satz der mathematischen Logik, der einen allgemeineren Zusammenhang zwischen der semantischen Folgerungsbeziehung und der syntaktischen Implikation herstellt. Er ist die formale Legitimation dafür, dass wir Beweisketten auf die Art und Weise aufschreiben können, wie wir es in unserem Beispiel getan haben. Näheres zu diesem Theorem finden Sie z. B. in [64].

Weiter oben haben wir dargelegt, dass wir als Hypothesen beliebige Formeln verwenden dürfen. Wir werden nun zeigen, dass dies nur bedingt richtig ist. Um die Einschränkung zu verstehen, die wir uns auferlegen müssen, richten wir unser Augenmerk erneut auf die Ableitungssequenz von Seite 185. In Zeile 10 haben wir aus dem Axiomenschema (III.2) die Instanz

$$\forall \mathsf{y}_1 \, (\neg \forall \mathsf{x}_1 \, \mathsf{x}_2(\mathsf{x}_1) \vee \mathsf{x}_2(\mathsf{y}_1)) \to (\neg \forall \mathsf{x}_1 \, \mathsf{x}_2(\mathsf{x}_1) \vee \forall \mathsf{y}_1 \, \mathsf{x}_2(\mathsf{y}_1))$$

erzeugt, um den linken Allquantor nach rechts zu schieben. Beachten Sie, dass wir diese Instanz nur deshalb bilden durften, weil die Variable y_1 nicht frei in der Hypothese vorkam. Damit haben wir eine wichtige Einschränkung des hypothesenbasierten Beweisens offen gelegt: Wir dürfen keine Variablen über die Generalisierungsregel binden, die in den benutzten Hypothesen frei vorkommen. Nur so können wir die benötigten Instanzen von (III.2) bilden und damit den Beweis in eine echte Ableitungssequenz transformieren.

Das folgende Beispiel macht deutlich, wie wichtig diese Regel ist. Wird sie missachtet, so lassen sich tatsächlich inhaltlich falsche Aussagen beweisen:

Ein vermeintlicher Beweis für $\mathsf{x}_2(\mathsf{x}_1) \to \forall \mathsf{x}_1 \, \mathsf{x}_2(\mathsf{x}_1)$

1. $\mathsf{x}_2(\mathsf{x}_1)$ (Hyp)
2. $\vdash \forall \mathsf{x}_1 \, \mathsf{x}_2(\mathsf{x}_1)$ (G, 1)
3. $\vdash \mathsf{x}_2(\mathsf{x}_1) \to \forall \mathsf{x}_1 \, \mathsf{x}_2(\mathsf{x}_1)$ (DT)

Auf den ersten Blick wirkt der Beweis korrekt, und doch bringt er mit

$$\mathsf{x}_2(\mathsf{x}_1) \to \forall \mathsf{x}_1 \, \mathsf{x}_2(\mathsf{x}_1)$$

eine Formel hervor, die wir auf Seite 160 als inhaltlich falsch erkannt haben. Der Fehler ist nach dem oben Gesagten schnell ausgemacht. Die Hypothese $\mathsf{x}_2(\mathsf{x}_1)$ enthält mit x_1 eine freie Variable, die in der zweiten Zeile über die Generalisierungsregel gebunden wird.

Als Nächstes werden wir eine grundlegende Eigenschaft von P herausarbeiten, die im Hauptteil des Gödel'schen Beweises eine Rolle spielt. Wir wissen bereits, dass Gödel in seiner Arbeit die Unvollständigkeit von P beweist, d. h., dass für mindestens eine Formel φ weder φ noch $\neg\varphi$ aus den Axiomen hergeleitet werden kann. Die Frage, die uns interessiert, ist die Folgende: Kann das System P widerspruchsvoll werden, wenn wir eine der beiden Formeln, beispielsweise

φ, zu den Axiomen hinzufügen? Die Antwort ist nein, und dies können wir mit dem oben erworbenen Wissen elegant begründen.

Die Argumentation verläuft so: Wäre das um φ erweiterte System widerspruchsvoll, so müsste sich darin auch die Formel $\neg\varphi$ ableiten lassen. Da $\neg\varphi$ vorher unbeweisbar war, muss die Beweiskette irgendwo das neue Axiom φ verwenden. Stellen wir die Formel φ nach vorne, dann hat die Beweiskette die folgende allgemeine Gestalt:

$$\varphi, \psi_1, \ldots, \psi_n, \neg\varphi \tag{4.21}$$

Diesen Beweis können wir, genau wie oben, in einen Beweis des ursprünglichen Systems übersetzen, indem wir jedem Glied der Kette die Formel φ als Hypothese voranstellen. Wir erhalten dann:

$$\varphi \to \varphi, \ldots, \varphi \to \psi_1, \ldots, \varphi \to \psi_n, \ldots, \varphi \to \neg\varphi \tag{4.22}$$

Damit würde in P ein Beweis für $\varphi \to \neg\varphi$ existieren, den wir folgendermaßen verlängern können:

Aus $\varphi \to \neg\varphi$ folgt $\neg\varphi$

1. $\vdash \varphi \to \neg\varphi$
2. $\vdash \neg\varphi \vee \neg\varphi \to \neg\varphi$ (II.1)
3. $\vdash (\varphi \to \neg\varphi) \to \neg\varphi$ (Def. 2)
4. $\vdash \neg\varphi$ (MP, 1,3)

Folglich wäre $\neg\varphi$ ein Theorem von P, entgegen unserer Annahme. Das bedeutet, dass wir eine unentscheidbare Formel gefahrlos zu den Axiomen hinzunehmen dürfen, ohne die Widerspruchsfreiheit des formalen Systems zu gefährden. Wir halten fest:

Satz 4.1

Ist φ eine in P unentscheidbare Formel, so bleibt P widerspruchsfrei, wenn wir die Axiome um die Formel φ ergänzen.

Beachten Sie, dass Satz 4.1 für beliebige Formeln gilt, unsere Argumentation aber nur dann richtig ist, wenn φ keine freien Variablen enthält. Ist φ eine offene Formel, so ist der Beweis ein wenig komplizierter, funktioniert aber nach dem gleichen Schema. Es muss dann über den *Allabschluss* $\forall\xi\,\forall\zeta\ldots\varphi$ argumentiert werden, damit der Übergang von (4.21) zu (4.22) funktioniert.

Tab. 4.3 Theoreme des Systems P (Fortsetzung)

Theoremgruppe 2 (Prädikatenlogik)		
(P.1)	$\forall \xi (\varphi \rightarrow \psi) \rightarrow (\forall \xi \varphi \rightarrow \forall \xi \psi)$	
(P.2)	$\forall \xi (\varphi \rightarrow \psi) \rightarrow (\exists \xi \varphi \rightarrow \exists \xi \psi)$	
(P.3)	$\varphi[\xi \leftarrow \sigma] \rightarrow \exists \xi \varphi$	(die Substitution ist kollisionsfrei)
(P.4)	$\varphi \rightarrow \exists \xi \varphi$	
(P.5)	$\forall \xi (\psi \vee \varphi) \rightarrow \forall \xi \psi \vee \varphi$	(ξ kommt in φ nicht frei vor)
(P.6)	$\forall \xi (\psi \rightarrow \varphi) \rightarrow (\psi \rightarrow \forall \xi \varphi)$	(ξ kommt in ψ nicht frei vor)
(P.7)	$\forall \xi (\psi \rightarrow \varphi) \rightarrow (\exists \xi \psi \rightarrow \varphi)$	(ξ kommt in φ nicht frei vor)
(P.8)	$\forall \xi \varphi \rightarrow \forall \zeta \varphi[\xi \leftarrow \zeta]$	(die Substitution ist kollisionsfrei)
(P.9)	$\exists \xi \varphi \rightarrow \exists \zeta \varphi[\xi \leftarrow \zeta]$	(die Substitution ist kollisionsfrei)
(P.10)	$\mathsf{x}_2(0) \rightarrow (\forall \mathsf{x}_1 (\mathsf{x}_2(\mathsf{x}_1) \rightarrow \mathsf{x}_2(\mathsf{f}\ \mathsf{x}_1)) \rightarrow \forall \mathsf{x}_1 \mathsf{x}_2(\mathsf{x}_1))$	

4.4.3 Prädikatenlogische Theoreme

Als Nächstes werden wir die in Tabelle 4.3 zusammengefassten Theoreme aus der Prädikatenlogik beweisen.

$\forall \xi (\varphi \rightarrow \psi) \rightarrow (\forall \xi \varphi \rightarrow \forall \xi \psi)$ (P.1)

1. $\forall \xi (\varphi \rightarrow \psi)$ (Hyp)
2. $\forall \xi \varphi$ (Hyp)
3. $\vdash \forall \xi (\varphi \rightarrow \psi) \rightarrow (\varphi \rightarrow \psi)$ (III.1)
4. $\vdash \varphi \rightarrow \psi$ (MP, 1,3)
5. $\vdash \forall \xi \varphi \rightarrow \varphi$ (III.1)
6. $\vdash \varphi$ (MP, 2,5)
7. $\vdash \psi$ (MP, 6,4)
8. $\vdash \forall \xi \psi$ (G, 7)
9. $\vdash \forall \xi \varphi \rightarrow \forall \xi \psi$ (DT)
10. $\vdash \forall \xi (\varphi \rightarrow \psi) \rightarrow (\forall \xi \varphi \rightarrow \forall \xi \psi)$ (DT)

$\forall \xi (\varphi \rightarrow \psi) \rightarrow (\exists \xi \varphi \rightarrow \exists \xi \psi)$ (P.2)

1. $\forall \xi (\varphi \rightarrow \psi)$ (Hyp)
2. $\vdash \forall \xi (\varphi \rightarrow \psi) \rightarrow (\varphi \rightarrow \psi)$ (III.1)
3. $\vdash \varphi \rightarrow \psi$ (MP, 1,2)
4. $\vdash \neg \psi \rightarrow \neg \varphi$ (INV, 3)

5. $\vdash \forall\xi\,(\neg\psi \to \neg\varphi)$ (G, 4)
6. $\vdash \forall\xi\,(\neg\psi \to \neg\varphi) \to (\forall\xi\,\neg\psi \to \forall\xi\,\neg\varphi)$ (P.1)
7. $\vdash \forall\xi\,\neg\psi \to \forall\xi\,\neg\varphi$ (MP, 5,6)
8. $\vdash \neg\forall\xi\,\neg\varphi \to \neg\forall\xi\,\neg\psi$ (INV, 7)
9. $\vdash \exists\xi\,\varphi \to \exists\xi\,\psi$ (Def, 8)
10. $\vdash \forall\xi\,(\varphi \to \psi) \to (\exists\xi\,\varphi \to \exists\xi\,\psi)$ (DT)

(P.1) und (P.2) sind die Rechtfertigung für zwei weitere Schlussregeln:

$$\frac{\forall\xi\,(\varphi \to \psi)}{\forall\xi\,\varphi \to \forall\xi\,\psi}\ \text{(A)} \qquad \frac{\forall\xi\,(\varphi \to \psi)}{\exists\xi\,\varphi \to \exists\xi\,\psi}\ \text{(E)}$$

$\varphi[\xi \leftarrow \sigma] \to \exists\xi\,\varphi$ (die Substitution ist kollisionsfrei) (P.3)

1. $\vdash \forall\xi\,\neg\varphi \to \neg\varphi[\xi \leftarrow \sigma]$ (III.1)
2. $\vdash \neg\neg\varphi[\xi \leftarrow \sigma] \to \neg\forall\xi\,\neg\varphi$ (INV, 1)
3. $\vdash \neg\neg\varphi[\xi \leftarrow \sigma] \to \exists\xi\,\varphi$ (Def, 2)
4. $\vdash \varphi[\xi \leftarrow \sigma] \to \neg\neg\varphi[\xi \leftarrow \sigma]$ (II.4)
5. $\vdash \varphi[\xi \leftarrow \sigma] \to \exists\xi\,\varphi$ (MB, 4,3)

$\varphi \to \exists\xi\,\varphi$ (P.4)

1. $\vdash \varphi[\xi \leftarrow \xi] \to \exists\xi\,\varphi$ (P.3)
2. $\vdash \varphi \to \exists\xi\,\varphi$ ($\varphi[\xi \leftarrow \xi] = \varphi$)

$\forall\xi\,(\psi \vee \varphi) \to \forall\xi\,\psi \vee \varphi$ (ξ kommt in φ nicht frei vor) (P.5)

1. $\forall\xi\,(\psi \vee \varphi)$ (Hyp)
    2. $\vdash \forall\xi\,(\psi \vee \varphi) \to \psi \vee \varphi$ (III.1)
    3. $\vdash \psi \vee \varphi$ (MP, 1,2)
    4. $\vdash \psi \vee \varphi \to \varphi \vee \psi$ (II.3)
    5. $\vdash \varphi \vee \psi$ (MP, 3,4)
    6. $\vdash \forall\xi\,(\varphi \vee \psi)$ (G, 5)
    7. $\vdash \forall\xi\,(\varphi \vee \psi) \to \varphi \vee \forall\xi\,\psi$ (III.2)
    8. $\vdash \varphi \vee \forall\xi\,\psi$ (MP, 6,7)
    9. $\vdash \varphi \vee \forall\xi\,\psi \to \forall\xi\,\psi \vee \varphi$ (II.3)
    10. $\vdash \forall\xi\,\psi \vee \varphi$ (MP, 8,9)

11. $\vdash \forall \xi\, (\psi \vee \varphi) \to \forall \xi\, \psi \vee \varphi$ (DT)

$\forall \xi\, (\psi \to \varphi) \to (\psi \to \forall \xi\, \varphi)$ (ξ kommt in ψ nicht frei vor) (P.6)

1. $\vdash \forall \xi\, (\neg\psi \vee \varphi) \to \neg\psi \vee \forall \xi\, \varphi$ (III.2)
2. $\vdash \forall \xi\, (\psi \to \varphi) \to (\psi \to \forall \xi\, \varphi)$ (Def, 1)

$\forall \xi\, (\psi \to \varphi) \to (\exists \xi\, \psi \to \varphi)$ (ξ kommt in φ nicht frei vor) (P.7)

1. $\forall \xi\, (\psi \to \varphi)$ (Hyp)
2. $\vdash \forall \xi\, (\neg\psi \vee \varphi) \to \forall \xi\, \neg\psi \vee \varphi$ (P.5)
3. $\vdash \forall \xi\, (\psi \to \varphi) \to \forall \xi\, \neg\psi \vee \varphi$ (Def, 2)
4. $\vdash \forall \xi\, \neg\psi \vee \varphi$ (MP, 1,3)
5. $\vdash \forall \xi\, \neg\psi \to \neg\neg\forall \xi\, \neg\psi$ (II.4)
6. $\vdash \forall \xi\, \neg\psi \vee \varphi \to \neg\neg\forall \xi\, \neg\psi \vee \varphi$ (DR, 5)
7. $\vdash \neg\neg\forall \xi\, \neg\psi \vee \varphi$ (MP, 4,6)
8. $\vdash \neg\forall \xi\, \neg\psi \to \varphi$ (Def, 7)
9. $\vdash \exists \xi\, \psi \to \varphi$ (Def, 8)
10. $\vdash \forall \xi\, (\psi \to \varphi) \to (\exists \xi\, \psi \to \varphi)$ (DT)

Die drei zuletzt bewiesenen Theoreme sind Varianten des Axioms (III.2) und lassen sich dazu verwenden, Quantoren unter gewissen Bedingungen zu verschieben. Um eine Beweiskette kompakt aufschreiben zu können, werden wir die beiden Letzten in Form von Schlussregeln benutzen:

$$\frac{\forall \xi\, (\psi \to \varphi)}{\psi \to \forall \xi\, \varphi} \quad (\xi \text{ kommt in } \psi \text{ nicht frei vor}) \qquad \text{(BA)}$$

$$\frac{\forall \xi\, (\psi \to \varphi)}{\exists \xi\, \psi \to \varphi} \quad (\xi \text{ kommt in } \varphi \text{ nicht frei vor}) \qquad \text{(BE)}$$

Die nächsten beiden Theoreme vertreten das Prinzip der *gebundenen Umbenennung*. Dieses besagt, dass eine quantifizierte Variable durch eine andere Variable ausgetauscht werden darf, wenn dabei keine Kollisionen entstehen.

$\forall \xi\, \varphi \to \forall \zeta\, \varphi[\xi \leftarrow \zeta]$ (die Substitution ist kollisionsfrei) (P.8)

1. $\forall \xi\, \varphi$ (Hyp)
2. $\vdash \forall \xi\, \varphi \to \varphi[\xi \leftarrow \zeta]$ (III.1)
3. $\vdash \varphi[\xi \leftarrow \zeta]$ (MP, 1,2)

4. $\vdash\ \forall\zeta\ \varphi[\xi \leftarrow \zeta]$ (G, 3)

5. $\vdash\ \forall\xi\ \varphi \to \forall\zeta\ \varphi[\xi \leftarrow \zeta]$ (DT)

$\exists\xi\ \varphi \to \exists\zeta\ \varphi[\xi \leftarrow \zeta]$ (die Substitution ist kollisionsfrei) (P.9)

1. $\vdash\ \forall\zeta\ \neg\varphi[\xi \leftarrow \zeta] \to \forall\xi\ \neg\varphi$ (P.8)

2. $\vdash\ \neg\forall\xi\ \neg\varphi \to \neg\forall\zeta\ \neg\varphi[\xi \leftarrow \zeta]$ (INV)

3. $\vdash\ \exists\xi\ \varphi \to \exists\zeta\ \varphi[\xi \leftarrow \zeta]$ (Def, 2)

Das letzte Theorem ist eine alternative Formulierung des Induktionsprinzips, das ohne den Konjunktionsoperator ‚$\wedge$' auskommt:

$\mathsf{x}_2(0) \to (\forall\mathsf{x}_1\ (\mathsf{x}_2(\mathsf{x}_1) \to \mathsf{x}_2(\mathsf{f}\ \mathsf{x}_1)) \to \forall\mathsf{x}_1\ \mathsf{x}_2(\mathsf{x}_1))$ (P.10)

1. $\vdash\ \mathsf{x}_2(0) \wedge \forall\mathsf{x}_1\ (\mathsf{x}_2(\mathsf{x}_1) \to \mathsf{x}_2(\mathsf{f}\ \mathsf{x}_1)) \to \forall\mathsf{x}_1\ \mathsf{x}_2(\mathsf{x}_1)$ (I.3)

2. $\vdash\ (\mathsf{x}_2(0) \wedge \forall\mathsf{x}_1\ (\mathsf{x}_2(\mathsf{x}_1) \to \mathsf{x}_2(\mathsf{f}\ \mathsf{x}_1)) \to \forall\mathsf{x}_1\ \mathsf{x}_2(\mathsf{x}_1)) \to$
   $(\mathsf{x}_2(0) \to (\forall\mathsf{x}_1\ (\mathsf{x}_2(\mathsf{x}_1) \to \mathsf{x}_2(\mathsf{f}\ \mathsf{x}_1)) \to \forall\mathsf{x}_1\ \mathsf{x}_2(\mathsf{x}_1)))$ (A.2)

3. $\vdash\ \mathsf{x}_2(0) \to (\forall\mathsf{x}_1\ (\mathsf{x}_2(\mathsf{x}_1) \to \mathsf{x}_2(\mathsf{f}\ \mathsf{x}_1)) \to \forall\mathsf{x}_1\ \mathsf{x}_2(\mathsf{x}_1))$ (MP, 1,2)

4.4.4 Theoreme über die Gleichheit

In diesem Abschnitt werden wir die in Tabelle 4.4 aufgeführten Theoreme über die Gleichheit beweisen. Behalten Sie dabei stets im Gedächtnis, dass der Gleichheitsoperator kein nativer Sprachbestandteil von P ist, sondern lediglich die Abkürzung für den folgenden Ausdruck:

$$\xi_i = \zeta_i \ :=\ \forall\mathsf{x}_{i+1}\ (\mathsf{x}_{i+1}(\xi_i) \to \mathsf{x}_{i+1}(\zeta_i)) \tag{4.23}$$

Wir beginnen mit dem Beweis, dass diese Definition der Gleichheit mit der Formel identisch ist, die wir auf Seite 161 aus dem Leibniz'schen Identitätsprinzip gewonnen haben:

$$\xi_i = \zeta_i \ :=\ \forall\mathsf{x}_{i+1}\ (\mathsf{x}_{i+1}(\xi_i) \leftrightarrow \mathsf{x}_{i+1}(\zeta_i))$$

Um die Äquivalenz sicherzustellen, müssen wir zeigen, dass sich in (4.23) die Richtung der Implikation umkehren lässt, und genau dies ist die Aussage des folgenden Theorems:

$\xi_i = \zeta_i \to \forall\mathsf{x}_{i+1}\ (\mathsf{x}_{i+1}(\zeta_i) \to \mathsf{x}_{i+1}(\xi_i))$ (G.1)

1. $\xi_1 = \zeta_1$ (Hyp)

Tab. 4.4 Theoreme des Systems P (Fortsetzung)

Theoremgruppe 3 (Gleichheit)	
(G.1)	$\xi_i = \zeta_i \to \forall x_{i+1} (x_{i+1}(\zeta_i) \to x_{i+1}(\xi_i))$
(G.2)	$\sigma_i = \sigma_i$
(PM 13.16)	$\sigma_i = \tau_i \to \tau_i = \sigma_i$
(PM 13.17)	$\sigma_i = \tau_i \to (\tau_i = \rho_i \to \sigma_i = \rho_i)$
(G.3)	$\sigma_i = \tau_i \to (\sigma_i = \rho_i \to \tau_i = \rho_i)$
(G.4)	$\sigma_i = \tau_i \to (\rho_i = \tau_i \to \sigma_i = \rho_i)$
(G.5)	$\sigma_i = \tau_i \to (\tau_i \neq \rho_i \to \sigma_i \neq \rho_i)$
(G.6)	$\sigma_i = \tau_i \to (\sigma_i \neq \rho_i \to \tau_i \neq \rho_i)$
(G.7)	$\sigma_i = \tau_i \to (\rho_i \neq \tau_i \to \sigma_i \neq \rho_i)$
(G.8)	$\sigma_1 = \tau_1 \to \mathsf{f}\,\sigma_1 = \mathsf{f}\,\tau_1$

2. $\vdash \forall x_2 (x_2(\xi_1) \to x_2(\zeta_1))$ (Def, 1)
3. $\vdash \forall x_2 (x_2(\xi_1) \to x_2(\zeta_1)) \to (y_2(\xi_1) \to y_2(\zeta_1))$ (III.1)
4. $\vdash y_2(\xi_1) \to y_2(\zeta_1)$ (MP, 2,3)
5. $\forall \xi_1 (y_2(\xi_1) \leftrightarrow \neg x_2(\xi_1))$ (Hyp)
   6. $\vdash \forall \xi_1 (y_2(\xi_1) \leftrightarrow \neg x_2(\xi_1)) \to (y_2(\xi_1) \leftrightarrow \neg x_2(\xi_1))$ (III.1)
   7. $\vdash y_2(\xi_1) \leftrightarrow \neg x_2(\xi_1)$ (MP, 5,6)
   8. $\vdash (y_2(\xi_1) \to \neg x_2(\xi_1)) \wedge (\neg x_2(\xi_1) \to y_2(\xi_1))$ (Def, 7)
   9. $\vdash (y_2(\xi_1) \to \neg x_2(\xi_1)) \wedge (\neg x_2(\xi_1) \to y_2(\xi_1)) \to (\neg x_2(\xi_1) \to y_2(\xi_1))$ (II.13)
   10. $\vdash \neg x_2(\xi_1) \to y_2(\xi_1)$ (MP, 8,9)
   11. $\vdash \neg x_2(\xi_1) \to y_2(\zeta_1)$ (MB, 10,4)
   12. $\vdash \forall \xi_1 ((y_2(\xi_1) \to \neg x_2(\xi_1)) \wedge (\neg x_2(\xi_1) \to y_2(\xi_1)))$ (G, 8)
   13. $\vdash \forall \xi_1 ((y_2(\xi_1) \to \neg x_2(\xi_1)) \wedge (\neg x_2(\xi_1) \to y_2(\xi_1))) \to$
       $(y_2(\zeta_1) \to \neg x_2(\zeta_1)) \wedge (\neg x_2(\zeta_1) \to y_2(\zeta_1))$ (III.1)
   14. $\vdash (y_2(\zeta_1) \to \neg x_2(\zeta_1)) \wedge (\neg x_2(\zeta_1) \to y_2(\zeta_1))$ (MP, 12,13)
   15. $\vdash (y_2(\zeta_1) \to \neg x_2(\zeta_1)) \wedge (\neg x_2(\zeta_1) \to y_2(\zeta_1)) \to (y_2(\zeta_1) \to \neg x_2(\zeta_1))$ (II.12)
   16. $\vdash y_2(\zeta_1) \to \neg x_2(\zeta_1)$ (MP, 14,15)
   17. $\vdash \neg x_2(\xi_1) \to \neg x_2(\zeta_1)$ (MB, 11,16)
   18. $\vdash x_2(\zeta_1) \to x_2(\xi_1)$ (INV, 17)
   19. $\vdash \forall x_2 (x_2(\zeta_1) \to x_2(\xi_1))$ (G, 18)

20. $\vdash \forall \xi_1 (y_2(\xi_1) \leftrightarrow \neg x_2(\xi_1)) \rightarrow \forall x_2 (x_2(\zeta_1) \rightarrow x_2(\xi_1))$ (DT)

21. $\vdash \forall y_2 (\forall \xi_1 (y_2(\xi_1) \leftrightarrow \neg x_2(\xi_1)) \rightarrow \forall x_2 (x_2(\zeta_1) \rightarrow x_2(\xi_1)))$ (G, 20)

22. $\vdash \forall y_2 (\neg\forall \xi_1 (y_2(\xi_1) \leftrightarrow \neg x_2(\xi_1)) \vee \forall x_2 (x_2(\zeta_1) \rightarrow x_2(\xi_1)))$ (Def, 21)

23. $\vdash \forall y_2 (\neg\forall \xi_1 (y_2(\xi_1) \leftrightarrow \neg x_2(\xi_1)) \vee \forall x_2 (x_2(\zeta_1) \rightarrow x_2(\xi_1))) \rightarrow$
$\forall y_2 \neg\forall \xi_1 (y_2(\xi_1) \leftrightarrow \neg x_2(\xi_1)) \vee \forall x_2 (x_2(\zeta_1) \rightarrow x_2(\xi_1))$ (P.5)

24. $\vdash \forall y_2 \neg\forall \xi_1 (y_2(\xi_1) \leftrightarrow \neg x_2(\xi_1)) \vee \forall x_2 (x_2(\zeta_1) \rightarrow x_2(\xi_1))$ (MP, 22,23)

25. $\vdash \neg\forall y_2 \neg\forall \xi_1 (y_2(\xi_1) \leftrightarrow \neg x_2(\xi_1)) \rightarrow \forall x_2 (x_2(\zeta_1) \rightarrow x_2(\xi_1))$ (Def, 24)

26. $\vdash \exists y_2 \forall \xi_1 (y_2(\xi_1) \leftrightarrow \neg x_2(\xi_1)) \rightarrow \forall x_2 (x_2(\zeta_1) \rightarrow x_2(\xi_1))$ (Def, 25)

27. $\vdash \exists y_2 \forall \xi_1 (y_2(\xi_1) \leftrightarrow \neg x_2(\xi_1))$ (IV.1)

28. $\vdash \forall x_2 (x_2(\zeta_1) \rightarrow x_2(\xi_1))$ (MP, 27,26)

29. $\vdash \xi_1 = \zeta_1 \rightarrow \forall x_2 (x_2(\zeta_1) \rightarrow x_2(\xi_1))$ (DT)

Für die höheren Typen verläuft der Beweis analog.

$\sigma_i = \sigma_i$ (G.2)

1. $\vdash x_2(\sigma_1) \rightarrow x_2(\sigma_1)$ (H.0)
2. $\vdash \forall x_2 (x_2(\sigma_1) \rightarrow x_2(\sigma_1))$ (G, 1)
3. $\vdash \sigma_1 = \sigma_1$ (Def, 2)

Für die höheren Typen verläuft der Beweis analog.

Die nächsten beiden Theoreme stammen aus dem ersten Band der *Principia Mathematica*. Inhaltlich postulieren sie die Symmetrie und Transitivität der Gleichheitsrelation.

$\sigma_i = \tau_i \rightarrow \tau_i = \sigma_i$ (PM 13.16)

1. $\sigma_1 = \tau_1$ (Hyp)
2. $\vdash \sigma_1 = \tau_1 \rightarrow \forall x_2 (x_2(\tau_1) \rightarrow x_2(\sigma_1))$ (G.1)
3. $\vdash \forall x_2 (x_2(\tau_1) \rightarrow x_2(\sigma_1))$ (MP, 1,2)
4. $\vdash \tau_1 = \sigma_1$ (Def, 3)
5. $\vdash \sigma_1 = \tau_1 \rightarrow \tau_1 = \sigma_1$ (DT)

Für die höheren Typen verläuft der Beweis analog.

$\sigma_i = \tau_i \rightarrow (\tau_i = \rho_i \rightarrow \sigma_i = \rho_i)$ (PM 13.17)

1. $\sigma_1 = \tau_1$ (Hyp)
2. $\tau_1 = \rho_1$ (Hyp)
3. $\vdash \forall x_2 (x_2(\sigma_1) \rightarrow x_2(\tau_1))$ (Def, 1)

4. $\vdash$ $\forall \mathsf{x}_2\, (\mathsf{x}_2(\sigma_1) \to \mathsf{x}_2(\tau_1)) \to (\mathsf{x}_2(\sigma_1) \to \mathsf{x}_2(\tau_1))$ (III.1)
5. $\vdash$ $\mathsf{x}_2(\sigma_1) \to \mathsf{x}_2(\tau_1)$ (MP, 3,4)
6. $\vdash$ $\forall \mathsf{x}_2\, (\mathsf{x}_2(\tau_1) \to \mathsf{x}_2(\rho_1))$ (Def, 2)
7. $\vdash$ $\forall \mathsf{x}_2\, (\mathsf{x}_2(\tau_1) \to \mathsf{x}_2(\rho_1)) \to (\mathsf{x}_2(\tau_1) \to \mathsf{x}_2(\rho_1))$ (III.1)
8. $\vdash$ $\mathsf{x}_2(\tau_1) \to \mathsf{x}_2(\rho_1)$ (MP, 6,7)
9. $\vdash$ $\mathsf{x}_2(\sigma_1) \to \mathsf{x}_2(\rho_1)$ (MB, 5,8)
10. $\vdash$ $\forall \mathsf{x}_2\, (\mathsf{x}_2(\sigma_1) \to \mathsf{x}_2(\rho_1))$ (G, 9)
11. $\vdash$ $\sigma_1 = \rho_1$ (Def, 10)
12. $\vdash$ $\tau_1 = \rho_1 \to \sigma_1 = \rho_1$ (DT)
13. $\vdash$ $\sigma_1 = \tau_1 \to (\tau_1 = \rho_1 \to \sigma_1 = \rho_1)$ (DT)

Für die höheren Typen verläuft der Beweis analog.

$\sigma_i = \tau_i \to (\sigma_i = \rho_i \to \tau_i = \rho_i)$ (G.3)

1. $\vdash$ $\tau_i = \sigma_i \to (\sigma_i = \rho_i \to \tau_i = \rho_i)$ (PM 13.17)
2. $\vdash$ $\sigma_i = \tau_i \to \tau_i = \sigma_i$ (PM 13.16)
3. $\vdash$ $\sigma_i = \tau_i \to (\sigma_i = \rho_i \to \tau_i = \rho_i)$ (MB, 2,1)

$\sigma_i = \tau_i \to (\rho_i = \tau_i \to \sigma_i = \rho_i)$ (G.4)

1. $\vdash$ $\sigma_i = \tau_i \to (\tau_i = \rho_i \to \sigma_i = \rho_i)$ (PM 13.17)
2. $\vdash$ $\tau_i = \rho_i \to (\sigma_i = \tau_i \to \sigma_i = \rho_i)$ (VT, 1)
3. $\vdash$ $\rho_i = \tau_i \to \tau_i = \rho_i$ (PM 13.16)
4. $\vdash$ $\rho_i = \tau_i \to (\sigma_i = \tau_i \to \sigma_i = \rho_i)$ (MB, 3,2)
5. $\vdash$ $\sigma_i = \tau_i \to (\rho_i = \tau_i \to \sigma_i = \rho_i)$ (VT, 4)

Die drei zuletzt bewiesenen Theoreme sind die Legitimation für die folgenden Schlussregeln, die wir aufgrund ihrer inhaltlichen Nähe alle mit (GL) bezeichnen:

$$\frac{\begin{array}{c}\sigma_i = \tau_i \\ \tau_i = \rho_i\end{array}}{\sigma_i = \rho_i} \qquad \frac{\begin{array}{c}\sigma_i = \tau_i \\ \sigma_i = \rho_i\end{array}}{\tau_i = \rho_i} \qquad \frac{\begin{array}{c}\sigma_i = \tau_i \\ \rho_i = \tau_i\end{array}}{\sigma_i = \rho_i} \qquad \text{(GL)}$$

Die nächsten drei Theoreme sehen ähnlich aus, benutzen aber das durchgestrichene Gleichheitssymbol. Formal ist $\varphi \neq \psi$ die Abkürzung für $\neg(\varphi = \psi)$.

$\sigma_i = \tau_i \to (\tau_i \neq \rho_i \to \sigma_i \neq \rho_i)$ (G.5)

1. $\sigma_i = \tau_i$ (Hyp)

2. $\sigma_i = \rho_i$ (Hyp)

3. $\vdash \tau_i = \rho_i$ (GL, 1,2)

4. $\vdash \sigma_i = \rho_i \rightarrow \tau_i = \rho_i$ (DT)

5. $\vdash \tau_i \neq \rho_i \rightarrow \sigma_i \neq \rho_i$ (INV, 4)

6. $\vdash \sigma_i = \tau_i \rightarrow (\tau_i \neq \rho_i \rightarrow \sigma_i \neq \rho_i)$ (DT)

$\sigma_i = \tau_i \rightarrow (\sigma_i \neq \rho_i \rightarrow \tau_i \neq \rho_i)$ (G.6)

1. $\sigma_i = \tau_i$ (Hyp)

2. $\tau_i = \rho_i$ (Hyp)

3. $\vdash \sigma_i = \rho_i$ (GL, 1,2)

4. $\vdash \tau_i = \rho_i \rightarrow \sigma_i = \rho_i$ (DT)

5. $\vdash \sigma_i \neq \rho_i \rightarrow \tau_i \neq \rho_i$ (INV, 4)

6. $\vdash \sigma_i = \tau_i \rightarrow (\sigma_i \neq \rho_i \rightarrow \tau_i \neq \rho_i)$ (DT)

$\sigma_i = \tau_i \rightarrow (\rho_i \neq \tau_i \rightarrow \sigma_i \neq \rho_i)$ (G.7)

1. $\sigma_i = \tau_i$ (Hyp)

2. $\sigma_i = \rho_i$ (Hyp)

3. $\vdash \rho_i = \tau_i$ (GL, 1,2)

4. $\vdash \sigma_i = \rho_i \rightarrow \rho_i = \tau_i$ (DT)

5. $\vdash \rho_i \neq \tau_i \rightarrow \sigma_i \neq \rho_i$ (INV, 4)

6. $\vdash \sigma_i = \tau_i \rightarrow (\rho_i \neq \tau_i \rightarrow \sigma_i \neq \rho_i)$ (DT)

Dies führt uns unmittelbar zu den folgenden Schlussregeln:

$$\frac{\sigma_i = \tau_i \quad \tau_i \neq \rho_i}{\sigma_i \neq \rho_i} \qquad \frac{\sigma_i = \tau_i \quad \sigma_i \neq \rho_i}{\tau_i \neq \rho_i} \qquad \frac{\sigma_i = \tau_i \quad \rho_i \neq \tau_i}{\sigma_i \neq \rho_i} \qquad \text{(UG)}$$

Das nächste Theorem ist die Umkehrung des zweiten Peano-Axioms (I.2) und bedeutet inhaltlich das Folgende: Sind zwei Zahlen gleich, dann sind es auch ihre Nachfolger.

$\sigma_1 = \tau_1 \rightarrow (\mathsf{f}\ \sigma_1 = \mathsf{f}\ \tau_1)$ (G.8)

1. $\xi_1 = \zeta_1$ (Hyp)

2. $\vdash \forall \mathsf{x}_2\ (\mathsf{x}_2(\xi_1) \rightarrow \mathsf{x}_2(\zeta_1))$ (Def, 1)

3. $\vdash \forall \xi_1\ \forall \mathsf{x}_2\ (\mathsf{x}_2(\xi_1) \rightarrow \mathsf{x}_2(\zeta_1))$ (G, 2)

4. $\vdash$ $\forall \xi_1 \forall x_2 (x_2(\xi_1) \to x_2(\zeta_1)) \to (\forall x_2 \, x_2(f \, \xi_1) \to x_2(\zeta_1))$ (III.1)
5. $\vdash$ $\forall x_2 (x_2(f \, \xi_1) \to x_2(\zeta_1))$ (MP, 3,4)
6. $\vdash$ $\forall \zeta_1 \forall x_2 (x_2(f \, \xi_1) \to x_2(\zeta_1))$ (G, 5)
7. $\vdash$ $\forall \zeta_1 \forall x_2 (x_2(f \, \xi_1) \to x_2(\zeta_1)) \to \forall x_2 (x_2(f \, \xi_1) \to x_2(f \, \zeta_1))$ (III.1)
8. $\vdash$ $\forall x_2 (x_2(f \, \xi_1) \to x_2(f \, \zeta_1))$ (MP, 6,7)
9. $\vdash$ $f \, \xi_1 = f \, \zeta_1$ (Def, 8)
10. $\vdash$ $\xi_1 = \zeta_1 \to f \, \xi_1 = f \, \zeta_1$ (DT)
11. $\vdash$ $\forall \xi_1 (\xi_1 = \zeta_1 \to f \, \xi_1 = f \, \zeta_1)$ (G, 10)
12. $\vdash$ $\forall \xi_1 (\xi_1 = \zeta_1 \to f \, \xi_1 = f \, \zeta_1) \to (\sigma_1 = \zeta_1 \to f \, \sigma_1 = f \, \zeta_1)$ (III.1)
13. $\vdash$ $\sigma_1 = \zeta_1 \to f \, \sigma_1 = f \, \zeta_1$ (MP, 11,12)
14. $\vdash$ $\forall \zeta_1 (\sigma_1 = \zeta_1 \to f \, \sigma_1 = f \, \zeta_1)$ (G, 13)
15. $\vdash$ $\forall \zeta_1 (\sigma_1 = \zeta_1 \to f \, \sigma_1 = f \, \zeta_1) \to (\sigma_1 = \tau_1 \to f \, \sigma_1 = f \, \tau_1)$ (III.1)
16. $\vdash$ $\sigma_1 = \tau_1 \to f \, \sigma_1 = f \, \tau_1$ (MP, 14,15)

4.4.5 Numerische Theoreme

Bevor wir uns dem Beweis von numerischen Theoremen zuwenden, wollen wir unser Augenmerk auf eine Fußnote richten, die wir auf Seite 147 unkommentiert hinter uns gelassen haben. Die Rede ist von Gödels Fußnote 16:

> 16) Die Hinzufügung der Peanoschen Axiome ebenso wie alle anderen am System PM angebrachten Abänderungen dienen lediglich zur Vereinfachung des Beweises und sind prinzipiell entbehrlich.

Gödel weist hier auf eine Eigenschaft des Systems P hin, die wir weiter oben, im Zusammenhang mit dem Deduktionstheorem, bereits ausgenutzt haben. Dort haben wir gezeigt, wie sich eine Ableitungssequenz, die eine Formel φ mithilfe einer Hypothese ψ beweist, in eine reguläre Ableitungssequenz für die Formel

$$\psi \to \varphi$$

umschreiben lässt. Auf diesem Weg können wir jeden Beweis, der eine Formel φ unter Benutzung der Peano-Axiome (I.1) bis (I.3) herleitet, in einen Beweis für die Formel

$$(\text{I.1}) \wedge (\text{I.2}) \wedge (\text{I.3}) \to \varphi$$

übersetzen. Dies ist gemeint, wenn Gödel sagt, die Peano-Axiome *„dienen lediglich zur Vereinfachung des Beweises und sind prinzipiell entbehrlich."*

Auf die gleiche Weise lassen sich innerhalb von P mathematische Begriffe oder Operationen wie die Addition oder die Multiplikation definieren, die keine nativen Sprachelemente sind. Um zu sehen, wie dies gelingt, nehmen wir an, uns stünden in P neben Prädikaten auch Funktionssymbole zur Verfügung. Dann lässt sich ein Ausdruck wie

$$\mathsf{x} \times \overline{2} = \mathsf{x} + \mathsf{x}$$

als ein Stellvertreter für die Formel

$$\varphi_{\text{ADD.1}} \wedge \varphi_{\text{ADD.2}} \wedge \varphi_{\text{MUL.1}} \wedge \varphi_{\text{MUL.2}} \rightarrow \mathsf{x} \times \overline{2} = \mathsf{x} + \mathsf{x} \tag{4.24}$$

betrachten, wobei $\varphi_{\text{ADD.1}}$ bis $\varphi_{\text{MUL.2}}$ die folgenden Formeln sind:

$$\sigma + 0 = \sigma \tag{ADD.1}$$

$$\sigma + \mathsf{f}\ \tau = \mathsf{f}\ (\sigma + \tau) \tag{ADD.2}$$

$$\sigma \times 0 = 0 \tag{MUL.1}$$

$$\sigma \times \mathsf{f}\ \tau = (\sigma \times \tau) + \sigma \tag{MUL.2}$$

Bei der praktischen Durchführung würden wir jedoch schnell auf zwei Schwierigkeiten stoßen. Zum Einen hätten wir es ab jetzt permanent mit komplexen Formeln zu tun, die vor jedem interessanten Beweisschritt erst einmal mühevoll zerlegt werden müssten. Zum Anderen stehen uns in P gar keine frei definierbaren Funktionssymbole zur Verfügung, so dass wir die Formel (4.24) in der angegebenen Form gar nicht aufschreiben können. Wir wären gezwungen, die Funktionen als Relationen zu codieren, und dies würde die Formeln noch weiter verkomplizieren.

Um die technischen Schwierigkeiten zu umgehen, werden wir einen Weg einschlagen, der an die *Arithmetices principia* von Peano erinnert. Dort waren die Addition und die Multiplikation native Sprachbestandteile, und genau so werden wir jetzt auch verfahren. Wir behandeln die Symbole ‚+' und ‚×' als gewöhnliche Operatoren und verwenden die Formeln (ADD.1), (ADD.2), (MUL.1) und (MUL.2) als zusätzliche Axiome. Das formale System, das auf diese Weise entsteht, nennen wir P', um es formal von Gödels System P abzugrenzen.

Die Theoreme, die wir in P' beweisen wollen, sind in Tabelle 4.5 zusammengefasst. Die mit (M.x) gekennzeichneten Theoreme stammen aus [64], und die Herleitungssequenzen sind Adaptionen der dort abgedruckten Beweise.

$$\sigma_1 = \tau_1 \rightarrow \sigma_1 + \rho_1 = \tau_1 + \rho_1 \tag{M.3.2e}$$

Sei $\psi(\xi_1) := (\sigma_1 = \tau_1 \rightarrow \sigma_1 + \xi_1 = \tau_1 + \xi_1)$

1. $\sigma_1 = \tau_1$ (Hyp)
2. $\vdash \sigma_1 + 0 = \sigma_1$ (ADD.1)
3. $\vdash \tau_1 + 0 = \tau_1$ (ADD.1)
4. $\vdash \sigma_1 + 0 = \tau_1$ (GL, 2,1)

Tab. 4.5 Theoreme des Systems P'

Theoremgruppe 4 (Numerik)	
(M.3.2e)	$\sigma_1 = \tau_1 \to \sigma_1 + \rho_1 = \tau_1 + \rho_1$
(M.3.2f)	$\sigma_1 = 0 + \sigma_1$
(M.3.2g)	$\mathsf{f}\ \sigma_1 + \tau_1 = \mathsf{f}\ (\sigma_1 + \tau_1)$
(M.3.2h)	$\sigma_1 + \tau_1 = \tau_1 + \sigma_1$
(N.1)	$\sigma_1 = \tau_1 \to \sigma_1 + \sigma_1 = \tau_1 + \tau_1$
(M.3.5b)	$\sigma_1 \times \overline{1} = \sigma_1$
(M.3.5c)	$\sigma_1 \times \overline{2} = \sigma_1 + \sigma_1$
(N.2)	$\mathsf{f}\ \mathsf{f}\ (\sigma_1 \times \overline{2}) = \mathsf{f}\ \sigma_1 + \mathsf{f}\ \sigma_1$
(N.3)	$\mathsf{f}\ \mathsf{f}\ (\sigma_1 \times \overline{2}) = (\mathsf{f}\ \sigma_1) \times \overline{2}$
(M.3.5h)	$\sigma_1 \neq 0 \to \exists \mathsf{z}_1\ (\sigma_1 = \mathsf{f}\ \mathsf{z}_1)$
(N.4)	$\overline{1} \neq \sigma_1 \times \overline{2}$
(N.5)	$\sigma_1 = 0 \to \sigma_1 \times \overline{2} = 0$
(N.6)	$\mathsf{f}\ \mathsf{f}\ \sigma = \tau_1 \times \overline{2} \to \tau_1 \neq 0$
(N.7)	$\exists \mathsf{z}_1\ \sigma_1 = \mathsf{z}_1 \times \overline{2} \to \exists \mathsf{z}_1\ \mathsf{f}\ \mathsf{f}\ \sigma_1 = \mathsf{z}_1 \times \overline{2}$
(N.8)	$\exists \mathsf{z}_1\ \mathsf{f}\ \mathsf{f}\ \sigma_1 = \mathsf{z}_1 \times \overline{2} \to \exists \mathsf{z}_1\ \sigma_1 = \mathsf{z}_1 \times \overline{2}$

5. $\vdash\ \sigma_1 + 0 = \tau_1 + 0$ (GL, 4,3)

6. $\vdash\ \sigma_1 = \tau_1 \to \sigma_1 + 0 = \tau_1 + 0$ (DT)

7. $\vdash\ \psi(0)$ *An dieser Stelle ist der Induktionsanfang bewiesen* (Def, 6)

8. $\sigma_1 = \tau_1 \to \sigma_1 + \xi_1 = \tau_1 + \xi_1$ (Hyp)

9. $\sigma_1 = \tau_1$ (Hyp)

10. $\vdash\ \sigma_1 + \xi_1 = \tau_1 + \xi_1$ (MP, 9,8)

11. $\vdash\ \sigma_1 + \mathsf{f}\ \xi_1 = \mathsf{f}\ (\sigma_1 + \xi_1)$ (ADD.2)

12. $\vdash\ \tau_1 + \mathsf{f}\ \xi_1 = \mathsf{f}\ (\tau_1 + \xi_1)$ (ADD.2)

13. $\vdash\ \sigma_1 + \xi_1 = \tau_1 + \xi_1 \to \mathsf{f}\ (\sigma_1 + \xi_1) = \mathsf{f}\ (\tau_1 + \xi_1)$ (G.8)

14. $\vdash\ \mathsf{f}\ (\sigma_1 + \xi_1) = \mathsf{f}\ (\tau_1 + \xi_1)$ (MP, 10,13)

15. $\vdash\ \sigma_1 + \mathsf{f}\ \xi_1 = \mathsf{f}\ (\sigma_1 + \xi_1) \to$
$(\mathsf{f}\ (\sigma_1 + \xi_1) = \mathsf{f}\ (\tau_1 + \xi_1) \to \sigma_1 + \mathsf{f}\ \xi_1 = \mathsf{f}\ (\tau_1 + \xi_1))$ (PM 13.17)

16. $\vdash\ \mathsf{f}\ (\sigma_1 + \xi_1) = \mathsf{f}\ (\tau_1 + \xi_1) \to \sigma_1 + \mathsf{f}\ \xi_1 = \mathsf{f}\ (\tau_1 + \xi_1)$ (MP, 11,15)

17. $\vdash\ \sigma_1 + \mathsf{f}\ \xi_1 = \mathsf{f}\ (\tau_1 + \xi_1)$ (MP, 14,16)

18. $\vdash\ \sigma_1 + \mathsf{f}\ \xi_1 = \tau_1 + \mathsf{f}\ \xi_1$ (GL, 17,12)

19. $\vdash \sigma_1 = \tau_1 \to \sigma_1 + \mathsf{f}\ \xi_1 = \tau_1 + \mathsf{f}\ \xi_1$ (DT)

20. $\vdash \psi(\mathsf{f}\ \xi_1)$ (Def, 19)

21. $\vdash (\sigma_1 = \tau_1 \to \sigma_1 + \xi_1 = \tau_1 + \xi_1) \to \psi(\mathsf{f}\ \xi_1)$ (DT)

22. $\vdash \psi(\xi_1) \to \psi(\mathsf{f}\ \xi_1)$ (Def, 21)

23. $\vdash \forall \xi_1\ (\psi(\xi_1) \to \psi(\mathsf{f}\ \xi_1))$ *An dieser Stelle ist der Induktionsschluss bewiesen* (G, 22)

24. $\vdash \psi(0) \to (\forall \xi_1\ (\psi(\xi_1) \to \psi(\mathsf{f}\ \xi_1)) \to \forall \xi_1\ \psi(\xi_1))$ (P.10)

25. $\vdash \forall \xi_1\ (\psi(\xi_1) \to \psi(\mathsf{f}\ \xi_1)) \to \forall \xi_1\ \psi(\xi_1)$ (MP, 7,24)

26. $\vdash \forall \xi_1\ \psi(\xi_1)$ (MP, 23,25)

27. $\vdash \forall \xi_1\ (\sigma_1 = \tau_1 \to \sigma_1 + \xi_1 = \tau_1 + \xi_1)$ (Def, 26)

28. $\vdash \forall \xi_1\ (\sigma_1 = \tau_1 \to \sigma_1 + \xi_1 = \tau_1 + \xi_1) \to$
$(\sigma_1 = \tau_1 \to \sigma_1 + \rho_1 = \tau_1 + \rho_1)$ (III.1)

29. $\vdash \sigma_1 = \tau_1 \to \sigma_1 + \rho_1 = \tau_1 + \rho_1$ (MP, 27,28)

$\sigma_1 = 0 + \sigma_1$ (M.3.2f)

Sei $\psi(\xi_1) := (\xi_1 = 0 + \xi_1)$

1. $\vdash 0 + 0 = 0$ (ADD.1)

2. $\vdash 0 + 0 = 0 \to 0 = 0 + 0$ (PM 13.16)

3. $\vdash 0 = 0 + 0$ (MP, 1,2)

4. $\vdash \psi(0)$ *An dieser Stelle ist der Induktionsanfang bewiesen* (Def, 3)

5. $\xi_1 = 0 + \xi_1$ (Hyp)

6. $\vdash \psi(\xi_1)$ (Def, 5)

7. $\vdash 0 + \mathsf{f}\ \xi_1 = \mathsf{f}\ (0 + \xi_1)$ (ADD.2)

8. $\vdash \xi_1 = 0 + \xi_1 \to \mathsf{f}\ \xi_1 = \mathsf{f}\ (0 + \xi_1)$ (G.8)

9. $\vdash \mathsf{f}\ \xi_1 = \mathsf{f}\ (0 + \xi_1)$ (MP, 5,8)

10. $\vdash \mathsf{f}\ \xi_1 = \mathsf{f}\ (0 + \xi_1) \to (0 + \mathsf{f}\ \xi_1 = \mathsf{f}\ (0 + \xi_1) \to \mathsf{f}\ \xi_1 = 0 + \mathsf{f}\ \xi_1)$ (G.4)

11. $\vdash 0 + \mathsf{f}\ \xi_1 = \mathsf{f}\ (0 + \xi_1) \to \mathsf{f}\ \xi_1 = 0 + \mathsf{f}\ \xi_1$ (MP, 9,10)

12. $\vdash \mathsf{f}\ \xi_1 = 0 + \mathsf{f}\ \xi_1$ (GL, 9,7)

13. $\vdash \xi_1 = 0 + \xi_1 \to \mathsf{f}\ \xi_1 = 0 + \mathsf{f}\ \xi_1$ (DT)

14. $\vdash \forall \xi_1\ (\xi_1 = 0 + \xi_1 \to \mathsf{f}\ \xi_1 = 0 + \mathsf{f}\ \xi_1)$ (G, 13)

15. $\vdash \forall \xi_1\ (\psi(\xi_1) \to \psi(\mathsf{f}\ \xi_1))$ *An dieser Stelle ist der Induktionsschluss bewiesen* (Def, 14)

16. $\vdash \psi(0) \to (\forall \xi_1\ (\psi(\xi_1) \to \psi(\mathsf{f}\ \xi_1)) \to \forall \xi_1\ \psi(\xi_1))$ (P.10)

17. $\vdash \forall \xi_1 (\psi(\xi_1) \to \psi(\mathsf{f}\ \xi_1)) \to \forall \xi_1\ \psi(\xi_1)$ (MP, 4,16)

18. $\vdash \forall \xi_1\ \psi(\xi_1)$ (MP, 15,17)

19. $\vdash \forall \xi_1 (\xi_1 = 0 + \xi_1)$ (Def, 18)

20. $\vdash \forall \xi_1 (\xi_1 = 0 + \xi_1) \to (\sigma_1 = 0 + \sigma_1)$ (III.1)

21. $\vdash \sigma_1 = 0 + \sigma_1$ (MP 19,20)

$\mathsf{f}\ \sigma_1 + \tau_1 = \mathsf{f}\ (\sigma_1 + \tau_1)$ **(M.3.2g)**

Sei $\psi(\xi_1) := (\mathsf{f}\ \sigma_1 + \xi_1 = \mathsf{f}\ (\sigma_1 + \xi_1))$

1. $\vdash \mathsf{f}\ \sigma_1 + 0 = \mathsf{f}\ \sigma_1$ (ADD.1)
2. $\vdash \sigma_1 + 0 = \sigma_1$ (ADD.1)
3. $\vdash \sigma_1 + 0 = \sigma_1 \to \mathsf{f}\ (\sigma_1 + 0) = \mathsf{f}\ \sigma_1$ (G.8)
4. $\vdash \mathsf{f}\ (\sigma_1 + 0) = \mathsf{f}\ \sigma_1$ (MP, 2,3)
5. $\vdash \mathsf{f}\ \sigma_1 + 0 = \mathsf{f}\ (\sigma_1 + 0)$ (GL, 1,4)
6. $\vdash \psi(0)$ *An dieser Stelle ist der Induktionsanfang bewiesen* (Def, 5)
7. $\mathsf{f}\ \sigma_1 + \xi_1 = \mathsf{f}\ (\sigma_1 + \xi_1)$ (Hyp)
   8. $\vdash \mathsf{f}\ \sigma_1 + \xi_1 = \mathsf{f}\ (\sigma_1 + \xi_1) \to \mathsf{f}\ (\mathsf{f}\ \sigma_1 + \xi_1) = \mathsf{f}\ \mathsf{f}\ (\sigma_1 + \xi_1)$ (G.8)
   9. $\vdash \mathsf{f}\ (\mathsf{f}\ \sigma_1 + \xi_1) = \mathsf{f}\ \mathsf{f}\ (\sigma_1 + \xi_1)$ (MP, 7,8)
   10. $\vdash \mathsf{f}\ \sigma_1 + \mathsf{f}\ \xi_1 = \mathsf{f}\ (\mathsf{f}\ \sigma_1 + \xi_1)$ (ADD.2)
   11. $\vdash \mathsf{f}\ \sigma_1 + \mathsf{f}\ \xi_1 = \mathsf{f}\ \mathsf{f}\ (\sigma_1 + \xi_1)$ (GL, 10,9)
   12. $\vdash \sigma_1 + \mathsf{f}\ \xi_1 = \mathsf{f}\ (\sigma_1 + \xi_1)$ (ADD.2)
   13. $\vdash \sigma_1 + \mathsf{f}\ \xi_1 = \mathsf{f}\ (\sigma_1 + \xi_1) \to \mathsf{f}\ (\sigma_1 + \mathsf{f}\ \xi_1) = \mathsf{f}\ \mathsf{f}\ (\sigma_1 + \xi_1)$ (G.8)
   14. $\vdash \mathsf{f}\ (\sigma_1 + \mathsf{f}\ \xi_1) = \mathsf{f}\ \mathsf{f}\ (\sigma_1 + \xi_1)$ (MP, 12,13)
   15. $\vdash \mathsf{f}\ \sigma_1 + \mathsf{f}\ \xi_1 = \mathsf{f}\ (\sigma_1 + \mathsf{f}\ \xi_1)$ (GL, 11,14)
16. $\vdash \mathsf{f}\ \sigma_1 + \xi_1 = \mathsf{f}\ (\sigma_1 + \xi_1) \to \mathsf{f}\ \sigma_1 + \mathsf{f}\ \xi_1 = \mathsf{f}\ (\sigma_1 + \mathsf{f}\ \xi_1)$ (DT)
17. $\vdash \psi(\xi_1) \to \psi(\mathsf{f}\ \xi_1)$ (Def, 16)
18. $\vdash \forall \xi_1 (\psi(\xi_1) \to \psi(\mathsf{f}\ \xi_1))$ *An dieser Stelle ist der Induktionsschluss bewiesen* (G, 17)
19. $\vdash \psi(0) \to (\forall \xi_1 (\psi(\xi_1) \to \psi(\mathsf{f}\ \xi_1)) \to \forall \xi_1\ \psi(\xi_1))$ (P.10)
20. $\vdash \forall \xi_1 (\psi(\xi_1) \to \psi(\mathsf{f}\ \xi_1)) \to \forall \xi_1\ \psi(\xi_1)$ (MP, 6,19)
21. $\vdash \forall \xi_1\ \psi(\xi_1)$ (MP, 18,20)
22. $\vdash \forall \xi_1\ \psi(\xi_1) \to \psi(\tau_1)$ (III.1)
23. $\vdash \psi(\tau_1)$ (MP 21, 22)
24. $\vdash \mathsf{f}\ \sigma_1 + \tau_1 = \mathsf{f}\ (\sigma_1 + \tau_1)$ (Def, 23)

$\sigma_1 + \tau_1 = \tau_1 + \sigma_1$ (M.3.2h)

Sei $\psi(\xi_1) := (\sigma_1 + \xi_1 = \xi_1 + \sigma_1)$

1. $\vdash \sigma_1 + 0 = \sigma_1$ (ADD.1)
2. $\vdash \sigma_1 = 0 + \sigma_1$ (M3.2f)
3. $\vdash \sigma_1 + 0 = 0 + \sigma_1$ (GL, 1,2)
4. $\vdash \psi(0)$ (Def, 3)
5. $\sigma_1 + \xi_1 = \xi_1 + \sigma_1$ (Hyp)
   6. $\vdash \sigma_1 + \mathsf{f}\ \xi_1 = \mathsf{f}\ (\sigma_1 + \xi_1)$ (ADD.2)
   7. $\vdash \mathsf{f}\ \xi_1 + \sigma_1 = \mathsf{f}\ (\xi_1 + \sigma_1)$ (M3.2g)
   8. $\vdash \sigma_1 + \xi_1 = \xi_1 + \sigma_1 \rightarrow \mathsf{f}\ (\sigma_1 + \xi_1) = \mathsf{f}\ (\xi_1 + \sigma_1)$ (G.8)
   9. $\vdash \mathsf{f}\ (\sigma_1 + \xi_1) = \mathsf{f}\ (\xi_1 + \sigma_1)$ (MP, 5,8)
   10. $\vdash \sigma_1 + \mathsf{f}\ \xi_1 = \mathsf{f}\ (\xi_1 + \sigma_1)$ (GL, 6,9)
   11. $\vdash \sigma_1 + \mathsf{f}\ \xi_1 = \mathsf{f}\ \xi_1 + \sigma_1$ (GL, 10,7)
12. $\vdash \sigma_1 + \xi_1 = \xi_1 + \sigma_1 \rightarrow \sigma_1 + \mathsf{f}\ \xi_1 = \mathsf{f}\ \xi_1 + \sigma_1$ (DT)
13. $\vdash \psi(\xi_1) \rightarrow \psi(\mathsf{f}\ \xi_1)$ (Def, 12)
14. $\vdash \forall \xi_1\ (\psi(\xi_1) \rightarrow \psi(\mathsf{f}\ \xi_1))$ (G, 13)
15. $\vdash \psi(0) \rightarrow (\forall \xi_1\ (\psi(\xi_1) \rightarrow \psi(\mathsf{f}\ \xi_1)) \rightarrow \forall \xi_1\ \psi(\xi_1))$ (P.10)
16. $\vdash \forall \xi_1\ (\psi(\xi_1) \rightarrow \psi(\mathsf{f}\ \xi_1)) \rightarrow \forall \xi_1\ \psi(\xi_1)$ (MP, 4,15)
17. $\vdash \forall \xi_1\ \psi(\xi_1)$ (MP, 14,16)
18. $\vdash \forall \xi_1\ \sigma_1 + \xi_1 = \xi_1 + \sigma_1$ (Def, 17)
19. $\vdash \forall \xi_1\ \sigma_1 + \xi_1 = \xi_1 + \sigma_1 \rightarrow \sigma_1 + \tau_1 = \tau_1 + \sigma_1$ (III.1)
20. $\vdash \sigma_1 + \tau_1 = \tau_1 + \sigma_1$ (MP, 18,19)

$\sigma_1 = \tau_1 \rightarrow \sigma_1 + \sigma_1 = \tau_1 + \tau_1$ (N.1)

1. $\sigma_1 = \tau_1$ (Hyp)
   2. $\vdash \sigma_1 = \tau_1 \rightarrow \sigma_1 + \sigma_1 = \tau_1 + \sigma_1$ (M.3.2e)
   3. $\vdash \sigma_1 + \sigma_1 = \tau_1 + \sigma_1$ (MP, 1,2)
   4. $\vdash \tau_1 + \sigma_1 = \sigma_1 + \tau_1$ (M.3.2h)
   5. $\vdash \sigma_1 + \sigma_1 = \sigma_1 + \tau_1$ (GL, 3,4)
   6. $\vdash \sigma_1 = \tau_1 \rightarrow \sigma_1 + \tau_1 = \tau_1 + \tau_1$ (M.3.2e)
   7. $\vdash \sigma_1 + \tau_1 = \tau_1 + \tau_1$ (MP, 1,6)
   8. $\vdash \sigma_1 + \sigma_1 = \tau_1 + \tau_1$ (GL, 5,7)

9. $\vdash$ $\sigma_1 = \tau_1 \rightarrow \sigma_1 + \sigma_1 = \tau_1 + \tau_1$ (DT)

$\sigma_1 \times \overline{1} = \sigma_1$ **(M.3.5b)**

1. $\vdash$ $\sigma_1 \times \mathsf{f}\ 0 = \sigma_1 \times 0 + \sigma_1$ (MUL.2)
2. $\vdash$ $\sigma_1 \times 0 = 0$ (MUL.1)
3. $\vdash$ $\sigma_1 \times 0 = 0 \rightarrow \sigma_1 \times 0 + \sigma_1 = 0 + \sigma_1$ (M.3.2e)
4. $\vdash$ $\sigma_1 \times 0 + \sigma_1 = 0 + \sigma_1$ (MP, 2,3)
5. $\vdash$ $\sigma_1 \times \mathsf{f}\ 0 = 0 + \sigma_1$ (GL, 1,4)
6. $\vdash$ $\sigma_1 = 0 + \sigma_1$ (M.3.2f)
7. $\vdash$ $\sigma_1 = 0 + \sigma_1 \rightarrow 0 + \sigma_1 = \sigma_1$ (PM 13.16)
8. $\vdash$ $0 + \sigma_1 = \sigma_1$ (MP, 6,7)
9. $\vdash$ $\sigma_1 \times \mathsf{f}\ 0 = \sigma_1$ (GL, 5,8)
10. $\vdash$ $\sigma_1 \times \overline{1} = \sigma_1$ (Def, 9)

$\sigma_1 \times \overline{2} = \sigma_1 + \sigma_1$ **(M.3.5c)**

1. $\vdash$ $\sigma_1 \times \mathsf{f}\ \overline{1} = \sigma_1 \times \overline{1} + \sigma_1$ (MUL.2)
2. $\vdash$ $\sigma_1 \times \overline{1} = \sigma_1$ (M.3.5b)
3. $\vdash$ $\sigma_1 \times \overline{1} = \sigma_1 \rightarrow \sigma_1 \times \overline{1} + \sigma_1 = \sigma_1 + \sigma_1$ (M.3.2e)
4. $\vdash$ $\sigma_1 \times \overline{1} + \sigma_1 = \sigma_1 + \sigma_1$ (MP, 2,3)
5. $\vdash$ $\sigma_1 \times \mathsf{f}\ \overline{1} = \sigma_1 + \sigma_1$ (GL, 1,4)
6. $\vdash$ $\sigma_1 \times \overline{2} = \sigma_1 + \sigma_1$ (Def, 5)

$\mathsf{f}\ \mathsf{f}\ (\sigma_1 \times \overline{2}) = \mathsf{f}\ \sigma_1 + \mathsf{f}\ \sigma_1$ **(N.2)**

1. $\vdash$ $\sigma_1 \times \overline{2} = \sigma_1 + \sigma_1$ (M.3.5c)
2. $\vdash$ $\sigma_1 \times \overline{2} = \sigma_1 + \sigma_1 \rightarrow \mathsf{f}\ (\sigma_1 \times \overline{2}) = \mathsf{f}\ (\sigma_1 + \sigma_1)$ (G.8)
3. $\vdash$ $\mathsf{f}\ (\sigma_1 \times \overline{2}) = \mathsf{f}\ (\sigma_1 + \sigma_1)$ (MP, 1,2)
4. $\vdash$ $\sigma_1 + \mathsf{f}\ \sigma_1 = \mathsf{f}\ (\sigma_1 + \sigma_1)$ (ADD.2)
5. $\vdash$ $\mathsf{f}\ (\sigma_1 \times \overline{2}) = \sigma_1 + \mathsf{f}\ \sigma_1$ (GL, 3,4)
6. $\vdash$ $\mathsf{f}\ (\sigma_1 \times \overline{2}) = \sigma_1 + \mathsf{f}\ \sigma_1 \rightarrow \mathsf{f}\ \mathsf{f}\ (\sigma_1 \times \overline{2}) = \mathsf{f}\ (\sigma_1 + \mathsf{f}\ \sigma_1)$ (G.8)
7. $\vdash$ $\mathsf{f}\ \mathsf{f}\ (\sigma_1 \times \overline{2}) = \mathsf{f}\ (\sigma_1 + \mathsf{f}\ \sigma_1)$ (MP, 5,6)
8. $\vdash$ $\mathsf{f}\ \sigma_1 + \mathsf{f}\ \sigma_1 = \mathsf{f}\ (\sigma_1 + \mathsf{f}\ \sigma_1)$ (M.3.2g)
9. $\vdash$ $\mathsf{f}\ \mathsf{f}\ (\sigma_1 \times \overline{2}) = \mathsf{f}\ \sigma_1 + \mathsf{f}\ \sigma_1$ (GL, 7,8)

$f\ f\ (\sigma_1 \times \overline{2}) = (f\ \sigma_1) \times \overline{2}$ (N.3)

1. $\vdash$ $f\ f\ (\sigma_1 \times \overline{2}) = (f\ \sigma_1) + (f\ \sigma_1)$ (N.2)
2. $\vdash$ $(f\ \sigma_1) \times \overline{2} = (f\ \sigma_1) + (f\ \sigma_1)$ (M.3.5c)
3. $\vdash$ $f\ f\ (\sigma_1 \times \overline{2}) = (f\ \sigma_1) \times \overline{2}$ (GL, 1,2)

$\sigma_1 \neq 0 \rightarrow \exists z_1\ (\sigma_1 = f\ z_1)$ (M.3.5h)

Sei $\psi(\xi_1)\ :=\ (\xi_1 \neq 0 \rightarrow \exists z_1\ (\xi_1 = f\ z_1))$

1. $\vdash$ $0 = 0$ (G.2)
2. $\vdash$ $0 = 0 \rightarrow (\forall z_1\ 0 \neq f\ z_1 \rightarrow 0 = 0)$ (F.1)
3. $\vdash$ $\forall z_1\ 0 \neq f\ z_1 \rightarrow 0 = 0$ (MP, 1,2)
4. $\vdash$ $0 \neq 0 \rightarrow \neg\forall z_1\ 0 \neq f\ z_1$ (INV, 3)
5. $\vdash$ $0 \neq 0 \rightarrow \exists z_1\ 0 = f\ z_1$ (Def, 4)
6. $\vdash$ $\psi(0)$ — *An dieser Stelle ist der Induktionsanfang bewiesen* (Def, 5)
7. $\vdash$ $f\ \xi_1 = f\ \xi_1$ (G, 2)
8. $\vdash$ $(f\ \xi_1 = f\ \zeta_1)[\zeta_1 \leftarrow \xi_1] \rightarrow \exists z_1\ f\ \xi_1 = f\ z_1$ (P.3)
9. $\vdash$ $\exists z_1\ f\ \xi_1 = f\ z_1$ (MP, 7,8)
10. $\vdash$ $\exists z_1\ f\ \xi_1 = f\ z_1 \rightarrow (f\ \xi_1 \neq 0 \rightarrow \exists z_1\ f\ \xi_1 = f\ z_1)$ (F.1)
11. $\vdash$ $f\ \xi_1 \neq 0 \rightarrow \exists z_1\ (f\ \xi_1 = f\ z_1)$ (MP, 9,10)
12. $\vdash$ $\psi(f\ \xi_1)$ (Def, 11)
13. $\vdash$ $\psi(f\ \xi_1) \rightarrow (\psi(\xi_1) \rightarrow \psi(f\ \xi_1))$ (F.1)
14. $\vdash$ $\psi(\xi_1) \rightarrow \psi(f\ \xi_1)$ (MP, 12,13)
15. $\vdash$ $\forall \xi_1\ (\psi(\xi_1) \rightarrow \psi(f\ \xi_1))$ — *An dieser Stelle ist der Induktionsschluss bewiesen* (G, 14)
16. $\vdash$ $\psi(0) \rightarrow (\forall \xi_1\ (\psi(\xi_1) \rightarrow \psi(f\ \xi_1)) \rightarrow \forall \xi_1\ \psi(\xi_1))$ (P.10)
17. $\vdash$ $\forall \xi_1\ (\psi(\xi_1) \rightarrow \psi(f\ \xi_1)) \rightarrow \forall \xi_1\ \psi(\xi_1)$ (MP, 6,16)
18. $\vdash$ $\forall \xi_1\ \psi(\xi_1)$ (MP, 15,17)
19. $\vdash$ $\forall \xi\ (\xi_1 \neq 0 \rightarrow \exists z_1\ (\xi_1 = f\ z_1))$ (Def, 18)
20. $\vdash$ $\forall \xi\ (\xi_1 \neq 0 \rightarrow \exists z_1\ (\xi_1 = f\ z_1)) \rightarrow (\sigma_1 \neq 0 \rightarrow \exists z_1\ (\sigma_1 = f\ z_1))$ (III.1)
21. $\vdash$ $\sigma_1 \neq 0 \rightarrow \exists z_1\ (\sigma_1 = f\ z_1)$ (MP, 19,20)

$\overline{1} \neq \sigma_1 \times \overline{2}$ (N.4)

Sei $\psi(\xi_1) := \xi_1 \times \overline{2} \neq \overline{1}$

1. $\vdash 0 \times \overline{2} = 0 + 0$ (M.3.5c)
2. $\vdash 0 = 0 + 0$ (M.3.2f)
3. $\vdash 0 \times \overline{2} = 0$ (GL, 1,2)
4. $\vdash \overline{1} \neq 0$ (I.1)
5. $\vdash 0 \times \overline{2} \neq \overline{1}$ (UG, 3,4)
6. $\vdash \psi(0)$ *An dieser Stelle ist der Induktionsanfang bewiesen* (Def, 5)
7. $\quad \mathsf{f}\,\xi_1 \times \overline{2} = \mathsf{f}\,0$ (Hyp)
8. $\quad \vdash \mathsf{f}\,\mathsf{f}\,(\xi_1 \times \overline{2}) = \mathsf{f}\,\xi_1 \times \overline{2}$ (N.3)
9. $\quad \vdash \mathsf{f}\,\mathsf{f}\,(\xi_1 \times \overline{2}) = \mathsf{f}\,0$ (GL, 8,7)
10. $\quad \vdash \mathsf{f}\,\mathsf{f}\,(\xi_1 \times \overline{2}) = \mathsf{f}\,0 \rightarrow \mathsf{f}\,(\xi_1 \times \overline{2}) = 0$ (I.2)
11. $\quad \vdash \mathsf{f}\,(\xi_1 \times \overline{2}) = 0$ (MP, 9,10)
12. $\vdash \mathsf{f}\,\xi_1 \times \overline{2} = \mathsf{f}\,0 \rightarrow \mathsf{f}\,(\xi_1 \times \overline{2}) = 0$ (DT)
13. $\vdash \mathsf{f}\,(\xi_1 \times \overline{2}) \neq 0 \rightarrow \mathsf{f}\,\xi_1 \times \overline{2} \neq \mathsf{f}\,0$ (INV, 12)
14. $\vdash \mathsf{f}\,(\xi_1 \times \overline{2}) \neq 0$ (I.1)
15. $\vdash \mathsf{f}\,\xi_1 \times \overline{2} \neq \mathsf{f}\,0$ (MP, 14,13)
16. $\vdash \psi(\mathsf{f}\,\xi_1)$ (Def, 15)
17. $\vdash \psi(\mathsf{f}\,\xi_1) \rightarrow (\psi(\xi_1) \rightarrow \psi(\mathsf{f}\,\xi_1))$ (F.1)
18. $\vdash \psi(\xi_1) \rightarrow \psi(\mathsf{f}\,\xi_1)$ (MP, 16,17)
19. $\vdash \forall \xi_1\, (\psi(\xi_1) \rightarrow \psi(\mathsf{f}\,\xi_1))$ *An dieser Stelle ist der Induktionsschluss bewiesen* (G, 18)
20. $\vdash \psi(0) \rightarrow (\forall \xi_1\, (\psi(\xi_1) \rightarrow \psi(\mathsf{f}\,\xi_1)) \rightarrow \forall \xi_1\, \psi(\xi_1))$ (P.10)
21. $\vdash \forall \xi_1\, (\psi(\xi_1) \rightarrow \psi(\mathsf{f}\,\xi_1)) \rightarrow \forall \xi_1\, \psi(\xi_1)$ (MP, 6,20)
22. $\vdash \forall \xi_1\, \psi(\xi_1)$ (MP, 19,21)
23. $\vdash \forall \xi_1\, \psi(\xi_1) \rightarrow \psi(\sigma_1)$ (III.1)
24. $\vdash \psi(\sigma_1)$ (MP 22,23)
25. $\vdash \sigma_1 \times \overline{2} \neq \overline{1}$ (Def, 24)
26. $\vdash \overline{1} = \sigma_1 \times \overline{2} \rightarrow \sigma_1 \times \overline{2} = \overline{1}$ (PM 13.16)
27. $\vdash \sigma_1 \times \overline{2} \neq \overline{1} \rightarrow \overline{1} \neq \sigma_1 \times \overline{2}$ (INV, 26)
28. $\vdash \overline{1} \neq \sigma_1 \times \overline{2}$ (MP, 25,27)

$\sigma_1 = 0 \to \sigma_1 \times \overline{2} = 0$ (N.5)

1.	$\sigma_1 = 0$	(Hyp)
2.	$\vdash \sigma_1 = 0 \to \sigma_1 + \sigma_1 = 0 + \sigma_1$	(M.3.2e)
3.	$\vdash \sigma_1 + \sigma_1 = 0 + \sigma_1$	(MP, 1,2)
4.	$\vdash \sigma_1 = 0 + \sigma_1$	(M.3.2f)
5.	$\vdash 0 = 0 + \sigma_1$	(GL, 1,4)
6.	$\vdash 0 = \sigma_1 + \sigma_1$	(GL, 5,3)
7.	$\vdash \sigma_1 \times \overline{2} = \sigma_1 + \sigma_1$	(M3.5c)
8.	$\vdash \sigma_1 \times \overline{2} = 0$	(GL, 7,6)
9.	$\vdash \sigma_1 = 0 \to \sigma_1 \times \overline{2} = 0$	(DT)

$\mathsf{f}\,\mathsf{f}\,\sigma_1 = \tau_1 \times \overline{2} \to \tau_1 \neq 0$ (N.6)

1.	$\mathsf{f}\,\mathsf{f}\,\sigma_1 = \tau_1 \times \overline{2}$	(Hyp)
2.	$\vdash \mathsf{f}\,\mathsf{f}\,\sigma_1 \neq 0$	(I.1)
3.	$\vdash \tau_1 \times \overline{2} \neq 0$	(UG, 1,2)
4.	$\vdash \tau_1 = 0 \to \tau_1 \times \overline{2} = 0$	(N.5)
5.	$\vdash \tau_1 \times \overline{2} \neq 0 \to \tau_1 \neq 0$	(INV, 4)
6.	$\vdash \tau_1 \neq 0$	(MP, 3,5)
7.	$\vdash \mathsf{f}\,\mathsf{f}\,\sigma_1 = \tau_1 \times \overline{2} \to \tau_1 \neq 0$	(DT)

$\exists \mathsf{z}_1\, \sigma_1 = \mathsf{z}_1 \times \overline{2} \to \exists \mathsf{z}_1\, \mathsf{f}\,\mathsf{f}\,\sigma_1 = \mathsf{z}_1 \times \overline{2}$ (N.7)

1.	$\sigma_1 = \mathsf{z}_1 \times \overline{2}$	(Hyp)
2.	$\vdash \mathsf{f}\,\mathsf{f}\,(\mathsf{z}_1 \times \overline{2}) = \mathsf{f}\,\mathsf{z}_1 \times \overline{2}$	(N.3)
3.	$\vdash \sigma_1 = \mathsf{z}_1 \times \overline{2} \to \mathsf{f}\,\sigma_1 = \mathsf{f}\,(\mathsf{z}_1 \times \overline{2})$	(G.8)
4.	$\vdash \mathsf{f}\,\sigma_1 = \mathsf{f}\,(\mathsf{z}_1 \times \overline{2})$	(MP, 1,3)
5.	$\vdash \mathsf{f}\,\sigma_1 = \mathsf{f}\,(\mathsf{z}_1 \times \overline{2}) \to \mathsf{f}\,\mathsf{f}\,\sigma_1 = \mathsf{f}\,\mathsf{f}\,(\mathsf{z}_1 \times \overline{2})$	(G.8)
6.	$\vdash \mathsf{f}\,\mathsf{f}\,\sigma_1 = \mathsf{f}\,\mathsf{f}\,(\mathsf{z}_1 \times \overline{2})$	(MP, 4,5)
7.	$\vdash \mathsf{f}\,\mathsf{f}\,\sigma_1 = \mathsf{f}\,\mathsf{z}_1 \times \overline{2}$	(GL, 6,2)
8.	$\vdash \sigma_1 = \mathsf{z}_1 \times \overline{2} \to \mathsf{f}\,\mathsf{f}\,\sigma_1 = \mathsf{f}\,\mathsf{z}_1 \times \overline{2}$	(DT)
9.	$\vdash \mathsf{f}\,\mathsf{f}\,\sigma_1 = \mathsf{f}\,\mathsf{z}_1 \times \overline{2} \to \exists \mathsf{z}_1\, \mathsf{f}\,\mathsf{f}\,\sigma_1 = \mathsf{z}_1 \times \overline{2}$	(P.3)
10.	$\vdash \sigma_1 = \mathsf{z}_1 \times \overline{2} \to \exists \mathsf{z}_1\, \mathsf{f}\,\mathsf{f}\,\sigma_1 = \mathsf{z}_1 \times \overline{2}$	(MB, 8,9)
11.	$\vdash \forall \mathsf{z}_1\, (\sigma_1 = \mathsf{z}_1 \times \overline{2} \to \exists \mathsf{z}_1\, \mathsf{f}\,\mathsf{f}\,\sigma_1 = \mathsf{z}_1 \times \overline{2})$	(G, 10)
12.	$\vdash \exists \mathsf{z}_1\, \sigma_1 = \mathsf{z}_1 \times \overline{2} \to \exists \mathsf{z}_1\, \mathsf{f}\,\mathsf{f}\,\sigma_1 = \mathsf{z}_1 \times \overline{2}$	(BE, 11)

$\exists z_1 \, f \, f \, \sigma_1 = z_1 \times \overline{2} \rightarrow \exists z_1 \, \sigma_1 = z_1 \times \overline{2}$ (N.8)

1. $f \, f \, \sigma_1 = z_1 \times \overline{2}$ (Hyp)
2. $\vdash f \, f \, \sigma_1 \neq 0$ (I.1)
3. $\vdash z_1 \times \overline{2} \neq 0$ (UG, 1,2)
4. $\vdash z_1 = 0 \rightarrow z_1 \times \overline{2} = 0$ (N.5)
5. $\vdash z_1 \times \overline{2} \neq 0 \rightarrow z_1 \neq 0$ (INV, 4)
6. $\vdash z_1 \neq 0$ (MP, 3,5)
7. $\vdash z_1 \neq 0 \rightarrow \exists y_1 \, z_1 = f \, y_1$ (M.3.5h)
8. $\vdash \exists y_1 \, z_1 = f \, y_1$ (MP, 6,7)
9. $z_1 = f \, y_1$ (Hyp)
10. $\vdash z_1 = f \, y_1 \rightarrow z_1 + z_1 = f \, y_1 + f \, y_1$ (N.1)
11. $\vdash z_1 + z_1 = f \, y_1 + f \, y_1$ (MP, 9,10)
12. $\vdash z_1 \times \overline{2} = z_1 + z_1$ (M.3.5e)
13. $\vdash z_1 \times \overline{2} = f \, y_1 + f \, y_1$ (GL, 12,11)
14. $\vdash f \, f \, (y_1 \times \overline{2}) = f \, y_1 + f \, y_1$ (N.2)
15. $\vdash z_1 \times \overline{2} = f \, f \, (y_1 \times \overline{2})$ (GL, 13,14)
16. $\vdash f \, f \, \sigma_1 = f \, f \, (y_1 \times \overline{2})$ (GL, 1,15)
17. $\vdash z_1 = f \, y_1 \rightarrow f \, f \, \sigma_1 = f \, f \, (y_1 \times \overline{2})$ (DT)
18. $\vdash \forall y_1 \, (z_1 = f \, y_1 \rightarrow f \, f \, \sigma_1 = f \, f \, (y_1 \times \overline{2}))$ (G, 17)
19. $\vdash \exists y_1 \, z_1 = f \, y_1 \rightarrow \exists y_1 \, f \, f \, \sigma_1 = f \, f \, (y_1 \times \overline{2})$ (E, 18)
20. $\vdash \exists y_1 \, f \, f \, \sigma_1 = f \, f \, (y_1 \times \overline{2})$ (MP, 8,19)
21. $\vdash \exists y_1 \, f \, f \, \sigma_1 = f \, f \, (y_1 \times \overline{2}) \rightarrow \exists z_1 \, f \, f \, \sigma_1 = f \, f \, (z_1 \times \overline{2})$ (P.9)
22. $\vdash \exists z_1 \, f \, f \, \sigma_1 = f \, f \, (z_1 \times \overline{2})$ (MP, 20,21)
23. $\vdash f \, f \, \sigma_1 = z_1 \times \overline{2} \rightarrow \exists z_1 \, f \, f \, \sigma_1 = f \, f \, (z_1 \times \overline{2})$ (DT)
24. $\vdash f \, f \, \sigma_1 = f \, f \, (z_1 \times \overline{2}) \rightarrow f \, \sigma_1 = f \, (z_1 \times \overline{2})$ (I.2)
25. $\vdash f \, \sigma_1 = f \, (z_1 \times \overline{2}) \rightarrow \sigma_1 = z_1 \times \overline{2}$ (I.2)
26. $\vdash f \, f \, \sigma_1 = f \, f \, (z_1 \times \overline{2}) \rightarrow \sigma_1 = z_1 \times \overline{2}$ (MB, 24,25)
27. $\vdash \forall z_1 \, (f \, f \, \sigma_1 = f \, f \, (z_1 \times \overline{2}) \rightarrow \sigma_1 = z_1 \times \overline{2})$ (G, 26)
28. $\vdash \exists z_1 \, f \, f \, \sigma_1 = f \, f \, (z_1 \times \overline{2}) \rightarrow \exists z_1 \, \sigma_1 = z_1 \times \overline{2}$ (E, 27)
29. $\vdash f \, f \, \sigma_1 = z_1 \times \overline{2} \rightarrow \exists z_1 \, \sigma_1 = z_1 \times \overline{2}$ (MB, 23,28)
30. $\vdash \forall z_1 \, (f \, f \, \sigma_1 = z_1 \times \overline{2} \rightarrow \exists z_1 \, \sigma_1 = z_1 \times \overline{2})$ (G, 29)
31. $\vdash \exists z_1 \, f \, f \, \sigma_1 = z_1 \times \overline{2} \rightarrow \exists z_1 \, \sigma_1 = z_1 \times \overline{2}$ (BE, 30)

An dieser Stelle geht unser Ausflug in die Tiefen der formalen Beweisführung zu Ende. Wir haben nun ein gutes Verständnis dafür entwickelt, wie sich in P mathematische Aussagen formalisieren und auf mechanischem Weg beweisen lassen.

4.5 Arithmetisierung der Syntax

Als nächstes kommt Gödel auf ein Prinzip zu sprechen, das wir schon in der Beweisskizze ausführlich behandelt haben: die *Arithmetisierung der Syntax*. Dahinter verbirgt sich die Idee, die syntaktischen Beziehungen, die zwischen den Objekten eines formalen Systems bestehen, auf der arithmetischen Ebene sichtbar zu machen. Die Formeln und Beweise eines formalen Systems werden hierzu in natürliche Zahlen übersetzt, die heute *Gödelnummern* heißen und nach dem folgenden Schema berechnet werden:

Wir ordnen nun den Grundzeichen des Systems P in folgender Weise eineindeutig natürliche Zahlen zu:

Über formal unentscheidbare Sätze der Principia Mathematica etc. 179

„0" ... 1 „∨" ... 7 „(" ... 11

„f" ... 3 „Π" ... 9 „)" ... 13

„∼" ... 5

ferner den Variablen n-ten Typs die Zahlen der Form p^n (wo p eine Primzahl > 13 ist). Dadurch entspricht jeder endlichen Reihe von Grundzeichen (also auch jeder Formel) in eineindeutiger Weise eine endliche Reihe natürlicher Zahlen. Die endlichen Reihen natür-

Gödel identifiziert jedes Grundzeichen des Systems P mit einer natürlichen Zahl, so dass jede Formel als eine endliche Folge von natürlichen Zahlen aufgefasst werden kann. Als Beispiele betrachten wir die folgenden Formeln:

$$\varphi_1 := (\mathsf{x}_1 \to \mathsf{x}_1 \vee \mathsf{x}_1) \to (\mathsf{x}_1 \to \mathsf{x}_1)$$

$$\varphi_2 := \mathsf{x}_1 \to \mathsf{x}_1 \vee \mathsf{x}_1$$

$$\varphi_3 := \mathsf{x}_1 \to \mathsf{x}_1$$

φ_1, φ_2 und φ_3 sind typisierte Varianten der Formeln, die wir schon in der Beweisskizze für diesen Zweck verwendet haben.

Bevor die Transformation durchgeführt werden kann, müssen wir φ_1, φ_2 und φ_3 in native Formeln des Systems P zurückübersetzen. Eliminieren wir die Implikationsoperatoren und fügen anschließend die fehlenden Klammern hinzu, so erhalten wir folgendes Ergebnis:

$$\varphi_1 = (\neg((\neg(\mathsf{x}_1)) \vee ((\mathsf{x}_1) \vee (\mathsf{x}_1)))) \vee ((\neg(\mathsf{x}_1)) \vee (\mathsf{x}_1))$$
$$\varphi_2 = (\neg(\mathsf{x}_1)) \vee ((\mathsf{x}_1) \vee (\mathsf{x}_1))$$
$$\varphi_3 = (\neg(\mathsf{x}_1)) \vee (\mathsf{x}_1)$$

Jede dieser Formeln ist eine *„endliche Reihe von Grundzeichen“* und entspricht *„in eineindeutiger Weise einer endlichen Reihe natürlicher Zahlen“*. Für unsere Beispiele sehen die Zahlenreihen so aus:

- Formel φ_1

$$\begin{array}{ccccccccccccccccccccccccccccccccccc}
11 & & 11 & & 5 & & 17 & & 13 & & 11 & & 17 & & 7 & & 17 & & 13 & & 13 & & 11 & & 5 & & 17 & & 13 & & 11 & & 13 & \\
\Updownarrow & & \Updownarrow & & \Updownarrow & & \Updownarrow & & \Updownarrow & & \Updownarrow & & \Updownarrow & & \Updownarrow & & \Updownarrow & & \Updownarrow & & \Updownarrow & & \Updownarrow & & \Updownarrow & & \Updownarrow & & \Updownarrow & & \Updownarrow & & \Updownarrow & \\
(& \neg & (& (& \neg & (& \mathsf{x}_1 &) &) & \vee & (& (& \mathsf{x}_1 &) & \vee & (& \mathsf{x}_1 &) &) &) &) & \vee & (& (& \neg & (& \mathsf{x}_1 &) &) & \vee & (& \mathsf{x}_1 &) &) \\
& \Updownarrow & & \Updownarrow & & \Updownarrow & & \Updownarrow & & \Updownarrow & & \Updownarrow & & \Updownarrow & & \Updownarrow & & \Updownarrow & & \Updownarrow & & \Updownarrow & & \Updownarrow & & \Updownarrow & & \Updownarrow & & \Updownarrow & & \Updownarrow & & \Updownarrow \\
& 5 & & 11 & & 11 & & 13 & & 7 & & 11 & & 13 & & 11 & & 13 & & 13 & & 7 & & 11 & & 11 & & 13 & & 7 & & 17 & & 13
\end{array}$$

- Formel φ_2

$$\begin{array}{cccccccccccccccc}
(& \neg & (& \mathsf{x}_1 &) &) & \vee & (& (& \mathsf{x}_1 &) & \vee & (& \mathsf{x}_1 &) &) \\
\Updownarrow & \Updownarrow & \Updownarrow & \Updownarrow & \Updownarrow & \Updownarrow & \Updownarrow & \Updownarrow & \Updownarrow & \Updownarrow & \Updownarrow & \Updownarrow & \Updownarrow & \Updownarrow & \Updownarrow & \Updownarrow \\
11 & 5 & 11 & 17 & 13 & 13 & 7 & 11 & 11 & 17 & 13 & 7 & 11 & 17 & 13 & 13
\end{array}$$

- Formel φ_3

$$\begin{array}{cccccccccc}
(& \neg & (& \mathsf{x}_1 &) &) & \vee & (& \mathsf{x}_1 &) \\
\Updownarrow & \Updownarrow & \Updownarrow & \Updownarrow & \Updownarrow & \Updownarrow & \Updownarrow & \Updownarrow & \Updownarrow & \Updownarrow \\
11 & 5 & 11 & 17 & 13 & 13 & 7 & 11 & 17 & 13
\end{array}$$

Im nächsten Schritt werden die Zahlenreihen zu einer gemeinsamen Zahl verschmolzen.

> eine endliche Reihe natürlicher Zahlen. **Die endlichen Reihen natürlicher Zahlen bilden wir nun (wieder eineindeutig) auf natürliche Zahlen ab, indem wir der Reihe $n_1, n_2, \ldots n_k$ die Zahl $2^{n_1} . 3^{n_2} \ldots p_k{}^{n\,k}$ entsprechen lassen, wo p_k die k-te Primzahl (der Größe nach) bedeutet. Dadurch ist nicht nur jedem Grundzeichen, sondern auch jeder endlichen Reihe von solchen in eineindeutiger Weise eine natürliche Zahl zugeordnet.** Die dem Grundzeichen (bzw. der Grund-

Für unsere Beispielformeln erhalten wir die folgenden Gödelnummern:

- Formel φ_1

$$\ulcorner\varphi_1\urcorner = 2^{11} \cdot 3^5 \cdot 5^{11} \cdot 7^{11} \cdot 11^5 \cdot 13^{11} \cdot 17^{17} \cdot 19^{13} \cdot 23^{13} \cdot 29^7 \cdot$$
$$31^{11} \cdot 37^{11} \cdot 41^{17} \cdot 43^{13} \cdot 47^7 \cdot 53^{11} \cdot 59^{17} \cdot 61^{13} \cdot 67^{13} \cdot$$

$$
\begin{aligned}
&71^{13} \cdot 73^{13} \cdot 79^{7} \cdot 83^{11} \cdot 89^{11} \cdot 97^{5} \cdot 101^{11} \cdot 103^{17} \cdot 107^{13} \cdot \\
&109^{13} \cdot 113^{7} \cdot 127^{11} \cdot 131^{17} \cdot 137^{13} \cdot 139^{13} \\
= \; &7063714155637036543118383567330176913867076991126412961037992318650 6\\
&1606606816468082723835738887758379270184780997368315266977182438943 4\\
&6849983043111826528390639039799391912535484142768618697360143941575 5\\
&3421325764209608906298692681890220329088224103880708208419079211587 6\\
&4574283975966458548564325529217530774066006309656475404000688011010 3\\
&9020956182059414029112160583916190517903087846267069443229005710430 4\\
&6391035466477599760630495334851766060732917427115471358193110341446 7\\
&103721258505029235711472088868430000000000
\end{aligned}
$$

- Formel φ_2

$$
\begin{aligned}
\ulcorner\varphi_2\urcorner \; = \; &2^{11} \cdot 3^{5} \cdot 5^{11} \cdot 7^{17} \cdot 11^{13} \cdot 13^{13} \cdot 17^{7} \cdot 19^{11} \cdot 23^{11} \cdot 29^{17} \\
&\cdot 31^{13} \cdot 37^{7} \cdot 41^{11} \cdot 43^{17} \cdot 47^{13} \cdot 53^{13} \\
= \; &20816340182285939507081673729054187946247451498229633758212038396303\\
&44617044217843976144724806833582142202298384808952021761173276228524\\
&56658772475657409416340416536805506963553798003748479958478542965596\\
&38288262952126681596509700000000000
\end{aligned}
$$

- Formel φ_3

$$
\begin{aligned}
\ulcorner\varphi_3\urcorner \; = \; &2^{11} \cdot 3^{5} \cdot 5^{11} \cdot 7^{17} \cdot 11^{13} \cdot 13^{13} \cdot 17^{7} \cdot 19^{11} \cdot 23^{17} \cdot 29^{13} \\
= \; &40890336639361224855361068360540692836688628695014618709774435684319\\
&1506462600286017873779784719472726253429470000000000
\end{aligned}
$$

Die simplen Beispiele machen eines sehr deutlich: Gödel nimmt in seiner Codierung keinerlei Rücksicht auf die Größe der Zahlen; selbst für kurze Formeln sind die Gödelnummern bereits so groß, dass wir sie nur noch schwerlich als Dezimalzahlen niederschreiben können.

Noch größer werden die Zahlen, wenn wir ganze Beweise codieren. Ein Beweis ist eine endliche Folge

$$\varphi_1, \varphi_2, \varphi_3, \ldots, \varphi_k$$

von Formeln. Um diese in eine natürliche Zahl zu übersetzen, werden zunächst die Gödelnummern der einzelnen Formeln bestimmt. Anschließend wird die Nummer der i-ten Formel als Exponent der i-ten Primzahl p_i verwendet und ein gemeinsames Produkt gebildet:

$$\ulcorner\varphi_1, \varphi_2, \varphi_3, \ldots, \varphi_k\urcorner := p_1^{\ulcorner\varphi_1\urcorner} \cdot p_2^{\ulcorner\varphi_2\urcorner} \cdot p_3^{\ulcorner\varphi_3\urcorner} \cdot \ldots \cdot p_k^{\ulcorner\varphi_k\urcorner}$$

Codieren wir unsere Beispielformeln auf diese Weise, so erhalten wir mit

$$
\begin{aligned}
&2^{2^{11}3^{5}5^{11}7^{11}11^{5}13^{11}17^{17}19^{13}23^{13}29^{7}31^{11}37^{11}41^{17}43^{13}47^{7}53^{11}59^{17}61^{13}67^{13}71^{13}73^{13} 79^{7}83^{11}89^{11}97^{5}101^{11}103^{17}107^{13}109^{13}113^{7}127^{11}131^{17}137^{13}139^{13}} \\
&\cdot 3^{2^{11}3^{5}5^{11}7^{17}11^{13}13^{13}17^{7}19^{11}23^{11}29^{17}31^{13}37^{7}41^{11}43^{17}47^{13}53^{13}} \\
&\cdot 5^{2^{11}3^{5}5^{11}7^{17}11^{13}13^{13}17^{7}19^{11}23^{17}29^{13}}
\end{aligned}
$$

eine Zahl gigantischer Größe. Die Anzahl ihrer Dezimalziffern lässt die geschätzte Zahl an Elementarteilchen in unserem Universum als so winzig erscheinen, dass wir gut daran tun, die Gödelnummer in ihrer faktorisierten Darstellung zu belassen.

> natürliche Zahl zugeordnet. **Die dem Grundzeichen (bzw. der Grundzeichenreihe) a zugeordnete Zahl bezeichnen wir mit $\Phi\,(a)$.** Sei nun

Die Zahl, die Gödel $\Phi(a)$ nennt, wird in der modernen Terminologie als *Gödelnummer* bezeichnet. Beachten Sie, dass Gödel das Symbol Φ sowohl für einzelne Zeichen („*Grundzeichen*") als auch für Zeichenketten („*Grundzeichenreihen*") benutzt. Obwohl in den allermeisten Fällen aus dem Kontext hervorgeht, welche der beiden gemeint ist, führt diese Schreibweise vereinzelt zu Zweideutigkeiten. Schreiben wir z. B. $\Phi(\mathsf{0})$, so kann sich Φ auf das Grundzeichen $\mathsf{0}$ beziehen oder auf eine Zeichenreihe der Länge 1, die $\mathsf{0}$ als alleiniges Symbol enthält. Im ersten Fall wäre $\Phi(\mathsf{0}) = 1$ und im zweiten $\Phi(\mathsf{0}) = 2^1 = 2$.

Wir lösen dieses Problem, indem wir die Gödel'sche Notation $\Phi(x)$ nur für die Grundzeichen verwenden. Die Gödelnummer einer Formel φ notieren wir dagegen in der heute üblichen Schreibweise $\ulcorner\varphi\urcorner$, die uns bereits aus der Beweisskizze bekannt ist.

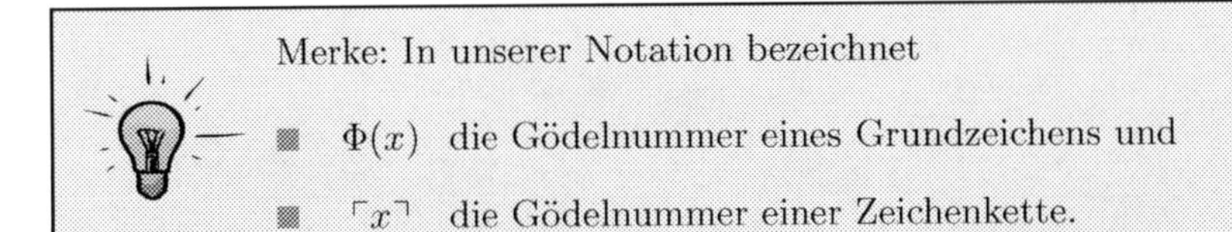

Merke: In unserer Notation bezeichnet

- $\Phi(x)$ die Gödelnummer eines Grundzeichens und
- $\ulcorner x\urcorner$ die Gödelnummer einer Zeichenkette.

Als nächstes geht Gödel darauf ein, dass jede Relation, die zwischen den Objekten eines formalen Systems besteht, auf der arithmetischen Ebene gedeutet werden kann:

> zeichenreihe) a zugeordnete Zahl bezeichnen wir mit $\Phi\,(a)$. **Sei nun irgend eine Klasse oder Relation $R\,(a_1, a_2 \ldots a_n)$ zwischen Grundzeichen oder Reihen von solchen gegeben. Wir ordnen ihr diejenige Klasse (Relation) $R'\,(x_1, x_2 \ldots x_n)$ zwischen natürlichen Zahlen zu, welche dann und nur dann zwischen $x_1, x_2 \ldots x_n$ besteht, wenn es solche $a_1, a_2 \ldots a_n$ gibt, daß $x_i = \Phi\,(a_i)$ $(i = 1, 2, \ldots n)$ und $R\,(a_1, a_2 \ldots a_n)$ gilt.** Diejenigen Klassen und Relationen natürlicher

In Gödels Beschreibung ist R eine Relation, die eine Beziehung zwischen n Zeichenketten herstellt:

$$R \subseteq (\Sigma^*)^n$$

Hierin steht Σ^* für die Menge aller endlichen Zeichenketten, die mit den Grundzeichen aus der Menge Σ gebildet werden können.

R hat ein isomorphes Bild im Bereich der natürlichen Zahlen. Damit ist die Relation

$$R' \subseteq \mathbb{N}^n$$

gemeint, die den gleichen Sachverhalt auf der Ebene der natürlichen Zahlen nachbildet und folgendermaßen definiert ist:

$$(\ulcorner\varphi_1\urcorner, \ulcorner\varphi_2\urcorner, \ldots, \ulcorner\varphi_n\urcorner) \in R' \;:\Leftrightarrow\; (\varphi_1, \varphi_2, \ldots, \varphi_n) \in R$$

Etwas kompakter können wir die Beziehung auch so notieren:

$$R'(\ulcorner\varphi_1\urcorner, \ulcorner\varphi_2\urcorner, \ldots, \ulcorner\varphi_n\urcorner) \;:\Leftrightarrow\; R(\varphi_1, \varphi_2, \ldots, \varphi_n)$$

Für die einstelligen Relationen (Prädikate)

$$\begin{aligned}
R_1 &:= \{\varphi \in \Sigma^* \mid \varphi \text{ ist eine Variable}\}\\
R_2 &:= \{\varphi \in \Sigma^* \mid \varphi \text{ ist eine Formel}\}\\
R_3 &:= \{\varphi \in \Sigma^* \mid \varphi \text{ ist eine Satzformel}\}\\
R_4 &:= \{\varphi \in \Sigma^* \mid \varphi \text{ ist ein Axiom}\}\\
R_5 &:= \{\varphi \in \Sigma^* \mid \varphi \text{ ist eine beweisbare Formel}\}
\end{aligned}$$

lauten die isomorphen Bilder beispielsweise so:

$$\begin{aligned}
R_1' &:= \{n \in \mathbb{N} \mid n \text{ ist die Gödelnummer einer Variablen}\}\\
R_2' &:= \{n \in \mathbb{N} \mid n \text{ ist die Gödelnummer einer Formel}\}\\
R_3' &:= \{n \in \mathbb{N} \mid n \text{ ist die Gödelnummer einer Satzformel}\}\\
R_4' &:= \{n \in \mathbb{N} \mid n \text{ ist die Gödelnummer eines Axioms}\}\\
R_5' &:= \{n \in \mathbb{N} \mid n \text{ ist die Gödelnummer einer beweisbaren Formel}\}
\end{aligned}$$

Hieraus folgt, dass auch jede Metaaussage über ein formales System eine Entsprechung in der Arithmetik besitzt. Beispielsweise lautet Gödels Satz über die Existenz unentscheidbarer Probleme auf der Formelebene folgendermaßen:

> „Es gibt eine Satzformel φ, so daß weder φ noch die Negation von φ beweisbare Formeln sind.“

Die duale Aussage auf der Ebene der natürlichen Zahlen ist diese hier:

> „Es gibt eine natürliche Zahl n, die die Gödelnummer einer Satzformel φ ist, so dass weder n noch die Zahl, die der Gödelnummer der Negation von φ entspricht, die Gödelnummer einer beweisbaren Formel ist.“

Diese Formulierung klingt reichlich holprig. Aus diesem Grund hat Gödel eine spezielle Kursivschreibweise eingeführt, die sich durch die gesamte Arbeit zieht.

> $R(a_1, a_2 \ldots a_n)$ gilt. Diejenigen Klassen und Relationen natürlicher Zahlen, welche auf diese Weise den bisher definierten metamathematischen Begriffen, z. B. „Variable“, „Formel“, „Satzformel“, „Axiom“, „beweisbare Formel“ usw. zugeordnet sind, bezeichnen wir mit denselben Worten in Kursivschrift. Der Satz, daß es im System P unentscheidbare Probleme gibt, lautet z. B. folgendermaßen: Es gibt *Satzformeln* a, so daß weder a noch die *Negation* von a *beweisbare Formeln* sind.

In Gödels Arbeit hat die Kursivschreibweise also eine semantische Bedeutung. Ist ein Begriff steil gesetzt, so bezieht er sich auf eine Relation der Formelebene. Ist er hingegen kursiv gesetzt, so ist die duale Relation auf der arithmetischen Ebene gemeint.

Merke: In Gödels Arbeit beziehen sich

- steil gedruckte Begriffe auf die syntaktische Ebene und
- kursiv gedruckte Begriffe auf die arithmetische Ebene.

Damit sind wir am Ende unserer Untersuchungen des Systems P angelangt.

5 Primitiv-rekursive Funktionen

„Die ganzen Zahlen hat der liebe Gott gemacht, alles andere ist Menschenwerk.“

Leopold Kronecker [90]

Im Anschluss an die Definition des formalen Systems P schaltet Gödel eine Zwischenbetrachtung ein, die sich über mehrere Seiten erstreckt. Sie hat eine Klasse zahlentheoretischer Funktionen zum Inhalt, die wir heute als *primitiv-rekursive Funktionen* bezeichnen.

5.1 Definition und Eigenschaften

Wir schalten nun eine Zwischenbetrachtung ein, die mit dem formalen System P vorderhand nichts zu tun hat, und geben zunächst folgende Definition: Eine zahlentheoretische Funktion [25]) $\varphi(x_1, x_2 \ldots x_n)$ heißt rekursiv definiert aus den zahlentheoretischen Funktionen $\psi(x_1, x_2 \ldots x_{n-1})$ und $\mu(x_1, x_2 \ldots x_{n+1})$, wenn für alle $x_2 \ldots x_n, k$ [26]) folgendes gilt:

$$\begin{aligned} \varphi\,(0, x_2 \ldots x_n) &= \psi\,(x_2 \ldots x_n) \\ \varphi\,(k+1, x_2 \ldots x_n) &= \mu\,(k, \varphi(k, x_2 \ldots x_n), x_2 \ldots x_n). \end{aligned} \tag{2}$$

[25]) D. h. ihr Definitionsbereich ist die Klasse der nicht negativen ganzen Zahlen (bzw. der n-tupel von solchen) und ihre Werte sind nicht negative ganze Zahlen.

[26]) Kleine lateinische Buchstaben (ev. mit Indizes) sind im folgenden immer Variable für nicht negative ganze Zahlen (falls nicht ausdrücklich das Gegenteil bemerkt ist).

Was Gödel hier beschreibt, wird heute als das Schema der *primitiven Rekursion* bezeichnet:

Definition 5.1 (Primitive Rekursion)

Seien $g : \mathbb{N}^{n-1} \to \mathbb{N}$ und $h : \mathbb{N}^{n+1} \to \mathbb{N}$ zwei Funktionen über den natürlichen Zahlen. Eine Funktion $f : \mathbb{N}^n \to \mathbb{N}$ ist nach dem Schema der *primitiven Rekursion* definiert, wenn für sie gilt:

$$\begin{aligned} f(0, x_2, \ldots, x_n) &= g(x_2, \ldots, x_n) \\ f(k+1, x_2, \ldots, x_n) &= h(k, f(k, x_2, \ldots, x_n), x_2, \ldots, x_n) \end{aligned}$$

Viele zahlentheoretische Funktionen lassen sich rekursiv definieren. Prominente Vertreter sind die Addition, die Multiplikation und die Potenzierung:

$$\begin{aligned} \mathrm{add}(0, x) &= x \\ \mathrm{add}(k+1, x) &= \mathrm{s}(\mathrm{add}(k, x)) \\ \mathrm{mult}(0, x) &= 0 \\ \mathrm{mult}(k+1, x) &= \mathrm{add}(\mathrm{mult}(k, x), x) \\ \mathrm{pow}(0, x) &= 1 \\ \mathrm{pow}(k+1, x) &= \mathrm{mult}(\mathrm{pow}(k, x), x) \end{aligned}$$

Die ersten beiden Schemata sind für uns nicht neu. In einer leicht abgewandelten Form haben wir sie auf Seite 197 dazu verwendet, die Addition und die Multiplikation in das Systems P zu integrieren.

Die Idee, arithmetische Funktionen auf diese Weise zu charakterisieren, geht nicht auf Gödel zurück. Entsprechende Bildungsschemata wurden bereits 1861 von Hermann Graßmann in dessen *Lehrbuch der Arithmetik für höhere Lehrveranstaltungen* verwendet. Auf den Seiten 17 und 18 definiert Graßmann die Multiplikation folgendermaßen:

Hermann Graßmann (1809 – 1877)

„*Unter a · 1 (gelesen a mal eins oder a multiplicirt mit eins) versteht man die Grösse a selbst, d. h. a · 1 = a.* [...] *Die Multiplikation mit den übrigen Zahlen (ausser 1), wird durch folgende Formeln bestimmt: a · (β + 1) = a · β + a, wo β eine positive Zahl ist.*“

Hermann Graßmann, 1861 [37]

Auf Seite 73 führt er die Potenzierung nach dem gleichen rekursiven Schema auf die Multiplikation zurück:

> *„Eine Zahl mit einer ganzen Zahl potenziren heisst beide Zahlen so verknüpfen, dass, wenn die zweite null ist, das Resultat 1 wird, und wenn die zweite um 1 wächst, das Resultat sich mit der ersten Zahl multiplicirt, oder unter der Potenz a^n, gelesen a zur n-ten, versteht man diejenige Verknüpfung, für welche die Formeln $a^0 = 1$ [und] $a^{n+1} = a^n a$ gelten.“*
>
> Hermann Graßmann, 1861 [37]

Auch Richard Dedekind benutzte das Schema der primitiven Rekursion, um die arithmetischen Grundoperationen auf den natürlichen Zahlen zu erklären. Die entsprechenden Definitionen finden wir auf den Seiten 44 bis 49 seiner berühmten Arbeit *Was sind und was sollen die Zahlen?* aus dem Jahr 1888:

> Seite 44: „[...] *und nennen diese Zahl die Summe, welche aus der Zahl m durch Addition der Zahl n entsteht, oder kurz die Summe der Zahlen m, n. Dieselbe ist daher nach 126 vollständig bestimmt durch die Bedingungen*
>
> $$\text{II.} \quad m + 1 = m'$$
> $$\text{III.} \quad m + n' = (m + n)'.\text{“}$$
>
> Seite 47: „[...] *und nennen diese Zahl das Product, welches aus der Zahl m durch Multiplication mit der Zahl n entsteht, oder kurz das Product der Zahlen m, n. Dasselbe ist daher nach 126 vollständig bestimmt durch die Bedingungen*
>
> $$\text{II.} \quad m \cdot 1 = m$$
> $$\text{III.} \quad m\,n' = m\,n + m.\text{“}$$
>
> Seite 49: „[...] *und nennen diese Zahl eine Potenz der Basis a, während n der Exponent dieser Potenz von a heißt. Dieser Begriff ist daher vollständig bestimmt durch die Bedingungen*
>
> $$\text{II.} \quad a^1 = a$$
> $$\text{III.} \quad a^{n'} = a \cdot a^n = a^n \cdot a\text{“}$$
>
> Richard Dedekind, 1888 [15]

Für die Benennung des Nachfolgers einer natürlichen Zahl verwendete Dedekind die *Strichnotation*. In dieser Notation steht n' für die Zahl $n + 1$.

Weiter unten wird Gödel das Schema der primitiven Rekursion verwenden, um die Klasse der *primitiv-rekursiven Funktionen* zu definieren. In seiner Arbeit bezeichnet er diese Funktionen schlicht als *rekursive Funktionen*, da der Begriff der primitiv-rekursiven Funktion 1931 noch gar nicht existierte.

Dieser wurde erst im Jahr 1934 durch die ungarische Mathematikerin Rózsa Péter geprägt, der wir zahlreiche Erkenntnisse auf dem Gebiet der Rekursionstheorie zu verdanken haben. Später wurde er von David Hilbert und Paul Bernays in den ersten Band ihres einflussreichen Werks *Grundlagen der Mathematik* übernommen und hierdurch zu einem festen Bestandteil des mathematischen Wortschatzes [51].

Rózsa Péter (1905 – 1977)

Der Begriff der *rekursiven Funktion* wird heute immer noch benutzt, allerdings bezeichnet er mittlerweile etwas anderes. Heute wird unter einer *rekursiven Funktion* in den allermeisten Fällen eine *berechenbare Funktion* verstanden. Alle primitiv-rekursiven Funktionen sind berechenbar, aber nicht umgekehrt.

Eine zahlentheoretische Funktion φ heißt rekursiv, wenn es eine endliche Reihe von zahlentheor.Funktionen $\varphi_1, \varphi_2 \ldots \varphi_n$ gibt, welche mit φ endet und die Eigenschaft hat, daß jede Funktion φ_k der Reihe entweder aus zwei der vorhergehenden rekursiv definiert ist oder

180 Kurt Gödel,

aus irgend welchen der vorhergehenden durch Einsetzung entsteht [27]) oder schließlich eine Konstante oder die Nachfolgerfunktion $x+1$ ist. Die Länge der kürzesten Reihe von φ_i, welche zu einer

[27]) Genauer: durch Einsetzung gewisser der vorhergehenden Funktionen an die Leerstellen einer der vorhergehenden, z. B. $\varphi_k(x_1, x_2) = \varphi_p[\varphi_q(x_1, x_2), \varphi_r(x_2)]$ $(p, q, r < k)$. Nicht alle Variable der linken Seite müssen auch rechts vorkommen (ebenso im Rekursionsschema (2)).

In einer moderneren Formulierung lautet die Definition so:

Definition 5.2 (Primitiv-rekursive Funktion)

Die folgenden Funktionen sind primitiv rekursiv:

(PR1) Die Nullfunktion ☞ $\text{null}(x) := 0$

(PR2) Die Nachfolgerfunktion ☞ $\text{s}(x) := x + 1$

(PR3) Die Projektionsfunktionen ☞ $\pi_i^n(x_1, \ldots, x_n) := x_i$

Ferner gelten zwei rekursive Bildungsregeln:

(PR4) Sind $h : \mathbb{N}^k \to \mathbb{N}$ und $g_1, \ldots, g_k : \mathbb{N}^n \to \mathbb{N}$ primitiv-rekursiv, dann ist es auch die durch Einsetzung entstehende Funktion

$$h(g_1(x_1, \ldots, x_n), \ldots, g_k(x_1, \ldots, x_n)).$$

(PR5) Sind $g : \mathbb{N}^{n-1} \to \mathbb{N}$ und $h : \mathbb{N}^{n+1} \to \mathbb{N}$ primitiv-rekursiv, dann ist es auch die Funktion $f(k, x_2, \ldots, x_n)$, die aus g und h durch das Schema der primitiven Rekursion entsteht.

Unsere Definition unterscheidet sich in zwei Punkten von der Gödel'schen:

- Anstatt alle konstanten Funktionen als primitiv-rekursiv zu erklären, ist nur noch die Nullfunktion genannt. Diese ist ausreichend, da alle konstanten Funktionen mit dem Einsetzungsschema aus der Nullfunktion und der Nachfolgerfunktion gewonnen werden können.

- Mit den Projektionen wird eine Klasse von Funktionen als primitiv-rekursiv erklärt, die in Gödels Definition nicht aufgeführt ist. Um zu sehen, warum Gödel hierauf verzichten konnte, überzeugen wir uns zunächst davon, dass die *identische Abbildung*, die jede natürliche Zahl auf sich selbst abbildet, ebenfalls primitiv-rekursiv ist. Wir können sie ganz einfach über das Schema der primitiven Rekursion definieren:

$$\begin{aligned} \text{id}(0) &:= 0 && \text{(PR5)} \\ \text{id}(k+1) &:= \text{s}(\text{id}(k)) && ☞\ \text{id}(x) = x \end{aligned}$$

Jetzt können wir die Projektionsfunktionen π_i^n über das Einsetzungsschema gewinnen:

$$\pi_i^n(x_1, \ldots, x_n) := \text{id}(\text{id}(x_i)) \qquad \text{(PR4)}$$

☞ $\pi_i^n(x_1, \ldots, x_n) = x_i$

Beachten Sie, dass die Konstruktion nur durch eine zusätzliche Freiheit gelingt, die sich Gödel in Fußnote 27 spendiert. Dort legt er fest, dass nicht alle

Variablen der linken Seite auch rechts vorkommen müssen. In der Tat würde die Konstruktion ohne diese Vereinbarung nicht funktionieren, da schon die Definition der identischen Abbildung nicht exakt dem Schema der primitiven Rekursion entspricht. Legen wir die Definition streng aus, so müsste die äußere Funktion mindestens zwei Argumentstellen besitzen; mit der Nachfolgerfunktion ‚s' haben wir aber eine einstellige Funktion eingesetzt.
Aus mathematischer Sicht ist Gödels Festlegung in Fußnote 27 eher informell, und dies ist der Grund, warum die meisten modernen Definitionen darauf verzichten. Die nachfolgenden Beispiele werden zeigen, dass wir sie auch gar nicht benötigen, wenn wir die Projektionen vorab als primitiv-rekursiv erklären. Diese werden sich als universelle Adapter erweisen, über die wir Funktionen mit unterschiedlichen Signaturen flexibel miteinander verbinden können.

Wir werden nun eine endliche Reihe primitiv-rekursiver Funktionen angeben, die nacheinander die Addition, die Multiplikation und die Potenzierung hervorbringen wird. Es ist die Formelreihe

$$f_1, f_2, f_3, f_4, f_5, f_6, f_7, f_8, f_9, f_{10}, f_{11}, f_{12}$$

mit

$$f_1(x) := \mathrm{s}(x)$$

(PR2) ☞ $f_1(x) = x + 1$

$$f_2(x_1, x_2, x_3) := \pi^3_2(x_1, x_2, x_3)$$

(PR3) ☞ $f_2(x_1, x_2, x_3) = x_2$

$$f_3(x_1, x_2, x_3) := f_1(f_2(x_1, x_2, x_3))$$

(PR4) ☞ $f_3(x_1, x_2, x_3) = x_2 + 1$

$$f_4(x) := \pi^1_1(x)$$

(PR3) ☞ $f_4(x) = x$

$$\begin{aligned} f_5(0, x) &:= f_4(x) \\ f_5(k+1, x) &:= f_3(k, f_5(k, x), x) \end{aligned}$$

(PR5) ☞ $f_5(k, x) = x + k$

$$f_6(x_1, x_2, x_3) := \pi^3_3(x_1, x_2, x_3)$$

(PR3) ☞ $f_6(x_1, x_2, x_3) = x_3$

$$f_7(x_1, x_2, x_3) := f_5(f_2(x_1, x_2, x_3), f_6(x_1, x_2, x_3))$$

(PR4) ☞ $f_7(x_1, x_2, x_3) = x_2 + x_3$

$$f_8(x) := \mathrm{null}(x)$$

(PR1) ☞ $f_8(x) = 0$

$$\begin{aligned} f_9(0, x) &:= f_8(x) \\ f_9(k+1, x) &:= f_7(k, f_9(k, x), x) \end{aligned}$$

(PR5) ☞ $f_9(k, x) = x \cdot k$

$$f_{10}(x) := f_1(f_8(x)) \qquad \text{(PR4)}$$

☞ $f_{10}(x) = 1$

$$f_{11}(x_1, x_2, x_3) := f_9(f_2(x_1, x_2, x_3), f_6(x_1, x_2, x_3)) \qquad \text{(PR4)}$$

☞ $f_{11}(x_1, x_2, x_3) = x_2 \cdot x_3$

$$\begin{aligned} f_{12}(0, x) &:= f_{10}(x) \\ f_{12}(k+1, x) &:= f_{11}(k, f_{12}(k, x), x) \end{aligned} \qquad \text{(PR5)}$$

☞ $f_{12}(k, x) = x^k$

An fünfter Stelle dieser Reihe finden wir die Addition, an neunter Stelle die Multiplikation und an zwölfter Stelle die Potenzierung wieder.

Als Nächstes folgt bei Gödel ein Begriff, der nur am Rande eine Rolle spielt:

> ist. **Die Länge der kürzesten Reihe von φ_i, welche zu einer rekursiven Funktion φ gehört, heißt ihre Stufe.** Eine Relation

Unter der Annahme, dass die angegebene Formelreihe die kürzeste ist, mit der sich unsere Beispielfunktionen definieren lassen, können wir deren Stufen direkt ablesen. Die Addition ist dann eine Funktion der Stufe 5, die Multiplikation eine Funktion der Stufe 9 und die Potenzierung eine Funktion der Stufe 12. Gödel nimmt auf die Stufe immer dann Bezug, wenn er eine Aussage über primitiv-rekursive Funktionen mit dem Mittel der vollständigen Induktion beweist. Damit ein solcher Beweis funktioniert, ist es wichtig, dass jede Funktion eine Stufe besitzt, ihr konkreter Wert spielt dabei aber nur eine untergeordnete Rolle.

Als Nächstes werden wir zeigen, dass sich auch die Vorgängerfunktion

$$\mathrm{p}(x) := \begin{cases} 0 & \text{falls } x = 0 \\ x - 1 & \text{sonst} \end{cases}$$

und die (gesättigte) Subtraktion

$$x \dot{-} y := \begin{cases} x - y & \text{falls } x > y \\ 0 & \text{sonst} \end{cases}$$

primitiv-rekursiv formulieren lassen. Hierzu führen wir die begonnene Formelreihe nach dem gleichem Muster fort:

$$f_{13}(x_1, x_2) := \pi_1^2(x_1, x_2) \qquad \text{(PR3)}$$

☞ $f_{13}(x_1, x_2) = x_1$

$$f_{14}(0, x) := f_8(x) \qquad \text{(PR5)}$$

$$f_{14}(k+1,x) := f_{13}(k, f_{14}(k,x)) \qquad \text{☞} f_{14}(k,x) = \mathrm{p}(k)$$

(PR4)

$$f_{15}(x) := f_{14}(f_4(x), f_4(x)) \qquad \text{☞} f_{15}(x) = \mathrm{p}(x)$$

(PR3)

$$f_{16}(x_1,x_2) := \pi_2^2(x_1,x_2) \qquad \text{☞} f_{16}(x_1,x_2) = x_2$$

(PR4)

$$f_{17}(x_1,x_2) := f_{15}(f_{16}(x_1,x_2)) \qquad \text{☞} f_{17}(x_1,x_2) = \mathrm{p}(x_2)$$

(PR5)

$$\begin{aligned} f_{18}(0,x) &:= f_4(x) \\ f_{18}(k+1,x) &:= f_{17}(k, f_{18}(k,x)) \end{aligned} \qquad \text{☞} f_{18}(k,x) = x \dot{-} k$$

(PR4)

$$f_{19}(x_1,x_2) := f_{18}(f_{16}(x_1,x_2), f_{13}(x_1,x_2)) \qquad \text{☞} f_{19}(x_1,x_2) = x_1 \dot{-} x_2$$

Mit der letzten Funktion wollen wir uns noch ein wenig intensiver beschäftigen. Neben ihrer funktionalen Bedeutung – die Funktion berechnet die gesättigte Differenz – besitzt sie nämlich auch eine relationale Bedeutung. Ihr Funktionswert ist genau dann 0, wenn die Zahl x kleiner oder gleich y ist:

$$x \leq y \;\Leftrightarrow\; f_{19}(x,y) = 0$$

Das bedeutet, dass wir durch das Ausrechnen des Funktionswerts entscheiden können, ob zwei Zahlen x, y die Beziehung $x \leq y$ erfüllen oder nicht.

Indem wir das Bestehen oder Nichtbestehen einer Relation in der geschehenen Weise an den Funktionswert knüpfen, können wir nicht nur von primitiv-rekursiven Funktionen, sondern auch von primitiv-rekursiven Relationen sprechen:

Definition 5.3 (Primitiv-rekursive Relation)

Eine Relation R zwischen den natürlichen Zahlen $x_1, \ldots, x_n$ heißt *primitiv-rekursiv*, wenn eine primitiv-rekursive Funktion f mit der Eigenschaft

$$R(x_1, \ldots, x_n) \;\Leftrightarrow\; f(x_1, \ldots, x_n) = 0$$

existiert. f nennen wir die *charakteristische Funktion* von R.

Da zwischen Mengen und einstelligen Relationen kein Unterschied besteht, können wir genauso gut von primitiv-rekursiven Mengen sprechen. In diesem Fall nimmt Definition 5.3 den folgenden Wortlaut an:

Definition 5.4 (Primitiv-rekursive Menge)

Eine Menge $M \subseteq \mathbb{N}$ heißt *primitiv-rekursiv*, wenn eine primitiv-rekursive Funktion f mit der Eigenschaft

$$x \in M \Leftrightarrow f(x) = 0$$

existiert. f nennen wir die *charakteristische Funktion* von M.

Gödels Worte lesen sich nun sehr vertraut:

rekursiven Funktion φ gehört, heißt ihre Stufe. Eine Relation zwischen natürlichen Zahlen $R(x_1 \ldots x_n)$ heißt rekursiv [28]), wenn es eine rekursive Funktion $\varphi(x_1 \ldots x_n)$ gibt, so daß für alle $x_1, x_2 \ldots x_n$

$$R(x_1 \ldots x_n) \sim [\varphi(x_1 \ldots x_n) = 0]^{29)}.$$

[28]) Klassen rechnen wir mit zu den Relationen (einstellige Relationen). Rekursive Relationen R haben natürlich die Eigenschaft, daß man für jedes spezielle Zahlen-n-tupel entscheiden kann, ob $R(x_1 \ldots x_n)$ gilt oder nicht.

[29]) Für alle inhaltlichen (insbes. auch die metamathematischen) Überlegungen wird die Hilbertsche Symbolik verwendet. Vgl. Hilbert-Ackermann, Grundzüge der theoretischen Logik, Berlin 1928.

In diesem Kontext verwendet Gödel das Symbol ‚$\sim$', um die Äquivalenz der linken und der rechten Seite auszudrücken, gesprochen als *„genau dann, wenn"*. Es ist bedeutungsgleich mit dem Symbol ‚$\Leftrightarrow$', das wir heute für diesen Zweck verwenden.

Fußnote 28 ist wichtig. Hier weist Gödel darauf hin, dass alle primitiv-rekursiven Relationen entscheidbar sind, d. h., wir können für n vorgelegte Zahlen $x_1, \ldots, x_n$ stets die Frage beantworten, ob sie in der Relation R zueinander stehen oder nicht. Tatsächlich gelingt dies sehr einfach, da wir zu diesem Zweck nur den Funktionswert $f(x_1, \ldots, x_n)$ ausrechnen müssen, wobei f die zu R gehörige primitiv-rekursive Funktion ist. Erhalten wir das Ergebnis 0, so ist $(x_1, \ldots, x_n) \in R$, andernfalls gilt $(x_1, \ldots, x_n) \notin R$.

Als Nächstes beweist Gödel vier grundlegende Sätze über primitiv-rekursive Funktionen und Relationen.

Es gelten folgende Sätze:

I. Jede aus rekursiven Funktionen (Relationen) durch Einsetzung rekursiver Funktionen an Stelle der Variablen entstehende Funktion (Relation) ist rekursiv; ebenso jede

Funktion, die aus rekursiven Funktionen durch rekursive Definition nach dem Schema (2) entsteht.

Dieser Satz besagt, dass z. B. die Funktion

$$\begin{aligned}\text{mult}(0, x) &:= \text{null}(x)\\ \text{mult}(k+1, x) &:= \text{add}(\pi_2^3(k, \text{mult}(k, x), x),\\ &\qquad \pi_3^3(k, \text{mult}(k, x), x))\end{aligned} \tag{5.1}$$

primitiv-rekursiv ist, da sie aus anderen primitiv-rekursiven Funktionen durch das Einsetzungsschema und das Schema der primitiven Rekursion entstanden ist. Dass Gödel Satz I überhaupt aufführt, ist eher der Vollständigkeit geschuldet. Seine Richtigkeit ergibt sich unmittelbar aus der Tatsache, dass wir eine zusammengesetzte Formel in eine Formelreihe übersetzen können, in der die Einsetzungen schrittweise nachvollzogen werden. Wie diese für die Beispielformel (5.1) aussieht, wissen wir bereits. Es die Reihe, die aus den oben definierten Formeln $f_1, \ldots, f_9$ gebildet wird.

Auch wenn Satz I inhaltlich wenig spektakulär erscheint, bringt er ein hohes Maß an Komfort mit sich. Er erlaubt uns, auf die aufwendige Konstruktion der Formelreihen zu verzichten und primitiv-rekursive Funktionen in der kompakten Schreibweise zu notieren, die wir bereits in (5.1) verwendet haben.

II. Wenn R und S rekursive Relationen sind, dann auch $\overline{R}$, $R \bigvee S$ (daher auch $R \,\&\, S$).

Sind R und S n-stellige Relationen, so sind mit $\overline{R}$, $R \vee S$ und $R \,\&\, S$ die folgenden Relationen gemeint:

$$\begin{aligned}\overline{R} &:= \{(x_1, \ldots, x_n) \mid (x_1, \ldots, x_n) \notin R\}\\ R \vee S &:= \{(x_1, \ldots, x_n) \mid (x_1, \ldots, x_n) \in R \text{ oder } (x_1, \ldots, x_n) \in S\}\\ R \,\&\, S &:= \{(x_1, \ldots, x_n) \mid (x_1, \ldots, x_n) \in R \text{ und } (x_1, \ldots, x_n) \in S\}\end{aligned}$$

Die Schreibweise $\overline{R}$ verwenden wir weiterhin; sie ist auch heute noch üblich. Da Relationen Mengen sind, können wir für $R \vee S$ und $R \,\&\, S$ auch die Mengenschreibweise $R \cup S$ bzw. $R \cap S$ verwenden.

Der Beweis von Satz II ist schnell erledigt:

- Komplementärrelation $\overline{R}$
  Ist R eine primitiv-rekursive Relation, so existiert eine Funktion f_R mit

$$(x_1, \ldots, x_n) \in R \Leftrightarrow f_R(x_1, \ldots, x_n) = 0$$

Dann ist

$$(x_1, \ldots, x_n) \in \overline{R} \Leftrightarrow \alpha(f_R(x_1, \ldots, x_n)) = 0,$$

wenn wir die Funktion α folgendermaßen definieren:

$$\alpha(x) := \begin{cases} 1 & \text{falls } x = 0 \\ 0 & \text{falls } x \neq 0 \end{cases}$$

Die Funktion α ist primitiv-rekursiv; wir können sie ohne Mühe aus der gesättigten Subtraktion und der Einsfunktion gewinnen:

$$\alpha(x) = 1 \dot{-} x$$

Die Komposition von α und f_R ist nach dem Einsetzungsschema ebenfalls primitiv-rekursiv und somit auch $\overline{R}$.

- Vereinigungsrelation $R \cup S$
  Sind R und S primitiv-rekursive Relationen, so existieren Funktionen f_R und f_S mit

$$(x_1, \ldots, x_n) \in R \Leftrightarrow f_R(x_1, \ldots, x_n) = 0$$
$$(x_1, \ldots, x_n) \in S \Leftrightarrow f_S(x_1, \ldots, x_n) = 0$$

Dann ist

$$(x_1, \ldots, x_n) \in R \cup S \Leftrightarrow \beta(f_R(x_1, \ldots, x_n), f_S(x_1, \ldots, x_n)) = 0, \qquad (5.2)$$

wenn wir die Funktion β folgendermaßen definieren:

$$\beta(x, y) = \begin{cases} 0 & \text{falls } x = 0 \text{ oder } y = 0 \\ 1 & \text{sonst} \end{cases}$$

Die Funktion β können wir aus der Multiplikation, der gesättigten Subtraktion und der Einsfunktion gewinnen. Sie ist deshalb ebenfalls primitiv-rekursiv:

$$\beta(x, y) = 1 \dot{-} (1 \dot{-} x \cdot y)$$

Dann ist die Funktion auf der rechten Seite von (5.2) ebenfalls primitiv-rekursiv und somit auch $R \cup S$.

- Schnittrelation $R \cap S$
  Die Behauptung folgt sofort aus der Tatsache, dass wir den Mengenschnitt auf das Komplement und die Vereinigung zurückführen können:

$$R \cap S = \overline{\overline{R} \cup \overline{S}} \qquad \square$$

III. Wenn die Funktionen $\varphi(\mathfrak{x})$, $\psi(\mathfrak{y})$ rekursiv sind, dann auch die Relation: $\varphi(\mathfrak{x}) = \psi(\mathfrak{y})$ [30]).

[30]) Wir verwenden deutsche Buchstaben $\mathfrak{x}, \mathfrak{y}$ als abkürzende Bezeichnung für beliebige Variablen-n-tupel, z. B. $x_1\, x_2 \ldots x_n$.

Wir nehmen an, f sei eine n-stellige und g eine m-stellige primitiv-rekursive Funktion. Satz III besagt dann, dass die Relation $R \subseteq \mathbb{N}^{n+m}$ mit

$$R := \{(x_1, \ldots, x_n, y_1, \ldots, y_m) \mid f(x_1, \ldots, x_n) = g(y_1, \ldots, y_m)\}$$

primitiv-rekursiv ist.

Dies ist ebenfalls leicht einzusehen. Sind f und g primitiv-rekursive Funktionen, so ist es auch die Funktion

$$\begin{aligned}
\gamma(x_1, \ldots, x_n, y_1, \ldots, y_m) &:= \alpha(\alpha(c) \cdot \alpha(d)) \text{ mit} \\
c &:= f(x_1, \ldots, x_n) \dot{-} g(y_1, \ldots, y_m) \\
d &:= g(y_1, \ldots, y_m) \dot{-} f(x_1, \ldots, x_n)
\end{aligned}$$

Für diese Funktion gilt

$$\gamma(x_1, \ldots, x_n, y_1, \ldots, y_m) = \begin{cases} 0 & \text{falls } f(x_1, \ldots, x_n) = g(y_1, \ldots, y_m) \\ 1 & \text{sonst} \end{cases}$$

und daraus können wir schließen:

$$(x_1, \ldots, x_n, y_1, \ldots, y_m) \in R \Leftrightarrow \gamma(x_1, \ldots, x_n, y_1, \ldots, y_m) = 0$$

Damit ist R als primitiv-rekursiv identifiziert.

In Fußnote 30 erklärt Gödel die Bedeutung der kleinen altdeutschen Buchstaben, die an verschiedenen Stellen seiner Arbeit auftauchen. Sie dienen als eine kompakte Schreibweise für beliebige Variablen-n-Tupel:

$$\begin{aligned}
\mathfrak{x} &= (x_1, \ldots, x_n), \\
\mathfrak{y} &= (y_1, \ldots, y_m), \text{ etc.}
\end{aligned}$$

Bereits im nächsten Satz kommen sie wieder vor:

IV. Wenn die Funktion $\varphi(\mathfrak{x})$ und die Relation $R(x, \mathfrak{y})$ rekursiv sind, dann auch die Relationen S, T

$$S(\mathfrak{x}, \mathfrak{y}) \sim (Ex)[x \leq \varphi(\mathfrak{x}) \,\&\, R(x, \mathfrak{y})]$$
$$T(\mathfrak{x}, \mathfrak{y}) \sim (x)[x \leq \varphi(\mathfrak{x}) \rightarrow R(x, \mathfrak{y})]$$

sowie die Funktion ψ

$$\psi(\mathfrak{x},\mathfrak{y}) = \varepsilon x\,[x \leqq \varphi(\mathfrak{x})\ \&\ R\,(x,\mathfrak{y})],$$

wobei $\varepsilon\, x\, F(x)$ bedeutet: Die kleinste Zahl x, für welche $F(x)$ gilt und 0, falls es keine solche Zahl gibt.

Um die Betrachtung von Satz IV einfacher zu gestalten, beschränken wir uns auf den Fall, dass $\mathfrak{x}$ eine leere Variablenliste ist. Gödels Worte lesen sich dann so:

> IV. Wenn die Konstante φ und die Relation $R\,(x,\mathfrak{y})$ rekursiv sind, dann auch die Relationen S, T
>
> $$S\,(\mathfrak{y}) \sim (E x)\,[x \leqq \varphi\ \&\ R\,(x,\mathfrak{y})]$$
> $$T\,(\mathfrak{y}) \sim (x)\,[x \leqq \varphi \rightarrow R\,(x,\mathfrak{y})]$$
>
> sowie die Funktion ψ
>
> $$\psi(\mathfrak{y}) = \varepsilon x\,[x \leqq \varphi\ \&\ R\,(x,\mathfrak{y})],$$
>
> wobei $\varepsilon\, x\, F(x)$ bedeutet: Die kleinste Zahl x, für welche $F(x)$ gilt und 0, falls es keine solche Zahl gibt.

Wir bringen Gödels Definitionen von S, T und ψ zunächst in eine Form, die für uns leichter zu lesen ist:

$$\begin{aligned}
(y_1,\ldots,y_m) \in S \ &:\Leftrightarrow \text{ es existiert ein } x \text{ mit } x \leq \varphi \text{ und } (x,y_1,\ldots,y_m) \in R\\
(y_1,\ldots,y_m) \in T \ &:\Leftrightarrow \text{ für alle } x \leq \varphi \text{ ist } (x,y_1,\ldots,y_m) \in R\\
\psi(y_1,\ldots,y_m) \ &:= \text{ das kleinste } x \text{ mit } x \leq \varphi \text{ und } (x,y_1,\ldots,y_m) \in R,\\
&\ \text{ oder } 0, \text{ falls kein solches } x \text{ existiert}
\end{aligned}$$

Die Funktion ψ betrachten wir als Erstes. Satz IV setzt voraus, dass R eine primitiv-rekursive Relation ist, d. h., es existiert eine Funktion – Gödel wird sie später mit ρ bezeichnen –, die Folgendes erfüllt:

$$(x,y_1,\ldots,y_m) \in R \ \Leftrightarrow\ \rho(x,y_1,\ldots,y_m) = 0$$

Damit können wir die Definition von ψ folgendermaßen umschreiben:

$$\begin{aligned}
\psi(y_1,\ldots,y_m) \ &= \text{ das kleinste } x \text{ mit } x \leq \varphi \text{ und } \rho(x,y_1,\ldots,y_m) = 0,\\
&\ \text{ oder } 0, \text{ falls kein solches } x \text{ existiert}
\end{aligned}$$

Dass die Funktion ψ primitiv-rekursiv ist, beweist Gödel mit einem klugen Trick. Zunächst konstruiert er eine Funktion $\chi(x,y_1,\ldots,y_m)$, über die sich der Wert $\psi(y_1,\ldots,y_m)$ elegant ausrechnen lässt. Anschließend beweist er, dass χ eine primitiv-rekursive Funktion ist und sich diese Eigenschaft auf ψ überträgt.

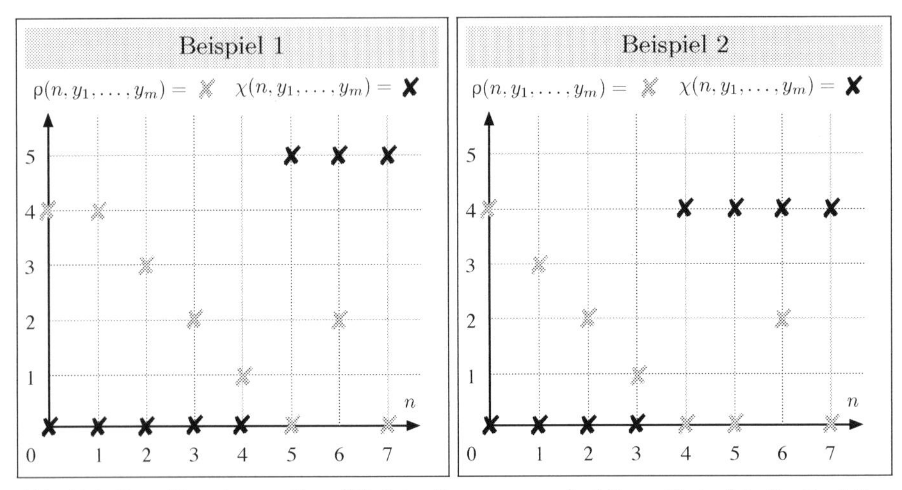

Abb. 5.1 Zum Beweis von Satz IV: Ist $\rho(0, y_1, \ldots, y_m) \neq 0$, so lässt sich die Funktion ψ über die primitiv-rekursive Funktion χ berechnen.

Die besagte Funktion χ ist folgendermaßen definiert:

$$\chi(0, y_1, \ldots, y_m) := 0$$

$$\chi(n+1, y_1, \ldots, y_m) := \begin{cases} n+1 & \text{falls} \quad \rho(n+1, y_1, \ldots, y_m) = 0 \text{ und} \\ & \qquad\qquad \chi(n, y_1, \ldots, y_m) = 0 \\ \chi(n, y_1, \ldots, y_m) & \text{sonst} \end{cases} \tag{5.3}$$

Um die Bedeutung der Funktion χ zu verstehen, betrachten wir die beiden Beispiele aus Abbildung 5.1. Die Werteverläufe zeigen, dass die Funktion χ so lange 0 bleibt, bis die Funktion ρ das erste Mal den Wert 0 annimmt. Ab diesem Wert von n entspricht der Funktionswert von χ dem kleinsten n mit $\rho(n, y_1, \ldots, y_m) = 0$, und dieser Wert wird für immer beibehalten. Damit können wir den gesuchten Funktionswert $\psi(y_1, \ldots, y_m)$ ganz einfach so ausrechnen:

$$\psi(y_1, \ldots, y_m) = \chi(\varphi, y_1, \ldots, y_m) \tag{5.4}$$

Um zu zeigen, dass ψ primitiv-rekursiv ist, reicht es deshalb aus, χ als eine primitiv-rekursive Funktion zu identifizieren, und genau dies wollen wir nun tun.

Zunächst schreiben wir die Funktion χ geringfügig um. Es gilt:

$$\begin{aligned} \chi(0, y_1, \ldots, y_m) &= 0 \\ \chi(n+1, y_1, \ldots, y_m) &= (n+1) \cdot a + \chi(n, y_1, \ldots, y_m) \cdot (1 \dot{-} a) \end{aligned}$$

mit

$$a := \begin{cases} 1 & \text{falls } \rho(n+1, y_1, \ldots, y_m) = 0 \text{ und } \chi(n, y_1, \ldots, y_m) = 0 \\ 0 & \text{sonst} \end{cases}$$

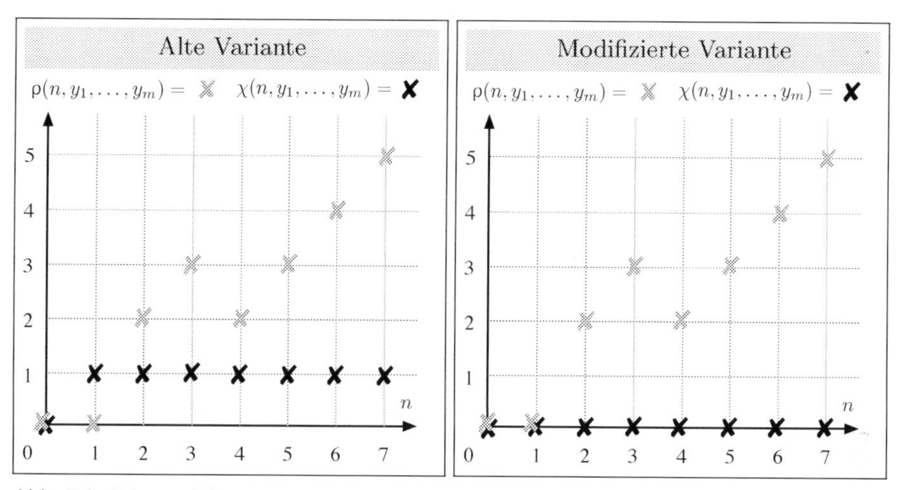

Abb. 5.2 Die modifizierte Variante ist auch für den Fall $\rho(0, y_1, \ldots, y_m) = 0$ korrekt.

Mithilfe der primitiv-rekursiven Funktion α, die wir weiter oben definiert haben, können wir a ganz einfach so ausrechnen:

$$a = \alpha(\rho(n+1, y_1, \ldots, y_m)) \cdot \alpha(\chi(n, y_1, \ldots, y_m))$$

Damit ist gezeigt, dass die Funktion χ primitiv-rekursiv ist.

Ganz fertig sind wir trotzdem noch nicht! Für die Beispiele aus Abbildung 5.1 funktioniert die Funktion χ zwar prächtig, allerdings haben wir einen wichtigen Spezialfall noch nicht beachtet. Ist nämlich die Funktion $\rho(n, y_1, \ldots, y_m)$ an den Stellen $n = 0$ und $n = 1$ gleich 0, so ist $\chi(1, y_1, \ldots, y_m)$ gleich 1, aber der Funktionswert müsste 0 sein.

Aus diesem Grund müssen wir Definition (5.3) so anpassen, dass auch dieser Spezialfall korrekt berücksichtigt wird. Die nachstehende Modifikation erfüllt ihren Zweck (Abbildung 5.2):

$$\begin{aligned}
\chi(0, y_1, \ldots, y_m) &:= 0 \\
\chi(n+1, y_1, \ldots, y_m) &:= \begin{cases} n+1 & \text{falls} \quad \begin{aligned} \rho(0, y_1, \ldots, y_m) &\neq 0 \text{ und} \\ \rho(n+1, y_1, \ldots, y_m) &= 0 \text{ und} \\ \chi(n, y_1, \ldots, y_m) &= 0 \end{aligned} \\ \chi(n, y_1, \ldots, y_m) & \text{sonst} \end{cases}
\end{aligned} \tag{5.5}$$

Die Modifikation ändert nichts an der Eigenschaft von χ, primitiv-rekursiv zu sein. Es ist

$$\begin{aligned}
\chi(0, y_1, \ldots, y_m) &= 0 \\
\chi(n+1, y_1, \ldots, y_m) &= (n+1) \cdot a + \chi(n, y_1, \ldots, y_m) \cdot (1 \dot{-} a)
\end{aligned}$$

mit

$$a = \alpha(\alpha(\rho(0, y_1, \ldots, y_m))) \cdot \alpha(\rho(n+1, y_1, \ldots, y_m)) \cdot \alpha(\chi(n, y_1, \ldots, y_m))$$

Damit ist der erste Teil des Beweises erledigt.

Als Nächstes wenden wir uns den Relationen S und T zu. Unser Wissen, dass die Funktion ψ primitiv-rekursiv ist, können wir ohne Mühe auf die Relation S übertragen. Es gilt:

$$\begin{aligned}(y_1, \ldots, y_m) \in S &\Leftrightarrow \text{ es existiert ein } x \text{ mit } x \leq \varphi \text{ und } (x, y_1, \ldots, y_m) \in R \\ &\Leftrightarrow (\psi(y_1, \ldots, y_m), y_1, \ldots, y_m) \in R \qquad (5.6)\end{aligned}$$

Die Relation T ist ebenfalls primitiv-rekursiv, da wir sie auf einen analogen Fall zurückführen können. Zunächst gilt für die komplementäre Relation $\overline{T}$ das Folgende:

$$\begin{aligned}(y_1, \ldots, y_m) \in \overline{T} &\Leftrightarrow \text{ nicht für alle } x \leq \varphi \text{ ist } (x, y_1, \ldots, y_m) \in R \\ &\Leftrightarrow \text{ es existiert ein } x \text{ mit } x \leq \varphi \text{ und } (x, y_1, \ldots, y_m) \in \overline{R}\end{aligned}$$

Da $\overline{R}$ nach Satz II primitiv-rekursiv ist, ist es nach dem gerade Bewiesenen auch $\overline{T}$ und damit auch T.

Wenn Sie den obigen Ausführungen folgen konnten, werden Sie keine Schwierigkeiten mehr haben, die Beweise in Gödels ursprünglicher Formulierung zu verstehen:

Satz I folgt unmittelbar aus der Definition von „rekursiv". Satz II und III beruhen darauf, daß die den logischen Begriffen $\overline{}, \vee, =$ entsprechenden zahlentheoretischen Funktionen

$$\alpha(x), \beta(x, y), \gamma(x, y)$$

nämlich:

$$\alpha(0) = 1; \; \alpha(x) = 0 \text{ für } x \neq 0$$

$$\beta(0, x) = \beta(x, 0) = 0; \; \beta(x, y) = 1, \text{ wenn } x, y \text{ beide } \neq 0 \text{ sind}$$

Über formal unentscheidbare Sätze der Principia Mathematica etc. 181

$$\gamma(x, y) = 0, \text{ wenn } x = y; \; \gamma(x, y) = 1, \text{ wenn } x \neq y$$

rekursiv sind, wie man sich leicht überzeugen kann. Der Beweis für Satz IV ist kurz der folgende: Nach der Voraussetzung gibt es ein rekursives $\rho(x, \mathfrak{y})$, so daß:

$$R(x, \mathfrak{y}) \sim [\rho(x, \mathfrak{y}) = 0].$$

Wir definieren nun nach dem Rekursionsschema (2) eine Funktion $\chi(x, \mathfrak{y})$ folgendermaßen:

$$\chi(0, \mathfrak{y}) = 0$$

$$\chi(n+1, \mathfrak{y}) = (n+1) \,.\, a + \chi(n, \mathfrak{y}) \,.\, \alpha(a)$$ [31])

wobei $a = \alpha[\alpha(\rho(0, \mathfrak{y}))] \,.\, \alpha[\rho(n+1, \mathfrak{y})] \,.\, \alpha[\chi(n, \mathfrak{y})]$.

$\chi(n+1, \mathfrak{y})$ ist daher entweder $= n+1$ (wenn $a = 1$) oder $= \chi(n, \mathfrak{y})$ (wenn $a = 0$)[32]). Der erste Fall tritt offenbar dann und nur dann ein, wenn sämtliche Faktoren von a 1 sind, d. h. wenn gilt:

$$\overline{R}(0, \mathfrak{y}) \,\&\, R(n+1, \mathfrak{y}) \,\&\, [\chi(n, \mathfrak{y}) = 0].$$

Daraus folgt, daß die Funktion $\chi(n, \mathfrak{y})$ (als Funktion von n betrachtet) 0 bleibt, bis zum kleinsten Wert von n, für den $R(n, \mathfrak{y})$ gilt, und von da ab gleich diesem Wert ist (falls schon $R(0, \mathfrak{y})$ gilt, ist dem entsprechend $\chi(n, \mathfrak{y})$ konstant und $= 0$). Demnach gilt:

$$\psi(\mathfrak{x}, \mathfrak{y}) = \chi(\varphi(\mathfrak{x}), \mathfrak{y})$$

entspricht (5.4)

$$S(\mathfrak{x}, \mathfrak{y}) \sim R[\psi(\mathfrak{x}, \mathfrak{y}), \mathfrak{y}]$$

entspricht (5.6)

Die Relation T läßt sich durch Negation auf einen zu S analogen Fall zurückführen, womit Satz IV bewiesen ist.

---

[31]) Wir setzen als bekannt voraus, daß die Funktionen $x + y$ (Addition), $x \,.\, y$ (Multiplikation) rekursiv sind.

[32]) Andere Werte als 0 und 1 kann a, wie aus der Definition für α ersichtlich ist, nicht annehmen.

Die Arbeit geht mit einem handwerklich geprägten Teil weiter. Gödel definiert darin insgesamt 46 Funktionen und Relationen, von denen die ersten 45 primitiv-rekursiv sind.

5.2 Auswahl primitiv-rekursiver Funktionen und Relationen

Die Funktionen $x + y$, $x . y$, x^y, ferner die Relationen $x < y$, $x = y$ sind, wie man sich leicht überzeugt, rekursiv und wir definieren nun, von diesen Begriffen ausgehend, eine Reihe von Funktionen (Relationen) 1—45, deren jede aus den vorhergehenden mittels der in den Sätzen I bis IV genannten Verfahren definiert ist. Dabei sind meistens mehrere der nach Satz I bis IV erlaubten Definitionsschritte in einen zusammengefaßt. Jede der Funktionen (Relationen) 1—45, unter denen z. B. die Begriffe *„Formel"*, *„Axiom"*, *„unmittelbare Folge"* vorkommen, ist daher rekursiv.

Im letzten Satz nimmt Gödel vorweg, was er mit der Definition der Funktionen und Relationen bewirken möchte. Am Ende der Konstruktionskette werden wir die Gewissheit haben, dass z. B. die Gödelnummern aller Formeln, die Gödelnummern aller Axiome oder die Gödelnummern aller Formeln, die durch die Anwendung einer Schlussregel entstanden sind, primitiv-rekursive Mengen bilden. Auf Seite 211 haben wir ähnliche Beispiele benutzt, um die Arithmetisierung der Syntax zu veranschaulichen.

Vergessen Sie in den nachfolgenden Betrachtungen nicht, dass wir uns auf der arithmetischen Ebene befinden! Die Relationen, die Gödel konstruiert, setzen also niemals die Zeichenketten oder Formeln eines formalen Systems direkt miteinander in Bezug, sondern immer nur deren Gödelnummern, d. h. ihre numerischen Repräsentanten. Gödel bringt dies zum Ausdruck, indem er die Worte *„Formel"*, *„Axiom"*, *„unmittelbare Folge"* kursiv gesetzt hat.

Die Tabellen 5.1 und 5.2 geben einen Überblick über die 45 primitiv-rekursiven Funktionen und Relationen, die wir jetzt der Reihe nach besprechen werden.

1. x/y — x ist durch y teilbar

(Primitiv-rekursive Relation)

182 Kurt Gödel,

1. $x/y \equiv (E z) [z \leq x \,\&\, x = y \,.\, z]$ [33])
x ist teilbar durch y[34]).

[33]) Das Zeichen $\equiv$ wird im Sinne von „Definitionsgleichheit" verwendet,

Tab. 5.1 Gödels primitiv-rekursive Funktionen und Relationen

Nr.	Funktion/Relation	Bedeutung
1.	x/y	x ist durch y teilbar
2.	$\mathrm{Prim}(x)$	x ist eine Primzahl
3.	$n\,Pr\,x$	n-te in x enthaltene Primzahl
4.	$n!$	Fakultät von n
5.	$Pr(n)$	n-te Primzahl
6.	$n\,Gl\,x$	n-tes Glied der Zahlenreihe x
7.	$l(x)$	Länge der Zahlenreihe x
8.	$x * y$	Verkettung von x und y
9.	$R(x)$	Zahlenreihe mit x als alleinigem Element
10.	$E(x)$	Formel x in Klammern
11.	$n\,\mathrm{Var}\,x$	x ist eine Variable n-ten Typs
12.	$\mathrm{Var}(x)$	x ist eine Variable
13.	$\mathrm{Neg}(x)$	Negation der Formel x
14.	$x\,\mathrm{Dis}\,y$	Disjunktion von x und y
15.	$x\,\mathrm{Gen}\,y$	Generalisierung von y bez. x
16.	$n\,N\,x$	Zeichenkette x mit n vorangestellten f's
17.	$Z(n)$	Zeichenkette $\overline{n}$
18.	$\mathrm{Typ}_1{}'(x)$	x ist ein Zeichen ersten Typs (Term)
19.	$\mathrm{Typ}_n(x)$	x ist ein Zeichen n-ten Typs
20.	$Elf(x)$	x ist eine Elementarformel (atomare Formel)
21.	$Op(x, y, z)$	Hilfsrelation für $FR(x)$
22.	$FR(x)$	Hilfsrelation für $\mathrm{Form}(x)$
23.	$\mathrm{Form}(x)$	x ist eine Formel
24.	$v\,\mathrm{Geb}\,n, x$	Variable v ist an der Stelle n gebunden
25.	$v\,Fr\,n, x$	Variable v ist an der Stelle n frei
26.	$v\,Fr\,x$	Variable v kommt in x an mindestens einer Stelle frei vor
27.	$Su\,x\binom{n}{y}$	Formel x, nachdem an der Stelle n y eingesetzt wurde

Tab. 5.2 Gödels primitiv-rekursive Funktionen und Relationen (Fortsetzung)

28.	$k\,St\,v, x$	Hilfsfunktion für $A(v, x)$
29.	$A(v, x)$	Anzahl der Stellen, an denen v in x frei vorkommt
30.	$Sb_n\,(x\,{}^v_y)$	Hilfsfunktion für $Sb\,(x\,{}^v_y)$
31.	$Sb\,(x\,{}^v_y)$	Substitution von v durch y
32.	$x\,\mathrm{Imp}\,y$, $x\,\mathrm{Con}\,y$, $x\,\mathrm{Aeq}\,y$, $v\,\mathrm{Ex}\,y$	Definition von ‚$\rightarrow$', ‚$\wedge$', ‚$\leftrightarrow$', ‚$\exists$'
33.	$n\,Th\,x$	n-te Typenerhöhung von x
34.	$Z\text{-}Ax(x)$	x ist eine Instanz des Axiomenschemas I.1, I.2 oder I.3
35.	$A_i\text{-}Ax(x)$	x ist eine Instanz des Axiomenschemas II.i
36.	$A\text{-}Ax(x)$	x ist ein Axiom der Axiomengruppe II
37.	$Q(z, y, v)$	Hilfsprädikat zur Sicherstellung der Kollisionsfreiheit
38.	$L_1\text{-}Ax(x)$	x ist eine Instanz des Axiomenschemas III.1
39.	$L_2\text{-}Ax(x)$	x ist eine Instanz des Axiomenschemas III.2
40.	$R\text{-}Ax(x)$	x ist eine Instanz des Axiomenschemas IV.1
41.	$M\text{-}Ax(x)$	x ist eine Instanz des Axiomenschemas V.1
42.	$Ax(x)$	x ist ein Axiom
43.	$Fl(x, y, z)$	x lässt sich aus y und z ableiten
44.	$Bw(x)$	x ist eine formale Beweiskette des Systems P
45.	xBy	x ist ein Beweis für die Formel y

vertritt also bei Definitionen entweder = oder ∾ (im übrigen ist die Symbolik die Hilbertsche).

[34]) Überall, wo in den folgenden Definitionen eines der Zeichen (x), (Ex), εx auftritt, ist es von einer Abschätzung für x gefolgt. Diese Abschätzung dient lediglich dazu, um die rekursive Natur des definierten Begriffs (vgl. Satz IV) zu sichern. Dagegen würde sich der Umfang der definierten Begriffe durch Weglassung dieser Abschätzung meistens nicht ändern.

In Fußnote 33 weist Gödel auf die Verwendung der Symbole hin. Wird eine Relation definiert, so bedeutet das Zeichen ‚$\equiv$' das gleiche wie ‚$\Leftrightarrow$'. Die auf der linken Seite vorkommenden Zahlen stehen also genau dann in der definierten Relation zueinander, wenn die rechte Seite eine wahre Aussage ist. Wird hingegen eine Funktion definiert, so entspricht ‚$\equiv$' dem Gleichheitszeichen ‚$=$'. In diesem Fall steht auf der rechten Seite keine Aussage, sondern eine Formel, die den Funktionswert definiert.

Mit diesem Wissen können wir Gödels Definition ohne Umwege in die folgende moderne Schreibweise übersetzen:

$$x/y \;:\Leftrightarrow\; \exists z\,(z \leq x \wedge x = y \cdot z) \tag{5.7}$$

Formal wird hier die Aussage gemacht, dass die Relation $R \subseteq \mathbb{N}^2$ mit

$$(x, y) \in R \;:\Leftrightarrow\; x \text{ ist durch } y \text{ ohne Rest teilbar}$$

primitiv-rekursiv ist. Dass dies tatsächlich der Fall ist, folgt aus Satz IV. Dort haben wir das Definitionsschema, das in (5.7) benutzt wird, als primitiv-rekursiv erkannt.

Um Fußnote 34 zu verstehen, betrachten wir eine vereinfachte Definition der Teilbarkeitseigenschaft:

$$x/y \;:\Leftrightarrow\; \exists z\; x = y \cdot z \tag{5.8}$$

Die modifizierte Variante verzichtet auf die Abschätzung $z \leq x$, und dennoch definiert sie den Begriff der Teilbarkeit auf den natürlichen Zahlen. Mit anderen Worten: Die Relation (5.7) enthält die gleichen Elemente wie die Relation (5.8). Dies meint Gödel, wenn er sagt, ihr *Umfang* (ihre Elemente) würde sich durch das Weglassen der Abschätzung $z \leq x$ nicht verändern.

Dass die Abschätzung trotzdem in Gödels Definition auftaucht, hat einen einfachen Grund. Ohne sie hätten wir keine Garantie dafür, dass die definierte Relation primitiv-rekursiv ist. Damit Satz IV angewendet werden darf, muss der Suchbereich des Existenzquantors durch eine natürliche Zahl begrenzt sein, die sich primitiv-rekursiv berechnen lässt. Genau dies ist der Grund, weshalb eine solche Abschätzung in den folgenden Definitionen immer vorhanden ist.

Um die Begrenzung des Existenzquantors klar herauszustellen, werden wir in den meisten Fällen die Abkürzungen

$$\exists (z \leq c)\, \varphi \quad \text{oder} \quad \exists (c_1 \leq z \leq c_2)\, \varphi$$

benutzen. Die erste steht für

$$\exists z\,(z \leq c \wedge \varphi) \tag{5.9}$$

und die zweite für

$$\exists z\,(c_1 \leq z \wedge z \leq c_2 \wedge \varphi) \tag{5.10}$$

In dieser Schreibweise sieht Gödels Definition dann so aus:

$$(x, y) \in R \;:\Leftrightarrow\; \exists (z \leq x)\; x = y \cdot z \tag{5.11}$$

Prim(x) x ist eine Primzahl

(Primitiv-rekursive Relation)

2. Prim $(x) \equiv \overline{(E\, z)}\, [z \leqq x \,\&\, z \neq 1 \,\&\, z \neq x \,\&\, x/z] \,\&\, x > 1$
x ist Primzahl.

In moderner Schreibweise lautet die Definition so:

$$\text{Prim}(x) \;:\Leftrightarrow\; \neg\exists\,(z \leq x)\,(z \neq 1 \wedge z \neq x \wedge x/z) \wedge x > 1$$

Alternativ können wir dies in der Form

$$x \in \text{Prim} \;:\Leftrightarrow\; \neg\exists\,(z \leq x)\,(z \neq 1 \wedge z \neq x \wedge x/z) \wedge x > 1$$

aufschreiben, und es ist leicht einzusehen, dass die Relation genau jene natürlichen Zahlen umfasst, die Primzahlen sind:

$$\text{Prim} = \{2, 3, 5, 7, 11, 13, 17, 19, 23, \ldots\}$$

Die einzelnen Formelbestandteile sind aus der folgenden Überlegung heraus zu verstehen: Eine natürliche Zahl ist genau dann eine Primzahl, wenn sie

- größer als 1 ist ☞ $x > 1$
- und sie nicht faktorisiert werden kann. ☞ $\neg$

Eine Zahl ist faktorisierbar, wenn

- eine natürliche Zahl $z \leq x$ existiert, ☞ $\exists\,(z \leq x)$
- die ungleich 1 und ungleich x ist ☞ $z \neq 1 \wedge z \neq x$
- und x teilt. ☞ x/z

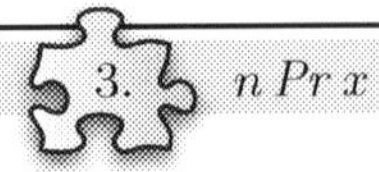

$n\,Pr\,x$ n-te in x enthaltene Primzahl

(Primitiv-rekursive Funktion)

3. $0\,Pr\,x \equiv 0$
$(n+1)\,Pr\,x \equiv \varepsilon y\,[y \leqq x \,\&\, \text{Prim}\,(y) \,\&\, x/y \,\&\, y > n\,Pr\,x]$
$n\,Pr\,x$ ist die n-te (der Größe nach) in x enthaltene Primzahl[34a]).

[34a]) Für $0 < n \leqq z$, wenn z die Anzahl der verschiedenen in x aufgehenden Primzahlen ist. Man beachte, daß für $n = z + 1$ $\;n\,Pr\,x = 0$ ist!

In moderner Schreibweise:

$$\begin{aligned} 0\,Pr\,x &:= 0 \\ (n+1)\,Pr\,x &:= \min\{y \leq x \mid \mathrm{Prim}(y) \wedge x/y \wedge y > n\,Pr\,x\} \end{aligned}$$

In Worten gesprochen ist $(n+1)\,Pr\,x$

- die kleinste Zahl y kleiner oder gleich x, ☞ $\min\{y \leq x \mid \ldots\}$
- die ein Primfaktor von x ist, und ☞ $\mathrm{Prim}(y) \wedge x/y$
- größer als n andere Primfaktoren von x ist. ☞ $y > n\,Pr\,x$

Das bedeutet, dass $n\,Pr\,x$ die n-te der aufsteigend sortierten Primfaktoren von x berechnet. Beispielsweise erhalten wir für die Zahl $x = 45864$ die Ergebnisse

$$\begin{aligned} 0\,Pr\,45864 &= 0 \\ 1\,Pr\,45864 &= 2 \\ 2\,Pr\,45864 &= 3 \\ 3\,Pr\,45864 &= 7 \\ 4\,Pr\,45864 &= 13 \end{aligned}$$

1 Pr x ⇓, 3 Pr x ⇓

$$45864 = 2\cdot2\cdot2\cdot3\cdot3\cdot7\cdot7\cdot13$$

⇑ 2 Pr x, ⇑ 4 Pr x

Übersteigt der Parameter n die Anzahl der verschiedenen in x vorkommenden Primfaktoren, so liefert $n\,Pr\,x$ das Ergebnis 0. Das Gleiche gilt für die Zahlen $x = 0$ und $x = 1$, die überhaupt keine Primfaktoren besitzen.

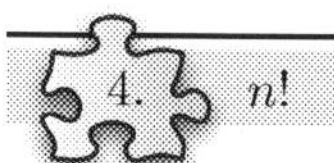

$n!$ **Fakultät von n**

(Primitiv-rekursive Funktion)

> 4. $0! \equiv 1$
> $(n+1)! \equiv (n+1)\,.\,n!$

Dass die Fakultätsfunktion

$$n! := 1\cdot2\cdot3\cdot\ldots\cdot n$$

primitiv-rekursiv ist, lässt sich sofort einsehen. Wir können Sie ohne Umwege über das Schema der primitiven Rekursion definieren:

$$\begin{aligned} \mathrm{factorial}(0) &:= 1 \\ \mathrm{factorial}(n+1) &:= \mathrm{mult}(\mathrm{s}(n), \mathrm{factorial}(n)) \end{aligned}$$

Benötigt wird die Fakultätsfunktion in der nächsten Definition.

5. $Pr(n)$ n-te Primzahl
(Primitiv-rekursive Funktion)

5. $Pr\,(0) \equiv 0$
$Pr\,(n+1) \equiv \varepsilon y\,[y \leqq \{Pr\,(n)\}! + 1\,\&\,\text{Prim}\,(y)\,\&\,y > Pr\,(n)]$
$Pr\,(n)$ ist die n-te Primzahl (der Größe nach).

In moderner Schreibweise:

$$\begin{aligned} Pr(0) &:= 0 \\ Pr(n+1) &:= \min\{y \leq (Pr(n))! + 1 \mid \text{Prim}(y) \wedge y > Pr(n)\} \end{aligned}$$

$Pr(n+1)$ ist die kleinste Primzahl größer als $Pr(n)$. Damit ist

$$Pr\,1 = 2,\ Pr\,2 = 3,\ Pr\,3 = 5,\ Pr\,4 = 7,\ Pr\,5 = 11,\ Pr\,6 = 13, \ldots$$

Kurzum: $Pr(n)$ ist die n-te Primzahl.

Joseph Louis François Bertrand
(1822 – 1900)

Wie in allen primitiv-rekursiven Definitionen, in denen ein minimales Element (hier ist es die Zahl y) verwendet wird, muss der Suchbereich durch eine Schranke begrenzt sein, die sich primitiv-rekursiv berechnen lässt. Damit die Funktion $Pr(n)$ also tatsächlich die n-te Primzahl liefert, muss sich diese innerhalb des angegebenen Suchbereichs befinden. Gödel hat die Grenze $(Pr(n))! + 1$ gewählt, in Anlehnung an Euklids berühmtes Ergebnis, dass es unendlich viele Primzahlen gibt. In seinem Beweis formte Euklid das Produkt aus den ersten n Primzahlen $p_1, \ldots, p_n$ und zeigte anschließend, dass die Zahl

$$p_1 \cdot p_2 \cdot \ldots \cdot p_n + 1$$

entweder selbst eine Primzahl ist oder durch eine Primzahl geteilt werden kann, die größer als p_n ist. Aufgrund der Abschätzung

$$p_1 \cdot p_2 \cdot \ldots \cdot p_n + 1 \leq p_n! + 1$$

ist sichergestellt, dass der Nachfolger der n-ten Primzahl p_n kleiner oder gleich $p_n! + 1$ ist, und genau dies nutzt Gödel für die Begrenzung des Suchbereichs aus.

Pafnuty Tschebyschow (1821 – 1894)

Srinivasa Ramanujan (1887 – 1920)

Paul Erdős [59] (1913 – 1996)

Tatsächlich hätte Gödel den Suchbereich noch weit enger fassen können, durch einen Rückgriff auf ein Ergebnis der jüngeren Mathematikgeschichte. Die Rede ist von *Bertrands Postulat*, das eine wichtige Aussage über die Primzahldichte liefert:

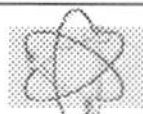

Satz 5.1 (Bertrands Postulat)

Zwischen $n > 1$ und $2n$ gibt es immer mindestens eine Primzahl.

Aufgestellt wurde das Postulat im Jahr 1845 durch den französischen Mathematiker Joseph Louis François Bertrand. Ihm war es gelungen, die Richtigkeit für die Zahlen bis 3.000.000 zu zeigen, aber einen Beweis, der alle Zahlen umfasste, konnte er damals nicht liefern.

Zur Gewissheit wurde Bertrands Vermutung durch den russischen Mathematiker Pafnuty Lwowich Tschebyschow; erst ihm gelang im Jahr 1852 der vollständige Beweis des Postulats. Später wurden durch den indischen Mathematiker Srinivasa Ramanujan und den ungarischen Mathematiker Paul Erdős weitere Vereinfachungen vorgenommen. Die meisten Lehrbücher über Zahlentheorie folgen heute der Erdős'schen Beweislinie.

Als Nächstes definiert Gödel mehrere Funktionen und Relationen, die einen direkten Bezug zu den syntaktischen Objekten eines formalen Systems herstellen. Beachten Sie auch hier wieder, dass primitiv-rekursive Funktionen und Relationen arithmetische Funktionen und Relationen sind. Der Zugriff auf die Objekte eines formalen Systems geschieht deshalb niemals direkt, sondern immer nur indirekt über deren Gödelnummern.

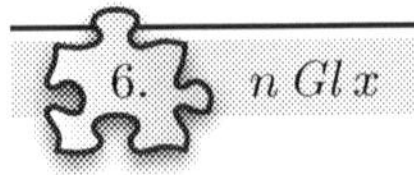

$n\,Gl\,x$ — n-tes Glied der Zahlenreihe x

(Primitiv-rekursive Funktion)

> 6. $n\,Gl\,x \equiv \varepsilon y\,[y \leqq x \,\&\, x/(n\,Pr\,x)^y \,\&\, \overline{x/(n\,Pr\,x)^{y+1}}]$
> $n\,Gl\,x$ ist das n-te Glied der der Zahl x zugeordneten Zahlenreihe (für $n > 0$ und n nicht größer als die Länge dieser Reihe).

In moderner Schreibweise:

$$n\,Gl\,x \;:=\; \min\left\{y \leq x \mid x/(n\,Pr\,x)^y \wedge \neg\left(x/(n\,Pr\,x)^{y+1}\right)\right\}$$

Ab Seite 207 haben wir im Abschnitt über die Arithmetisierung der Syntax besprochen, wie die Gödelnummer einer Formel gebildet wird. Am Beispiel von

$$(x_2(x_1)) \vee (y_2(x_1))$$

wollen wir dies nochmals rekapitulieren. Im ersten Schritt wird die Formel Zeichen für Zeichen in eine Reihe natürlicher Zahlen übersetzt:

(	x_2	(	x_1	)	)	$\vee$	(	y_2	(	x_1	)	)
⇕	⇕	⇕	⇕	⇕	⇕	⇕	⇕	⇕	⇕	⇕	⇕	⇕
11	17^2	11	17	13	13	7	11	19^2	11	17	13	13

Im zweiten Schritt wird diese Reihe zu einer einzigen natürlichen Zahl verschmolzen. Hierzu werden die ermittelten Zahlen in Primzahlpotenzen übersetzt und diese anschließend miteinander multipliziert. Für unser Beispiel erhalten wir das Ergebnis

$$2^{11} \cdot 3^{17^2} \cdot 5^{11} \cdot 7^{17} \cdot 11^{13} \cdot 13^{13} \cdot 17^{7} \cdot 19^{11} \cdot 23^{19^2} \cdot 29^{11} \cdot 31^{17} \cdot 37^{13} \cdot 41^{13} \qquad (5.12)$$

Die Funktion $n\,Gl\,x$ geht den umgekehrten Weg. Ausgehend von einem Produkt x der Form (5.12) sucht sie nach dem Faktor $p_n{}^y$, wobei p_n die n-te Primzahl bedeutet, und liefert den Exponenten y zurück. Formal ist dieser Exponent

- die kleinste Zahl $y \leq x$ mit der Eigenschaft, dass ☞ $\min\{y \leq x \mid \ldots\}$
- x durch die n-te Primzahl hoch y teilbar ist, ☞ $x/(n\,Pr\,x)^y$
- aber nicht mehr durch die nächsthöhere Potenz. ☞ $\neg\left(x/(n\,Pr\,x)^{y+1}\right)$

Damit liegt die Bedeutung von $n\,Gl\,x$ auf der Hand. Ist x die Gödelnummer einer Formel, so ist $n\,Gl\,x$ das n-te Zeichen dieser Formel („*das n-te Glied*"). Ist $n = 0$, so liefert $n\,Gl\,x$ den Wert 0.

7. $l(x)$ — Länge der Zahlenreihe x

(Primitiv-rekursive Funktion)

> 7. $l(x) \equiv \varepsilon y\,[y \leqq x \,\&\, y\,Pr\,x > 0 \,\&\, (y+1)\,Pr\,x = 0]$
> $l(x)$ ist die Länge der x zugeordneten Zahlenreihe.

In moderner Schreibweise:

$$l(x) \;:=\; \min\{y \leq x \mid y\,Pr\,x > 0 \wedge (y+1)\,Pr\,x = 0\}$$

In Worten ist $l(x)$

- die kleinste Zahl $y \leq x$ mit der Eigenschaft, dass ☞ $\min\{y \leq x \mid \ldots\}$
- es y verschiedene Primfaktoren in x gibt, ☞ $y\,Pr\,x > 0$
- aber nicht $y+1$ verschiedene. ☞ $(y+1)\,Pr\,x = 0$

Beispielsweise ist

$$l(2^{17}) = 1 \quad \text{(☞ 1 Primfaktor)}$$
$$l(2^{11} \cdot 3^{17} \cdot 5^{13}) = 3 \quad \text{(☞ 3 Primfaktoren)}$$
$$l(2^{19^2} \cdot 3^{11} \cdot 5^{17} \cdot 7^{13}) = 4 \quad \text{(☞ 4 Primfaktoren)}$$

Mit der Notation $\ulcorner\ldots\urcorner$ können wir dies auch so aufschreiben:

$$l(\ulcorner \mathsf{x}_1 \urcorner) = 1$$
$$l(\ulcorner (\mathsf{x}_1) \urcorner) = 3$$
$$l(\ulcorner \mathsf{y}_2(\mathsf{x}_1) \urcorner) = 4$$

Damit können wir $l(x)$ eine ganz anschauliche Bedeutung verleihen. Ist x die Gödelnummer einer Formel φ, so ist $l(x)$ die Anzahl der Symbole in φ.

8. $x * y$ — Verkettung von x und y

(Primitiv-rekursive Funktion)

> 8. $x * y \equiv \varepsilon z\{z \leqq [Pr\,(l\,(x) + l\,(y))]^{x+y} \,\&$
> $(n)\,[n \leqq l\,(x) \rightarrow n\,Gl\,z = n\,Gl\,x] \,\&$
> $(n)\,[0 < n \leqq l\,(y) \rightarrow (n + l\,(x))\,Gl\,z = n\,Gl\,y]\}$
> $x * y$ entspricht der Operation des „Aneinanderfügens" zweier endlicher Zahlenreihen.

In moderner Schreibweise:

$$x * y := \min \left\{ z \leq c \;\middle|\; \begin{array}{c} \forall n\,(n \leq l(x) \rightarrow n\,Gl\,z = n\,Gl\,x) \wedge \\ \forall n\,(0 < n \leq l(y) \rightarrow (n + l(x))\,Gl\,z = n\,Gl\,y) \end{array} \right\}$$
$$\text{mit } c := (Pr(l(x) + l(y)))^{x+y}$$

Wegen $0\,Gl\,z = 0$ ist diese Definition äquivalent zu

$$x * y := \min \left\{ z \leq c \;\middle|\; \begin{array}{c} \forall n\,(0 < n \leq l(x) \rightarrow n\,Gl\,z = n\,Gl\,x) \wedge \\ \forall n\,(0 < n \leq l(y) \rightarrow (n + l(x))\,Gl\,z = n\,Gl\,y) \end{array} \right\}$$
$$\text{mit } c := (Pr(l(x) + l(y)))^{x+y}$$

Der Stern-Operator ‚$*$' bildet die Gödelnummern zweier Formeln φ und ψ auf die Gödelnummer der Formel $\varphi\psi$ ab. Hiermit ist jene Formel gemeint, die durch das direkte Anfügen von ψ an φ entsteht. Beispielsweise ist

$$\ulcorner \mathsf{y}_2 \urcorner * \ulcorner (\mathsf{x}_1) \urcorner = \ulcorner \mathsf{y}_2(\mathsf{x}_1) \urcorner$$

Schreiben wir die natürlichen Zahlen in ihrer faktorisierten Darstellung nieder, dann sieht diese Gleichung so aus:

$$2^{19^2} * 2^{11} \cdot 3^{17} \cdot 5^{13} = 2^{19^2} \cdot 3^{11} \cdot 5^{17} \cdot 7^{13}$$

In dieser Darstellung lässt sich die Idee erkennen, die hinter der Definition steckt. Sind x die Gödelnummer von φ und y die Gödelnummer von ψ, dann ist die Gödelnummer von $\varphi\psi$

- die kleinste Zahl z mit der Eigenschaft, dass
  ☞ $\min\{z \leq (Pr(l(x) + l(y)))^{x+y} \mid \ldots\}$
- deren vordere Primfaktoren die Formel φ codieren und
  ☞ $\forall n\,(0 < n \leq l(x) \rightarrow n\,Gl\,z = n\,Gl\,x)$
- deren hintere Primfaktoren die Formel ψ codieren.
  ☞ $\forall n\,(0 < n \leq l(y) \rightarrow (n + l(x))\,Gl\,z = n\,Gl\,y)$

Dass die gesuchte Zahl z kleiner als die gewählte Grenze

$$c = Pr(l(x) + l(y))^{x+y}$$

sein muss, lässt sich leicht einsehen. Die Gödelnummer z hat die Gestalt

$$z = p_1{}^{k_1} \cdot p_2{}^{k_2} \cdot p_3{}^{k_3} \cdot \ldots \cdot p_{l(z)}{}^{k_{l(z)}}$$

mit

$$l(z) = l(x) + l(y)$$

Die Exponenten, die zu φ gehören, sind in der Summe kleiner als x, und die Exponenten, die zu ψ gehören, sind in der Summe kleiner als y. Damit ist die Summe $k_1 + k_2 + \ldots + k_{l(z)}$ über alle Exponenten kleiner als $x + y$, und wir können den Wert von z folgendermaßen nach oben abschätzen:

$$\begin{aligned} z &\leq {p_{l(z)}}^{k_1} \cdot {p_{l(z)}}^{k_2} \cdot {p_{l(z)}}^{k_3} \cdot \ldots \cdot {p_{l(z)}}^{k_{l(z)}} \\ &= {p_{l(z)}}^{k_1+k_2+k_3+\ldots+k_{l(z)}} \\ &\leq {p_{l(z)}}^{x+y} \\ &= {p_{l(x)+l(y)}}^{x+y} \end{aligned}$$

Diese Zahl ist genau jene, die Gödel in seiner Abschätzung als obere Schranke verwendet hat.

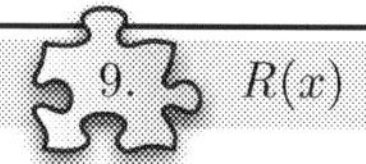

$R(x)$ Zahlenreihe mit x als alleinigem Element

(Primitiv-rekursive Funktion)

> 9. $R(x) \equiv 2^x$
> $R(x)$ entspricht der nur aus der Zahl x bestehenden Zahlenreihe (für $x > 0$).

Die Funktion $R(x)$ bildet den Parameter x auf die Zahl 2^x ab. Mit ihr können wir die Gödelnummern von Zeichenketten erzeugen, die aus einem einzigen Symbol bestehen:

$$\begin{array}{lll} R(1) = 2^{\Phi(0)} = \ulcorner 0 \urcorner & R(7) = 2^{\Phi(\vee)} = \ulcorner \vee \urcorner & R(11) = 2^{\Phi('(')} = \ulcorner (\urcorner \\ R(3) = 2^{\Phi(\mathsf{f})} = \ulcorner \mathsf{f} \urcorner & R(9) = 2^{\Phi(\Pi)} = \ulcorner \Pi \urcorner & R(13) = 2^{\Phi(')')} = \ulcorner) \urcorner \\ R(5) = 2^{\Phi(\sim)} = \ulcorner \sim \urcorner & & \end{array}$$

In moderner Schreibweise ist ‚$\sim$' das Symbol ‚$\neg$' und ‚Π' das Symbol ‚$\forall$'.

Zur Codierung der Variablen hat Gödel die Primzahlpotenzen p^n mit $p \geq 17$ vorgesehen, wobei n den Typ codiert. Beispielsweise ist

$$\begin{array}{lll} R(17^1) = 2^{\Phi(x_1)} = \ulcorner x_1 \urcorner & R(17^2) = 2^{\Phi(x_2)} = \ulcorner x_2 \urcorner & R(17^3) = 2^{\Phi(x_3)} = \ulcorner x_3 \urcorner \\ R(19^1) = 2^{\Phi(y_1)} = \ulcorner y_1 \urcorner & R(19^2) = 2^{\Phi(y_2)} = \ulcorner y_2 \urcorner & R(19^3) = 2^{\Phi(y_3)} = \ulcorner y_3 \urcorner \\ R(23^1) = 2^{\Phi(z_1)} = \ulcorner z_1 \urcorner & R(23^2) = 2^{\Phi(z_2)} = \ulcorner z_2 \urcorner & R(23^3) = 2^{\Phi(z_3)} = \ulcorner z_3 \urcorner \end{array}$$

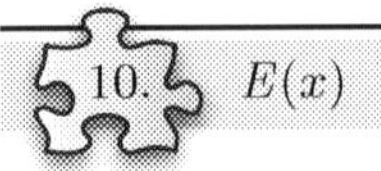

$E(x)$ Formel x in Klammern

(Primitiv-rekursive Funktion)

10. $E(x) \equiv R(11) * x * R(13)$
$E(x)$ entspricht der Operation des „Einklammerns" [11 und 13 sind den Grundzeichen „(" und „)" zugeordnet].

In anderer Schreibweise:

$$E(x) := \ulcorner (\urcorner * x * \ulcorner) \urcorner$$

Ist x die Gödelnummer einer Formel φ, dann ist $E(x)$ die Gödelnummer derjenigen Formel, die durch das Einklammern von φ entsteht. Beispielsweise ist

$$\underbrace{\underbrace{E(131072)}_{=2^{17}}}_{=\ulcorner \mathsf{x}_1 \urcorner} = \underbrace{\underbrace{322850407500000000000}_{=2^{11}\cdot 3^{17}\cdot 5^{13}}}_{=\ulcorner (\mathsf{x}_1) \urcorner}$$

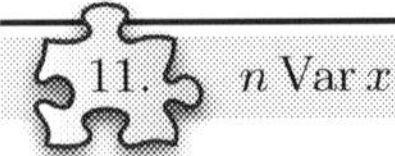

$n \operatorname{Var} x$ x ist eine Variable n-ten Typs

(Primitiv-rekursive Relation)

11. $n \operatorname{Var} x \equiv (E z)\,[13 < z \leqq x \,\&\, \operatorname{Prim}(z) \,\&\, x = z^n] \,\&\, n \neq 0$
x ist eine *Variable n-ten Typs.*

In moderner Schreibweise:

$$n \operatorname{Var} x \;:\Leftrightarrow\; n \neq 0 \wedge \exists (z \leq x)\,(z > 13 \wedge \operatorname{Prim}(z) \wedge x = z^n)$$

Wählen wir für n einen festen Wert, so können wir $n \operatorname{Var} x$ als eine einstellige Relation auffassen, die alle Gödelnummern der Variablen n-ten Typs enthält. Es ist

$$\begin{aligned}
1 \operatorname{Var} &= \{17^1, 19^1, 23^1, \ldots\} = \{\Phi(\mathsf{x}_1), \Phi(\mathsf{y}_1), \Phi(\mathsf{z}_1), \ldots\}\\
2 \operatorname{Var} &= \{17^2, 19^2, 23^2, \ldots\} = \{\Phi(\mathsf{x}_2), \Phi(\mathsf{y}_2), \Phi(\mathsf{z}_2), \ldots\}\\
3 \operatorname{Var} &= \{17^3, 19^3, 23^3, \ldots\} = \{\Phi(\mathsf{x}_3), \Phi(\mathsf{y}_3), \Phi(\mathsf{z}_3), \ldots\}
\end{aligned}$$

Beachten Sie die Kursivschreibweise in Gödels Ausführungen! Ohne Sie wären seine Worte falsch, schließlich ist x eine natürliche Zahl und keine Variable irgendeines Typs. Gilt $n \operatorname{Var} x$, so ist x die Gödelnummer einer Variable n-ten Typs, und genau dies ist die Bedeutung der Kursivschreibweise in Gödels Arbeit.

12. Var(x) — x ist eine Variable

(Primitiv-rekursive Relation)

> 12. Var $(x) \equiv (E\,n)\,[n \leqq x\,\&\,n \operatorname{Var} x]$
> x ist eine *Variable.*

In moderner Schreibweise:

$$x \in \operatorname{Var} \;:\Leftrightarrow\; \exists (n \leq x)\, n \operatorname{Var} x$$

Die Relation Var enthält die Gödelnummern aller Variablen:

$$\begin{aligned}\operatorname{Var} &= \bigcup_{n \in \mathbb{N}} n \operatorname{Var} \\ &= \{17^1, 19^1, 23^1, \ldots, 17^2, 19^2, 23^2, \ldots, 17^3, 19^3, 23^3, \ldots\} \\ &= \{\Phi(\mathsf{x}_1), \Phi(\mathsf{y}_1), \Phi(\mathsf{z}_1), \ldots, \Phi(\mathsf{x}_2), \Phi(\mathsf{y}_2), \Phi(\mathsf{z}_2), \ldots, \Phi(\mathsf{x}_3), \Phi(\mathsf{y}_3), \Phi(\mathsf{z}_3), \ldots\}\end{aligned}$$

Gödels Formel basiert auf der Idee, dass eine Variable mit der Gödelnummer x einen Typ haben muss, der kleiner als x ist. Damit lässt sich die Eigenschaft von x, die Gödelnummer einer Variablen zu sein, über die Mengenzugehörigkeit von x zu einer der Mengen $1 \operatorname{Var}$ bis $x \operatorname{Var}$ feststellen.

13. Neg(x) — Negation der Formel x

(Primitiv-rekursive Funktion)

> 13. Neg $(x) \equiv R\,(5) * E\,(x)$
> Neg (x) ist die *Negation* von x.

In anderer Schreibweise:

$$\operatorname{Neg}(x) \;:=\; \ulcorner \sim \urcorner * E(x) \;=\; \ulcorner \sim \urcorner * \ulcorner (\urcorner * x * \ulcorner) \urcorner$$

Die Funktion Neg bildet die Gödelnummer der Zeichenkette φ auf die Gödelnummer der Zeichenkette $\sim(\varphi)$ ab. Beispielsweise erhalten wir für die Formel $\mathsf{x}_2(0)$ wegen

$$\begin{aligned}\ulcorner \mathsf{x}_2(0) \urcorner &= 2^{17^2} \cdot 3^{11} \cdot 5^1 \cdot 7^{13} \\ &= 8535855870348219012729708587747696184744538732950342582224799070859495192759881258817731240290548711424 0\end{aligned}$$

das Ergebnis

$$\begin{aligned}\mathrm{Neg}(\ulcorner \mathsf{x}_2(0) \urcorner) &= 2^5 \cdot 3^{11} \cdot 5^{17^2} \cdot 7^{11} \cdot 11^1 \cdot 13^{13} \cdot 17^{13} \\ &= 371865352911294742240309215956275045001769407440 \\ &\quad 779444420887828028565736156317704177797501851712 \\ &\quad 572196968579626532087378116380512651451911936826 \\ &\quad 358727512166347823661742959227048664724754530010 \\ &\quad 828454318931243771650940743711544200778007507324 \\ &\quad 2187500000 \\ &= \ulcorner \sim(\mathsf{x}_2(0)) \urcorner\end{aligned}$$

In moderner Schreibweise ist $\sim(\mathsf{x}_2(0))$ die Formel $\neg(\mathsf{x}_2(0))$.

14. $x \,\mathrm{Dis}\, y$ — Disjunktion von x und y

(Primitiv-rekursive Funktion)

Über formal unentscheidbare Sätze der Principia Mathematica etc. 183

14. x Dis $y \equiv E(x) * R(7) * E(y)$
x Dis y ist die *Disjunktion* aus x und y.

In anderer Schreibweise:

$$x \,\mathrm{Dis}\, y := E(x) * \ulcorner \vee \urcorner * E(y) = \ulcorner (\urcorner * x * \ulcorner) \urcorner * \ulcorner \vee \urcorner * \ulcorner (\urcorner * y * \ulcorner) \urcorner$$

Die Funktion bildet die Gödelnummern der Zeichenketten φ und ψ auf die Gödelnummer der Zeichenkette $(\varphi) \vee (\psi)$ ab. Beispielsweise ist

$$\ulcorner \mathsf{x}_2(\mathsf{x}_1) \urcorner \,\mathrm{Dis}\, \ulcorner \mathsf{y}_2(\mathsf{x}_1) \urcorner = \ulcorner (\mathsf{x}_2(\mathsf{x}_1)) \vee (\mathsf{y}_2(\mathsf{x}_1)) \urcorner$$

15. $x \,\mathrm{Gen}\, y$ — Generalisierung von y bez. x
(Primitiv-rekursive Funktion)

15. x Gen $y \equiv R(x) * R(9) * E(y)$
x Gen y ist die *Generalisation* von y mittels der *Variablen* x (vorausgesetzt, daß x eine *Variable* ist).

In anderer Schreibweise:

$$x \,\mathrm{Gen}\, y \;:=\; R(x) * \ulcorner \Pi \urcorner * E(y) \;=\; R(x) * \ulcorner \Pi(\urcorner * y * \ulcorner) \urcorner$$

Sind x die Gödelnummer eines Grundzeichens ξ und y die Gödelnummer einer Zeichenkette φ, gilt also $x = \Phi(\xi)$ und $y = \ulcorner \varphi \urcorner$, so ist $x \,\mathrm{Gen}\, y$ die Gödelnummer der Zeichenkette $\xi \, \Pi \, (\varphi)$. Beispielsweise ist

$$\begin{aligned} \Phi(\mathsf{x}_2) \,\mathrm{Gen}\, \ulcorner \mathsf{x}_2(0) \urcorner &= R(\Phi(\mathsf{x}_2)) * R(9) * E(\ulcorner \mathsf{x}_2(0) \urcorner) \\ &= \ulcorner \mathsf{x}_2 \urcorner * \ulcorner \Pi \urcorner * \ulcorner (\urcorner * \ulcorner \mathsf{x}_2(0) \urcorner * \ulcorner) \urcorner \\ &= \ulcorner \mathsf{x}_2 \, \Pi \, (\mathsf{x}_2(0)) \urcorner \end{aligned}$$

In moderner Schreibweise ist $\mathsf{x}_2 \, \Pi \, (\mathsf{x}_2(0))$ die Formel $\forall \mathsf{x}_2 \; \mathsf{x}_2(0)$.

16. $n \, N \, x$ — Zeichenkette x mit n vorangestellten f's
(Primitiv-rekursive Funktion)

16. $0 \; N \, x \equiv x$
$(n+1) \; N \, x \equiv R(3) * n \; N \, x$
$n \; N \, x$ entspricht der Operation: „n-maliges Vorsetzen des Zeichens ‚f' vor x".

In anderer Schreibweise:

$$\begin{aligned} 0 \, N \, x &:= x \\ (n+1) \, N \, x &:= \ulcorner \mathsf{f} \urcorner * n \, N \, x \end{aligned}$$

Die Funktion N stellt einer Zeichenkette n Wiederholungen des Zeichens ‚f' voran. Beispielsweise ist

$$\begin{aligned} 0 \, N \ulcorner 0 \urcorner &= \ulcorner 0 \urcorner & \quad 0 \, N \ulcorner \mathsf{x}_1 \urcorner &= \ulcorner \mathsf{x}_1 \urcorner \\ 1 \, N \ulcorner 0 \urcorner &= \ulcorner \mathsf{f} \; 0 \urcorner & \quad 1 \, N \ulcorner \mathsf{x}_1 \urcorner &= \ulcorner \mathsf{f} \; \mathsf{x}_1 \urcorner \\ 2 \, N \ulcorner 0 \urcorner &= \ulcorner \mathsf{f} \; \mathsf{f} \; 0 \urcorner & \quad 2 \, N \ulcorner \mathsf{x}_1 \urcorner &= \ulcorner \mathsf{f} \; \mathsf{f} \; \mathsf{x}_1 \urcorner \\ 3 \, N \ulcorner 0 \urcorner &= \ulcorner \mathsf{f} \; \mathsf{f} \; \mathsf{f} \; 0 \urcorner & \quad 3 \, N \ulcorner \mathsf{x}_1 \urcorner &= \ulcorner \mathsf{f} \; \mathsf{f} \; \mathsf{f} \; \mathsf{x}_1 \urcorner \end{aligned}$$

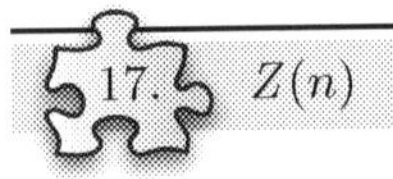

$Z(n)$ Zeichenkette $\overline{n}$

(Primitiv-rekursive Funktion)

17. $Z(n) \equiv n\,N\,[R\,(1)]$
$Z(n)$ ist das *Zahlzeichen* für die Zahl n.

In anderer Schreibweise:

$$Z(n) := n\,N\,\ulcorner 0 \urcorner$$

Die Funktion Z bildet die natürliche Zahl n auf die Gödelnummer der Formel $\overline{n}$ ab. Es ist

$$\begin{aligned} Z(0) &= \ulcorner 0 \urcorner \\ Z(1) &= \ulcorner \mathsf{f}\ 0 \urcorner \\ Z(2) &= \ulcorner \mathsf{f}\ \mathsf{f}\ 0 \urcorner \\ &\dots \\ Z(n) &= \ulcorner \underbrace{\mathsf{f}\ \mathsf{f}\ \dots \mathsf{f}}_{n\text{-mal}}\ 0 \urcorner \end{aligned}$$

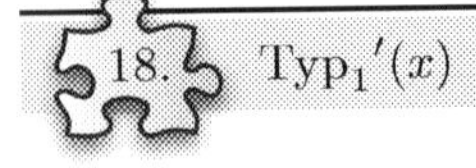

$\mathrm{Typ_1}'(x)$ x ist ein Zeichen ersten Typs (Term)

(Primitiv-rekursive Relation)

18. $\mathrm{Typ_1}'\,(x) \equiv (E\,m,n)\,\{m,n \leqq x\,\&\,[m = 1 \vee 1\ \mathrm{Var}\ m]$
$\&\, x = n\,N\,[R\,(m)]\}$ [34b)]
x ist *Zeichen ersten Typs.*

[34b)] $m, n \leqq x$ steht für: $m \leqq x\ \&\ n \leqq x$ (ebenso für mehr als 2 Variable).

In moderner Schreibweise:

$$x \in \mathrm{Typ_1}' :\Leftrightarrow \exists\,(m,n \leq x)\ ((m = 1 \vee 1\,\mathrm{Var}\,m) \wedge x = n\,N\,R(m))$$

Dass die natürliche Zahl x genau dann in Typ_1' enthalten ist, wenn sie die Gödelnummer eines Zeichens ersten Typs ist, lässt sich leicht einsehen, wenn wir uns an Definition 4.2 auf Seite 150 erinnern. Dort haben wir die Zeichen ersten Typs als *Terme* bezeichnet. Terme haben die Form

$$\underbrace{\mathsf{f}\ \mathsf{f}\ \dots \mathsf{f}}_{n\text{-mal}}\ \sigma \ \text{ mit } \ \sigma = \mathsf{0} \ \text{ oder } \ \sigma = \xi_1$$

Somit ist x die Gödelnummer eines Terms, wenn

- m die Gödelnummer der 0 oder ☞ $m = 1 \vee$
- einer Variablen ersten Typs ist ☞ $1 \operatorname{Var} m$
- und x aus m entsteht, indem eine Reihe von f's vorangestellt wird. ☞ $x = n\, N\, R(m)$

19. $\operatorname{Typ}_n(x)$ — x ist ein Zeichen n-ten Typs

(Primitiv-rekursive Relation)

> 19. $\operatorname{Typ}_n(x) \equiv [n = 1 \,\&\, \operatorname{Typ}_1{}'(x)] \vee [n > 1 \,\&\, (E\,v)\,\{v \leqq x \,\&\, n \operatorname{Var} v \,\&\, x = R(v)\}]$
> x ist *Zeichen n-ten Typs.*

In moderner Schreibweise:

$$x \in \operatorname{Typ}_n \;:\Leftrightarrow\; \begin{pmatrix} (n = 1 \wedge \operatorname{Typ}_1{}'(x)) \;\vee \\ (n > 1 \wedge \exists\,(v \leq x)\,(n \operatorname{Var} v \wedge x = R(v))) \end{pmatrix}$$

Wir erinnern uns: Ein Zeichen zweiten Typs ist dasselbe wie eine Variable zweiten Typs, ein Zeichen dritten Typs dasselbe wie eine Variable dritten Typs und so fort. Damit ist x die Gödelnummer eines Zeichen n-ten Typs, wenn

- n gleich 1 und ☞ $n = 1 \wedge$
- x die Gödelnummer eines Terms ist ☞ $\operatorname{Typ}_1'(x)$

oder

- n größer als 1 und ☞ $n > 1 \wedge$
- x die Gödelnummer einer Variablen n-ten Typs ist. ☞ $n \operatorname{Var} v \wedge x = R(v)$

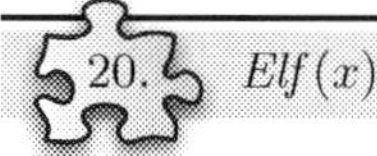

20. $\mathit{Elf}(x)$ — x ist eine Elementarformel (atomare Formel)

(Primitiv-rekursive Relation)

> 20. $\mathit{Elf}(x) \equiv (E\,y,z,n)\,[y,z,n \leqq x \,\&\, \operatorname{Typ}_n(y) \,\&\, \operatorname{Typ}_{n+1}(z) \,\&\, x = z * E(y)]$
> x ist *Elementarformel.*

In moderner Schreibweise:

$$x \in \mathit{Elf} \;:\Leftrightarrow\; \exists\,(y, z, n \leq x)\;(\mathrm{Typ}_n(y) \wedge \mathrm{Typ}_{n+1}(z) \wedge x = z * E(y))$$

Was Gödel Elementarformeln nennt, haben wir auf Seite 151 als *atomare Formeln* bezeichnet. Sie besitzen die Form

$$\xi_2(\sigma) \;\text{ oder }\; \xi_{n+1}(\zeta_n)$$

und lassen sich mit dem bisher erarbeiteten Instrumentarium problemlos beschreiben. x ist die Gödelnummer einer Elementarformel, wenn

- y die Gödelnummer von σ bzw. ζ_n ist, ☞ $\mathrm{Typ}_n(y)$
- z die Gödelnummer von ξ_2 bzw. ξ_{n+1} ist und ☞ $\mathrm{Typ}_{n+1}(z)$
- x die Gödelnummer der Formel ist,
  - die mit ξ_2 bzw. ξ_{n+1} beginnt,
  - und danach σ bzw. ζ_n in Klammern folgt. ☞ $x = z * E(y)$

21. $Op(x, y, z)$ Hilfsrelation für $FR(x)$

(Primitiv-rekursive Relation)

> 21. $Op\,(x\;y\;z) \equiv x = \mathrm{Neg}\,(y) \vee x = y\;\mathrm{Dis}\;z \vee$
> $(E\,v)\;[v \leqq x\;\&\;\mathrm{Var}\,(v)\;\&\;x = v\,\mathrm{Gen}\;y]$

In moderner Schreibweise:

$$(x, y, z) \in Op \;:\Leftrightarrow\; \left(\begin{array}{c} x = \mathrm{Neg}(y)\;\vee \\ x = y\,\mathrm{Dis}\,z\;\vee \\ \exists\,(v \leq x)\;(\mathrm{Var}(v) \wedge x = v\,\mathrm{Gen}\,y) \end{array}\right)$$

Sind die drei natürlichen Zahlen x, y und z die Gödelnummern der Zeichenketten φ, ψ und χ, dann stehen sie genau dann in Relation zueinander, wenn

- φ die Zeichenkette $\sim(\psi)$ ist oder ☞ $x = \mathrm{Neg}(y)$
- φ die Zeichenkette $(\psi) \vee (\chi)$ ist oder ☞ $x = y\,\mathrm{Dis}\,z$
  - ξ eine Variable und ☞ $\exists\,(v \leq x)\;\mathrm{Var}(v)$
  - φ die Zeichenkette $\xi\,\Pi\,(\psi)$ ist. ☞ $x = v\,\mathrm{Gen}\,y$

22. $FR(x)$ Hilfsrelation für $\mathrm{Form}(x)$

(Primitiv-rekursive Relation)

22. $FR(x) \equiv (n)\,\{0 < n \leqq l(x) \rightarrow Elf\,(n\,Gl\,x) \vee$
$(E\,p,q)\,[0 < p,q < n \;\&\; Op\,(n\,Gl\,x, p\,Gl\,x, q\,Gl\,x)]\}$
$\&\; l(x) > 0$

x ist eine Reihe von *Formeln*, deren jede entweder *Elementarformel* ist oder aus den vorhergehenden durch die Operationen der *Negation, Disjunktion, Generalisation* hervorgeht.

In moderner Schreibweise:

$$x \in FR \;:\Leftrightarrow$$

$$l(x) > 0 \wedge \forall\,(0 < n \leq l(x)) \left(\begin{array}{c} Elf(n\,Gl\,x) \vee \\ \exists\,(0 < p,q < n)\;\; Op(n\,Gl\,x, p\,Gl\,x, q\,Gl\,x) \end{array} \right)$$

Diese Formel ist genau dann wahr, wenn

- x die Gödelnummer einer nichtleeren Zahlenreihe ist und ☞ $l(x) > 0$
- jede Zahl dieser Reihe die Gödelnummer ☞ $\forall\,(0 < n \leq l(x))$
  - einer Elementarformel ist oder ☞ $Elf(n\,Gl\,x)$
  - aus vorangegangenen Formeln ☞ $\exists\,(0 < p,q < n)$
  - durch die Operation der Negation, der Disjunktion oder der Generalisierung hervorgeht ☞ $Op(n\,Gl\,x, p\,Gl\,x, q\,Gl\,x)$

Die Negation, die Disjunktion und die Generalisierung sind die drei rekursiven Bildungsschemata, die in Definition 4.4 den Aufbau von Formeln regeln. Wir können jede Formel des Systems P gewinnen, indem wir mit einer Reihe von Elementarformeln beginnen und diese anschließend mithilfe der Negation, der Disjunktion und der Generalisierung zu größeren Gebilden zusammensetzen. Die Formel

$$\mathsf{x}_2\,\Pi\,((\mathsf{x}_2(\mathsf{x}_1)) \vee (\neg(\mathsf{x}_2(\mathsf{x}_1))))$$

entsteht beispielsweise so:

1.	$\mathsf{x}_2(\mathsf{x}_1)$	(Elementarformel)
2.	$\neg(\mathsf{x}_2(\mathsf{x}_1))$	(Negation von 1.)
3.	$(\mathsf{x}_2(\mathsf{x}_1)) \vee (\neg(\mathsf{x}_2(\mathsf{x}_1)))$	(Disjunktion von 1. und 2.)
4.	$\mathsf{x}_2\,\Pi\,((\mathsf{x}_2(\mathsf{x}_1)) \vee (\neg(\mathsf{x}_2(\mathsf{x}_1))))$	(Generalisierung von 3.)

In einer Reihe aufgeschrieben erhalten wir

$$\mathsf{x}_2(\mathsf{x}_1), \neg(\mathsf{x}_2(\mathsf{x}_1)), (\mathsf{x}_2(\mathsf{x}_1)) \vee (\neg(\mathsf{x}_2(\mathsf{x}_1))), \mathsf{x}_2\, \Pi\, ((\mathsf{x}_2(\mathsf{x}_1)) \vee (\neg(\mathsf{x}_2(\mathsf{x}_1))))$$

Betrachten wir diese Reihe auf der arithmetischen Ebene, so ergibt sich mit

$$\ulcorner \mathsf{x}_2(\mathsf{x}_1)\urcorner, \ulcorner\neg(\mathsf{x}_2(\mathsf{x}_1))\urcorner, \ulcorner(\mathsf{x}_2(\mathsf{x}_1)) \vee (\neg(\mathsf{x}_2(\mathsf{x}_1)))\urcorner, \ulcorner\mathsf{x}_2\, \Pi\, ((\mathsf{x}_2(\mathsf{x}_1)) \vee (\neg(\mathsf{x}_2(\mathsf{x}_1))))\urcorner$$

genau das, was Gödel als „Reihe von *Formeln*" bezeichnet. Es ist eine Zahlenreihe, deren Glieder die Gödelnummern von Formeln sind, wobei diese Formeln nach den syntaktischen Bildungsregeln des Systems P konstruiert wurden.

(Primitiv-rekursive Relation)

23. Form $(x) \equiv (E\,n)\, \{n \leqq (Pr\,[l\,(x)^2])^{\,x\,.\,[l\,(x)]^2}$
$\&\ FR\,(n)\ \&\ x = [l\,(n)]\ Gl\, n\}$ [35])

x ist *Formel* (d. h. letztes Glied einer *Formelreihe* n).

[35]) Die Abschätzung $n \leqq (Pr\,[l\,(x)^2])^{x\, l\,(x)^2}$ erkennt man etwa so: Die Länge der kürzesten zu x gehörigen Formelreihe kann höchstens gleich der Anzahl der Teilformeln von x sein. Es gibt aber höchstens $l\,(x)$ Teilformeln der Länge 1, höchstens $l\,(x) - 1$ der Länge 2 usw., im ganzen also höchstens $\frac{l\,(x)\,[l\,(x)+1]}{2} \leqq l\,(x)^2$. Die Primzahlen aus n können also sämtlich kleiner als $Pr\,\{\,[l\,(x)]^2\,\}$ angenommen werden, ihre Anzahl $\leqq l\,(x)^2$ und ihre Exponenten (welche Teilformeln von x sind) $\leqq x$.

In moderner Schreibweise:

$$x \in \text{Form} :\Leftrightarrow \exists\,(n < c)\ (FR(n) \wedge x = l(n)\ Gl\, n)$$
$$\text{mit } c = (Pr(l(x)^2))^{x\,\cdot\, l(x)^2}$$

Die rechte Seite ist genau dann wahr, wenn

- eine Formelreihe existiert und ☞ $\exists\,(n < c)\ FR(n)$
- x die Gödelnummer der letzten Formel dieser Reihe ist. ☞ $x = l(n)\ Gl\, n$

Die natürliche Zahl n ist die Gödelnummer dieser Formelreihe. Damit wir sicher sein können, dass auch diese Relation primitiv-rekursiv ist, muss auch hier der Existenzquantor begrenzt werden. Gödel verwendet als Schranke den komplizierten Ausdruck

$$(Pr(l(x)^2))^{x\,\cdot\, l(x)^2}$$

In Fußnote 35 wird erklärt, wie diese Abschätzung zustande kommt. Um die formale Formulierung zu verstehen, betrachten wir die schon weiter oben benutzte Formel φ mit

$$\varphi = \mathsf{x}_2 \Pi ((\mathsf{x}_2(\mathsf{x}_1)) \vee (\neg(\mathsf{x}_2(\mathsf{x}_1))))$$

x sei die Gödelnummer dieser Formel:

$$x = \ulcorner\varphi\urcorner = \ulcorner \mathsf{x}_2 \Pi ((\mathsf{x}_2(\mathsf{x}_1)) \vee (\neg(\mathsf{x}_2(\mathsf{x}_1))))\urcorner$$

Ferner sei n die Gödelnummer der kürzesten Formelreihe, die φ erzeugt. Diese Formelreihe haben wir weiter oben schon kennen gelernt. Sie sieht so aus:

$$\mathsf{x}_2(\mathsf{x}_1), \neg(\mathsf{x}_2(\mathsf{x}_1)), (\mathsf{x}_2(\mathsf{x}_1)) \vee (\neg(\mathsf{x}_2(\mathsf{x}_1))), \mathsf{x}_2 \Pi ((\mathsf{x}_2(\mathsf{x}_1)) \vee (\neg(\mathsf{x}_2(\mathsf{x}_1))))$$

Damit gilt in unserem Beispiel:

$$n = 2^{\ulcorner\varphi_1\urcorner} \cdot 3^{\ulcorner\varphi_2\urcorner} \cdot 5^{\ulcorner\varphi_3\urcorner} \cdot 7^{\ulcorner\varphi_4\urcorner} \quad \text{mit}$$

$$\begin{aligned}
\varphi_1 &= \mathsf{x}_2(\mathsf{x}_1)\\
\varphi_2 &= \neg(\mathsf{x}_2(\mathsf{x}_1))\\
\varphi_3 &= (\mathsf{x}_2(\mathsf{x}_1)) \vee (\neg(\mathsf{x}_2(\mathsf{x}_1)))\\
\varphi_4 &= \mathsf{x}_2 \Pi ((\mathsf{x}_2(\mathsf{x}_1)) \vee (\neg(\mathsf{x}_2(\mathsf{x}_1))))
\end{aligned}$$

Für andere Formeln funktioniert die Konstruktion nach dem gleichen Schema. Bezeichnet p_i die i-te Primzahl, so können wir die Form von n allgemein so notieren:

$$n = {p_1}^{\ulcorner\varphi_1\urcorner} \cdot {p_2}^{\ulcorner\varphi_2\urcorner} \cdot {p_3}^{\ulcorner\varphi_3\urcorner} \cdot \ldots \cdot {p_{l(n)}}^{\ulcorner\varphi_{l(n)}\urcorner}$$

Da die Formeln $\varphi_1, \varphi_2, \ldots, \varphi_{l(n)}$ allesamt Teilformeln von φ sind, gilt

$$\ulcorner\varphi_i\urcorner \leq \ulcorner\varphi\urcorner = x$$

Damit können wir n so abschätzen:

$$n \leq {p_1}^x \cdot {p_2}^x \cdot {p_3}^x \cdot \ldots \cdot {p_{l(n)}}^x \tag{5.13}$$

Als Nächstes wollen wir versuchen, mehr über $l(n)$, die Anzahl der Glieder in der Formelreihe, herauszubekommen.

Hierzu untersuchen wir zunächst, aus wie vielen Teilformeln die Reihenglieder aufgebaut sind. Für unser Beispiel erhalten wir das folgende Ergebnis:

- φ_1 enthält 1 Teilformel ☞ φ_1 selbst
- φ_2 enthält 2 Teilformeln ☞ φ_1 und φ_2
- φ_3 enthält 4 Teilformeln ☞ zweimal φ_1 sowie φ_2 und φ_3
- φ_4 enthält 5 Teilformeln ☞ zweimal φ_1 sowie φ_2, φ_3 und φ_4

In unserem Beispiel gilt, dass die Anzahl der Teilformeln der letzten Formel größer ist als die Anzahl der Folgenglieder $l(n)$. Dies ist nicht nur in unserem Beispiel, sondern immer der Fall, da die Anzahl der Teilformeln von einem Folgenglied zum nächsten um mindestens 1 anwächst. Es gilt also:

$$l(n) \leq \textit{Anzahl der Teilformeln von } \varphi \tag{5.14}$$

Als nächstes wollen wir überlegen, wie viele Teilformeln einer bestimmten Länge in φ enthalten sein können. Für unser Beispiel gilt:

- φ enthält 1 Teilformel der Länge 4 ☞ Formel φ_1
- φ enthält 1 Teilformel der Länge 7 ☞ Formel φ_2
- φ enthält 1 Teilformel der Länge 16 ☞ Formel φ_3
- φ enthält 1 Teilformel der Länge 20 ☞ Formel φ_4

Verallgemeinert können wir die folgende Abschätzung vornehmen:

- φ enthält höchstens 1 Teilformel der Länge $l(x)$
- φ enthält höchstens 2 Teilformeln der Länge $l(x) - 1$
- φ enthält höchstens 3 Teilformeln der Länge $l(x) - 2$

...

- φ enthält höchstens $l(x)$ Teilformeln der Länge 1

Dann gilt:

$$\begin{aligned}
&\textit{Anzahl der Teilformeln von } \varphi \\
&= \sum_{i=1}^{l(x)} \textit{Anzahl der Teilformeln der Länge } i \\
&\leq \sum_{i=1}^{l(x)} i = \frac{l(x)(l(x)+1)}{2} = \frac{l(x)^2}{2} + \frac{l(x)}{2} \leq \frac{l(x)^2}{2} + \frac{l(x)^2}{2} = l(x)^2
\end{aligned}$$

Zusammen mit (5.14) erhalten wir die Abschätzung

$$l(n) \leq l(x)^2 \tag{5.15}$$

Das bedeutet, dass die Formelreihe, die φ hervorbringt, nicht mehr als $l(x)^2$ Glieder besitzen kann. Aus (5.13) ergibt sich dann die folgende Abschätzung:

$$\begin{aligned}
n &\leq {p_1}^x \cdot {p_2}^x \cdot {p_3}^x \cdot \ldots \cdot {p_{l(x)^2}}^x \\
&\leq {p_{l(x)^2}}^x \cdot {p_{l(x)^2}}^x \cdot {p_{l(x)^2}}^x \cdot \ldots \cdot {p_{l(x)^2}}^x \\
&= {p_{l(x)^2}}^{x \cdot l(x)^2}
\end{aligned}$$

Genau dies ist die Schranke, mit der Gödel den Existenzquantor nach oben begrenzt hat.

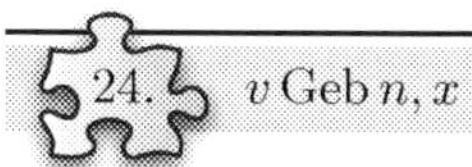

$v\,\mathrm{Geb}\,n,x$ Variable v ist an der Stelle n gebunden

(Primitiv-rekursive Relation)

24. v Geb $n, x \equiv$ Var (v) & Form (x) &
$(E\,a,b,c)\ [a,b,c \leqq x\ \&\ x = a * (v \text{ Gen } b) * c$
& Form (b) & $l\,(a) + 1 \leqq n \leqq l\,(a) + l\,(v \text{ Gen } b)]$
Die *Variable* v ist in x an n-ter Stelle *gebunden.*

In moderner Schreibweise:

$$v\,\mathrm{Geb}\,n,x \;:\Leftrightarrow$$

$$\mathrm{Var}(v) \wedge \mathrm{Form}(x) \wedge \exists\,(a,b,c \leq x) \begin{pmatrix} x = a * (v\,\mathrm{Gen}\,b) * c \;\wedge \mathrm{Form}(b) \wedge \\ l(a) + 1 \leq n \leq l(a) + l(v\,\mathrm{Gen}\,b) \end{pmatrix}$$

Sei v die Gödelnummer einer Variablen ξ und x die Gödelnummer einer Formel φ. Dann ist $v\,\mathrm{Geb}\,n,x$ genau dann wahr, wenn das n-te Zeichen der Formel φ in einer Teilformel der Form $\forall\xi\ (\ldots)$ eingebettet ist. Was das genau bedeutet, klärt das folgende Bild:

$$\Phi(\xi) = v$$
$$\Downarrow$$
$$x = \ulcorner\varphi\urcorner = \ulcorner(\quad\ldots\quad\underbrace{\forall\xi\ (\quad\ldots\quad)}\quad\ldots\quad)\urcorner$$
$$\Uparrow$$
Mögliche Positionen für n

Dies ist genau dann der Fall, wenn

- v die Gödelnummer einer Variablen ξ ist, ☞ $\mathrm{Var}(v)$
- x die Gödelnummer einer Formel ist ☞ $\mathrm{Form}(x)$
- und sich diese Formel so in drei Teile zerlegen lässt, ☞ $\exists\,(a,b,c \leq x)$
  - dass der Mittelteil eine Formel ist, die ξ bindet
    ☞ $x = a * (v\,\mathrm{Gen}\,b) * c \wedge \mathrm{Form}(b)$
  - und sich das n-te Zeichen innerhalb des Mittelteils befindet.
    ☞ $l(a) + 1 \leq n \leq l(a) + l(v\,\mathrm{Gen}\,b)$

Als Beispiel betrachten wir die Formel

$$\varphi = (\ \mathrm{x}_1\ \Pi\ (\ \mathrm{x}_2\ (\ \mathrm{x}_1\ )\ )\ )\ \vee\ (\ \mathrm{x}_2\ \Pi\ (\ \mathrm{x}_2\ (\ \mathrm{x}_1\ )\ )\ )$$

1 2 3 4 5 6 7 8 9 10 11 12 13 14 15 16 17 18 19 20 21

Für diese Formel gilt:

$$17\,\mathrm{Geb}\,n,\ulcorner\varphi\urcorner \;\Leftrightarrow\; n \in \{2,3,4,5,6,7,8,9\} \qquad (☞\ 17 = \Phi(\mathsf{x}_1))$$
$$17^2\,\mathrm{Geb}\,n,\ulcorner\varphi\urcorner \;\Leftrightarrow\; n \in \{13,14,15,16,17,18,19,20\} \qquad (☞\ 17^2 = \Phi(\mathsf{x}_2))$$

25. $v\,\mathit{Fr}\,n,x$ — Variable v ist an der Stelle n frei

(Primitiv-rekursive Relation)

184 Kurt Gödel,

25. $v\ \mathit{Fr}\ n,x \equiv \mathrm{Var}\,(v)\ \&\ \mathrm{Form}\,(x)\ \&\ v = n\ Gl\ x\ \&\ n \leqq l(x)\ \&\ \overline{v\ \mathrm{Geb}\ n,x}$

Die *Variable* v ist in x an n-ter Stelle *frei*.

In moderner Schreibweise:

$$v\,\mathit{Fr}\,n,x \;:\Leftrightarrow\; \mathrm{Var}(v) \wedge \mathrm{Form}(x) \wedge v = n\;Gl\,x \wedge n \leq l(x) \wedge \neg(v\,\mathrm{Geb}\,n,x)$$

Die rechte Seite ist genau dann wahr, wenn die Variable mit der Gödelnummer v an der n-ten Position in der Formel mit der Gödelnummer x frei vorkommt. Dies ist genau dann der Fall, wenn

- v die Gödelnummer einer Variablen ξ ist, ☞ $\mathrm{Var}(v)$
- x die Gödelnummer einer Formel ist ☞ $\mathrm{Form}(x)$
- und v an der n-ten Position ☞ $v = n\;Gl\,x$
- innerhalb der Formel vorkommt und ☞ $n \leq l(x)$
- dort nicht gebunden ist. ☞ $\neg(v\,\mathrm{Geb}\,n,x)$

Als Beispiel betrachten wir erneut die Formel

$$\varphi = (\ \mathsf{x}_1\ \Pi\ (\ \mathsf{x}_2\ (\ \mathsf{x}_1\ )\ )\ )\ \vee\ (\ \mathsf{x}_2\ \Pi\ (\ \mathsf{x}_2\ (\ \mathsf{x}_1\ )\ )\ )$$

1 2 3 4 5 6 7 8 9 10 11 12 13 14 15 16 17 18 19 20 21

Für diese Formel gilt:

$$17\,\mathit{Fr}\,n,\ulcorner\varphi\urcorner \;\Leftrightarrow\; n \in \{18\} \qquad (☞\ 17 = \Phi(\mathsf{x}_1))$$
$$17^2\,\mathit{Fr}\,n,\ulcorner\varphi\urcorner \;\Leftrightarrow\; n \in \{5\} \qquad (☞\ 17^2 = \Phi(\mathsf{x}_2))$$

$v\,Fr\,x$ Variable v kommt in x an mindestens einer Stelle frei vor

(Primitiv-rekursive Relation)

26. $v\,F\,r\,x \equiv (E\,n)\,[n \leqq l\,(x)\,\&\,v\,F\,r\,n,\,x]$
v kommt in x als *freie Variable* vor.

In moderner Schreibweise:

$$v\,Fr\,x \;:\Leftrightarrow\; \exists\,(n \leq l(x))\; v\,Fr\,n, x$$

Die rechte Seite ist genau dann wahr, wenn die Variable mit der Gödelnummer v an irgendeiner Stelle in der Formel mit der Gödelnummer x frei vorkommt.

Die folgenden Beispiele zeigen für die Formel

$$(\mathsf{x}_1\,\Pi\,(\mathsf{x}_2(\mathsf{x}_1))) \vee (\mathsf{x}_2\,\Pi\,(\mathsf{x}_2(\mathsf{x}_1))),$$

für welche Zahlenkombinationen die Relation gilt (✔) bzw. nicht gilt (✘):

$17\,Fr\,\ulcorner\varphi\urcorner$	✔	$17^2\,Fr\,\ulcorner\varphi\urcorner$	✔	$17^3\,Fr\,\ulcorner\varphi\urcorner$	✘
$19\,Fr\,\ulcorner\varphi\urcorner$	✘	$19^2\,Fr\,\ulcorner\varphi\urcorner$	✘	$19^3\,Fr\,\ulcorner\varphi\urcorner$	✘

Die Zahlen 17^n sind die Gödelnummern der Variablen x_n und die Zahlen 19^n die Gödelnummern der Variablen y_n.

$Su\,x\,\binom{n}{y}$ Formel x, nachdem an der Stelle n y eingesetzt wurde

(Primitiv-rekursive Funktion)

27. $S\,u\,x\,\binom{n}{y} \equiv \varepsilon z\,\{z \leqq [Pr(l(x)+l(y))]^{x+y}\,\&\,[(E\,u,v)\,u,v \leqq x\,\&\,x = u * R\,(n\,G\,l\,x) * v\,\&\,z = u * y * v\,\&\,n = l\,(u)+1]\}$
$S\,u\,x\,\binom{n}{y}$ entsteht aus x, wenn man an Stelle des n-ten Gliedes von x y einsetzt (vorausgesetzt, daß $0 < n \leqq l(x)$).

In moderner Schreibweise:

$$Su\,x\,\binom{n}{y} \;:=\; \min\left\{ z \leq c \;\middle|\; \exists\,(u,v \leq x)\; \begin{pmatrix} x = u * R(n\,Gl\,x) * v \,\wedge \\ z = u * y * v \wedge n = l(u)+1 \end{pmatrix} \right\}$$

$$\text{mit } c \;:=\; (Pr(l(x)+l(y)))^{x+y}$$

Um die Definition zu verstehen, betrachten wir wieder die Formel

$$\varphi \;=\; \underbrace{(}_{1}\,\underbrace{\mathsf{x}_1}_{2}\,\underbrace{\Pi}_{3}\,\underbrace{(}_{4}\,\underbrace{\mathsf{x}_2}_{5}\,\underbrace{(}_{6}\,\underbrace{\mathsf{x}_1}_{7}\,\underbrace{)}_{8}\,\underbrace{)}_{9}\,\underbrace{)}_{10}\,\underbrace{\vee}_{11}\,\underbrace{(}_{12}\,\underbrace{\mathsf{x}_2}_{13}\,\underbrace{\Pi}_{14}\,\underbrace{(}_{15}\,\underbrace{\mathsf{x}_2}_{16}\,\underbrace{(}_{17}\,\underbrace{\mathsf{x}_1}_{18}\,\underbrace{)}_{19}\,\underbrace{)}_{20}\,\underbrace{)}_{21}$$

Exemplarisch wollen wir an Position 5 die Variable x_2 durch die Variable y_2 ersetzen. Dies gelingt, indem

- die Formel φ an der Stelle $n = 5$ ☞ $n = l(u) + 1$
- aufgetrennt wird ☞ $x = u * R(n\,Gl\,x) * v$

$$\underbrace{\ulcorner(\mathsf{x}_1\,\Pi\,(\urcorner}_{u} * \ulcorner\mathsf{x}_2\urcorner * \underbrace{\ulcorner(\mathsf{x}_1))) \vee (\mathsf{x}_2\,\Pi\,(\mathsf{x}_2(\mathsf{x}_1)))\urcorner}_{v}$$

- und die Teile mit $y = \ulcorner\mathsf{y}_2\urcorner$ neu kombiniert werden. ☞ $z = u \ * \ y \ * \ v$

$$\underbrace{\ulcorner(\mathsf{x}_1\,\Pi\,(\urcorner}_{u} * \underbrace{\ulcorner\mathsf{y}_2\urcorner}_{y} * \underbrace{\ulcorner(\mathsf{x}_1))) \vee (\mathsf{x}_2\,\Pi\,(\mathsf{x}_2(\mathsf{x}_1)))\urcorner}_{v}$$

Dass die gesuchte Zahl z kleiner als die gewählte Grenze

$$(Pr(l(x) + l(y)))^{x+y}$$

sein muss, lässt sich mit dem gleichen Argument begründen, das wir schon auf Seite 240 im Zusammenhang mit dem Sternoperator ‚$*$' verwendet haben. Die Ergebnisformel hat die Form

$$z \ = \ p_1{}^{k_1} \cdot p_2{}^{k_2} \cdot p_3{}^{k_3} \cdot \ldots \cdot p_{l(z)}{}^{k_{l(z)}}$$

mit

$$l(z) = l(x) + l(y) - 1$$

Damit können wir den Wert von z folgendermaßen nach oben abschätzen:

$$\begin{aligned} z \ &\leq \ p_{l(z)}{}^{k_1} \cdot p_{l(z)}{}^{k_2} \cdot p_{l(z)}{}^{k_3} \cdot \ldots \cdot p_{l(z)}{}^{k_{l(z)}} \\ &= \ p_{l(z)}{}^{k_1+k_2+k_3+\ldots+k_{l(z)}} \\ &\leq \ p_{l(z)}{}^{x+y} \\ &\leq \ p_{l(x)+l(y)}{}^{x+y} \end{aligned}$$

$k\,St\,v, x$ — Hilfsfunktion für $A(v, x)$

(Primitiv-rekursive Funktion)

$$\begin{aligned} &28.\ 0\,St\,v, x \equiv \varepsilon n\,\{n \leqq l\,(x)\,\&\,v\,Fr\,n, x \\ &\qquad \&\,\overline{(Ep)}\,[n < p \leqq l\,(x)\,\&\,v\,Fr\,p, x]\} \\ &(k+1)\,St\,v, x \equiv \varepsilon n\,\{n < k\,St\,v, x\,\&\,v\,Fr\,n, x \\ &\qquad \&\,\overline{(Ep)}\,[n < p < k\,St\,v, x\,\&\,v\,Fr\,p, x]\} \end{aligned}$$

$k\,St\,v, x$ ist die $k+1$-te Stelle in x (vom Ende der *Formel* x an gezählt), an der v in x *frei* ist (und 0, falls es keine solche Stelle gibt).

In moderner Schreibweise:

$$0\,St\,v,x \;:=\; \min\left\{ n \leq l(x) \;\middle|\; \begin{array}{c} v\,Fr\,n,x \wedge \\ \neg\exists\,(p \leq l(x))\;(n < p \wedge v\,Fr\,p,x) \end{array} \right\}$$

$$k+1\,St\,v,x \;:=\; \min\left\{ n < k\,St\,v,x \;\middle|\; \begin{array}{c} v\,Fr\,n,x \wedge \\ \neg\exists\,(p < k\,St\,v,x)\;(n < p \wedge v\,Fr\,p,x) \end{array} \right\}$$

Sei v die Gödelnummer einer Variablen ξ und x die Gödelnummer einer Formel φ. Die Funktion $k\,St\,v,x$ berechnet die Position in φ, in der die Variable ξ, von rechts gezählt, das $(k+1)$-te Mal frei vorkommt. Für die Formel

$$\varphi \;=\; (\ \mathsf{x}_2\ \Pi\ (\ \mathsf{x}_2\ (\ \mathsf{x}_1\ )\ )\ )\ \vee\ (\ \mathsf{y}_2\ (\ \mathsf{x}_1\ )\ )$$

1 2 3 4 5 6 7 8 9 10 11 12 13 14 15 16 17

gilt beispielsweise das Folgende:

$$\begin{array}{lll} 0\,St\,\Phi(\mathsf{x}_1),\ulcorner\varphi\urcorner = 15 & 0\,St\,\Phi(\mathsf{x}_2),\ulcorner\varphi\urcorner = 0 & 0\,St\,\Phi(\mathsf{y}_2),\ulcorner\varphi\urcorner = 13 \\ 1\,St\,\Phi(\mathsf{x}_1),\ulcorner\varphi\urcorner = 7 & 1\,St\,\Phi(\mathsf{x}_2),\ulcorner\varphi\urcorner = 0 & 1\,St\,\Phi(\mathsf{y}_2),\ulcorner\varphi\urcorner = 0 \\ 2\,St\,\Phi(\mathsf{x}_1),\ulcorner\varphi\urcorner = 0 & 2\,St\,\Phi(\mathsf{x}_2),\ulcorner\varphi\urcorner = 0 & 2\,St\,\Phi(\mathsf{y}_2),\ulcorner\varphi\urcorner = 0 \end{array}$$

Die Definition basiert auf folgender Idee: Die natürliche Zahl n ist die erste Position von rechts, an der ξ frei in φ vorkommt, wenn

- ξ an der Stelle n frei vorkommt und ☞ $v\,Fr\,n,x$
- zwischen n und dem Formelende nirgends frei ist. ☞ $\neg\exists\,(p \leq l(x))\;(n < p \wedge v\,Fr\,p,x)$

Die natürliche Zahl n ist die $(k+2)$-te Position von rechts $(k \geq 0)$, an der ξ frei in φ vorkommt, wenn

- ξ an der Stelle n frei vorkommt und ☞ $v\,Fr\,n,x$
- zwischen n und dem $(k+1)$-ten freien Vorkommen nirgends frei ist. ☞ $\neg\exists\,(p < k\,St\,v,x)\;(n < p \wedge v\,Fr\,p,x)$

29. $A(v,x)$ Anzahl der Stellen, an denen v in x frei vorkommt

(Primitiv-rekursive Funktion)

29. $A\,(v, x) \equiv \varepsilon n\,\{n \leqq l\,(x)\ \&\ n\,S\,t\,v, x = 0\}$
$A\,(v, x)$ ist die Anzahl der Stellen, an denen v in x *frei* ist.

In moderner Schreibweise:

$$A(v,x) := \min\{n \leq l(x) \mid n\, St\, v, x = 0\}$$

Nach dieser Definition ist $A(v,x)$ die kleinste natürliche Zahl n, für die $n\, St\, v, x$ den Wert 0 liefert. Für die Formel

$$\varphi = (\mathsf{x}_2\,\Pi\,(\mathsf{x}_2(\mathsf{x}_1))) \vee (\mathsf{y}_2(\mathsf{x}_1))$$

erhalten wir beispielsweise

$$A(\Phi(\mathsf{x}_1), \ulcorner\varphi\urcorner) = 2 \qquad A(\Phi(\mathsf{x}_2), \ulcorner\varphi\urcorner) = 0 \qquad A(\Phi(\mathsf{y}_2), \ulcorner\varphi\urcorner) = 1$$

Damit ist die Bedeutung klar. $A(v,x)$ gibt an, wie oft die Variable mit der Gödelnummer v in der Formel mit der Gödelnummer x frei vorkommt.

30. $Sb_n\,(x\,{}^{v}_{y})$ Hilfsfunktion für $Sb\,(x\,{}^{v}_{y})$

(Primitiv-rekursive Funktion)

30. $S\,b_0\,(x\,{}^{v}_{y}) \equiv x$
$S\,b_{k+1}\,(x\,{}^{v}_{y}) \equiv S\,u\,[S\,b_k\,(x\,{}^{v}_{y})]\,({}^{k\,St\,v,\,x}_{y})$

In moderner Schreibweise:

$$Sb_0\,(x\,{}^{v}_{y}) := x$$
$$Sb_{k+1}\,(x\,{}^{v}_{y}) := Su\,(Sb_k\,(x\,{}^{v}_{y}))\,({}^{k\,St\,v,x}_{y})$$

Die Funktion $Sb_k\,(x\,{}^{v}_{y})$ ersetzt k freie Vorkommen der Variablen mit der Gödelnummer v durch die Zeichenkette mit der Gödelnummer y. Die Ersetzung erfolgt dabei von rechts nach links. Die Definition der Funktion basiert auf der folgenden Idee: Ist $k = 0$, so gibt es nichts zu ersetzen; die Funktion liefert x unverändert als Ergebnis zurück. Ist $k > 0$, so werden

- zunächst die ersten $k-1$ Vorkommen ☞ $Sb_k\,(x\,{}^{v}_{y})$
- und danach ein weiteres Vorkommen ersetzt. ☞ $Su(Sb_k\,(x\,{}^{v}_{y}))\,({}^{k\,St\,v,x}_{y})$

Die nachstehenden Beispiele zeigen die Funktion in Aktion:

$$Sb_0\,(\ulcorner(\mathsf{x}_2(\mathsf{x}_1) \vee \mathsf{y}_2(\mathsf{x}_1)) \vee \mathsf{z}_2(\mathsf{x}_1)\urcorner\,{}^{17}_{24}) = \ulcorner(\mathsf{x}_2(\mathsf{x}_1) \vee \mathsf{y}_2(\mathsf{x}_1)) \vee \mathsf{z}_2(\mathsf{x}_1)\urcorner$$
$$Sb_1\,(\ulcorner(\mathsf{x}_2(\mathsf{x}_1) \vee \mathsf{y}_2(\mathsf{x}_1)) \vee \mathsf{z}_2(\mathsf{x}_1)\urcorner\,{}^{17}_{24}) = \ulcorner(\mathsf{x}_2(\mathsf{x}_1) \vee \mathsf{y}_2(\mathsf{x}_1)) \vee \mathsf{z}_2(\mathsf{f}\ 0)\urcorner$$
$$Sb_2\,(\ulcorner(\mathsf{x}_2(\mathsf{x}_1) \vee \mathsf{y}_2(\mathsf{x}_1)) \vee \mathsf{z}_2(\mathsf{x}_1)\urcorner\,{}^{17}_{24}) = \ulcorner(\mathsf{x}_2(\mathsf{x}_1) \vee \mathsf{y}_2(\mathsf{f}\ 0)) \vee \mathsf{z}_2(\mathsf{f}\ 0)\urcorner$$
$$Sb_3\,(\ulcorner(\mathsf{x}_2(\mathsf{x}_1) \vee \mathsf{y}_2(\mathsf{x}_1)) \vee \mathsf{z}_2(\mathsf{x}_1)\urcorner\,{}^{17}_{24}) = \ulcorner(\mathsf{x}_2(\mathsf{f}\ 0) \vee \mathsf{y}_2(\mathsf{f}\ 0)) \vee \mathsf{z}_2(\mathsf{f}\ 0)\urcorner$$

Die Zahl 17 ist die Gödelnummer der Variablen x_1 und die Zahl 24 die Gödelnummer von $\mathsf{f}\ 0$ ($24 = 2^3 \cdot 3^1 = 2^{\Phi(\mathsf{f})} \cdot 3^{\Phi(0)} = \ulcorner\mathsf{f}\ 0\urcorner$).

31. $Sb\,(x\,{}^{v}_{y})$ Substitution von v durch y

(Primitiv-rekursive Funktion)

31. $S\,b\,(x\,{}^{v}_{y}) \equiv S\,b_{A\,(v,\,x)}\,(x\,{}^{v}_{y})$ [36])
$S\,b\,(x\,{}^{v}_{y})$ ist der oben definierte Begriff *Subst* $a\,({}^{v}_{b})$ [37]).

[36]) Falls v keine *Variable* oder x keine *Formel* ist, ist $S\,b\,(x\,{}^{v}_{y}) = x$.
[37]) Statt $S\,b\,[S\,b\,(x\,{}^{v}_{y})\,{}^{w}_{z}]$ schreiben wir: $S\,b\,(x\,{}^{v}_{y}\,{}^{w}_{z})$ (analog für mehr als zwei *Variable*).

In moderner Schreibweise:

$$Sb\,(x\,{}^{v}_{y}) \;:=\; Sb_{A(v,x)}\,(x\,{}^{v}_{y})$$

Seien x die Gödelnummer einer Formel φ, v die Gödelnummer einer Variablen ξ und y die Gödelnummer einer Zeichenkette σ. Dann berechnet die primitiv-rekursive Funktion $A(v, x)$, wie oft ξ in φ frei vorkommt. Folglich ist $Sb_{A(v,x)}\,(x\,{}^{v}_{y})$ die Gödelnummer der Formel φ, nachdem dort alle freien Vorkommen von ξ durch σ ersetzt wurden:

$$Sb\,(x\,{}^{v}_{y}) \;=\; \ulcorner\varphi[\xi \leftarrow \sigma]\urcorner$$

Beispielsweise ist

$$Sb\,(\ulcorner(\mathsf{x}_2(\mathsf{x}_1) \vee \mathsf{y}_2(\mathsf{x}_1)) \vee \mathsf{z}_2(\mathsf{x}_1)\urcorner\,{}^{17}_{24}) \;=\; \ulcorner(\mathsf{x}_2(\mathsf{f}\ 0) \vee \mathsf{y}_2(\mathsf{f}\ 0)) \vee \mathsf{z}_2(\mathsf{f}\ 0)\urcorner$$

Mit anderen Worten: *Sb* ist die Substitutionsfunktion, die wir in Abschnitt 4.1.2 besprochen haben. In Fußnote 36 weist Gödel explizit darauf hin, dass $Sb\,(x\,{}^{v}_{y})$ die Zahl x nur dann verändert, wenn v die Gödelnummer einer Variablen und x die Gödelnummer einer Formel ist. Um zu sehen, warum dies so ist, erinnern wir uns an die Definition von $v\,Fr\,n, x$, die wir auf Seite 254 gegeben haben:

$$v\,Fr\,n, x \;:\Leftrightarrow\; \mathrm{Var}(v) \wedge \mathrm{Form}(x) \wedge v = n\,Gl\,x \wedge n \leq l(x) \wedge \neg(v\,\mathrm{Geb}\,n, x)$$

Ist v nicht die Gödelnummer einer Variablen oder x nicht die Gödelnummer einer Formel, dann ist die rechte Seite falsch; die Zahlen v und x stehen also für kein n in der Relation *Fr* zueinander. Dann ist $n\,St\,v, x = 0$ (Definition 28) und somit auch $A(v, x) = 0$ (Definition 29). Aus den Definitionen 30 und 31 folgt nun sofort die Behauptung der Fußnote 36:

$$Sb\,(x\,{}^{v}_{y}) = Sb_{A(v,x)}\,(x\,{}^{v}_{y}) = Sb_0\,(x\,{}^{v}_{y}) = x$$

In Fußnote 37 führt Gödel eine kompakte Schreibweise für die mehrmalige Hintereinanderausführung der Funktion *Sb* ein. Später wird er diese Notation ausgiebig verwenden.

32. $x \operatorname{Imp} y$, $x \operatorname{Con} y$, $x \operatorname{Aeq} y$, $v \operatorname{Ex} y$ Definition von ‚→', ‚∧', ‚↔', ‚∃'

(Primitiv-rekursive Funktion)

$$
\begin{aligned}
32.\ & x \text{ Imp } y \equiv [\text{Neg}\,(x)] \text{ Dis } y \\
& x \text{ Con } y \equiv \text{Neg}\,\{[\text{Neg}\,(x)] \text{ Dis } [\text{Neg}\,(y)]\} \\
& x \text{ Aeq } y \equiv (x \text{ Imp } y) \text{ Con } (y \text{ Imp } x) \\
& v \text{ Ex } y \equiv \text{Neg}\,\{v \text{ Gen } [\text{Neg}\,(y)]\}
\end{aligned}
$$

Die Definitionen dieser Funktionen dienen lediglich zur Schreiberleichterung. Sie führen die Implikation, die Konjunktion, die logische Äquivalenz und die Existenzquantifikation in der üblichen Weise auf die nativen Sprachkonstrukte des Systems P zurück.

33. $n\ Th\ x$ n-te Typenerhöhung von x

(Primitiv-rekursive Funktion)

$$
\begin{aligned}
33.\ n\ Th\ x \equiv \varepsilon y\,\{ & y \leqq x^{(x^n)} \;\&\; (k)\,[k \leqq l(x) \rightarrow \\
& (k\ Gl\ x \leqq 13 \;\&\; k\ Gl\ y = k\ Gl\ x) \lor \\
& (k\ Gl\ x > 13 \;\&\; k\ Gl\ y = k\ Gl\ x\,.\,[1\ Pr\,(k\ Gl\ x)]^n)]\}
\end{aligned}
$$

$n\ Th\ x$ ist die *n-te Typenerhöhung* von x (falls x und $n\ Th\ x$ *Formeln* sind).

In moderner Schreibweise:

$$
n\ Th\ x := \min \left\{ y \leq x^{x^n} \;\middle|\; \forall (k \leq l(x)) \begin{pmatrix} (k\ Gl\ x \leq 13 \land k\ Gl\ y = k\ Gl\ x) \lor \\ (k\ Gl\ x > 13 \land \\ k\ Gl\ y = k\ Gl\ x \cdot (1\ Pr(k\ Gl\ x))^n) \end{pmatrix} \right\}
$$

Um die Definition zu verstehen, betrachten wir die Typenerhöhung an einem konkreten Beispiel:

$$
\underbrace{2^{17^2} \cdot 3^9 \cdot 5^{11} \cdot 7^5 \cdot 11^{11} \cdot 13^{17^2} \cdot 17^{11} \cdot 19^{19} \cdot 23^{13} \cdot 29^{13} \cdot 31^{13}}_{\mathsf{x_2}\,\Pi\,(\,\sim\,(\mathsf{x_2}(\mathsf{y_1})))}
$$

n-te Typenerhöhung

$$
\overbrace{2^{17^{2+n}} \cdot 3^9 \cdot 5^{11} \cdot 7^5 \cdot 11^{11} \cdot 13^{17^{2+n}} \cdot 17^{11} \cdot 19^{19^{1+n}} \cdot 23^{13} \cdot 29^{13} \cdot 31^{13}}^{\mathsf{x_{2+n}}\,\Pi\,(\,\sim\,(\mathsf{x_{2+n}}(\mathsf{y_{1+n}})))}
$$

Aus diesem Beispiel können wir das folgende Vorgehen ableiten:

- Ist der k-te Exponent ≤ 13, ☞ $k\,Gl\,x \leq 13$

$$2^{17^2} \cdot 3^9 \cdot 5^{11} \cdot 7^5 \cdot 11^{11} \cdot 13^{17^2} \cdot 17^{11} \cdot 19^{19} \cdot 23^{13} \cdot 29^{13} \cdot 31^{13}$$

n-te Typenerhöhung

$$2^{17^{2+n}} \cdot 3^9 \cdot 5^{11} \cdot 7^5 \cdot 11^{11} \cdot 13^{17^{2+n}} \cdot 17^{11} \cdot 19^{19^{1+n}} \cdot 23^{13} \cdot 29^{13} \cdot 31^{13}$$

- so belasse die Zahlenreihe an dieser Stelle, wie sie ist. ☞ $k\,Gl\,y = k\,Gl\,x$

- Ist der k-te Exponent > 13, ☞ $k\,Gl\,x > 13$

$$2^{17^2} \cdot 3^9 \cdot 5^{11} \cdot 7^5 \cdot 11^{11} \cdot 13^{17^2} \cdot 17^{11} \cdot 19^{19} \cdot 23^{13} \cdot 29^{13} \cdot 31^{13}$$

n-te Typenerhöhung

$$2^{17^{2+n}} \cdot 3^9 \cdot 5^{11} \cdot 7^5 \cdot 11^{11} \cdot 13^{17^{2+n}} \cdot 17^{11} \cdot 19^{19^{1+n}} \cdot 23^{13} \cdot 29^{13} \cdot 31^{13}$$

- so extrahiere den Exponenten (er ist von der Form e^i), ☞ $k\,Gl\,x$
- bestimme die Zahl e ☞ $1\,Pr(k\,Gl\,x)$
- und berechne daraus e^{i+n}. ☞ $k\,Gl\,x \cdot (1\,Pr(k\,Gl\,x))^n$
- Das Ergebnis ist das k-te Glied von y. ☞ $k\,Gl\,y = k\,Gl\,x \cdot (1\,Pr(k\,Gl\,x))^n$

Es bleibt zu zeigen, dass die Abschätzung $y \leq x^{x^n}$ immer erfüllt ist. Ausgehend von der Gleichung

$$x = p_1^{{e_1}^{i_1}} \cdot p_2^{{e_2}^{i_2}} \cdot \ldots \cdot p_k^{{e_k}^{i_k}}$$

können wir den Wert von y zunächst so abschätzen:

$$\begin{aligned}
y &\leq p_1^{{e_1}^{i_1+n}} \cdot p_2^{{e_2}^{i_2+n}} \cdot \ldots \cdot p_k^{{e_k}^{i_k+n}} \\
&= p_1^{{e_1}^{i_1} \cdot {e_1}^n} \cdot p_2^{{e_2}^{i_2} \cdot {e_2}^n} \cdot \ldots \cdot p_k^{{e_k}^{i_k} \cdot {e_k}^n} \\
&= \left(p_1^{{e_1}^{i_1}}\right)^{{e_1}^n} \cdot \left(p_2^{{e_2}^{i_2}}\right)^{{e_2}^n} \cdot \ldots \cdot \left(p_k^{{e_k}^{i_k}}\right)^{{e_k}^n}
\end{aligned}$$

Sei j der Index zwischen 1 und k, der $p_j^{{e_j}^{i_j}}$ maximiert. Dann gilt:

$$\begin{aligned}
y &\leq \left(p_j^{{e_j}^{i_j}}\right)^{{e_1}^n} \cdot \left(p_j^{{e_j}^{i_j}}\right)^{{e_2}^n} \cdot \ldots \cdot \left(p_j^{{e_j}^{i_j}}\right)^{{e_k}^n} \\
&= \left(p_j^{{e_j}^{i_j}}\right)^{{e_1}^n + {e_2}^n + \ldots + {e_k}^n} \\
&\leq \left(p_j^{{e_j}^{i_j}}\right)^{(e_1+e_2+\ldots+e_k)^n} \\
&\leq \left(p_j^{{e_j}^{i_j}}\right)^{x^n} \\
&\leq x^{x^n}
\end{aligned}$$

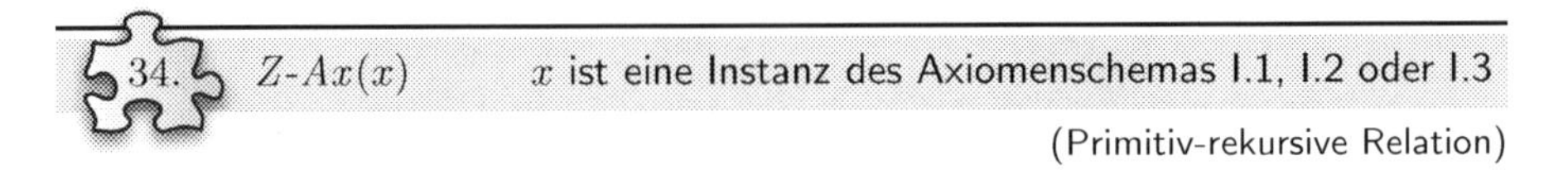

34. $Z\text{-}Ax(x)$ — x ist eine Instanz des Axiomenschemas I.1, I.2 oder I.3

(Primitiv-rekursive Relation)

> Den Axiomen I, 1 bis 3 entsprechen drei bestimmte Zahlen, die wir mit z_1, z_2, z_3 bezeichnen, und wir definieren:
>
> 34. $Z\text{-}A\,x\,(x) \equiv (x = z_1 \vee x = z_2 \vee x = z_3)$

In anderer Schreibweise:

$$\begin{aligned} x \in Z\text{-}Ax \;:\Leftrightarrow\; & (x = z_1 \vee x = z_2 \vee x = z_3) \quad \text{mit} \\ z_1 &= \ulcorner \sim (\mathsf{f}\ \mathsf{x}_1 = 0) \urcorner \\ z_2 &= \ulcorner \mathsf{f}\ \mathsf{x}_1 = \mathsf{f}\ \mathsf{y}_1 \supset \mathsf{x}_1 = \mathsf{y}_1 \urcorner \\ z_3 &= \ulcorner \mathsf{x}_2(0) \,.\, \mathsf{x}_1 \Pi (\mathsf{x}_2(\mathsf{x}_1) \supset \mathsf{x}_2(\mathsf{f}\ \mathsf{x}_1)) \supset \mathsf{x}_1 \Pi (\mathsf{x}_2(\mathsf{x}_1)) \urcorner \end{aligned}$$

Die rechte Seite ist genau dann wahr, wenn x die Gödelnummer eines Axioms ist, das aus dem Axiomenschema I.1, I.2 oder I.3 gewonnen wurde. Die Axiome sind hier in Gödels ursprünglicher Schreibweise belassen.

Beachten Sie, dass die Formeln Operatoren enthalten, die nicht nativ in der Sprache des Systems P verankert sind. Erst wenn diese durch ihre Definition ersetzt sind, lassen sich die Gödelnummern konkret ausrechnen.

35. $A_i\text{-}Ax(x)$ — x ist eine Instanz des Axiomenschemas II.i

(Primitiv-rekursive Relation)

> Über formal unentscheidbare Sätze der Principia Mathematica etc. 185
>
> 35. $A_1\text{-}A\,x\,(x) \equiv (E\,y)\,[y \leqq x\,\&\,\mathrm{Form}\,(y)\,\&\,x = (y\ \mathrm{Dis}\ y)\ \mathrm{Imp}\ y]$
>
> x ist eine durch Einsetzung in das Axiomenschema II, 1 entstehende *Formel*. Analog werden $A_2\text{-}A\,x$, $A_3\text{-}A\,x$, $A_4\text{-}A\,x$ entsprechend den Axiomen II, 2 bis 4 definiert.

In moderner Schreibweise:

$$x \in A_1\text{-}Ax \;:\Leftrightarrow\; \exists\,(y \leq x)\;(\mathrm{Form}(y) \wedge x = (y\,\mathrm{Dis}\,y)\,\mathrm{Imp}\,y)$$

Die rechte Seite ist genau dann wahr, wenn x die Gödelnummer einer Instanz des Axiomenschemas II.1 ist:

$$x \in A_1\text{-}Ax \;:\Leftrightarrow\; x = \ulcorner \varphi \vee \varphi \supset \varphi \urcorner \quad \text{für eine Formel } \varphi$$

Die Axiomenschemata II.2 bis II.4 lassen sich auf die gleiche Weise primitiv-rekursiv beschreiben:

- Axiomenschema II.2: $\varphi \supset \varphi \vee \psi$

$$x \in A_2\text{-}Ax \;:\Leftrightarrow\; \exists (y, z \leq x)\; (\mathrm{Form}(y) \wedge \mathrm{Form}(z) \wedge x = y \,\mathrm{Imp}(y \,\mathrm{Dis}\, z))$$

- Axiomenschema II.3: $\varphi \vee \psi \supset \psi \vee \varphi$

$$x \in A_3\text{-}Ax \;:\Leftrightarrow\; \exists (y, z \leq x)\; (\mathrm{Form}(y) \wedge \mathrm{Form}(z) \wedge x = (y \,\mathrm{Dis}\, z) \,\mathrm{Imp}(z \,\mathrm{Dis}\, y))$$

- Axiomenschema II.4: $(\varphi \supset \psi) \supset (\chi \vee \varphi \supset \chi \vee \psi)$

$$x \in A_4\text{-}Ax \;:\Leftrightarrow\; \exists (y, z, w \leq x)\; (\mathrm{Form}(y) \wedge \mathrm{Form}(z) \wedge \mathrm{Form}(w) \wedge x = (y \,\mathrm{Imp}\, z) \,\mathrm{Imp}((w \,\mathrm{Dis}\, y) \,\mathrm{Imp}(w \,\mathrm{Dis}\, z)))$$

36. $A\text{-}Ax(x)$ — x ist ein Axiom der Axiomengruppe II

(Primitiv-rekursive Relation)

> 36. $A\text{-}A\,x\,(x) \equiv A_1\text{-}A\,x\,(x) \vee A_2\text{-}A\,x\,(x) \vee A_3\text{-}A\,x\,(x) \vee \vee A_4\text{-}A\,x\,(x)$
> x ist eine durch Einsetzung in ein Aussagenaxiom entstehende *Formel*.

In moderner Schreibweise:

$$x \in A\text{-}Ax \;:\Leftrightarrow\; A_1\text{-}Ax(x) \vee A_2\text{-}Ax(x) \vee A_3\text{-}Ax(x) \vee A_4\text{-}Ax(x)$$

Die rechte Seite ist genau dann wahr, wenn x die Gödelnummer eines Axioms ist, das aus einem der Axiomenschemata II.1 bis II.4 gewonnen wurde.

37. $Q(z, y, v)$ — Hilfsprädikat zur Sicherstellung der Kollisionsfreiheit

(Primitiv-rekursive Relation)

> 37. $Q\,(z, y, v) \equiv \overline{(E\,n, m, w)}\,[n \leqq l\,(y)\;\&\; m \leqq l\,(z)\;\&\; w \leqq z\;\&\; w = m\,Gl\,z\;\&\; w\,\mathrm{Geb}\;n, y\;\&\; v\,Fr\,n, y]$
> z enthält keine *Variable*, die in y an einer Stelle *gebunden* ist, an der v *frei* ist.

In moderner Schreibweise:

$$(z, y, v) \in Q \;:\Leftrightarrow\; \begin{array}{l} \neg\exists\,(n \leq l(y))\,\exists\,(m \leq l(z))\,\exists\,(w \leq z) \\ \qquad (w = m\; Gl\; z \wedge w\,\text{Geb}\,n, y \wedge v\; Fr\; n, y) \end{array}$$

In Gödels Worten besagt die rechte Seite, dass z keine  $\neg\exists$

- *Variable* (mit der Gödelnummer w) enthält, ☞ $w = m\; Gl\; z$
- die in y an einer Stelle n *gebunden* ist,  $w\,\text{Geb}\,n, y$
- an der v *frei* ist. ☞ $v\; Fr\; n, y$

Um zu verstehen, was dieses Prädikat genau bedeutet, betrachten wir das Tripel (z, y, v) mit

$$\begin{aligned} z &:= \ulcorner\varphi\urcorner := \ulcorner \mathsf{y}_1 \urcorner \\ y &:= \ulcorner\psi\urcorner := \ulcorner \exists\,\mathsf{y}_1\,(\mathsf{x}_2(\mathsf{x}_1) \wedge \mathsf{y}_2(\mathsf{y}_1)) \urcorner \\ v &:= \Phi(\mathsf{x}_1) \end{aligned}$$

In der Formel ψ kommt die Variable x_1 an der markierten Stelle frei vor. Zudem befindet sich die markierte Stelle im Wirkungsbereich eines Quantors, der die Variable y_1 bindet. Das bedeutet, dass die Formel φ eine Variable enthält (die Variable y_1), die in der Formel ψ an einer Stelle gebunden ist, an der die Variable mit der Gödelnummer v frei ist. Somit gilt

$$(z, y, v) \notin Q$$

Betrachten wir dagegen das Tripel (z', y', v') mit

$$\begin{aligned} z' &:= \ulcorner\varphi\urcorner := \ulcorner \mathsf{z}_1 \urcorner \\ y' &:= \ulcorner\psi\urcorner := \ulcorner \exists\,\mathsf{y}_1\,(\mathsf{x}_2(\mathsf{x}_1) \wedge \mathsf{y}_2(\mathsf{y}_1)) \urcorner \\ v' &:= \Phi(\mathsf{x}_1) \end{aligned}$$

so ist die Situation eine andere. Hier gibt es in φ keine Variable, die an einer Stelle in ψ gebunden ist, an der die Variable mit der Gödelnummer v' frei vorkommt. Damit ist

$$(z', y', v') \in Q$$

Gödel wird dieses Prädikat gleich dazu verwenden, um die Kollisionsfreiheit von Substitutionen sicherzustellen. Diese benötigen wir, um mit dem Axiomenschema III.1 gültige Instanzen abzuleiten.

38. $L_1\text{-}Ax(x)$ — x ist eine Instanz des Axiomenschemas III.1

(Primitiv-rekursive Relation)

38. $L_1\text{-}A\,x\,(x) \equiv (E\,v,y,z,n)\,\{v,y,z,n \leqq x\,\&\,n \text{ Var } v\,\&$
$\text{Typ}_n\,(z)\,\&\,\text{Form}\,(y)\,\&\,Q\,(z,y,v)\,\&$
$x = (v \text{ Gen } y) \text{ Imp } [S\,b\,(y\,{}^{v}_{z})]\}$

x ist eine aus dem Axiomenschema III, 1 durch Einsetzung entstehende *Formel*.

In moderner Schreibweise:

$$x \in L_1\text{-}Ax \;:\Leftrightarrow\; \exists\,(v,y,z,n \leq x) \begin{pmatrix} n \operatorname{Var} v \wedge \operatorname{Typ}_n(z) \wedge \operatorname{Form}(y) \wedge \\ Q(z,y,v) \wedge \\ x = (v \operatorname{Gen} y) \operatorname{Imp}(Sb(y\,{}^{v}_{z})) \end{pmatrix}$$

Die rechte Seite ist genau dann wahr, wenn x die Gödelnummer einer Formel ist, die aus dem Axiomenschema III.1 gewonnen wurde. Wir erinnern uns: Das Axiomenschema III.1 erlaubt es,

- für eine Formel φ (mit der Gödelnummer y) ☞ $\operatorname{Form}(y)$
- eine Typ-n-Variable ξ (mit der Gödelnummer v) und ☞ $n \operatorname{Var} v$
- ein Zeichen σ (mit der Gödelnummer z)

die Formel

- $\xi\,\Pi\,\varphi \supset \varphi[\xi \leftarrow \sigma]$ ☞ $x = (v \operatorname{Gen} y) \operatorname{Imp}(Sb(y\,{}^{v}_{z}))$

zu gewinnen, falls

- σ den Typ von ξ hat ☞ $\operatorname{Typ}_n(z)$
- und die Substitution kollisionsfrei erfolgt. ☞ $Q(z,y,v)$

In moderner Notation ist $\xi\,\Pi\,\varphi \supset \varphi[\xi \leftarrow \sigma]$ die Formel

$$\forall\,\xi\;\varphi \rightarrow \varphi[\xi \leftarrow \sigma]$$

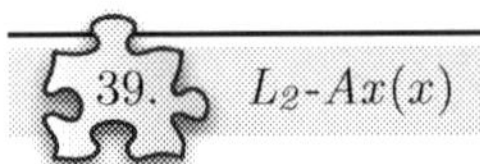

$L_2\text{-}Ax(x)$ x ist eine Instanz des Axiomenschemas III.2

(Primitiv-rekursive Relation)

39. $L_2\text{-}A\,x\,(x) \equiv (E\,v, q, p)\,\{v, q, p \leqq x\,\&\,\mathrm{Var}\,(v)\,\&\,\mathrm{Form}\,(p)$
$\&\,\overline{v\,Fr\,p}\,\&\,\mathrm{Form}\,(q)\,\&$
$x = [v\,\mathrm{Gen}\,(p\,\mathrm{Dis}\,q)]\;\mathrm{Imp}\;[p\,\mathrm{Dis}\,(v\,\mathrm{Gen}\,q)]\}$
x ist eine aus dem Axiomenschema III, 2 durch Einsetzung entstehende *Formel*.

In moderner Schreibweise:

$$x \in L_2\text{-}Ax \;:\Leftrightarrow\; \exists\,(v, q, p \leq x) \left(\begin{array}{c} \mathrm{Var}(v) \wedge \mathrm{Form}(p) \wedge \neg(v\,Fr\,p) \wedge \mathrm{Form}(q) \wedge \\ x = (v\,\mathrm{Gen}(p\,\mathrm{Dis}\,q))\,\mathrm{Imp}(p\,\mathrm{Dis}(v\,\mathrm{Gen}\,q)) \end{array} \right)$$

Die rechte Seite ist genau dann wahr, wenn x die Gödelnummer einer Formel ist, die aus dem Axiomenschema III.2 gewonnen wurde. Wir erinnern uns: Das Axiomenschema III.2 erlaubt uns,

- für eine Formel φ (mit der Gödelnummer p), ☞ $\mathrm{Form}(p)$
- eine Formel ψ (mit der Gödelnummer q) und ☞ $\mathrm{Form}(q)$
- eine Variable ξ (mit der Gödelnummer v) ☞ $\mathrm{Var}(v)$

die Formel

- $\xi\,\Pi\,(\varphi \vee \psi) \supset \varphi \vee \xi\,\Pi\,(\psi)$ ☞ $x = (v\,\mathrm{Gen}(p\,\mathrm{Dis}\,q))\,\mathrm{Imp}(p\,\mathrm{Dis}(v\,\mathrm{Gen}\,q))$

zu gewinnen, falls

- ξ in φ nicht frei vorkommt ☞ $\neg(v\,Fr\,p)$

In moderner Notation ist $\xi\,\Pi\,(\varphi \vee \psi) \supset \varphi \vee \xi\,\Pi\,(\psi)$ die Formel

$$\forall \xi\,(\varphi \vee \psi) \rightarrow \varphi \vee \forall \xi\,\psi$$

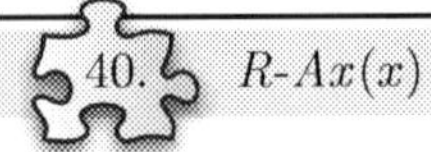

$R\text{-}Ax(x)$ x ist eine Instanz des Axiomenschemas IV.1

(Primitiv-rekursive Relation)

40. $R\text{-}A\,x\;(x) \equiv (E\,u,\,v,\,y,\,n)\;[u,\,v,\,y,\,n \leqq x\;\&\;n\;\mathrm{Var}\;v\;\&$
$(n+1)\;\mathrm{Var}\;u\;\&\;\overline{u\;Fr\;y}\;\&\;\mathrm{Form}\;(y)\;\&$
$x = u\,\mathrm{Ex}\,\{v\,\mathrm{Gen}\;[[R\,(u) * E\,(R\,(v))]\;\mathrm{Aeq}\;y]\}]$
x ist eine aus dem Axiomenschema IV, 1 durch Einsetzung entstehende *Formel*.

In moderner Schreibweise:

$$x \in R\text{-}Ax \;:\Leftrightarrow\; \exists\,(u,v,y,n \leq x)\left(\begin{array}{c} n\,\mathrm{Var}\,v \wedge (n+1)\,\mathrm{Var}\,u \wedge \\ \neg(u\,Fr\,y) \wedge \mathrm{Form}(y) \wedge \\ x = u\,\mathrm{Ex}(v\,\mathrm{Gen}((R(u) * E(R(v)))\,\mathrm{Aeq}\,y)) \end{array}\right)$$

Die rechte Seite ist genau dann wahr, wenn x die Gödelnummer einer Formel ist, die aus dem Axiomenschema IV.1 gewonnen wurde. Wir erinnern uns: Das Axiomenschema IV.1 erlaubt uns,

- für eine Formel φ (mit der Gödelnummer y), ☞ $\mathrm{Form}(y)$
- eine Typ-n-Variable ξ (mit der Gödelnummer v) und ☞ $n\,\mathrm{Var}\,v$
- eine Typ-$(n+1)$-Variable ζ (mit der Gödelnummer u) ☞ $(n+1)\,\mathrm{Var}\,u$

die Formel

- $(\mathsf{E}\,\zeta)(\xi\,\Pi\,(\zeta(\xi) \equiv \varphi))$ ☞ $x = u\,\mathrm{Ex}(v\,\mathrm{Gen}((R(u) * E(R(v)))\,\mathrm{Aeq}\,y))$

zu gewinnen, falls

- ζ in φ nicht frei vorkommt. ☞ $\neg(u\,Fr\,y)$

In moderner Notation ist $(\mathsf{E}\,\zeta)(\xi\,\Pi\,(\zeta(\xi) \equiv \varphi))$ die Formel

$$\exists\zeta\,\forall\xi\;(\zeta(\xi) \leftrightarrow \varphi)$$

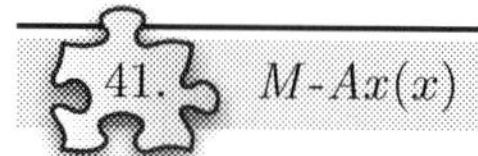

41. $M\text{-}Ax(x)$ — x ist eine Instanz des Axiomenschemas V.1

(Primitiv-rekursive Relation)

> Dem Axiom V, 1 entspricht eine bestimmte Zahl z_4 und wir definieren:
>
> 41. $M\text{-}A\,x\;(x) \equiv (E\,n)\;[n \leqq x \;\&\; x = n\;Th\;z_4]$.

In moderner Schreibweise:

$$x \in M\text{-}Ax \;:\Leftrightarrow \exists\,(n \leq x)\; x = n\;Th\;z_4$$

$$\text{mit } z_4 \;:=\; \ulcorner \mathsf{x}_1\,\Pi\,(\mathsf{x}_2(\mathsf{x}_1) \equiv \mathsf{y}_2(\mathsf{x}_1)) \supset \mathsf{x}_2 = \mathsf{y}_2 \urcorner$$

Die rechte Seite ist genau dann wahr, wenn x die Gödelnummer einer Formel ist, die durch das Prinzip der Typenerhöhung aus dem Komprehensionsaxiom hervorgeht.

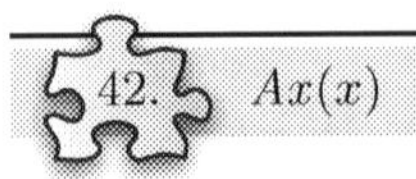

42. $Ax(x)$ — x ist ein Axiom

(Primitiv-rekursive Relation)

> 42. $A\,x\,(x) \equiv Z\text{-}A\,x\,(x) \vee A\text{-}A\,x\,(x) \vee L_1\text{-}A\,x\,(x)$
> $\vee\, L_2\text{-}A\,x\,(x) \vee R\text{-}A\,x\,(x) \vee M\text{-}A\,x\,(x)$
> x ist ein *Axiom.*

Die Relation Ax fasst die verschiedenen Axiomenschemata zusammen:

$$Ax \;:=\; \{n \in \mathbb{N} \mid n \text{ ist die Gödelnummer eines Axioms des Systems P}\}$$

43. $Fl(x, y, z)$ — x lässt sich aus y und z ableiten

(Primitiv-rekursive Relation)

> 43. $F\,l\,(x\,y\,z) \equiv y = z\,\text{Imp}\,x\,\vee$
> $(E\,v)\,[v \leqq x\ \&\ \text{Var}\,(v)\ \&\ x = v\,\text{Gen}\,y]$
> x ist *unmittelbare Folge* aus y und z.

In moderner Schreibweise:

$$(x, y, z) \in Fl \;:\Leftrightarrow\; y = z\,\text{Imp}\,x \vee \exists\,(v \leq x)\;(\text{Var}(v) \wedge x = v\,\text{Gen}\,y)$$

Sind x, y und z die Gödelnummern der Formeln φ, ψ bzw. χ, so ist die rechte Seite genau dann wahr, wenn einer der nachstehenden Fälle zutrifft:

- ψ hat die Form $\chi \supset \varphi$ ☞ $y = z\,\text{Imp}\,x$
  (in diesem Fall lässt sich φ über den Modus ponens aus ψ und χ herleiten)

- für eine Variable ξ hat φ die Form $\xi\,\Pi\,\psi$ ☞ $\text{Var}(v) \wedge x = v\,\text{Gen}\,y$
  (in diesem Fall lässt sich φ über die Generalisierungsregel aus ψ herleiten)

Somit stehen die Gödelnummern $\ulcorner\varphi\urcorner$, $\ulcorner\psi\urcorner$, $\ulcorner\chi\urcorner$ genau dann in Relation zueinander, wenn sich die Formel φ durch die Anwendung einer Schlussregel des Systems P aus den Formeln ψ und χ herleiten lässt.

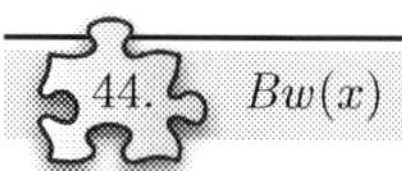

$Bw(x)$ x ist eine formale Beweiskette des Systems P

(Primitiv-rekursive Relation)

186 Kurt Gödel,

44. $B\,w\,(x) \equiv (n)\,\{0 < n \leqq l\,(x) \rightarrow A\,x\,(n\,G\,l\,x) \vee (E\,p, q)\,[0 < p, q < n\ \&\ F\,l\,(n\,G\,l\,x, p\,G\,l\,x, q\,G\,l\,x)]\}\ \&\ l\,(x) > 0$

x ist eine *Beweisfigur* (eine endliche Folge von *Formeln*, deren jede entweder *Axiom* oder *unmittelbare Folge* aus zwei der vorhergehenden ist).

In moderner Schreibweise:

$$x \in Bw \;:\Leftrightarrow\; l(x) > 0 \wedge \forall\,(0 < n \leq l(x)) \begin{pmatrix} Ax(n\;Gl\,x) \vee \\ \exists\,(0 < p, q < n) \\ Fl(n\;Gl\,x, p\;Gl\,x, q\;Gl\,x) \end{pmatrix}$$

Die rechte Seite ist genau dann wahr, wenn

- x eine nichtleere Zahlenreihe ist und ☞ $l(x) > 0$
- das n-te Glied ☞ $\forall\,(0 < n \leq l(x))$
  - ein Axiom ist oder ☞ $Ax(n\;Gl\,x)$
  - aus vorangegangenen Formeln ☞ $\exists\,(0 < p, q < n)$
  - durch eine Schlussregel entstanden ist. ☞ $Fl(n\;Gl\,x, p\;Gl\,x, q\;Gl\,x)$

Damit ist $Bw(x)$ genau dann wahr, wenn x die Gödelnummer eines formalen Beweises ist. Als Menge können wir die Relation Bw so aufschreiben:

$$Bw \;=\; \{n \in \mathbb{N} \mid n \text{ ist die Gödelnummer eines Beweises des Systems P}\}$$

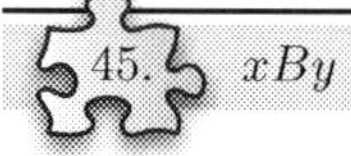

xBy x ist ein Beweis für die Formel y

(Primitiv-rekursive Relation)

45. $x\,B\,y \equiv B\,w\,(x)\ \&\ [l\,(x)]\ G\,l\,x = y$

x ist ein *Beweis* für die *Formel* y.

In moderner Schreibweise:

$$x\,B\,y \;:\Leftrightarrow\; Bw(x) \wedge l(x)\;Gl\;x = y$$

Die rechte Seite ist genau dann wahr, wenn

- x die Gödelnummer einer Beweiskette und ☞ $Bw(x)$
- y die Gödelnummer der letzten Formel ist ☞ $(l(x)\;Gl\;x) = y$

Somit ist $x\,B\,y$ genau dann wahr, wenn x die Gödelnummer eines formalen Beweises für die Formel mit der Gödelnummer y ist.

Damit haben wir ein wichtiges Ergebnis erzielt:

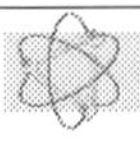

Satz 5.2

Die Relation

$$B := \{(\ulcorner\varphi_1,\ldots,\varphi_n\urcorner, \ulcorner\varphi\urcorner) \in \mathbb{N}^2 \mid \varphi_1,\ldots,\varphi_n \text{ ist ein Beweis für } \varphi \text{ in P}\}$$

ist primitiv-rekursiv.

5.3 Entscheidungsverfahren

Unter Punkt 46 definiert Gödel eine letzte Relation, der wir unsere besondere Aufmerksamkeit schenken wollen:

46. Bew x — x ist innerhalb des Systems P beweisbar

46. Bew $(x) \equiv (E y)\; y\,B\,x$

x ist eine *beweisbare Formel.* [Bew (x) ist der einzige unter den Begriffen 1—46, von dem nicht behauptet werden kann, er sei rekursiv.]

In moderner Schreibweise:

$$x \in \text{Bew} \;:\Leftrightarrow\; \exists y\; y\,B\,x \tag{5.16}$$

Die rechte Seite ist genau dann wahr, wenn x die Gödelnummer einer in P beweisbaren Formel ist.

Achten Sie auf den Kommentar in den eckigen Klammern! Es ist das erste Mal, dass Gödel von seiner präzisen Ausdrucksweise abweicht und eine klare Stellungnahme vermeidet. Er beantwortet die Frage, ob diese Relation primitiv-rekursiv ist, mit dem vagen Hinweis, dass dies *„nicht behauptet werden kann"*. Ein gezielter Blick auf die rechte Seite von (5.16) zeigt, warum. Unter den bisher präsentierten Relationen und Funktionen ist diese Relation die erste, die mit einem unbeschränkten Quantor definiert wird und damit nicht die Voraussetzung von Satz IV erfüllt. Hieraus folgt nicht notwendigerweise, dass Bew *keine* primitiv-rekursive Relation ist, denn hierzu müssten wir ausschließen, dass sie sich nicht auf eine andere Weise primitiv-rekursiv formulieren lässt.

Bevor wir den Schleier lüften und verraten, ob Bew eine primitiv-rekursive Relation ist oder nicht, wollen wir uns mit den Konsequenzen beschäftigen, die sich daraus ergeben. Wäre diese Relation tatsächlich primitiv-rekursiv, so hätte die syntaktische Variante des *Entscheidungsproblems* eine positive Lösung. Die nachstehende Definition klärt, was sich hinter diesem Begriff verbirgt:

Definition 5.5 (Entscheidungsproblem)

Die syntaktische Variante des *Entscheidungsproblems* lautet:

- Gegeben: ein formales System und eine Formel φ
- Gefragt: Gilt $\vdash \varphi$?

Die semantische Variante des *Entscheidungsproblems* lautet:

- Gegeben: eine Formel φ
- Gefragt: Gilt $\models \varphi$?

Was wir hier vor uns haben, ist eine Verallgemeinerung der historischen Formulierung von David Hilbert und Wilhelm Ackermann. Die Originalworte stammen aus [46] und beziehen sich auf die Prädikatenlogik erster Stufe:

> *Das Entscheidungsproblem ist gelöst, wenn man ein Verfahren kennt, das bei einem vorgelegten logischen Ausdruck durch endlich viele Operationen die Entscheidung über die Allgemeingültigkeit bzw. Erfüllbarkeit erlaubt. Die Lösung des Entscheidungsproblems ist für die Theorie aller Gebiete, deren Sätze überhaupt einer logischen Entwickelbarkeit aus endlich vielen Axiomen fähig sind, von grundsätzlicher Wichtigkeit.*
>
> David Hilbert, Wilhelm Ackermann

Später werden die beiden noch deutlicher:

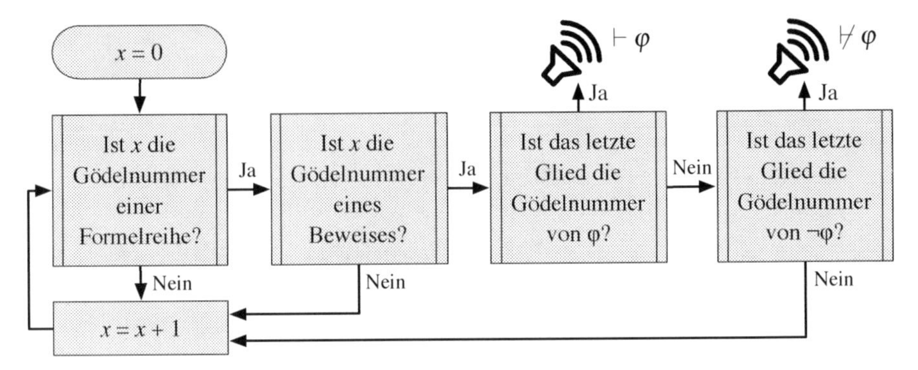

Abb. 5.3 Ist ein Kalkül widerspruchsfrei und negationsvollständig, so lässt sich für jede vorgelegte Formel φ entscheiden, ob sie beweisbar ist oder nicht. Mit anderen Worten: Das syntaktische Entscheidungsproblem hat eine Lösung.

> *„Das Entscheidungsproblem muss als das Hauptproblem der mathematischen Logik bezeichnet werden.“*
>
> David Hilbert, Wilhelm Ackermann [47]

Hilbert und Ackermann unterscheiden nicht zwischen einer syntaktischen und einer semantischen Variante – und müssen es auch gar nicht. In der Prädikatenlogik erster Stufe ist eine Formel genau dann allgemeingültig ($\models \varphi$), wenn sie beweisbar ist ($\vdash \varphi$), so dass beide Formulierungen gleichwertig sind. Verallgemeinern wir den Begriff, wie in Definition 5.5 geschehen, auf beliebige formale Systeme, so sind die Modellrelation ‚$\models$‘ und die Beweisbarkeitsrelation ‚$\vdash$‘ aber nicht mehr kongruent, und die syntaktische und die semantische Variante werden zu zwei verschiedenen Begriffen, die nicht miteinander verwechselt werden dürfen.

Wir wollen an dieser Stelle einen wichtigen Satz beweisen, der einen Zusammenhang zwischen der Lösbarkeit des syntaktischen Entscheidungsproblems und den in Definition 1.5 eingeführten Kalküleigenschaften herstellt:

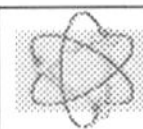

Satz 5.3

Für jeden widerspruchsfreien Kalkül K gilt:

$$K \text{ ist negationsvollständig } \Rightarrow K \text{ hat ein Entscheidungsverfahren}$$

Abbildung 5.3 zeigt, wie das Entscheidungsproblem für negationsvollständige widerspruchsfreie Kalküle gelöst werden kann:

- Alle Zeichenketten, die sich mit den Symbolen der Kalkülsprache konstruieren lassen, werden der Reihe nach aufgezählt. Eine einfache Möglichkeit besteht darin, zunächst die Zeichenketten der Länge 1 aufzuzählen, danach die Zeichenketten der Länge 2 und so fort. Auf diese Weise wird jede Zeichenkette irgendwann in der Aufzählung erscheinen.

- Alle Zeichenketten, die keiner Formelreihe entsprechen, werden verworfen. Das gleiche gilt für Formelreihen, die keine Beweise sind. Die systematische Aufzählung sorgt dafür, dass jeder Beweis irgendwann einmal erscheint.
- Für jede gefundene Zeichenkette, die einem formalen Beweis entspricht, wird geprüft, ob die Endformel gleich φ oder gleich $\neg\varphi$ ist. Im ersten Fall ist bewiesen, dass φ ein Theorem ist, im zweiten Fall, dass φ kein Theorem ist.

Zwei Dinge sind hier zu beachten:

- Damit der Algorithmus das syntaktische Entscheidungsproblem löst, muss er für jede Eingabe terminieren. Hierfür sorgt die Negationsvollständigkeit; sie stellt sicher, dass von zwei Formeln φ und $\neg\varphi$ immer mindestens eine beweisbar ist und der Algorithmus somit für jede Eingabe nach endlich vielen Schritten eine Antwort liefert.
- Der Algorithmus vertraut darauf, dass die Ableitbarkeit von $\neg\varphi$ die Nichtableitbarkeit von φ impliziert (aus $\vdash \neg\varphi$ folgt $\nvdash \varphi$). Dieser Schluss ist nur deshalb korrekt, weil sich Satz 5.3 ausschließlich auf widerspruchsfreie formale Systeme bezieht. In einem potenziell widersprüchlichen System hätte die Argumentation keinen Bestand. Dort könnte $\neg\varphi$ beweisbar sein und trotzdem zu einem späteren Zeitpunkt auch ein Beweis für φ auftauchen. Dann wäre φ ebenfalls ein Theorem.

Ist das syntaktische Entscheidungsproblem für Gödels System P lösbar? Wäre P widerspruchsfrei und negationsvollständig, so würde Satz 5.3 diese Frage positiv beantworten. Gödel beweist in seiner Arbeit aber gerade, dass P nicht zugleich widerspruchsfrei und negationsvollständig sein kann, so dass wir diesen Schluss nicht ziehen können.

Wäre die Beweisrelation Bew primitiv-rekursiv, so lautete die Antwort ebenfalls ja! Wir könnten die Frage $\ulcorner\varphi\urcorner \in$ Bew dann ganz einfach durch das Ausrechnen der zugehörigen primitiv-rekursiven Funktion entscheiden. Der Umkehrschluss ist nicht minder interessant. Sollte sich herausstellen, dass es kein Entscheidungsverfahren für P gibt, so hätten wir gleichsam die Gewissheit, dass Bew keine primitiv-rekursive Relation sein kann.

Die Hoffnung von Hilbert und Ackermann, eine Lösung für das Entscheidungsproblem der Prädikatenlogik finden zu können, wurde durch Alan Turing zerstört (Abbildung 5.4). In seiner berühmten Arbeit „*On Computable Numbers with an Application to the Entscheidungsproblem*“ [89, 73] hatte der britische Mathematiker überzeugend dargelegt, dass das Entscheidungsproblem für die Prädikatenlogik erster Stufe unlösbar ist, und die Art der Beweisführung lässt sich mit wenig Aufwand auf das System P übertragen. Aus Turings Ergebnis folgt deshalb unmissverständlich, dass die Beweisrelation Bew nicht primitiv-rekursiv sein kann, doch dies konnte Gödel noch nicht wissen. Turing hat seine fulminante Entdeckung erst im Jahr 1936 gemacht, rund fünf Jahre nach der Publikation der Unvollständigkeitssätze.

5.4 Satz V

Die Reise durch die Gödel'sche Arbeit führt uns in diesem Abschnitt zu Satz V, einem der wichtigsten Hilfstheoreme im Beweis des ersten Unvollständigkeitssatzes. Inhaltlich stellt dieser Satz eine Verbindung zwischen zwei Welten her. Auf der einen Seite befindet sich das System P, dem wir weiter oben ein komplettes Kapitel gewidmet haben. Auf der anderen Seite stehen die primitiv-rekursiven Relationen, die uns ebenfalls keine Verständnisprobleme mehr bereiten. Im Kern besagt Satz V, dass wir das Ausrechnen einer primitiv-rekursiven Funktion innerhalb von P simulieren können; d. h., wir können für jede primitiv-rekursive Funktion f und jede vorgelegte Zahlenkombination $y, x_1, \ldots, x_n$ innerhalb von P beweisen, dass y der Funktionswert $f(x_1, \ldots, x_n)$ ist bzw. dass er es nicht ist.

Weiter unten werden Sie sehen, dass der Beweis von Satz V einer einfachen Argumentationslinie folgt, technisch aber ungemein aufwendig ist. Dies ist der Grund, warum Gödel den Beweis nur skizzenhaft andeutet, aber keine Details liefert. Durch das Fehlen eines formalen Beweises mag Satz V wie die Achilles-

ON COMPUTABLE NUMBERS, WITH AN APPLICATION TO THE ENTSCHEIDUNGSPROBLEM

By A. M. TURING.

[Received 28 May, 1936.—Read 12 November, 1936.]

The "computable" numbers may be described briefly as the real numbers whose expressions as a decimal are calculable by finite means. Although the subject of this paper is ostensibly the computable *numbers*, it is almost equally easy to define and investigate computable functions of an integral variable or a real or computable variable, computable predicates, and so forth. The fundamental problems involved are, however, the same in each case, and I have chosen the computable numbers for explicit treatment as involving the least cumbrous technique. I hope shortly to give an account of the relations of the computable numbers, functions, and so forth to one another. This will include a development of the theory of functions of a real variable expressed in terms of computable numbers. According to my definition, a number is computable

Abb. 5.4 Im Jahr 1936 gelang es Alan Turing, eine der wichtigsten Grundlagenfragen der mathematischen Logik zu klären. Aus der Unentscheidbarkeit des Halteproblems für Turing-Maschinen konnte er folgern, dass kein Entscheidungsverfahren für die Prädikatenlogik erster Stufe existiert.

ferse der Gödel'schen Arbeit wirken, doch diese Furcht ist unbegründet. Wenige Jahre nach der Publikation der Unvollständigkeitssätze wurde der Beweis von David Hilbert und Paul Bernays vollständig ausgearbeitet und in ihren zweibändigen *Grundlagen der Mathematik* veröffentlicht [49, 50].

Um seine inhaltliche Aussage in verständlicher Weise offenzulegen, werden wir Satz V zunächst an einem konkreten Beispiel herleiten und erst danach in einer allgemeinen Form präsentieren. Für unsere Untersuchungen legen wir das geringfügig erweiterte System P' aus Abschnitt 4.4.5 zugrunde, da wir darin viel komfortabler über die Addition und die Multiplikation sprechen können, als es im ursprünglichen System P möglich ist.

Wir legen los und betrachten die Formel

$$\varphi(\mathsf{x}_1) \;:=\; \exists\, \mathsf{z}_1\, (\mathsf{x}_1 = \mathsf{z}_1 \times \overline{2}) \tag{5.17}$$

φ besitzt mit x_1 genau eine freie Individuenvariable und ist nach Gödels Vokabular ein Klassenzeichen. Substituieren wir die Variable x_1 durch einen Term der Form $\overline{n}$, so erhalten wir eine geschlossene Formel, die inhaltlich entweder wahr oder falsch ist. Ein Blick auf die rechte Seite von (5.17) macht klar, dass die Instanz $\varphi(\overline{n})$ genau dann inhaltlich wahr ist, wenn n aus der Menge der geraden natürlichen Zahlen stammt:

$$\models \exists\, \mathsf{z}_1\; 0 = \mathsf{z}_1 \times \overline{2} \qquad (☞ \models \varphi(\overline{0}))$$
$$\models \exists\, \mathsf{z}_1\; \mathsf{f}\;\mathsf{f}\; 0 = \mathsf{z}_1 \times \overline{2} \qquad (☞ \models \varphi(\overline{2}))$$
$$\models \exists\, \mathsf{z}_1\; \mathsf{f}\;\mathsf{f}\;\mathsf{f}\;\mathsf{f}\; 0 = \mathsf{z}_1 \times \overline{2} \qquad (☞ \models \varphi(\overline{4}))$$
$$\ldots$$
$$\models \neg\exists\, \mathsf{z}_1\; \mathsf{f}\; 0 = \mathsf{z}_1 \times \overline{2} \qquad (☞ \models \neg\varphi(\overline{1}))$$
$$\models \neg\exists\, \mathsf{z}_1\; \mathsf{f}\;\mathsf{f}\;\mathsf{f}\; 0 = \mathsf{z}_1 \times \overline{2} \qquad (☞ \models \neg\varphi(\overline{3}))$$
$$\models \neg\exists\, \mathsf{z}_1\; \mathsf{f}\;\mathsf{f}\;\mathsf{f}\;\mathsf{f}\;\mathsf{f}\; 0 = \mathsf{z}_1 \times \overline{2} \qquad (☞ \models \neg\varphi(\overline{5}))$$
$$\ldots$$

Bezeichnen wir die Menge der geraden natürlichen Zahlen mit R,

$$R \;:=\; \{0, 2, 4, 6, 8, 10, \ldots\},$$

so können wir diesen Zusammenhang auch so aufschreiben:

$$n \in R \;\Rightarrow\; \models \;\; \varphi(\overline{n})$$
$$n \notin R \;\Rightarrow\; \models \neg\varphi(\overline{n})$$

Wir sagen, dass die Formel φ die Relation R *semantisch repräsentiert*, und verallgemeinern diesen Begriff auf naheliegende Weise:

Definition 5.6 (Semantisch repräsentierbare Relationen)

Seien $R \subseteq \mathbb{N}^n$ eine Relation und φ eine Formel mit n freien Variablen. R wird durch φ *semantisch repräsentiert*, falls Folgendes gilt:

$$(x_1,\ldots,x_n) \in R \;\Rightarrow\; \models \varphi(\overline{x_1},\ldots,\overline{x_n})$$
$$(x_1,\ldots,x_n) \notin R \;\Rightarrow\; \models \neg\varphi(\overline{x_1},\ldots,\overline{x_n})$$

Funktionen lassen sich nach dem gleichen Schema repräsentieren. Hierzu nutzen wir aus, dass sich jede n-stellige Funktion als Relation mit der Stelligkeit $n+1$ auffassen lässt:

Definition 5.7 (Semantisch repräsentierbare Funktionen)

Seien $f : \mathbb{N}^n \to \mathbb{N}$ eine Funktion und φ eine Formel mit $n+1$ freien Variablen. f wird durch φ *semantisch repräsentiert*, falls Folgendes gilt:

$$y = f(x_1,\ldots,x_n) \;\Rightarrow\; \models \varphi(\overline{y},\overline{x_1},\ldots,\overline{x_n})$$
$$y \neq f(x_1,\ldots,x_n) \;\Rightarrow\; \models \neg\varphi(\overline{y},\overline{x_1},\ldots,\overline{x_n})$$

Für unsere Beispielformel φ gilt sogar noch mehr. Für jede gerade natürliche Zahl n ist die Formelinstanz $\varphi(\overline{n})$ nicht nur wahr, sondern gleichsam innerhalb von P' beweisbar. Die folgenden Ableitungssequenzen belegen dies:

$\exists z_1\, 0 = z_1 \times \overline{2}$ — $\varphi(\overline{0})$

1. $\vdash 0 = 0 + 0$ (M.3.2f)
2. $\vdash 0 \times \overline{2} = 0 + 0$ (M.3.5c)
3. $\vdash 0 = 0 \times \overline{2}$ (GL, 1,2)
4. $\vdash 0 = 0 \times \overline{2} \to \exists z_1\, 0 = z_1 \times \overline{2}$ (P.3)
5. $\vdash \exists z_1\, 0 = z_1 \times \overline{2}$ (MP, 3,4)

$\exists z_1\, \mathsf{f}\,\mathsf{f}\, 0 = z_1 \times \overline{2}$ — $\varphi(\overline{2})$

1. $\vdash \exists z_1\, 0 = z_1 \times \overline{2}$ ($\varphi(\overline{0})$)
2. $\vdash \exists z_1\, 0 = z_1 \times \overline{2} \to \exists z_1\, \mathsf{f}\,\mathsf{f}\, 0 = z_1 \times \overline{2}$ (N.7)
3. $\vdash \exists z_1\, \mathsf{f}\,\mathsf{f}\, 0 = z_1 \times \overline{2}$ (MP, 1,2)

$\exists z_1\, \mathsf{f}\,\mathsf{f}\,\mathsf{f}\,\mathsf{f}\, 0 = z_1 \times \overline{2}$ — $\varphi(\overline{4})$

1. $\vdash \ \exists z_1 \ f \ f \ 0 = z_1 \times \overline{2}$ $(\varphi(\overline{2}))$
2. $\vdash \ \exists z_1 \ f \ f \ 0 = z_1 \times \overline{2} \to \exists z_1 \ f \ f \ f \ f \ 0 = z_1 \times \overline{2}$ (N.7)
3. $\vdash \ \exists z_1 \ f \ f \ f \ f \ 0 = z_1 \times \overline{2}$ (MP, 1,2)

Etwas ganz Ähnliches gilt für die ungeraden natürlichen Zahlen. Ist n ungerade ($n \notin R$), so ist die Formelinstanz $\neg\varphi(\overline{n})$ beweisbar:

$\neg\exists z_1 \ f \ 0 = z_1 \times \overline{2}$ $\neg\varphi(\overline{1})$

1. $\vdash \ \overline{1} \neq z_1 \times \overline{2}$ (N.4)
2. $\vdash \ \forall z_1 \ \overline{1} \neq z_1 \times \overline{2}$ (G, 1)
3. $\vdash \ \forall z_1 \ \overline{1} \neq z_1 \times \overline{2} \to \neg\neg\forall z_1 \ \overline{1} \neq z_1 \times \overline{2}$ (H,4)
4. $\vdash \ \neg\neg\forall z_1 \ \overline{1} \neq z_1 \times \overline{2}$ (MP, 2,3)
5. $\vdash \ \neg\exists z_1 \ f \ 0 = z_1 \times \overline{2}$ (Def, 4)

$\neg\exists z_1 \ f \ f \ f \ 0 = z_1 \times \overline{2}$ $\neg\varphi(\overline{3})$

1. $\vdash \ \neg\exists z_1 \ f \ 0 = z_1 \times \overline{2}$ $(\neg\varphi(\overline{1}))$
2. $\vdash \ \exists z_1 \ f \ f \ f \ 0 = z_1 \times \overline{2} \to \exists z_1 \ f \ 0 = z_1 \times \overline{2}$ (N.8)
3. $\vdash \ \neg\exists z_1 \ f \ 0 = z_1 \times \overline{2} \to \neg\exists z_1 \ f \ f \ f \ 0 = z_1 \times \overline{2}$ (INV, 2)
4. $\vdash \ \neg\exists z_1 \ f \ f \ f \ 0 = z_1 \times \overline{2}$ (MP, 1,3)

$\neg\exists z_1 \ f \ f \ f \ f \ f \ 0 = z_1 \times \overline{2}$ $\neg\varphi(\overline{5})$

1. $\vdash \ \neg\exists z_1 \ f \ f \ f \ 0 = z_1 \times \overline{2}$ $(\neg\varphi(\overline{3}))$
2. $\vdash \ \exists z_1 \ f \ f \ f \ f \ f \ 0 = z_1 \times 2 \to \exists z_1 \ f \ f \ f \ 0 = z_1 \times \overline{2}$ (N.8)
3. $\vdash \ \neg\exists z_1 \ f \ f \ f \ 0 = z_1 \times \overline{2} \to \neg\exists z_1 \ f \ f \ f \ f \ f \ 0 = z_1 \times \overline{2}$ (INV, 2)
4. $\vdash \ \neg\exists z_1 \ f \ f \ f \ f \ f \ 0 = z_1 \times \overline{2}$ (MP, 1,3)

Auf die hier gezeigte Weise können wir für jede natürliche Zahl n entweder die Formelinstanz $\varphi(\overline{n})$ oder die Formelinstanz $\neg\varphi(\overline{n})$ herleiten. Der Beweis der ersten gelingt genau dann, wenn n gerade ist, und der Beweis der zweiten, wenn n ungerade ist. Es gilt also:

$$n \in R \Rightarrow \vdash \ \varphi(\overline{n})$$
$$n \notin R \Rightarrow \vdash \neg\varphi(\overline{n})$$

Wir sagen, dass die Formel φ die Relation R *syntaktisch repräsentiert*, und verallgemeinern diesen Begriff folgendermaßen:

Definition 5.8 (Syntaktisch repräsentierbare Relationen)

Seien $R \subseteq \mathbb{N}^n$ eine Relation und φ eine Formel mit n freien Variablen. R wird durch φ *syntaktisch repräsentiert*, falls Folgendes gilt:

$$(x_1, \ldots, x_n) \in R \;\Rightarrow\; \vdash \varphi(\overline{x_1}, \ldots, \overline{x_n})$$
$$(x_1, \ldots, x_n) \notin R \;\Rightarrow\; \vdash \neg\varphi(\overline{x_1}, \ldots, \overline{x_n})$$

Auch hier können wir den Begriff in der gewohnten Weise auf Funktionen übertragen:

Definition 5.9 (Syntaktisch repräsentierbare Funktionen)

Seien $f : \mathbb{N}^n \to \mathbb{N}$ eine Funktion und φ eine Formel mit $n + 1$ freien Variablen. f wird durch φ *syntaktisch repräsentiert*, falls Folgendes gilt:

$$y = f(x_1, \ldots, x_n) \;\Rightarrow\; \vdash \varphi(\overline{y}, \overline{x_1}, \ldots, \overline{x_n})$$
$$y \neq f(x_1, \ldots, x_n) \;\Rightarrow\; \vdash \neg\varphi(\overline{y}, \overline{x_1}, \ldots, \overline{x_n})$$

Mit dem Wissen, das wir uns gerade angeeignet haben, sollte die Gödel'sche Originalformulierung von Satz V nun keinerlei Schwierigkeiten mehr bereiten:

Die Tatsache, die man vage so formulieren kann: Jede rekursive Relation ist innerhalb des Systems P (dieses inhaltlich gedeutet) definierbar, wird, ohne auf eine inhaltliche Deutung der Formeln aus P Bezug zu nehmen, durch folgenden Satz exakt ausgedrückt:

Satz V: Zu jeder rekursiven Relation $R(x_1 \ldots x_n)$ gibt es ein n-stelliges *Relationszeichen* r (mit den *freien Variablen*[38]) $u_1, u_2 \ldots u_n$), so daß für alle Zahlen-n-tupel $(x_1 \ldots x_n)$ gilt:

$$R\,(x_1 \ldots x_n) \rightarrow \text{Bew}\left[Sb\left(r\,{u_1 \;\ldots\ldots\; u_n \atop Z(x_1) \ldots Z(x_n)}\right)\right] \qquad (3)$$

$$\overline{R}\,(x_1 \ldots x_n) \rightarrow \text{Bew}\left[\text{Neg}\;Sb\left(r\,{u_1 \;\ldots\ldots\; u_n \atop Z(x_1) \ldots Z(x_n)}\right)\right] \qquad (4)$$

[38]) Die *Variablen* $u_1 \ldots u_n$ können willkürlich vorgegeben werden. Es gibt z. B. immer ein r mit den *freien Variablen* 17, 19, 23 ... usw., für welches (3) und (4) gilt.

Ist φ die Formel mit der Gödelnummer r, so können wir die Formeln (3) und (4) auch so aufschreiben:

$$R(x_1,\ldots,x_n) \Rightarrow \text{Bew}\ \ulcorner\varphi(\overline{x_1},\ldots,\overline{x_n})\urcorner \tag{5.18}$$

$$\overline{R}(x_1,\ldots,x_n) \Rightarrow \text{Bew}\ulcorner\neg\varphi(\overline{x_1},\ldots,\overline{x_n})\urcorner \tag{5.19}$$

Bew x besagt inhaltlich, dass die Formel mit der Gödelnummer x innerhalb des Systems P beweisbar ist, und damit sind (5.18) und (5.19) das Gleiche wie

$$(x_1,\ldots,x_n) \in R \Rightarrow \vdash\ \ \varphi(\overline{x_1},\ldots,\overline{x_n})$$

$$(x_1,\ldots,x_n) \notin R \Rightarrow \vdash\neg\varphi(\overline{x_1},\ldots,\overline{x_n})$$

Jetzt reicht ein erneuter Blick auf Definition 5.8 aus, um die Bedeutung von Satz V aufzudecken. In moderner Formulierung lautet er folgendermaßen:

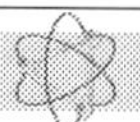

Satz 5.4 (Gödels Satz V)

Jede primitiv-rekursive Relation ist in P syntaktisch repräsentierbar.

Satz V präzise zu beweisen, ist sehr aufwendig, und Gödel begnügt sich damit, dessen Grundidee grob zu umreißen.

> Wir begnügen uns hier damit, den Beweis dieses Satzes, da er keine prinzipiellen Schwierigkeiten bietet und ziemlich umständlich ist, in Umrissen anzudeuten[39]). Wir beweisen den Satz für alle Relationen $R(x_1 \ldots x_n)$ der Form: $x_1 = \varphi(x_2 \ldots x_n)$[40]) (wo φ eine rekursive Funktion ist) und wenden vollständige Induktion nach
>
> [39]) Satz V beruht natürlich darauf, daß bei einer rekursiven Relation R für jedes n-tupel von Zahlen aus den Axiomen des Systems P entscheidbar ist, ob die Relation R besteht oder nicht.
>
> [40]) Daraus folgt sofort seine Geltung für jede rekursive Relation, da eine solche gleichbedeutend ist mit $0 = \varphi(x_1 \ldots x_n)$, wo φ rekursiv ist.

Gödel wird die Behauptung nicht für primitiv-rekursive Relationen, sondern für primitiv-rekursive Funktionen beweisen. Dass er dies bedenkenlos tun darf, verdankt er dem nachstehenden, in Fußnote 40 flüchtig legitimierten Satz:

Satz 5.5

Ist jede primitiv-rekursive Funktion syntaktisch repräsentierbar, dann ist es auch jede primitiv-rekursive Relation.

Beweis: Sei R eine primitiv-rekursive Relation. Dann existiert eine primitiv-rekursive Funktion f mit der Eigenschaft

$$(x_1, \ldots, x_n) \in R \Leftrightarrow f(x_1, \ldots, x_n) = 0$$

Sind alle primitiv-rekursiven Funktionen syntaktisch repräsentierbar, so ist es auch f. Das bedeutet, dass eine Formel φ existiert mit

$$\begin{aligned} y = f(x_1, \ldots, x_n) &\Rightarrow \vdash \varphi(\overline{y}, \overline{x_1}, \ldots, \overline{x_n}) \\ y \neq f(x_1, \ldots, x_n) &\Rightarrow \vdash \neg\varphi(\overline{y}, \overline{x_1}, \ldots, \overline{x_n}) \end{aligned}$$

Damit gilt erst recht

$$\begin{aligned} 0 = f(x_1, \ldots, x_n) &\Rightarrow \vdash \varphi(0, \overline{x_1}, \ldots, \overline{x_n}) \\ 0 \neq f(x_1, \ldots, x_n) &\Rightarrow \vdash \neg\varphi(0, \overline{x_1}, \ldots, \overline{x_n}), \end{aligned}$$

und dies ist gleichbedeutend mit

$$\begin{aligned} (x_1, \ldots, x_n) \in R &\Rightarrow \vdash \varphi(0, \overline{x_1}, \ldots, \overline{x_n}) \\ (x_1, \ldots, x_n) \notin R &\Rightarrow \vdash \neg\varphi(0, \overline{x_1}, \ldots, \overline{x_n}) \end{aligned}$$

Damit sind wir am Ziel: Substituieren wir in der Formel φ die Variablen y durch den Term 0, so erhalten wir eine Formel, die R syntaktisch repräsentiert. □

Als Nächstes skizziert Gödel das induktive Argument:

eine rekursive Funktion ist) und wenden vollständige Induktion nach der Stufe von φ an. Für Funktionen erster Stufe (d. h. Konstante und die Funktion $x+1$) ist der Satz trivial. Habe also φ die m-te Stufe. Es entsteht aus Funktionen niedrigerer Stufe $\varphi_1 \ldots \varphi_k$ durch die Operationen der Einsetzung oder der rekursiven Definition. Da für $\varphi_1 \ldots \varphi_k$ nach induktiver Annahme bereits alles bewiesen ist, gibt es zugehörige *Relationszeichen* $r_1 \ldots r_k$, so daß (3), (4) gilt. Die Definitionsprozesse, durch die φ aus $\varphi_1 \ldots \varphi_k$ entsteht (Einsetzung und rekursive Definition), können sämtlich im System P formal nachgebildet werden. Tut

Über formal unentscheidbare Sätze der Principia Mathematica etc. 187

man dies, so erhält man aus $r_1 \ldots r_k$ ein neues *Relationszeichen* r[41]), für welches man die Geltung von (3), (4) unter Verwendung der induktiven Annahme ohne Schwierigkeit beweisen kann. Ein Rela-

[41]) Bei der genauen Durchführung dieses Beweises wird natürlich r nicht auf dem Umweg über die inhaltliche Deutung, sondern durch seine rein formale Beschaffenheit definiert.

Den angedeuteten Induktionsbeweis wollen wir uns etwas genauer ansehen. Um die technischen Schwierigkeiten zu umgehen, werden wir eine abgeschwächte Variante von Satz V beweisen, in der die syntaktische Repräsentierbarkeit durch die semantische Repräsentierbarkeit ersetzt ist.

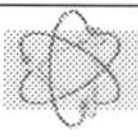

Satz 5.6 (Gödels Satz V, semantische Variante)

Jede primitiv-rekursive Relation ist in P semantisch repräsentierbar.

Beweis: Wir halten uns eng an Gödels Beweisskizze und zeigen die Behauptung für alle primitiv-rekursiven Funktionen f durch Induktion über deren *Stufe*. Den Stufenbegriff haben wir auf Seite 219 definiert.

Auf der untersten Stufe stehen die Nullfunktion, die Nachfolgerfunktion und die Projektionsfunktionen. Wir werden nun der Reihe nach zeigen, dass diese Funktionen semantisch repräsentiert werden können.

- Die Nullfunktion $\mathrm{null}(x) = 0$ wird durch die Formel (PR1)

$$\varphi_{\mathrm{null}}(\mathsf{y}_1, \mathsf{x}_1) \;:=\; (\mathsf{y}_1 = \mathsf{0})$$

semantisch repräsentiert, denn für diese Formel gilt:

$$y = \mathrm{null}(x) \;\Rightarrow\; \models \;\; \varphi_{\mathrm{null}}(\overline{y}, \overline{x})$$
$$y \neq \mathrm{null}(x) \;\Rightarrow\; \models \neg\varphi_{\mathrm{null}}(\overline{y}, \overline{x})$$

- Die Nachfolgerfunktion $\mathrm{s}(x) = x + 1$ wird durch die Formel (PR2)

$$\varphi_{\mathrm{s}}(\mathsf{y}_1, \mathsf{x}_1) \;:=\; (\mathsf{y}_1 = \mathsf{f}\ \mathsf{x}_1)$$

semantisch repräsentiert, denn für diese Formel gilt:

$$y = x + 1 \;\Rightarrow\; \models \;\; \varphi_{\mathrm{s}}(\overline{y}, \overline{x})$$
$$y \neq x + 1 \;\Rightarrow\; \models \neg\varphi_{\mathrm{s}}(\overline{y}, \overline{x})$$

- Die Projektion $\pi_i^n(x_1, \ldots, x_n) = x_i$ wird durch die Formel (PR3)

$$\varphi_{\pi}(\mathsf{y}_1, \mathsf{x}_1, \ldots, \mathsf{x}_\mathsf{n}) \;:=\; (\mathsf{y}_1 = \mathsf{x}_i)$$

semantisch repräsentiert, denn für diese Formel gilt:

$$y = \pi_i^n(x_1, \ldots, x_n) \;\Rightarrow\; \models \;\; \varphi_{\pi}(\overline{y}, \overline{x_1}, \ldots, \overline{x_n})$$
$$y \neq \pi_i^n(x_1, \ldots, x_n) \;\Rightarrow\; \models \neg\varphi_{\pi}(\overline{y}, \overline{x_1}, \ldots, \overline{x_n})$$

Damit ist der Induktionsbeweis verankert. Im Induktionsschritt müssen wir zeigen, dass sich die zu beweisende Eigenschaft von primitiv-rekursiven Funktionen einer bestimmten Stufe auf die primitiv-rekursiven Funktionen der nächsten Stufe überträgt. Wir unterscheiden zwei Fälle:

- f ist durch Einsetzung entstanden (PR4)

$$f(x_1,\ldots,x_n) \;=\; h(g_1(x_1,\ldots,x_n),\ldots,g_m(x_1,\ldots,x_n)) \tag{5.20}$$

Aus Gründen der Übersichtlichkeit beschränken wir uns auf den Fall $n = 1$ und $m = 1$; für andere Werte verläuft der Beweis analog. (5.20) erscheint dann in diesem Gewand:

$$f(x) \;=\; h(g(x)) \tag{5.21}$$

Im einem ersten Anlauf übersetzen wir (5.21) in die folgende Formel:

$$\varphi_f(\mathsf{y}_1,\mathsf{x}_1) \;:=\; \forall\,\mathsf{u}_1\;(\mathsf{u}_1 = g(\mathsf{x}_1) \to \mathsf{y}_1 = h(\mathsf{u}_1)) \tag{5.22}$$

Am Ziel sind wir mit dieser Formel freilich noch nicht, da wir mit g und h zwei Funktionssymbole verwendet haben, die uns in P oder P' gar nicht zur Verfügung stehen. Wir wissen aber per Induktionsannahme, dass sich die Funktionen g und h durch zwei Formeln φ_g und φ_h semantisch repräsentieren lassen; und damit können wir (5.22) folgendermaßen umschreiben:

$$\varphi_f(\mathsf{y}_1,\mathsf{x}_1) \;:=\; \forall\,\mathsf{u}_1\;(\varphi_g(\mathsf{u}_1,\mathsf{x}_1) \to \varphi_h(\mathsf{y}_1,\mathsf{u}_1))$$

Wir betrachten nun eine beliebige Instanz der Form $\varphi_f(\overline{y_1},\overline{x_1})$:

$$\varphi_f(\overline{y_1},\overline{x_1}) \;:=\; \forall\,\mathsf{u}_1\;(\varphi_g(\mathsf{u}_1,\overline{x_1}) \to \varphi_h(\overline{y_1},\mathsf{u}_1))$$

Die Teilformel $\varphi_g(\mathsf{u}_1,\overline{x_1})$ ist genau dann wahr, wenn u_1 als die Zahl $g(x_1)$ interpretiert wird. In diesem Fall ist die Teilformel $\varphi_h(\overline{y_1},\mathsf{u}_1)$ genau dann wahr, wenn y_1 der Wert $h(g(x_1))$ ist. Damit erhalten wir den folgenden Zusammenhang:

$$\begin{aligned} y_1 = h(g(x_1)) \;&\Rightarrow\; \models \;\;\varphi_f(\overline{y_1},\overline{x_1}) \\ y_1 \neq h(g(x_1)) \;&\Rightarrow\; \models \neg\varphi_f(\overline{y_1},\overline{x_1}) \end{aligned}$$

Kurzum: Die durch Einsetzung entstandene Funktion f wird durch φ_f semantisch repräsentiert.

- f ist durch das Schema der primitiven Rekursion entstanden (PR5)
Auch hier beschränken wir uns aus Gründen der Übersichtlichkeit auf den Fall $n = 1$.

$$\begin{aligned} f(0,x) \;&:=\; g(x) \\ f(k+1,x) \;&:=\; h(k,f(k,x),x) \end{aligned}$$

Als erstes wollen wir eine Formel $\psi(\mathsf{x}_2)$ konstruieren, die genau dann wahr ist, wenn x_2 als die Funktion f interpretiert wird. Der Ausgangspunkt für unser Vorhaben ist die Formel

$$\begin{aligned} \psi \;:=\; &\forall\,\mathsf{x}_1\,\forall\,\mathsf{y}_1\,\forall\,\mathsf{k}_1\;((\mathsf{x}_2(\mathsf{y}_1,0,\mathsf{x}_1) \leftrightarrow \mathsf{y}_1 = g(\mathsf{x}_1)) \wedge \\ &(\mathsf{x}_2(\mathsf{y}_1,\mathsf{f}\;\mathsf{k}_1,\mathsf{x}_1) \leftrightarrow (\forall\,\mathsf{u}_1\;(\mathsf{x}_2(\mathsf{u}_1,\mathsf{k}_1,\mathsf{x}_1) \to \mathsf{y}_1 = h(\mathsf{k}_1,\mathsf{u}_1,\mathsf{x}_1))))) \end{aligned}$$

Genau wie oben können wir auch hier die Funktionssymbole ersetzen:

$$\psi := \forall \mathsf{x}_1\, \forall \mathsf{y}_1\, \forall \mathsf{k}_1\, ((\mathsf{x}_2(\mathsf{y}_1, 0, \mathsf{x}_1) \leftrightarrow \varphi_g(\mathsf{y}_1, \mathsf{x}_1)) \wedge$$
$$(\mathsf{x}_2(\mathsf{y}_1, \mathsf{f}\ \mathsf{k}_1, \mathsf{x}_1) \leftrightarrow (\forall \mathsf{u}_1\, (\mathsf{x}_2(\mathsf{u}_1, \mathsf{k}_1, \mathsf{x}_1) \rightarrow \varphi_h(\mathsf{y}_1, \mathsf{k}_1, \mathsf{u}_1, \mathsf{x}_1)))))$$

Mithilfe von $\psi(\mathsf{x}_2)$ sind wir in der Lage, die Funktion f semantisch zu repräsentieren. Die Formel

$$\varphi_f(\mathsf{y}_1, \mathsf{k}_1, \mathsf{x}_1) \;:=\; \forall \mathsf{x}_2\, (\psi(\mathsf{x}_2) \rightarrow \mathsf{x}_2(\mathsf{y}_1, \mathsf{k}_1, \mathsf{x}_1))$$

erfüllt diesen Zweck, da für sie das Folgende gilt:

$$y = f(k, x) \;\Rightarrow\; \models \;\; \varphi_f(\overline{y}, \overline{k}, \overline{x})$$
$$y \neq f(k, x) \;\Rightarrow\; \models \neg\varphi_f(\overline{y}, \overline{k}, \overline{x})$$

Ein kleines technisches Problem bleibt dennoch bestehen, da wir mit x_2 eine dreistellige Variable verwendet haben, die uns in Gödels System P gar nicht zur Verfügung steht; dort sind ausnahmslos alle Variablen der höheren Typen einstellig. In der auf Seite 149 zitierten Textstelle ist Gödel darauf eingegangen, dass dies kein Problem im eigentlichen Sinne ist. Mehrstellige Variablen lassen sich innerhalb von P durch einstellige Variablen simulieren, d. h., jede Formel lässt sich so umschreiben, dass nur noch einstellige Variablen darin vorkommen. Das Ergebnis wäre allerdings so unübersichtlich, dass wir gut beraten sind, die Formeln in der hier präsentierten Form zu belassen.

Damit ist der Beweis für die abgeschwächte Variante von Satz V vollständig skizziert. □

Um den Inhalt von Satz V noch weiter mit Leben zu füllen, wollen wir die Formelrepräsentanten für zwei primitiv-rekursive Funktionen konkret angeben. Wir greifen hierfür auf zwei Funktionen zurück, die uns wohlvertraut sind: die Addition und die Multiplikation:

$$\begin{aligned} \mathrm{add}(0, x) &= x \\ \mathrm{add}(k+1, x) &= \mathrm{s}(\mathrm{add}(k, x)) \end{aligned}$$

$$\begin{aligned} \mathrm{mult}(0, x) &= 0 \\ \mathrm{mult}(k+1, x) &= \mathrm{add}(\mathrm{mult}(k, x), x) \end{aligned}$$

Die Addition können wir mit der Formel

$$\varphi_{\mathrm{add}}(\mathsf{y}_1, \mathsf{k}_1, \mathsf{x}_1) \;:=\; \forall \mathsf{x}_2\, (\psi_{\mathrm{add}}(\mathsf{x}_2) \rightarrow \mathsf{x}_2(\mathsf{y}_1, \mathsf{k}_1, \mathsf{x}_1))$$

semantisch repräsentieren, wobei ψ_{add} für die folgende Formel steht:

$$\psi_{\mathrm{add}} := \forall \mathsf{x}_1\, \forall \mathsf{y}_1\, \forall \mathsf{k}_1\, ((\mathsf{x}_2(\mathsf{y}_1, 0, \mathsf{x}_1) \leftrightarrow \mathsf{y}_1 = \mathsf{x}_1) \wedge$$
$$(\mathsf{x}_2(\mathsf{y}_1, \mathsf{f}\ \mathsf{k}_1, \mathsf{x}_1) \leftrightarrow (\forall \mathsf{u}_1\, (\mathsf{x}_2(\mathsf{u}_1, \mathsf{k}_1, \mathsf{x}_1) \rightarrow \mathsf{y}_1 = \mathsf{f}\ \mathsf{u}_1))))$$

Mit der Formel φ_{add} in Händen können wir auch die Multiplikation problemlos repräsentieren. Wir setzen

$$\varphi_{\text{mult}}(\mathsf{y}_1, \mathsf{k}_1, \mathsf{x}_1) \;:=\; \forall\, \mathsf{x}_2\; (\psi_{\text{mult}}(\mathsf{x}_2) \to \mathsf{x}_2(\mathsf{y}_1, \mathsf{k}_1, \mathsf{x}_1))$$

mit

$$\begin{aligned}\psi_{\text{mult}} \;:=\; &\forall\, \mathsf{x}_1\; \forall\, \mathsf{y}_1\; \forall\, \mathsf{k}_1\; ((\mathsf{x}_2(\mathsf{y}_1, 0, \mathsf{x}_1) \leftrightarrow \mathsf{y}_1 = 0) \wedge \\ &(\mathsf{x}_2(\mathsf{y}_1, \mathsf{f}\; \mathsf{k}_1, \mathsf{x}_1) \leftrightarrow (\forall\, \mathsf{u}_1\; (\mathsf{x}_2(\mathsf{u}_1, \mathsf{k}_1, \mathsf{x}_1) \to \varphi_{\text{add}}(\mathsf{y}_1, \mathsf{u}_1, \mathsf{x}_1)))))\end{aligned}$$

Für die Formel φ_{mult} gilt:

$$y = x \cdot z \;\Rightarrow\; \models \;\;\varphi_{\text{mult}}(\overline{y}, \overline{x}, \overline{z}) \tag{5.23}$$

$$y \neq x \cdot z \;\Rightarrow\; \models \neg\varphi_{\text{mult}}(\overline{y}, \overline{x}, \overline{z}) \tag{5.24}$$

Für x, y und z dürfen wir beliebige Zahlen einsetzen, z. B. diese hier:

$$\models \;\;\varphi_{\text{mult}}(\overline{4}, \overline{2}, \overline{2}) \tag{5.25}$$

$$\models \neg\varphi_{\text{mult}}(\overline{5}, \overline{2}, \overline{2}) \tag{5.26}$$

Gödels Satz V besagt etwas ganz Ähnliches wie die abgeschwächte Variante, die wir gerade bewiesen haben. Wir erhalten seine Aussage, indem wir den Begriff der *Wahrheit* (‚$\models$') durch den Begriff der *Beweisbarkeit* (‚$\vdash$') ersetzen. (5.23) und (5.24) werden dann zu

$$y = x \cdot z \;\Rightarrow\; \vdash \;\;\varphi_{\text{mult}}(\overline{y}, \overline{x}, \overline{z})$$

$$y \neq x \cdot z \;\Rightarrow\; \vdash \neg\varphi_{\text{mult}}(\overline{y}, \overline{x}, \overline{z})$$

und die beiden Konkretisierungen (5.25) und (5.26) zu

$$\vdash \;\;\varphi_{\text{mult}}(\overline{4}, \overline{2}, \overline{2}) \tag{5.27}$$

$$\vdash \neg\varphi_{\text{mult}}(\overline{5}, \overline{2}, \overline{2}) \tag{5.28}$$

Wollen wir Satz V in seiner Originalformulierung beweisen, so ist also deutlich mehr zu tun. Bezogen auf unser konkretes Beispiel müssen wir zeigen, dass die Formelinstanzen (5.27) und (5.28) aus den Axiomen des Systems P hergeleitet werden können. Damit wird auch Fußnote 39 verständlich, in der Gödel sagt:

> 39) Satz V beruht natürlich darauf, daß bei einer rekursiven Relation R für jedes n-tupel von Zahlen a u s d e n A x i o m e n d e s S y s t e m s P entscheidbar ist, ob die Relation R besteht oder nicht.

Am Beispiel der Formelinstanzen (5.27) und (5.28) wollen wir skizzieren, wie ein entsprechender Beweis konstruiert werden kann. Hierzu nutzen wir aus, dass sich jede primitiv-rekursive Funktion auf einfache Weise ausrechnen lässt. Für den Funktionswert mult(2, 2) gilt beispielsweise:

$$\begin{aligned}\text{mult}(2,2) &= \text{add}(\text{mult}(1,2),2)\\ &= \text{add}(\text{add}(\text{mult}(0,2),2),2)\\ &= \text{add}(\text{add}(0,2),2)\\ &= \text{add}(2,2)\\ &= \text{s}(\text{add}(1,2))\\ &= \text{s}(\text{s}(\text{add}(0,2)))\\ &= \text{s}(\text{s}(2))\\ &= \text{s}(3)\\ &= 4\end{aligned}$$

Für die Berechnung war es nicht nötig, die Addition oder die Multiplikation inhaltlich zu interpretieren. Wir haben das richtige Ergebnis dadurch erhalten, dass wir uns bei der Auswertung stoisch an die primitiv-rekursive Definition gehalten haben.

Der Beweis von Satz V beruht auf der Tatsache, dass wir die durchgeführten Rechenschritte innerhalb des Systems P nachvollziehen können, und zwar in umgekehrter Reihenfolge. Das bedeutet, dass sich im System P nacheinander die folgenden Theoreme ableiten lassen:

$\varphi_{\text{mult}}(\overline{4}, \overline{2}, \overline{2})$

1. $\vdash \varphi_{\text{s}}(\overline{4}, \overline{3})$ ☞ $4 = \text{s}(3)$

⋮

2. $\vdash \exists \mathsf{u}_1\, (\varphi_{\text{s}}(\overline{4}, \mathsf{u}_1) \wedge \varphi_{\text{s}}(\mathsf{u}_1, \overline{2}))$ ☞ $4 = \text{s}(\text{s}(2))$

⋮

3. $\vdash \exists \mathsf{u}_1\, \exists \mathsf{v}_1\, (\varphi_{\text{s}}(\overline{4}, \mathsf{u}_1) \wedge \varphi_{\text{s}}(\mathsf{u}_1, \mathsf{v}_1) \wedge \varphi_{\text{add}}(\mathsf{v}_1, \mathsf{0}, \overline{2}))$ ☞ $4 = \text{s}(\text{s}(\text{add}(0,2)))$

⋮

4. $\vdash \exists \mathsf{u}_1\, (\varphi_{\text{s}}(\overline{4}, \mathsf{u}_1) \wedge \varphi_{\text{add}}(\mathsf{u}_1, \overline{1}, \overline{2}))$ ☞ $4 = \text{s}(\text{add}(1,2))$

⋮

5. $\vdash \varphi_{\text{add}}(\overline{4}, \overline{2}, \overline{2})$ ☞ $4 = \text{add}(2,2)$

⋮

6. $\vdash \exists \mathsf{u}_1\, (\varphi_{\text{add}}(\overline{4}, \mathsf{u}_1, \overline{2}) \wedge \varphi_{\text{add}}(\mathsf{u}_1, \mathsf{0}, \overline{2}))$ ☞ $4 = \text{add}(\text{add}(0,2),2)$

⋮

7. $\vdash \exists \mathsf{u}_1\, \exists \mathsf{v}_1\, (\varphi_{\text{add}}(\overline{4}, \mathsf{u}_1, \overline{2}) \wedge \varphi_{\text{add}}(\mathsf{u}_1, \mathsf{v}_1, \overline{2}) \wedge \varphi_{\text{mult}}(\mathsf{v}_1, \mathsf{0}, \overline{2}))$ ☞ $4 = \text{add}(\text{add}(\text{mult}(0,2),2),2)$

⋮

8. $\vdash \exists \mathsf{u}_1 \, (\varphi_{\text{add}}(\overline{4}, \mathsf{u}_1, \overline{2}) \wedge \varphi_{\text{mult}}(\mathsf{u}_1, \overline{1}, \overline{2}))$ ☞ $4 = \text{add}(\text{mult}(1,2),2)$

⋮

9. $\vdash \varphi_{\text{mult}}(\overline{4}, \overline{2}, \overline{2})$ ☞ $4 = \text{mult}(2,2)$

Die Instanz (5.28) können wir auf die gleiche Weise ableiten:

$\neg\varphi_{\text{mult}}(\overline{5}, \overline{2}, \overline{2})$

1. $\vdash \neg\varphi_{\text{s}}(\overline{5}, \overline{3})$ ☞ $5 \neq \text{s}(3)$

⋮

2. $\vdash \neg\exists \mathsf{u}_1 \, (\varphi_{\text{s}}(\overline{5}, \mathsf{u}_1) \wedge \varphi_{\text{s}}(\mathsf{u}_1, \overline{2}))$ ☞ $5 \neq \text{s}(\text{s}(2))$

⋮

3. $\vdash \neg\exists \mathsf{u}_1 \, \exists \mathsf{v}_1 \, (\varphi_{\text{s}}(\overline{5}, \mathsf{u}_1) \wedge \varphi_{\text{s}}(\mathsf{u}_1, \mathsf{v}_1) \wedge \varphi_{\text{add}}(\mathsf{v}_1, 0, \overline{2}))$ ☞ $5 \neq \text{s}(\text{s}(\text{add}(0,2)))$

⋮

4. $\vdash \neg\exists \mathsf{u}_1 \, (\varphi_{\text{s}}(\overline{5}, \mathsf{u}_1) \wedge \varphi_{\text{add}}(\mathsf{u}_1, \overline{1}, \overline{2}))$ ☞ $5 \neq \text{s}(\text{add}(1,2))$

⋮

5. $\vdash \neg\varphi_{\text{add}}(\overline{5}, \overline{2}, \overline{2})$ ☞ $5 \neq \text{add}(2,2)$

⋮

6. $\vdash \neg\exists \mathsf{u}_1 \, (\varphi_{\text{add}}(\overline{5}, \mathsf{u}_1, \overline{2}) \wedge \varphi_{\text{add}}(\mathsf{u}_1, 0, \overline{2}))$ ☞ $5 \neq \text{add}(\text{add}(0,2),2)$

⋮

7. $\vdash \neg\exists \mathsf{u}_1 \, \exists \mathsf{v}_1 \, (\varphi_{\text{add}}(\overline{5}, \mathsf{u}_1, \overline{2}) \wedge \varphi_{\text{add}}(\mathsf{u}_1, \mathsf{v}_1, \overline{2}) \wedge \varphi_{\text{mult}}(\mathsf{v}_1, 0, \overline{2}))$
☞ $5 \neq \text{add}(\text{add}(\text{mult}(0,2),2),2)$

⋮

8. $\vdash \neg\exists \mathsf{u}_1 \, (\varphi_{\text{add}}(\overline{5}, \mathsf{u}_1, \overline{2}) \wedge \varphi_{\text{mult}}(\mathsf{u}_1, \overline{1}, \overline{2}))$ ☞ $5 \neq \text{add}(\text{mult}(1,2),2)$

⋮

9. $\vdash \neg\varphi_{\text{mult}}(\overline{5}, \overline{2}, \overline{2})$ ☞ $5 \neq \text{mult}(2,2)$

Dass wir die Rechenschritte innerhalb von P nachvollziehen können, ist im Grunde genommen keine spektakuläre Erkenntnis. P ist im Wesentlichen das System der *Principia Mathematica*, und diese sind stark genug, um die klassische Mathematik zu formalisieren. Das bedeutet natürlich nicht, dass die Herleitung der Theoreme einfach von der Hand geht; würden wir versuchen, die verbleibenden Beweislücken zu füllen, so hätten wir eine Menge Schreibarbeit zu erledigen. Dies ist der Grund, warum sich Gödel auf eine Skizze des Beweises beschränkt hat, und auch wir wollen uns an dieser Stelle von Satz V verabschieden.

Abschließend vereinbart Gödel eine weitere Redewendung:

induktiven Annahme ohne Schwierigkeit beweisen kann. Ein *Relationszeichen r*, welches auf diesem Wege einer rekursiven Relation zugeordnet ist [42]), soll *rekursiv* heißen.

---

[42]) Welches also, inhaltlich gedeutet, das Bestehen dieser Relation ausdrückt.

Den Begriff des *Relationszeichens* haben wir auf Seite 154 eingeführt; er bezeichnet eine Formel mit freien Variablen, die allesamt Individuenvariablen sind. Die Überlegungen, die wir in diesem Abschnitt angestellt haben, machen klar, woher der Name kommt. Wir können jede Formel φ mit n freien Individuenvariablen auf natürliche Weise mit der folgenden Relation assoziieren:

$$R := \{(x_1, \ldots, x_n) \in \mathbb{N}^n \mid \models \varphi(\overline{x_1}, \ldots, \overline{x_n})\}$$

Ist R eine primitiv-rekursive Relation und erfüllt die Formel φ die in Satz V postulierte Eigenschaft, gilt also

$$\begin{aligned} (x_1, \ldots, x_n) \in R \;&\Rightarrow\; \vdash \varphi(\overline{x_1}, \ldots, \overline{x_n}) \\ (x_1, \ldots, x_n) \notin R \;&\Rightarrow\; \vdash \neg\varphi(\overline{x_1}, \ldots, \overline{x_n}), \end{aligned}$$

so bezeichnen wir die Formel φ ebenfalls als primitiv-rekursiv. Mit anderen Worten: Wird von einer primitiv-rekursiven Formel φ gesprochen, so ist damit gemeint, dass φ die syntaktische Repräsentation einer primitiv-rekursiven Relation ist. Gödel benutzt hier, wie überall in seiner Arbeit, das Wort *„rekursiv“* anstelle von *„primitiv-rekursiv“*.

Der soeben eingeführte Begriff versetzt uns gleichermaßen in die Lage, von primitiv-rekursiven *Klassenzeichen* zu sprechen. Hierbei handelt es sich um primitiv-rekursive Formeln mit einer freien Individuenvariablen, also Formeln, die eine primitiv-rekursive Menge syntaktisch repräsentieren.

6 Die Grenzen der Mathematik

„Mir scheint Gödels Unvollständigkeitsgesetz der wichtigste Beitrag zur Logik zu sein, seit sie durch Aristoteles geschaffen wurde.“

Sir Karl Popper [91]

Bevor wir die Bühne zum großen Finale des Gödel'schen Beweises freigeben, wollen wir die bisher erarbeiteten Ergebnisse kurz rekapitulieren:

- In Kapitel 4 haben wir das System P kennen gelernt und gezeigt, wie sich Formeln und Beweise arithmetisieren lassen. Indem wir jeder Formel und jeder Formelreihe eine Gödelnummer zugeordnet haben, konnten wir die Manipulation von Zeichenketten, und damit auch das Führen eines Beweises, arithmetisch deuten.
- In Kapitel 5 haben wir den Begriff der primitiv-rekursiven Funktion eingeführt und anschließend auf Relationen ausgeweitet. Danach haben wir in akribischer Fleißarbeit 45 primitiv-rekursive Funktionen und Relationen erarbeitet. Am Ende stand die Erkenntnis, dass sich wichtige metamathematische Begriffe über formale Systeme primitiv-rekursiv formulieren lassen.
- Am Ende von Kapitel 5 haben wir mit Gödels Satz V ein Bindeglied zwischen Formeln und primitiv-rekursiven Relationen geschaffen. Inhaltlich besagt dieser wichtige Satz, dass wir jede primitiv-rekursive Relation innerhalb von P syntaktisch repräsentieren können; d. h., wir können das Bestehen einer primitiv-rekursiven Relation für jede konkret vorgelegte Wertekombination innerhalb von P beweisen oder widerlegen.

Gödel wird nun zeigen, dass die Teilergebnisse eine wahrhaft zerstörerische Wirkung entfalten, wenn sie in einer bestimmten Art und Weise miteinander kombiniert werden.

6.1 Gödels Hauptresultat

Wir beginnen mit der Definition eines Begriffs, der uns durch das ganze Kapitel hindurch begleiten wird:

Wir kommen nun ans Ziel unserer Ausführungen. Sei χ eine beliebige Klasse von *Formeln*. Wir bezeichnen mit Flg (χ) (Folgerungsmenge von χ) die kleinste Menge von *Formeln*, die alle *Formeln* aus χ und alle *Axiome* enthält und gegen die Relation *„unmittelbare Folge“* abgeschlossen ist. χ heißt ω-widerspruchsfrei, wenn es kein

Achten Sie auf die Kursivschreibweise! Aus ihr geht hervor, dass sowohl die Menge χ als auch die Menge Flg(χ) Teilmengen der natürlichen Zahlen sind. Die Menge χ enthält die Gödelnummern von Formeln:

$$\chi = \{\ulcorner\varphi_1\urcorner, \ulcorner\varphi_2\urcorner, \ldots\}$$

Dann ist Flg(χ) die Obermenge von χ, die zusätzlich die Gödelnummern aller Axiome von P und die Gödelnummern aller Theoreme enthält, die sich aus den Axiomen und den in χ codierten Formeln ableiten lassen. Um das Gesagte kompakt formulieren zu können, vereinbaren wir die folgende, intuitiv naheliegende Schreibweise:

Definition 6.1

- Sei M eine Menge von Formeln. $\mathrm{P} \cup M$ bezeichnet das formale System, das wir aus P erhalten, nachdem die Axiome um die Formeln aus M ergänzt wurden.
- Für eine Menge χ von Gödelnummern treffen wir die Vereinbarung

$$\mathrm{P} \cup \chi \;:=\; \mathrm{P} \cup \{\varphi \mid \ulcorner\varphi\urcorner \in \chi\}$$

Mit dieser neu eingeführten Schreibweise können wir die Mengen χ und Flg(χ) folgendermaßen charakterisieren:

$$\begin{aligned} \chi &\subseteq \{n \in \mathbb{N} \mid n \text{ ist die Gödelnummer einer Formel}\} \\ \mathrm{Flg}(\chi) &= \{n \in \mathbb{N} \mid n \text{ ist die Gödelnummer eines Theorems von } \mathrm{P} \cup \chi\} \end{aligned} \quad (6.1)$$

Der nächste Begriff ist nicht minder wichtig:

Folge“ abgeschlossen ist. χ heißt ω-widerspruchsfrei, wenn es kein *Klassenzeichen* a gibt, so daß:

$$(n) \left[Sb \left(a \begin{smallmatrix} v \\ Z(n) \end{smallmatrix} \right) \,\varepsilon\, \mathrm{Flg}\,(\chi) \right] \;\&\; \left[\mathrm{Neg}\,(v\,\mathrm{Gen}\,a) \right] \varepsilon\, \mathrm{Flg}\,(\chi)$$

wobei v die *freie Variable* des *Klassenzeichens* a ist.

Wir erinnern uns: Ein Klassenzeichen ist eine Formel $\varphi(\xi_1)$ mit genau einer freien Individuenvariablen (der Variablen ξ_1). Gödel legt fest, dass die Menge χ genau dann ω-widerspruchsfrei ist, wenn für keine Formel $\varphi(\xi_1)$ gleichzeitig die folgenden beiden Eigenschaften gelten:

- Für jede natürliche Zahl n ☞ (n)
  - ist die Formel $\varphi(\overline{n})$ ☞ $Sb\left(a\,{}^{v}_{Z(n)}\right)$
  - in $\mathrm{P} \cup \chi$ beweisbar. ☞ ε Flg (χ)
- Die Formel $\neg\forall\,\xi_1\;\varphi(\xi_1)$ ☞ Neg $(v$ Gen $a)$
  - ist in $\mathrm{P} \cup \chi$ beweisbar. ☞ ε Flg (χ)

Dies führt uns auf direktem Weg zu der folgenden formalen Definition:

Definition 6.2 (ω-Widerspruchsfreiheit)

- $\mathrm{P} \cup \chi$ heißt *ω-widerspruchsfrei*, wenn das Folgende gilt:

$$\vdash \varphi(\overline{n}) \text{ für alle } n \in \mathbb{N} \;\Rightarrow\; \nvdash \neg\forall \mathsf{x}_1\;\varphi(\mathsf{x}_1)$$

- Eine Menge von Gödelnummern χ heißt ω-widerspruchsfrei, wenn $\mathrm{P} \cup \chi$ ω-widerspruchsfrei ist.

Im nächsten Satz weist Gödel darauf hin, dass die ω-Widerspruchsfreiheit eine stärkere Eigenschaft ist als die gewöhnliche Widerspruchsfreiheit.

> Jedes ω-widerspruchsfreie System ist selbstverständlich auch widerspruchsfrei. Es gilt aber, wie später gezeigt werden wird, nicht das Umgekehrte.

Dass jede ω-widerspruchsfreie Menge auch widerspruchsfrei ist, folgt aus der Tatsache, dass in einem widersprüchlichen formalen System ausnahmslos alle Formeln Theoreme sind. Damit sind dann insbesondere auch jene Formeln Theoreme, die einen ω-Widerspruch im Sinne von Definition 6.2 herbeiführen. Es gilt also:

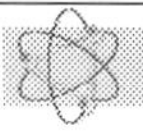

Satz 6.1

Jede ω-widerspruchsfreie Menge ist auch widerspruchsfrei.

Wir sind nun kurz davor, den eigentlichen Höhepunkt der Arbeit zu erreichen. Er kommt in Form von Satz VI daher, in dem Gödel die Unvollständigkeit von $\mathrm{P} \cup \chi$ beweist. Dieser Satz ist so allgemein formuliert, dass wir daraus später alle gebräuchlichen Varianten des ersten Unvollständigkeitssatzes als Korollare gewinnen können.

6.1.1 Unvollständigkeit des Systems P

Das allgemeine Resultat über die Existenz unentscheidbarer Sätze lautet:

Satz VI: Zu jeder ω-widerspruchsfreien rekursiven Klasse χ von *Formeln* gibt es rekursive *Klassenzeichen* r, so daß weder $v\,\mathrm{Gen}\,r$ noch $\mathrm{Neg}\,(v\,\mathrm{Gen}\,r)$ zu $\mathrm{Flg}\,(\chi)$ gehört (wobei v die *freie Variable* aus r ist).

Zunächst wollen wir den Satz in eine für uns lesbarere Form übersetzen:

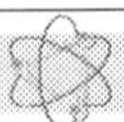

Satz 6.2 (Gödels Satz VI)

$\chi = \{\ulcorner\varphi_1\urcorner, \ulcorner\varphi_2\urcorner, \ldots\}$ sei ω-widerspruchsfrei und primitiv-rekursiv. Dann existiert eine (primitiv-rekursive) Formel $\varphi_r(\xi_1)$, für die weder

$$\forall\, \xi_1\; \varphi_r(\xi_1) \quad \text{noch} \quad \neg\forall\, \xi_1\; \varphi_r(\xi_1)$$

innerhalb des Systems $\mathrm{P} \cup \chi$ bewiesen werden können.

Gödel beginnt den Beweis mit der Definition mehrerer Relationen, die eine Aussage über die Beweisbarkeit von Formeln in $\mathrm{P} \cup \chi$ machen:

Beweis: Sei χ eine beliebige rekursive ω-widerspruchsfreie Klasse von *Formeln*. Wir definieren:

$$B\,w_{\chi}\,(x) \equiv (n)\,[n \leqq l\,(x) \rightarrow A\,x\,(n\;Gl\;x) \vee (n\;Gl\;x)\,\varepsilon\,\chi \vee \tag{5}$$

$$(E\,p, q)\;\{0 < p, q < n\,\&\,Fl\,(n\;Gl\;x, p\;Gl\;x, q\;Gl\;x)\}]\;\&\;l\,(x) > 0$$

(vgl. den analogen Begriff 44)

$$x\,B_{\chi}\,y \equiv Bw_{\chi}\,(x)\;\&\;[l\,(x)]\;Gl\;x = y \tag{6}$$

$$\mathrm{Bew}_{\chi}\,(x) \equiv (E\,y)\;y\,B_{\chi}\,x \tag{6·1}$$

(vgl. die analogen Begriffe 45, 46).

(5), (6) und (6·1) können wir in moderner Schreibweise so notieren:

$$x \in Bw_\chi \;:\Leftrightarrow\; l(x) > 0 \wedge \forall\,(n \leq l(x)) \begin{pmatrix} Ax(n\,Gl\,x) \vee \\ (n\,Gl\,x) \in \chi \vee \\ \exists\,(0 < p, q < n) \\ Fl(n\,Gl\,x, p\,Gl\,x, q\,Gl\,x) \end{pmatrix}$$

$$x\,B_\chi\,y \;:\Leftrightarrow\; Bw_\chi(x) \wedge l(x)\;Gl\,x = y$$

$$x \in \mathrm{Bew}_\chi \;:\Leftrightarrow\; \exists y\; y\,B_\chi\,x$$

In der Definition von Bw_χ fehlt die Abschätzung $0 < n$. Fügen wir sie hinzu, so erhalten wir das folgende Ergebnis:

$$x \in Bw_\chi \;:\Leftrightarrow\; l(x) > 0 \wedge \forall\,(0 < n \leq l(x)) \begin{pmatrix} Ax(n\,Gl\,x) \vee \\ (n\,Gl\,x) \in \chi \vee \\ \exists\,(0 < p, q < n) \\ Fl(n\,Gl\,x, p\,Gl\,x, q\,Gl\,x) \end{pmatrix}$$

Die Begriffe sind direkte Erweiterungen der primitiv-rekursiven Relationen 44 und 45 aus Abschnitt 5.2 sowie der Relation 46 aus Abschnitt 5.3. Alle drei folgen den gleichen, dort ausführlich diskutierten Definitionsschemata, so dass sich deren inhaltliche Bedeutung fast von selbst schreibt:

$$x \in Bw_\chi \;\Leftrightarrow\; x \text{ codiert eine formale Beweiskette des Systems } \mathrm{P} \cup \chi$$

$$x\,B_\chi \ulcorner\varphi\urcorner \;\Leftrightarrow\; x \text{ codiert einen Beweis für die Formel } \varphi$$

$$\ulcorner\varphi\urcorner \in \mathrm{Bew}_\chi \;\Leftrightarrow\; \varphi \text{ ist in } \mathrm{P} \cup \chi \text{ beweisbar} \qquad (6.2)$$

Es gilt offenbar:

$$(x)\,[\mathrm{Bew}_\chi\,(x) \sim x\,\varepsilon\,\mathrm{Flg}\,(\chi)] \qquad (7)$$

$$(x)\,[\mathrm{Bew}\,(x) \rightarrow \mathrm{Bew}_\chi\,(x)] \qquad (8)$$

(7) und (8) lauten in moderner Schreibweise so:

$$x \in \mathrm{Bew}_\chi \;\Leftrightarrow x \in \mathrm{Flg}(\chi) \qquad (6.3)$$

$$x \in \mathrm{Bew} \;\Rightarrow x \in \mathrm{Bew}_\chi \qquad (6.4)$$

Noch kompakter können wir (6.3) und (6.4) so formulieren:

$$\mathrm{Bew} \subseteq \mathrm{Bew}_\chi = \mathrm{Flg}(\chi)$$

Die Inklusionsbeziehung $\text{Bew} \subseteq \text{Bew}_\chi$ ist sofort einzusehen. Sie beruht auf der Tatsache, dass die Menge der Theoreme immer nur größer, aber niemals kleiner werden kann, wenn wir die Axiomenmenge eines formalen Systems um zusätzliche Formeln ergänzen. Um uns von der Gleichheit $\text{Bew}_\chi = \text{Flg}(\chi)$ zu überzeugen, genügt ein flüchtiger Blick auf (6.2) und (6.1).

Als Nächstes definiert Gödel eine primitiv-rekursive Relation, die im Beweis des Hauptresultats eine zentrale Rolle spielt:

$Q(x, y)$ x ist kein Beweis für y

(Primitiv-rekursive Relation)

188 Kurt Gödel,

Nun definieren wir die Relation:

$$Q(x, y) \equiv \overline{x\,B_\kappa \left[Sb\left(y\,{}^{19}_{Z(y)}\right)\right]}. \qquad (8{\cdot}1)$$

Da $x B_\kappa y$ [nach (6), (5)] und $Sb\left(y\,{}^{19}_{Z(y)}\right)$ (nach Def. 17, 31) rekursiv sind, so auch $Q(x\,y)$. Nach Satz V und (8) gibt es also ein

Die Zahl 19 codiert das Symbol y_1. Bezeichnen wir die Formel mit der Gödelnummer y als φ_y, so können wir diese Definition so aufschreiben:

$$(x, y) \in Q \;:\Leftrightarrow\; \neg(x\,B_\chi \ulcorner \varphi_y[\mathsf{y}_1 \leftarrow \overline{y}]\urcorner) \qquad (6.5)$$

In Worten können wir diesen Zusammenhang folgendermaßen formulieren:

$$(x, y) \in Q \;:\Leftrightarrow\; x \text{ codiert keinen Beweis für die Formel } \varphi_y[\mathsf{y}_1 \leftarrow \overline{y}] \qquad (6.6)$$

Mit anderen Worten: Ist y die Gödelnummer einer Formel mit der freien Variablen y_1, so stehen x und y genau dann in Relation zueinander, wenn x *keine* Reihe von Formeln codiert, die das Diagonalelement $\varphi_y(\overline{y})$ innerhalb des formalen Systems $\text{P} \cup \chi$ herleitet.

rekursiv sind, so auch $Q(x\,y)$. Nach Satz V und (8) gibt es also ein *Relationszeichen* q (mit den *freien Variablen* 17, 19), so daß gilt:

$$\overline{x\,B_\kappa \left[Sb\left(y\,{}^{19}_{Z(y)}\right)\right]} \rightarrow \text{Bew}_\kappa \left[Sb\left(q\,{}^{17}_{Z(x)}\,{}^{19}_{Z(y)}\right)\right] \qquad (9)$$

$$x\,B_{\mathsf{x}}\left[Sb\left(y\,{}^{19}_{Z(y)}\right)\right] \rightarrow \mathrm{Bew}_{\mathsf{x}}\left[\mathrm{Neg}\,Sb\left(q\,{}^{17}_{Z(x)}\,{}^{19}_{Z(y)}\right)\right] \quad (10)$$

Die Relation Q ist primitiv-rekursiv und erfüllt damit die Voraussetzung von Satz V. Somit muss eine Formel mit zwei freien Variablen x_1 und y_1 existieren, die Q syntaktisch repräsentiert. Die Gödelnummer dieser Formel bezeichnen wir mit q und die Formel selbst mit $\psi_q(\mathsf{x}_1, \mathsf{y}_1)$. Nach Satz V gilt für diese Formel das Folgende:

$$(x, y) \in Q \;\Rightarrow\; \vdash \;\; \psi_q(\overline{x}, \overline{y})$$
$$(x, y) \notin Q \;\Rightarrow\; \vdash \neg\psi_q(\overline{x}, \overline{y})$$

Nach (6.6) ist dies Dasselbe wie:

$$x \text{ codiert keinen Beweis für die Formel } \varphi_y[\mathsf{y}_1 \leftarrow \overline{y}] \;\Rightarrow\; \vdash \;\; \psi_q(\overline{x}, \overline{y}) \quad (6.7)$$
$$x \text{ codiert einen Beweis für die Formel } \varphi_y[\mathsf{y}_1 \leftarrow \overline{y}] \;\Rightarrow\; \vdash \neg\psi_q(\overline{x}, \overline{y}) \quad (6.8)$$

(6.7) und (6.8) sind exakt die Aussagen (9) und (10) in Gödels Arbeit.

Wir setzen:

$$p = 17 \text{ Gen } q \quad (11)$$

(p ist ein *Klassenzeichen* mit der *freien Variablen* 19) und

Die Zahl 17 codiert das Symbol x_1. Das bedeutet, dass p die Gödelnummer der folgenden Formel ist:

$$\varphi_p(\mathsf{y}_1) \;:=\; \forall\,\mathsf{x}_1\; \psi_q(\mathsf{x}_1, \mathsf{y}_1)$$

Das Ergebnis ist eine Formel mit genau einer freien Variablen. Wir erinnern uns: Solche Formeln heißen bei Gödel Klassenzeichen.

$$r = Sb\left(q\,{}^{19}_{Z(p)}\right) \quad (12)$$

(r ist ein rekursives *Klassenzeichen* mit der *freien Variablen* 17 [43]).

[43]) r entsteht ja aus dem rekursiven *Relationszeichen* q durch Ersetzen einer *Variablen* durch eine bestimmte Zahl (p).

Die Zahl 19 codiert das Symbol y_1. Damit ist r die Gödelnummer der primitiv-rekursiven Formel

$$\begin{aligned}\varphi_r(\mathsf{x}_1) &:= \psi_q(\mathsf{x}_1, \overline{p}) \\ &= \psi_q(\mathsf{x}_1, \overline{\ulcorner \forall \mathsf{x}_1\ \psi_q(\mathsf{x}_1, \mathsf{y}_1)\urcorner})\end{aligned} \tag{6.9}$$

Dann gilt:

$$Sb\left(p\,{}^{19}_{Z(p)}\right) = Sb\left([17\ \text{Gen}\ q]\ {}^{19}_{Z(p)}\right) = 17\ \text{Gen}\ Sb\left(q\,{}^{19}_{Z(p)}\right) \tag{13}$$
$$= 17\ \text{Gen}\ r\ ^{44)}$$

44) Die Operationen Gen, Sb sind natürlich immer vertauschbar, falls sie sich auf verschiedene *Variable* beziehen.

Hier steht in moderner Schreibweise das Folgende:

$$\begin{aligned}&\varphi_p[\mathsf{y}_1 \leftarrow \overline{p}] && ☞ Sb\left(p\,{}^{19}_{Z(p)}\right)\\ &= \left(\forall \mathsf{x}_1\ \psi_q(\mathsf{x}_1, \mathsf{y}_1)\right)[\mathsf{y}_1 \leftarrow \overline{p}] && ☞ Sb\left([17\ \text{Gen}\ q]\ {}^{19}_{Z(p)}\right)\\ &= \forall \mathsf{x}_1\ \psi_q(\mathsf{x}_1, \overline{p}) && ☞ 17\ \text{Gen}\ Sb\left(q\,{}^{19}_{Z(p)}\right)\\ &= \forall \mathsf{x}_1\ \varphi_r(\mathsf{x}_1) && ☞ 17\ \text{Gen}\ r\end{aligned}$$

Jetzt schreiben wir (6.7) und (6.8) um, indem wir für y die Zahl p wählen:

$$x \text{ codiert keinen Beweis für die Formel } \varphi_p[\mathsf{y}_1 \leftarrow \overline{p}] \Rightarrow \vdash \psi_q(\overline{x}, \overline{p})$$
$$x \text{ codiert einen Beweis für die Formel } \varphi_p[\mathsf{y}_1 \leftarrow \overline{p}] \Rightarrow \vdash \neg\psi_q(\overline{x}, \overline{p})$$

Dies ist nach dem eben Gesagten Dasselbe wie:

$$x \text{ codiert keinen Beweis für die Formel } \forall \mathsf{x}_1\ \varphi_r(\mathsf{x}_1) \Rightarrow \vdash \psi_q(\overline{x}, \overline{p}) \tag{6.10}$$
$$x \text{ codiert einen Beweis für die Formel } \forall \mathsf{x}_1\ \varphi_r(\mathsf{x}_1) \Rightarrow \vdash \neg\psi_q(\overline{x}, \overline{p}) \tag{6.11}$$

[wegen (11) und (12)] ferner:

$$Sb\left(q\,{}^{17}_{Z(x)}\,{}^{19}_{Z(p)}\right) = Sb\left(r\,{}^{17}_{Z(x)}\right) \tag{14}$$

[nach (12)]. Setzt man nun in (9) und (10) p für y ein, so entsteht unter Berücksichtigung von (13) und (14):

$$\overline{x\, B_{\chi}\, (17\ \text{Gen}\ r)} \rightarrow \text{Bew}_{\chi} \left[Sb \left(r \begin{smallmatrix} 17 \\ Z(x) \end{smallmatrix} \right) \right] \qquad (15)$$

$$x\, B_{\chi}\, (17\ \text{Gen}\ r) \rightarrow \text{Bew}_{\chi} \left[\text{Neg}\ Sb \left(r \begin{smallmatrix} 17 \\ Z(x) \end{smallmatrix} \right) \right] \qquad (16)$$

Gödels Gleichung (14) entspricht

$$\psi_q(\overline{x}, \overline{p}) \;=\; \varphi_r(\overline{x}),$$

und damit können wir (6.10) und (6.11) weiter umschreiben zu:

$$x \text{ codiert keinen Beweis für die Formel } \forall \mathsf{x}_1\, \varphi_r(\mathsf{x}_1) \;\Rightarrow\; \vdash \;\; \varphi_r(\overline{x}) \qquad (6.12)$$

$$x \text{ codiert einen Beweis für die Formel } \forall \mathsf{x}_1\, \varphi_r(\mathsf{x}_1) \;\Rightarrow\; \vdash \neg\varphi_r(\overline{x}) \qquad (6.13)$$

(6.12) und (6.13) entsprechen Gödels Folgerungsbeziehungen (15) und (16).

$\forall \mathsf{x}_1\, \varphi_r(\mathsf{x}_1)$ ist die unentscheidbare Formel, nach der wir gesucht haben: Weder sie selbst noch ihre Negation können innerhalb von $\mathrm{P} \cup \chi$ beweisbar sein. Warum dies so ist, klären wir in der folgenden Fallunterscheidung:

- Angenommen, es gelte $\vdash \forall \mathsf{x}_1\, \varphi_r(\mathsf{x}_1)$.
  Wäre $\forall \mathsf{x}_1\, \varphi_r(\mathsf{x}_1)$ beweisbar, so müsste eine Gödelnummer n existieren, die den Beweis dieser Formel codiert. Aus (6.13) folgt dann

$$\vdash \neg\varphi_r(\overline{n}) \qquad (6.14)$$

  Andererseits ließe sich aus der Annahme $\vdash \forall \mathsf{x}_1\, \varphi_r(\mathsf{x}_1)$ das Theorem

$$\vdash \varphi_r(\overline{n})$$

  herleiten. Wegen (6.14) ist dies nur möglich, wenn χ widersprüchlich ist. Dann wäre χ aber erst recht ω-widersprüchlich, entgegen unserer Annahme. Der gleiche Schluss lautet in Gödels Worten so:

Über formal unentscheidbare Sätze der Principia Mathematica etc. 189

Daraus ergibt sich:

1. 17 Gen r ist nicht χ-*beweisbar*[45]). Denn wäre dies der Fall, so gäbe es (nach 6·1) ein n, so daß $n\, B_{\chi}\, (17\ \text{Gen}\ r)$. Nach (16) gälte also: $\text{Bew}_{\chi} \left[\text{Neg}\ Sb \left(r \begin{smallmatrix} 17 \\ Z(n) \end{smallmatrix} \right) \right]$, während andererseits aus der

χ-*Beweisbarkeit* von 17 Gen r auch die von $Sb\left(r\,\frac{17}{Z(n)}\right)$ folgt. χ wäre also widerspruchsvoll (umsomehr ω-widerspruchsvoll).

[45] x ist χ-*beweisbar*, soll bedeuten: $x \varepsilon$ Flg (χ), was nach (7) dasselbe besagt wie: Bew$_\chi$ (x).

- Angenommen, es gelte $\vdash \neg\forall\, x_1\ \varphi_r(x_1)$.
Wir haben gerade gezeigt, dass die Formel $\forall\, x_1\ \varphi_r(x_1)$ nicht bewiesen werden kann. Das bedeutet, dass keine natürliche Zahl einen Beweis für diese Formel codiert. Nach (6.12) gilt also:

$$\vdash \varphi_r(\overline{0}),\ \vdash \varphi_r(\overline{1}),\ \vdash \varphi_r(\overline{2}),\ \vdash \varphi_r(\overline{3}),\ \vdash \varphi_r(\overline{4}),\ \ldots$$

Damit sind wir am Ziel. Einerseits ist $\neg\forall\, x_1\ \varphi_r(x_1)$ per Annahme beweisbar, andererseits sind auch sämtliche Instanzen $\varphi_r(\overline{n})$ beweisbar. χ wäre dann, entgegen unserer Annahme, ω-widerspruchsvoll.
Gödels Originalworten können wir nun problemlos folgen:

2. Neg (17 Gen r) ist nicht χ-*beweisbar*. Beweis: Wie eben bewiesen wurde, ist 17 Gen r nicht χ-*beweisbar*, d. h. (nach 6·1) es gilt $(n)\ \overline{n\, B_\chi\ (17\ \text{Gen}\ r)}$. Daraus folgt nach (15) (n) Bew$_\chi\left[Sb\left(r\,\frac{17}{Z(n)}\right)\right]$, was zusammen mit Bew$_\chi$ [Neg (17 Gen r)] gegen die ω-Widerspruchsfreiheit von χ verstoßen würde.

17 Gen r ist also aus χ unentscheidbar, womit Satz VI bewiesen ist.

Damit ist der wichtigste Satz in Gödels Arbeit bewiesen.

Ausruhen wollen wir uns dennoch nicht. Wir werden das Hauptresultat sogleich verwenden, um zwei wichtige Schlussfolgerungen zu ziehen:

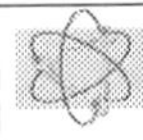

Korollar 6.3

Das System P ist unvollständig.

Die Behauptung erhalten wir aus Satz VI für den Fall $\chi = \emptyset$. Beachten Sie, dass wir bei der Formulierung des Korollars von der impliziten Annahme ausgegangen sind, dass die Axiome des Systems P ω-widerspruchsfrei sind, obwohl wir dies, streng genommen, gar nicht wissen. Dass diese Voraussetzung nicht explizit erwähnt wird, hat einen einfachen Grund: P ist im Wesentlichen eine formalisierte Variante der klassischen Mathematik. Wäre es also tatsächlich möglich, in P einen Widerspruch herbeizuführen, so könnten wir diesen Widerspruch auch in der gewöhnlichen Mathematik sichtbar machen. Das bedeutet, dass wir die Widerspruchsfreiheit von P voraussetzen dürfen, solange wir der gewöhnlichen Mathematik vertrauen.

Aus der Parallele, die zwischen P und der gewöhnlichen Mathematik besteht, folgt ferner, dass die Begriffe und Schlussweisen von P in jedem formalen System nachgebildet werden können, das ausdrucksstark genug ist, um die gewöhnliche Mathematik zu formalisieren. Damit überträgt sich die inhaltliche Aussage von Korollar 6.3 ohne Umwege auf diese Systeme:

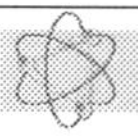

Korollar 6.4

Jedes widerspruchsfreie formale System, das ausdrucksstark genug ist, um die gewöhnliche Mathematik zu formalisieren, ist unvollständig.

Dies ist exakt die Formulierung von Satz 1.1. Inhaltlich entspricht sie jener Variante des ersten Unvollständigkeitssatzes, die Gödel auf der 2. Tagung für Erkenntnislehre der exakten Wissenschaften in Königsberg vorgetragen hat.

Als Nächstes wird sich Gödel in mathematischer Pflichtarbeit üben und die Aussage seines Hauptresultats weiter verallgemeinern. Richtig spannend wird es erst wieder in Abschnitt 6.2 werden. Dort werden wir herausarbeiten, dass sich die Voraussetzung des Hauptresultats, ein formales System habe mindestens die Ausdrucksstärke von P, durch eine wesentlich schwächere ersetzen lässt. Dies wird uns schließlich zu jener Variante des Hauptresultats führen, die heute als der erste Gödel'sche Unvollständigkeitssatz bezeichnet wird.

6.1.2 Folgerungen aus dem Hauptresultat

Der nächste Abschnitt in Gödels Arbeit ist hauptsächlich von historischem Interesse. Gödel merkt dort an, dass er im Beweis des Hauptresultats nur Schlussweisen verwendet hat, die auch von den Intuitionisten als legitim erachtet werden.

Man kann sich leicht überzeugen, daß der eben geführte Beweis konstruktiv ist[45a]), d. h. es ist intuitionistisch einwandfrei folgendes bewiesen: Sei eine beliebige rekursiv definierte Klasse χ

[45a]) Denn alle im Beweise vorkommenden Existentialbehauptungen beruhen auf Satz V, der, wie leicht zu sehen, intuitionistisch einwandfrei ist.

Tatsächlich lässt sich leicht nachprüfen, dass Gödels Argumentation an jeder Stelle konstruktiv ist. Zunächst erinnern wir uns daran, dass alle im Beweis von Satz V verwendeten Formeln explizit niedergeschrieben werden können. Das bedeutet, dass sich Satz V in einer verschärften Form formulieren lässt:

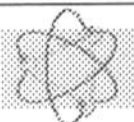

Satz 6.5 (Satz V, konstruktiv)

Für jede primitiv-rekursive Relation R lässt sich eine Formel konstruieren, die R in P syntaktisch repräsentiert.

Damit können wir (6.12) und (6.13) folgendermaßen umschreiben:

$$x \text{ codiert keinen Beweis für die Formel } \forall \mathsf{x}_1\, \varphi_r(\mathsf{x}_1) \Rightarrow \text{es lässt sich ein Beweis für } \varphi_r(\overline{x}) \text{ konstruieren} \quad (6.15)$$

$$x \text{ codiert einen Beweis für die Formel } \forall \mathsf{x}_1\, \varphi_r(\mathsf{x}_1) \Rightarrow \text{es lässt sich ein Beweis für } \neg\varphi_r(\overline{x}) \text{ konstruieren} \quad (6.16)$$

Jetzt liest sich die Fallunterscheidung im Beweis zu Satz VI so:

- Angenommen, ein formaler Beweis für $\forall \mathsf{x}_1\, \varphi_r(\mathsf{x}_1)$ sei vorgelegt.
  In diesem Fall existiert eine Gödelnummer n, die den Beweis dieser Formel codiert. Aus (6.16) folgt dann:

  $$\textit{Es lässt sich ein Beweis für } \neg\varphi_r(\overline{n}) \textit{ konstruieren.} \quad (6.17)$$

  Andererseits garantiert uns die getroffene Annahme Folgendes:

  $$\textit{Es lässt sich ein Beweis für } \varphi_r(\overline{n}) \textit{ konstruieren.}$$

Dann wäre die Menge χ, wegen (6.17), widersprüchlich, und für jede andere Formel ließe sich ebenfalls ein Beweis konstruieren. Somit wäre χ erst recht ω-widersprüchlich, entgegen unserer Annahme.

- Angenommen, ein formaler Beweis für $\neg\forall \mathsf{x}_1\, \varphi_r(\mathsf{x}_1)$ sei vorgelegt.
  Wir haben gerade gezeigt, dass für $\forall \mathsf{x}_1\, \varphi_r(\mathsf{x}_1)$ kein Beweis konstruiert werden kann. Das bedeutet, dass keine natürliche Zahl einen Beweis für diese Formel codiert. Nach (6.16) gilt also:

  Es lässt sich ein Beweis für die Formel $\varphi_r(\overline{0})$ *konstruieren.*
  Es lässt sich ein Beweis für die Formel $\varphi_r(\overline{1})$ *konstruieren.*
  Es lässt sich ein Beweis für die Formel $\varphi_r(\overline{2})$ *konstruieren.*
  ...

Dann wäre χ, entgegen unserer Annahme, ω-widerspruchsvoll.

In Gödels Worten lautet die gleiche Argumentation so:

folgendes bewiesen: **Sei eine beliebige rekursiv definierte Klasse χ von *Formeln* vorgelegt. Wenn dann eine formale Entscheidung (aus χ) für die (effektiv aufweisbare) *Satzformel* 17 Gen r vorgelegt ist,** so

17 Gen r ist die Gödelnummer der Formel $\forall x_1\ \varphi_r(x_1)$. Wenn Gödel sagt, es sei eine *„formale Entscheidung für die Satzformel* 17 Gen r *vorgelegt"*, dann meint er damit, dass uns entweder ein Beweis für $\forall x_1\ \varphi_r(x_1)$ oder ein Beweis für $\neg\forall x_1\ \varphi_r(x_1)$ vorliegt.

Die eben vorgenommene Fallunterscheidung hat folgendes gezeigt: Liegt ein Beweis für $\forall x_1\ \varphi_r(x_1)$ vor, so lässt sich ein Beweis für ausnahmslos jede Formel konstruieren. Liegt dagegen ein Beweis für $\neg\forall x_1\ \varphi_r(x_1)$ vor, so lassen sich Beweise für alle Formeln der Form $\varphi_r(\overline{n})$ konstruieren. In beiden Fällen gilt also:

für die (effektiv aufweisbare) *Satzformel* 17 Gen r vorgelegt ist, **so kann man effektiv angeben:**

1. Einen *Beweis* für Neg (17 Gen r).

☞ Neg (17 Gen r) ist die Gödelnummer der Formel $\neg\forall x_1\ \varphi_r(x_1)$

2. Für jedes beliebige n einen *Beweis* für $Sb\left(r\ {17 \atop Z(n)}\right)$ d. h. eine

☞ $Sb\left(r\ {17 \atop Z(n)}\right)$ ist die Gödelnummer der Formel $\varphi_r(\overline{n})$

2. Für jedes beliebige n einen *Beweis* für $Sb\left(r\ {17 \atop Z(n)}\right)$ **d. h. eine formale Entscheidung von 17 Gen r würde die effektive Aufweisbarkeit eines ω-Widerspruchs zur Folge haben.**

Als Nächstes diskutiert Gödel mehrere Verallgemeinerungen seines Hauptresultats. In der ursprünglichen Formulierung von Satz VI hatte er vorausgesetzt, dass χ eine primitiv-rekursive Menge ist, und nach unserem bisherigen Wissen ist klar, warum diese Voraussetzung benötigt wird. Im Beweis von Satz VI haben wir darauf vertraut, dass die Relation Q durch eine Formel ψ_q syntaktisch repräsentiert werden kann, und Satz V garantiert uns genau dies für primitiv-rekursive Relationen. Da wir die Eigenschaft der primitiven Rekursivität aber an keiner anderen Stelle im Beweis benötigen, genügt es, die syntaktische Repräsentierbarkeit zur Voraussetzung von Satz VI zu erheben.

Gödel argumentiert ganz genauso, verwendet aber andere Begriffe. Er bezeichnet syntaktisch repräsentierbare Funktionen und Relationen als *entscheidungsdefinit*.

> Wir wollen eine Relation (Klasse) zwischen natürlichen Zahlen $R(x_1 \ldots x_n)$ entscheidungsdefinit nennen, wenn es ein n-stelliges *Relationszeichen* r gibt, so daß (3) und (4) (vgl. Satz V) gilt. Insbesondere ist also nach Satz V jede rekursive Relation entscheidungsdefinit. Analog soll ein *Relationszeichen* entscheidungsdefinit heißen, wenn es auf diese Weise einer entscheidungsdefiniten Relation zugeordnet ist. Es genügt nun für die Existenz von aus χ unentscheidbarer Sätze, von der Klasse χ vorauszusetzen, daß sie ω-widerspruchsfrei und entscheidungsdefinit ist. Denn die Entscheidungsdefinitheit überträgt sich von χ auf $x\, B_\chi\, y$ (vgl. (5), (6)) und auf $Q(x, y)$
>
> 190 Kurt Gödel,
>
> (vgl. (8·1)) und nur dies wurde in obigem Beweise verwendet. Der unentscheidbare Satz hat in diesem Fall die Gestalt v Gen r, wo r ein entscheidungsdefinites *Klassenzeichen* ist (es genügt übrigens sogar, daß χ in dem durch χ erweiterten System entscheidungsdefinit ist).

In Satzform lautet das Ergebnis so:

Satz 6.6 (Satz VI, verschärft)

$\chi = \{\ulcorner\varphi_1\urcorner, \ulcorner\varphi_2\urcorner, \ldots\}$ sei ω-widerspruchsfrei und syntaktisch repräsentierbar. Dann existiert eine Formel $\varphi_r(\xi_1)$, für die weder

$$\forall \xi_1\, \varphi_r(\xi_1) \quad \text{noch} \quad \neg\forall \xi_1\, \varphi_r(\xi_1)$$

innerhalb von $\mathrm{P} \cup \chi$ bewiesen werden können.

Als Nächstes leitet Gödel eine Variante des Hauptresultats her, in der die Voraussetzung der ω-Widerspruchsfreiheit durch die schwächere Widerspruchsfreiheit ersetzt ist. Bevor wir den Satz formulieren, wollen wir die Konsequenzen untersuchen, die sich aus der Abschwächung ergeben. Hierzu werfen wir einen erneuten Blick auf den ersten der beiden Fälle, die wir auf Seite 297 unterschieden haben:

- Angenommen, es gelte $\vdash \forall \mathrm{x}_1\ \varphi_r(\mathrm{x}_1)$.
  In der vorgenommenen Argumentation spielt die ω-Widerspruchsfreiheit überhaupt keine Rolle, sondern lediglich die Widerspruchsfreiheit. Wir können die Beweisschritte somit eins zu eins übernehmen und die Annahme zu einem Widerspruch führen.

Mit dem Wissen $\nvdash \forall \mathrm{x}_1\ \varphi_r(\mathrm{x}_1)$ können wir der Argumentation des zweiten Falls bis zu jener Stelle folgen, an der die Formelinstanzen $\varphi_r(\overline{n})$ als beweisbar erkannt werden:

$$\vdash \varphi_r(\overline{0}),\ \vdash \varphi_r(\overline{1}),\ \vdash \varphi_r(\overline{2}),\ \vdash \varphi_r(\overline{3}),\ \vdash \varphi_r(\overline{4}),\ \ldots \tag{6.18}$$

Um hieraus $\nvdash \neg\forall \mathrm{x}_1\ \varphi_r(\mathrm{x}_1)$ zu folgern, ist die Voraussetzung der Widerspruchsfreiheit zu schwach. Immerhin können wir den Schluss ziehen, dass sich keine der in (6.18) genannten Formeln in negierter Form ableiten lässt:

$$\nvdash \neg\varphi_r(\overline{0}),\ \nvdash \neg\varphi_r(\overline{1}),\ \nvdash \neg\varphi_r(\overline{2}),\ \nvdash \neg\varphi_r(\overline{3}),\ \nvdash \neg\varphi_r(\overline{4}),\ \ldots \tag{6.19}$$

Jetzt sind wir in der Lage, die angekündigte Variante des Hauptresultats zu formulieren:

Satz 6.7 (Satz VI für widerspruchsfreie Mengen)

$\chi = \{\ulcorner\varphi_1\urcorner, \ulcorner\varphi_2\urcorner, \ldots\}$ sei widerspruchsfrei und syntaktisch repräsentierbar. Dann existiert eine Formel $\varphi_r(\xi_1)$, für die gilt:

- $\forall \xi_1\ \varphi_r(\xi_1)$ ist unbeweisbar ☞ $\nvdash \forall \xi_1\ \varphi_r(\xi_1)$
- es ist kein Gegenbeispiel angebbar ☞ $\nvdash \neg\varphi_r(\overline{n})$ für alle $n \in \mathbb{N}$

In der Originalarbeit liest sich die inhaltliche Aussage dieses Satzes so:

> Setzt man von χ statt ω-Widerspruchsfreiheit, bloß Widerspruchsfreiheit voraus, so folgt zwar nicht die Existenz eines unentscheidbaren Satzes, wohl aber die Existenz einer Eigenschaft (*r*), für die weder ein Gegenbeispiel a n g e b b a r, noch beweisbar ist, daß sie allen Zahlen zukommt. Denn zum Beweise, daß 17 Gen *r* nicht

Gödels Beweis ist nach dem oben Gesagten einfach zu verstehen. Er folgt exakt der gleichen Argumentationslinie:

sie allen Zahlen zukommt. Denn zum Beweise, daß 17 Gen r nicht χ-*beweisbar* ist, wurde nur die Widerspruchsfreiheit von χ verwendet (vgl. S. 189) und aus $\overline{\text{Bew}_\chi}(17 \text{ Gen } r)$ folgt nach (15), daß für jede Zahl x $Sb\left(r\,\frac{17}{Z(x)}\right)$, folglich für keine Zahl Neg $Sb\left(r\,\frac{17}{Z(x)}\right)$ χ-*beweisbar* ist.

Als Nächstes löst Gödel ein Versprechen ein, das er in der Textstelle gab, die wir auf Seite 291 zitiert haben. Er wird zeigen, dass widerspruchsfreie formale Systeme existieren, die nicht ω-widerspruchsfrei sind. Am einfachsten erhalten wir ein solches System, indem wir die Formel $\neg\forall \mathsf{x}_1\, \varphi_r(\mathsf{x}_1)$ zu den Axiomen adjungieren, oder, was Dasselbe ist: indem wir die Menge χ um die Gödelnummer $\ulcorner\neg\forall \mathsf{x}_1\, \varphi_r(\mathsf{x}_1)\urcorner$ erweitern:

$$\chi' := \chi \cup \{\ulcorner\neg\forall \mathsf{x}_1\, \varphi_r(\mathsf{x}_1)\urcorner\}$$

Adjungiert man Neg (17 Gen r) zu χ, so erhält man eine widerspruchsfreie aber nicht ω-widerspruchsfreie *Formelklasse* χ'. χ' ist widerspruchsfrei, denn sonst wäre 17 Gen r χ-*beweisbar*. χ' ist aber nicht ω-widerspruchsfrei, denn wegen $\overline{\text{Bew}_\chi}$ (17 Gen r) und (15) gilt: (x) $\text{Bew}_\chi\ Sb\left(r\,\frac{17}{Z(x)}\right)$, umsomehr also: (x) $\text{Bew}_{\chi'}\ Sb\left(r\,\frac{17}{Z(x)}\right)$ und andererseits gilt natürlich: $\text{Bew}_{\chi'}$ [Neg (17 Gen r)]) [46]).

46) Die Existenz widerspruchsfreier und nicht ω-widerspruchsfreier χ ist damit natürlich nur unter der Voraussetzung bewiesen, daß es überhaupt widerspruchsfreie χ gibt (d. h. daß P widerspruchsfrei ist).

Wir wollen uns die Argumentation genauer ansehen. Nach dem bisher Gesagten steht fest, dass in $\mathrm{P}\cup\chi$ weder die Formel $\forall \mathsf{x}_1\, \varphi_r(\mathsf{x}_1)$ noch die Formel $\neg\forall \mathsf{x}_1\, \varphi_r(\mathsf{x}_1)$ bewiesen werden kann. Das bedeutet nach Satz 4.1, dass die Hinzunahme von $\neg\forall \mathsf{x}_1\, \varphi_r(\mathsf{x}_1)$ keine Widersprüche erzeugt, χ' also eine widerspruchsfreie Menge ist.

Die Menge χ' ist aber nicht ω-widerspruchsfrei, was leicht einzusehen ist. Aus der Unbeweisbarkeit von $\forall \mathsf{x}_1\, \varphi_r(\mathsf{x}_1)$ folgt, dass keine natürliche Zahl x die Gödelnummer eines Beweises codiert, und aus (6.12) folgt hieraus für das System $\mathrm{P}\cup\chi$:

$$\vdash \varphi_r(\overline{0}),\ \vdash \varphi_r(\overline{1}),\ \vdash \varphi_r(\overline{2}),\ \vdash \varphi_r(\overline{3}),\ \vdash \varphi_r(\overline{4}),\ \ldots \tag{6.20}$$

Damit sind diese Formeln erst recht in $\mathrm{P} \cup \chi'$ beweisbar. Dort gilt aber noch mehr. In $\mathrm{P} \cup \chi'$ ist die Formel $\neg\forall \mathsf{x}_1\ \varphi_r(\mathsf{x}_1)$ ein Axiom und damit insbesondere auch ein Theorem:

$$\vdash \neg\forall \mathsf{x}_1\ \varphi_r(\mathsf{x}_1) \tag{6.21}$$

Zusammen ergeben (6.20) und (6.21) den ω-Widerspruch, den wir gesucht haben.

Damit ist bewiesen, dass die Aussage von Satz 6.1 nicht umkehrbar ist:

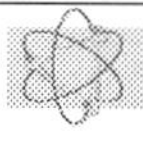

Satz 6.8

Nicht jede widerspruchsfreie Menge ist ω-widerspruchsfrei.

Haben Sie sich an der einen oder anderen Stelle gefragt, warum Gödel den Aufwand betrieben hat, die Menge χ in seine Theoreme zu integrieren? Um die Unvollständigkeit von P zu zeigen, wird diese Menge gar nicht benötigt; wir erhalten dieses Ergebnis auf direktem Weg aus dem Hauptresultat, wenn wir für χ die leere Menge einsetzen. Auf den ersten Blick scheint der Fall $\chi = \emptyset$ der mit Abstand interessanteste zu sein.

In Wirklichkeit verleiht die Menge χ dem Hauptresultat eine ungeahnte Durchschlagskraft. Aus der Tatsache, dass wir χ nahezu frei wählen können, folgt, dass die Lücken, die in das System P gerissen werden, nicht durch die Hinzunahme weiterer Axiome geschlossen werden können. Dies gilt, solange die Axiome eine syntaktisch repräsentierbare Menge bilden, und diese Voraussetzung ist denkbar schwach. Sie wird insbesondere von allen Formeln erfüllt, die in den bekannten formalen Systemen als Axiome verwendet werden. Tatsächlich erfordert es ein hohes Maß destruktiven Scharfsinns, um eine Formelmenge zu konstruieren, die diese Voraussetzung nicht erfüllt. Solange wir uns also im Bereich der seriösen Mathematik bewegen, muss jede Erweiterung von P genauso unvollständig sein wie P selbst:

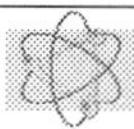

Korollar 6.9

Das System P lässt sich nicht vervollständigen.

Im Angesicht der Bedeutung seines Resultats war sich Gödel offenbar nicht so sicher, dass jeder Leser verstand, wie schwach die Voraussetzung zu Satz VI wirklich ist. Dies ist der wahrscheinliche Grund dafür, dass er in den folgenden Abschnitten eine Reihe von Beispielsystemen aufzählt.

Ein Spezialfall von Satz VI ist der, daß die Klasse χ aus endlich vielen *Formeln* (und ev. den daraus durch *Typenerhöhung* entstehenden) besteht. Jede endliche Klasse α ist natürlich rekursiv. Sei a die größte in α enthaltene Zahl. Dann gilt in diesem Fall für χ:

$$x \varepsilon \chi \sim (E m, n) \, [m \leqq x \; \& \; n \leqq a \; \& \; n \varepsilon \alpha \; \& \; x = m \, Th \, n]$$

χ ist also rekursiv. Das erlaubt z. B. zu schließen, daß auch mit Hilfe des Auswahlaxioms (für alle Typen) oder der verallgemeinerten Kontinuumshypothese nicht alle Sätze entscheidbar sind, vorausgesetzt, daß diese Hypothesen ω-widerspruchsfrei sind.

Das Auswahlaxiom und die verallgemeinerte Kontinuumshypothese haben wir in den Abschnitten 2.4.3 und 2.4.1 ausführlich besprochen. Die Begriffe bereiten uns an dieser Stelle keinerlei Probleme mehr.

Beim Beweise von Satz VI wurden keine anderen Eigenschaften des Systems P verwendet als die folgenden:

1. Die Klasse der Axiome und die Schlußregeln (d. h. die Relation „unmittelbare Folge") sind rekursiv definierbar (sobald man die Grundzeichen in irgend einer Weise durch natürliche Zahlen ersetzt).

2. Jede rekursive Relation ist innerhalb des Systems P definierbar (im Sinn von Satz V).

Daher gibt es in jedem formalen System, das den Voraussetzungen 1, 2 genügt und ω-widerspruchsfrei ist, unentscheidbare Sätze der Form $(x)\, F(x)$, wo F eine rekursiv definierte Eigenschaft natürlicher Zahlen ist, und ebenso in jeder Erweiterung eines solchen

Über formal unentscheidbare Sätze der Principia Mathematica etc. 191

Systems durch eine rekursiv definierbare ω-widerspruchsfreie Klasse von Axiomen. Zu den Systemen, welche die Voraussetzungen 1, 2 erfüllen, gehören, wie man leicht bestätigen kann, das Zermelo-Fraenkelsche und das v. Neumannsche Axiomensystem der Mengenlehre [47]), ferner

[47]) Der Beweis von Voraussetzung 1. gestaltet sich hier sogar einfacher als im Falle des Systems P, da es nur eine Art von Grundvariablen gibt (bzw. zwei bei J. v. Neumann).

Die Zermelo-Fraenkel-Mengenlehre ist uns aus Abschnitt 2.4 bekannt. Das von Neumann'sche Axiomensystem, das Gödel hier anspricht, ist ein Vorläufer der NBG-Mengenlehre, die wir ebenfalls in Abschnitt 2.4 erwähnt haben. Die NBG-Mengenlehre ist erst um 1940 entstanden, so dass wir in der Gödel'schen Arbeit keine Referenz darauf finden können.

und das v. Neumannsche Axiomensystem der Mengenlehre [47]), ferner das Axiomensystem der Zahlentheorie, welches aus den Peanoschen Axiomen, der rekursiven Definition [nach Schema (2)] und den logischen Regeln besteht [48]). Die Voraussetzung 1. erfüllt überhaupt jedes System, dessen Schlußregeln die gewöhnlichen sind und dessen Axiome (analog wie in P) durch Einsetzung aus endlich vielen Schemata entstehen [48a]).

---

[48]) Vgl. Problem III in D. Hilberts Vortrag: Probleme der Grundlegung der Mathematik. Math. Ann. 102.

[48a]) Der wahre Grund für die Unvollständigkeit, welche allen formalen Systemen der Mathematik anhaftet, liegt, wie im II. Teil dieser Abhandlung gezeigt werden wird, darin, daß die Bildung immer höherer Typen sich ins Transfinite fortsetzen läßt. (Vgl. D. Hilbert, Über das Unendliche, Math. Ann. 95, S. 184), während in jedem formalen System höchstens abzählbar viele vorhanden sind. Man kann nämlich zeigen, daß die hier aufgestellten unentscheidbaren Sätze durch Adjunktion passender höherer Typen (z. B. des Typus ω zum System P) immer entscheidbar werden. Analoges gilt auch für das Axiomensystem der Mengenlehre.

6.2 Der erste Unvollständigkeitssatz

6.2.1 Unvollständigkeit der Arithmetik

Bis hierhin hat Gödel alle seine Untersuchungen auf das System P gestützt, das in seiner Ausdrucksstärke der gewöhnlichen Mathematik entspricht. In den nächsten Abschnitten seiner Arbeit wird er zeigen, dass auch formale Systeme mit einer viel geringeren Ausdrucksstärke in den Sog des ersten Unvollständigkeitssatzes geraten. Schon bald werden wir die Erkenntnis in Händen halten, dass es unentscheidbare Sätze innerhalb der Arithmetik gibt und ein formales System bereits dann der Unvollständigkeit anheim fällt, wenn es in der Lage ist, über die additiven und multiplikativen Eigenschaften der natürlichen Zahlen zu sprechen.

Als Erstes definiert Gödel, was er unter einer arithmetischen Relation bzw. einer arithmetischen Menge versteht:

3.

Wir ziehen nun aus Satz VI weitere Folgerungen und geben zu diesem Zweck folgende Definition:

Eine Relation (Klasse) heißt arithmetisch, wenn sie sich allein mittels der Begriffe $+, .$ [Addition und Multiplikation, bezogen auf natürliche Zahlen [49])] und den logischen Konstanten $\vee$, $\overline{}$, (x), $=$ definieren läßt, wobei (x) und $=$ sich nur auf natürliche Zahlen beziehen dürfen [50]). Entsprechend wird der Begriff „arithmetischer Satz" definiert. Insbesondere sind z. B. die Relationen „größer" und „kongruent nach einem Modul" arithmetisch, denn es gilt:

$$x > y \sim \overline{(Ez)}\,[y = x + z]$$
$$x \equiv y \,(\mathrm{mod}\; n) \sim (Ez)\,[x = y + z\,.\,n \vee y = x + z\,.\,n]$$

[49]) Die Null wird hier und im folgenden immer mit zu den natürlichen Zahlen gerechnet.

[50]) Das Definiens eines solchen Begriffes muß sich also allein mittels der angeführten Zeichen, Variablen für natürliche Zahlen $x, y, \ldots$ und den Zeichen 0, 1 aufbauen (Funktions- und Mengenvariable dürfen nicht vorkommen). (In den Präfixen darf statt x natürlich auch jede andere Zahlvariable stehen.)

Gödel nennt eine Relation arithmetisch, wenn sie sich durch einen mathematischen Ausdruck charakterisieren lässt, der keine weiteren als die von ihm aufgezählten Konstrukte verwendet. Als Beispiele für Relationen, die auf diese Weise definiert werden können, nennt er die Ordnungsrelation ‚$>$' und die Kongruenzrelation ‚$\equiv$' (modulo n). In moderner Schreibweise lauten Gödels Definitionen so:

$$x > y \;\Leftrightarrow\; \neg\exists\, z\,(y = x + z) \tag{6.22}$$
$$x \equiv y \,(\mathrm{mod}\; n) \;\Leftrightarrow\; \exists\, z\,(x = y + z \cdot n \vee y = x + z \cdot n) \tag{6.23}$$

Beachten Sie, dass auf den rechten Seiten dieser Definitionen gewöhnliche mathematische Ausdrücke stehen und nicht etwa Formeln eines bestimmten formalen Systems. Auf den nächsten Seiten werden wir Gödels Worten wie gewohnt folgen, dabei aber einen etwas formaleren Weg einschlagen. Wir werden die Ausdrücke, die Gödel für die Definition arithmetischer Relationen verwendet, als Formeln eines formalen Systems auffassen, das mit den passenden Sprachkonstrukten ausgestattet ist. Das formale System, das wir für diesen Zweck verwenden, heißt PA, kurz für *Peano-Arithmetik*. Betrachten wir PA aus der Ferne, so ähnelt es dem System P, mit dem wir mittlerweile bestens vertraut sind. Aus der Nähe lassen sich dann aber doch wichtige Unterschiede identifizieren:

- PA ist eine *Logik erster Stufe*; es gibt darin ausschließlich Individuenvariablen. Wird eine Variable in einer PA-Formel mit einem Index versehen, so hat dies, anders als in P, keine semantische Bedeutung. x_1, x_2, x_3 usw. sind allesamt Individuenvariablen, und die Indices dienen lediglich dazu, den Symbolvorrat zu vergrößern.

- In PA sind die numerischen Operatoren ‚$+$' und ‚$\times$' native Sprachelemente. Ein solches System kennen wir bereits aus Abschnitt 4.4.5. Dort hatten wir Gödels System P um diese Operatoren ergänzt, um die Herleitung numerischer Theoreme zu vereinfachen.

- Der Gleichheitsoperator ‚=' ist ebenfalls nativ in der Logik verankert. Dies ist notwendig, da die Gleichheitsrelation nicht in Logiken erster Stufe definiert werden kann. Das auf Seite 161 diskutierte Identitätsprinzip von Leibniz gibt einen Hinweis darauf, warum dies so ist. Um die Gleichheit formal zu charakterisieren, müssen wir über eine Variable zweiten Typs quantifizieren, die uns in PA nicht zur Verfügung steht.

Abgesehen von den zusätzlich in die Sprache integrierten Symbolen ist PA eine Teilmenge von P, und so fließt die formale Definition der Syntax und der Semantik fast von selbst aus der Feder. Das Ergebnis ist in Abbildung 6.1 zusammengefasst.

In PA benutzen wir die gleichen Schreiberleichterungen wie in P. Wir verzichten auf die Niederschrift des einen oder anderen Klammernpaares und verwenden die Symbole ‚$\exists$', ‚$\wedge$', ‚$\rightarrow$', und ‚$\leftrightarrow$' in der gewohnten Weise als syntaktische Abkürzungen.

Für geschlossene Formeln gilt in PA ebenfalls etwas ganz Ähnliches wie in P. Eine solche Formel ist entweder unter jeder arithmetischen Interpretation wahr oder unter jeder arithmetischen Interpretation falsch, so dass wir anstelle von $I \models \varphi$ oder $I \not\models \varphi$ ganz einfach $\models \varphi$ oder $\not\models \varphi$ schreiben können.

Die rechten Seiten der Definitionen (6.22) und (6.23) können wir jetzt eins zu eins in Formeln der Peano-Arithmetik übersetzen:

$$\varphi_{\mathrm{gr}}(\mathsf{x}, \mathsf{y}) := \neg\exists \mathsf{z}\, (\mathsf{y} = \mathsf{x} + \mathsf{z}) \tag{6.24}$$

$$\varphi_{\mathrm{mod}}(\mathsf{x}, \mathsf{y}, \mathsf{n}) := \exists \mathsf{z}\, (\mathsf{x} = \mathsf{y} + \mathsf{z} \times \mathsf{n} \vee \mathsf{y} = \mathsf{x} + \mathsf{z} \times \mathsf{n}) \tag{6.25}$$

Die Formel φ_{gr} ist genau dann wahr, wenn wir die freien Variablen x und y als zwei Zahlen x und y mit $x > y$ interpretieren. Etwas ganz Ähnliches gilt für die Formel φ_{mod}. Sie ist genau dann wahr, wenn wir die freien Variablen x, y und n als drei Zahlen x, y und n interpretieren, so dass sich x und y um ein Vielfaches von n unterscheiden. Dies ist gemeint, wenn wir sagen, die Relationen *„größer"* und *„kongruent nach einem Modul"* werden durch die Formeln φ_{gr} bzw. φ_{mod} *arithmetisch repräsentiert.*

Als nächstes wollen wir versuchen, eine komplexere Funktion arithmetisch zu repräsentieren. Als Beispiel wählen wir die Fakultätsfunktion, die sich über das folgende primitiv-rekursive Bildungsschema definieren lässt:

$$\mathrm{factorial}(0) = \mathrm{s}(0)$$

$$\mathrm{factorial}(k+1) = \mathrm{mult}(\mathrm{s}(k), \mathrm{factorial}(k))$$

Für den Moment nehmen wir an, dass in der Peano-Arithmetik neben gewöhnlichen Variablen auch einstellige Funktionszeichen zur Verfügung stehen, über die auch quantifiziert werden darf. Ist f ein solches Funktionszeichen, so sind $f(0)$,

Syntax von PA

Die Menge der *arithmetischen Terme* ist induktiv definiert:

- $0, \mathsf{x}, \mathsf{y}, \mathsf{z}, \ldots$ sind arithmetische Terme.
- Sind σ und τ arithmetische Terme, so sind es auch $\mathsf{f}\ \sigma, (\sigma + \tau), (\sigma \times \tau)$.

Die Menge der *arithmetischen Formeln* ist induktiv definiert:

- Sind σ, τ arithmetische Terme, so ist $(\sigma = \tau)$ eine arithmetische Formel.
- Sind φ und ψ arithmetische Formeln, dann sind es auch

$$\neg(\varphi), (\varphi) \vee (\psi), \forall \xi\ (\varphi) \text{ mit } \xi \in \{\mathsf{x}, \mathsf{y}, \mathsf{z}, \ldots\}$$

Semantik von PA

Eine arithmetische Interpretation ist eine Abbildung I mit

$$\begin{aligned} I(\xi) &\in \mathbb{N} \quad \text{(für jede Variable } \xi) \\ I(0) &= 0 \\ I(\mathsf{f}\ \sigma) &= I(\sigma) + 1 \\ I(\sigma + \tau) &= I(\sigma) + I(\tau) \\ I(\sigma \times \tau) &= I(\sigma) \cdot I(\tau) \end{aligned}$$

Die Semantik von PA ist durch die *Modellrelation* ‚$\models$' gegeben:

$$\begin{aligned} I \models (\sigma_1 = \sigma_2) &:\Leftrightarrow I(\sigma_1) = I(\sigma_2) \\ I \models \neg(\varphi) &:\Leftrightarrow \not\models \varphi \\ I \models (\varphi) \vee (\psi) &:\Leftrightarrow \models \varphi \text{ oder } \models \psi \\ I \models \forall \xi\ (\varphi) &:\Leftrightarrow \text{Für alle } n \in \mathbb{N} \text{ gilt } \models \varphi[\xi \leftarrow \overline{n}] \end{aligned}$$

Abb. 6.1 Syntax und Semantik der Peano-Arithmetik

$f(1), \ldots$ die einzelnen Funktionswerte, und der Ausdruck $\exists f$ trägt die folgende inhaltliche Bedeutung in sich:

$$\exists f\ \ldots\ \widehat{=}\ \text{„}\textit{Es existiert eine Funktion } f : \mathbb{N} \to \mathbb{N} \textit{ mit} \ldots\text{"}$$

Damit sind wir in der Lage, die primitiv-rekursive Definition der Fakultätsfunktion direkt in eine Formel zu übersetzen:

$$\exists f\ (f(0) = \mathsf{f}\ 0 \wedge \forall \mathsf{k}\ (f(\mathsf{k}+1) = (\mathsf{f}\ \mathsf{k}) \times f(\mathsf{k})) \wedge \mathsf{x}_0 = f(\mathsf{x}_1)) \tag{6.26}$$

Diese Formel ist genau dann wahr, wenn wir ihre freien Variablen x_0 und x_1 als zwei Zahlen x_0 und x_1 mit $x_0 = x_1!$ interpretieren.

Wir wollen unser Augenmerk auf die Variable k lenken, die in Formel (6.26) an einen Allquantor gebunden ist. Betrachten wir die Formel genauer, so fällt auf, dass wir hier gar nicht über alle natürliche Zahlen quantifizieren müssen, sondern lediglich über jene, die kleiner als x_1 sind. Das bedeutet, dass die folgende Formel den gleichen Zweck erfüllt:

$$\exists f\ (f(0) = \mathsf{f}\ 0 \wedge \forall \mathsf{k}\ (\mathsf{k} < \mathsf{x}_1 \rightarrow f(\mathsf{k}+1) = (\mathsf{f}\ \mathsf{k}) \times f(\mathsf{k})) \wedge \mathsf{x}_0 = f(\mathsf{x}_1))$$

Schreiben wir, wie es Gödel gleich tun wird, f_x anstelle von $f(x)$, so erscheint die Formel in diesem Gewand:

$$\exists f\ (f_0 = \mathsf{f}\ 0 \wedge \forall \mathsf{k}\ (\mathsf{k} < \mathsf{x}_1 \rightarrow f_{\mathsf{k}+1} = (\mathsf{f}\ \mathsf{k}) \times f_{\mathsf{k}}) \wedge \mathsf{x}_0 = f_{\mathsf{x}_1}) \qquad (6.27)$$

Diese Formel können wir in eine allgemeine Form bringen, indem wir den Basisfall f 0 und den Rekursionsfall $(\mathsf{f}\ \mathsf{k}) \times f_{\mathsf{k}}$ durch die beiden Platzhalter ψ und μ ersetzen. Wir erhalten dann

$$\exists f\ (f_0 = \psi \wedge \forall \mathsf{k}\ (\mathsf{k} < \mathsf{x}_1 \rightarrow f_{\mathsf{k}+1} = \mu(\mathsf{k}, f_{\mathsf{k}})) \wedge \mathsf{x}_0 = f_{\mathsf{x}_1}) \qquad (6.28)$$

Sind ψ und μ selbst primitiv-rekursiv, so können wir sie auf die gleiche Weise in zwei Formeln $S(\xi)$ und $T(\xi, \zeta, \nu)$ übersetzen. Damit können wir (6.28) folgendermaßen umschreiben:

$$\exists f\ (S(f_0) \wedge \forall \mathsf{k}\ (\mathsf{k} < \mathsf{x}_1 \rightarrow T(f_{\mathsf{k}+1}, \mathsf{k}, f_{\mathsf{k}})) \wedge \mathsf{x}_0 = f_{\mathsf{x}_1}) \qquad (6.29)$$

Würden wir die hier angestellten Überlegungen in einen formalen Induktionsbeweis überführen, so ließe sich damit zeigen, dass ausnahmslos alle primitiv-rekursiven Relationen auf die geschilderte Weise arithmetisch repräsentiert werden können. Gödel macht genau das in seiner Originalarbeit:

Es gilt der

Satz VII: Jede rekursive Relation ist arithmetisch.

Wir beweisen den Satz in der Gestalt: Jede Relation der Form $x_0 = \varphi\ (x_1 \ldots x_n)$, wo φ rekursiv ist, ist arithmetisch, und wenden vollständige Induktion nach der Stufe von φ an. φ habe die s-te Stufe ($s > 1$). Dann gilt entweder:

192 Kurt Gödel,

1. $\varphi(x_1 \ldots x_n) = \rho\,[\chi_1(x_1 \ldots x_n), \chi_2(x_1 \ldots x_n) \ldots \chi_m(x_1 \ldots x_n)]$ [51])

(wo ρ und sämtliche χ_i kleinere Stufe haben als s) oder:

$$2.\ \varphi(0, x_2 \ldots x_n) = \psi(x_2 \ldots x_n)$$
$$\varphi(k+1, x_2 \ldots x_n) = \mu[k, \varphi(k, x_2 \ldots x_n), x_2 \ldots x_n]$$

(wo ψ, μ niedrigere Stufe als s haben).

Im ersten Falle gilt:

$$x_0 = \varphi(x_1 \ldots x_n) \sim (E y_1 \ldots y_m)\,[R(x_0\, y_1 \ldots y_m)\ \& \\ \&\ S_1(y_1, x_1 \ldots x_n)\ \& \ldots \&\ S_m(y_m, x_1 \ldots x_n)],$$

wo R bzw. S_i die nach induktiver Annahme existierenden mit $x_0 = \rho(y_1 \ldots y_m)$ bzw. $y = \chi_i(x_1 \ldots x_n)$ äquivalenten arithmetischen Relationen sind. Daher ist $x_0 = \varphi(x_1 \ldots x_n)$ in diesem Fall arithmetisch.

Im zweiten Fall wenden wir folgendes Verfahren an: Man kann die Relation $x_0 = \varphi(x_1 \ldots x_n)$ mit Hilfe des Begriffes „Folge von Zahlen" (f) [52]) folgendermaßen ausdrücken:

$$x_0 = \varphi(x_1 \ldots x_n) \sim (Ef)\,\{f_0 = \psi(x_2 \ldots x_n)\ \&\ (k)\,[k < x_1 \rightarrow \\ f_{k+1} = \mu(k, f_k, x_2 \ldots x_n)]\ \&\ x_0 = f_{x_1}\}$$

Wenn $S(y, x_2 \ldots x_n)$ bzw. $T(z, x_1 \ldots x_{n+1})$ die nach induktiver Annahme existierenden mit $y = \psi(x_2 \ldots x_n)$ bzw. $z = \mu(x_1 \ldots x_{n+1})$ äquivalenten arithmetische Relationen sind, gilt daher:

$$x_0 = \varphi(x_1 \ldots x_n) \sim (Ef)\,\{S(f_0, x_2 \ldots x_n)\ \&\ (k)\,[k < x_1 \rightarrow \\ T(f_{k+1}, k, f_k, x_2 \ldots x_n)]\ \&\ x_0 = f_{x_1}\} \tag{17}$$

[51]) Es brauchen natürlich nicht alle $x_1 \ldots x_n$ in den χ_i tatsächlich vorzukommen [vgl. das Beispiel in Fußnote [27])].

[52]) f bedeutet hier eine Variable, deren Wertbereich die Folgen natürl. Zahlen sind. Mit f_k wird das $k+1$-te Glied einer Folge f bezeichnet (mit f_0 das erste).

Die rechte Seite von Gödels Formel (17) ist die Verallgemeinerung der Formel (6.29), die wir weiter oben hergeleitet haben.

Satz VII ist damit noch nicht bewiesen, da wir bei der Konstruktion der Formeln auf Funktionssymbole zurückgegriffen haben, die uns in der Peano-Arithmetik gar nicht zur Verfügung stehen. Um den Beweis abzuschließen, müssen wir die Funktion f aus den konstruierten Formeln eliminieren, und genau dies wird Gödel nun tun:

Nun ersetzen wir den Begriff „Folge von Zahlen" durch „Paar von Zahlen", indem wir dem Zahlenpaar n, d die Zahlenfolge $f^{(n,d)}$ $(f_k^{(n,d)} = [n]_{1+(k+1)d})$ zuordnen, wobei $[n]_p$ den kleinsten nicht negativen Rest von n modulo p bedeutet.

Für zwei vorgelegte Zahlen n und d konstruiert Gödel die Zahlenfolge

$$f_1^{(n,d)}, f_2^{(n,d)}, f_3^{(n,d)}, f_4^{(n,d)}, \ldots$$

mit

$$f_i^{(n,d)} := n \bmod (1 + (i+1) \cdot d) \qquad (6.30)$$

Diese Funktion wird heute als die Gödel'sche β-Funktion bezeichnet. Sie ist so wichtig, dass wir ihr an dieser Stelle eine eigene Definition spendieren:

Definition 6.3 (Gödel'sche β-Funktion)

Die Gödel'sche β-Funktion ist die Funktion $\beta : \mathbb{N} \times \mathbb{N} \times \mathbb{N} \to \mathbb{N}$ mit

$$\beta(n, d, i) := n \bmod (1 + (i+1) \cdot d)$$

Verwechseln Sie die Gödel'sche β-Funktion nicht mit der Funktion β, die wir auf Seite 223 besprochen haben. Die dort definierte Funktion ist zwar die einzige, die Gödel selbst mit β bezeichnet, aber sie hat mit der hier definierten Funktion nichts zu tun. Wenn heute von der Gödel'schen β-Funktion gesprochen wird, ist immer die Funktion gemäß Definition 6.3 gemeint.

Der nachstehende Satz deckt auf, warum die Gödel'sche β-Funktion so wichtig ist: Wir können sie dazu verwenden, um beliebige Anfangsstücke einer Zahlenfolge zu erzeugen:

Satz 6.10

Sei k eine natürliche Zahl. Für jede Zahlenfolge $f_0, f_1, \ldots, f_{k-1}$ der Länge k existieren zwei natürliche Zahlen n und d mit

$$f_i = \beta(n, d, i)$$

Für den Beweis dieser weitreichenden Aussage benötigen wir zwei Hilfssätze, die wir an dieser Stelle flugs einschieben wollen:

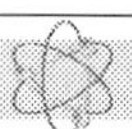

Satz 6.11

Sei l eine natürliche Zahl. Dann sind die Zahlen

$$1 + 1 \cdot l!,\quad 1 + 2 \cdot l!,\quad 1 + 3 \cdot l!, \ldots,\quad 1 + l \cdot l!$$

paarweise teilerfremd.

Beweis: Gäbe es eine Primzahl p, die sowohl

$$(1 + i \cdot l!) \text{ als auch } (1 + j \cdot l!) \qquad (1 \leq i < j \leq l)$$

teilt, so wäre p auch ein Teiler der Differenz

$$(1 + j \cdot l!) - (1 + i \cdot l!) = (j - i) \cdot l!$$

Das würde bedeuten, dass p mindestens eine der Zahlen $(j - i)$ oder $l!$ teilt. Wir zeigen nun, dass beide Annahmen zu einem Widerspruch führen:

- Angenommen, es gelte $p|l!$. Dann ist p auch ein Teiler von $i \cdot l!$, im Widerspruch zur Annahme, p teile den Wert $1 + i \cdot l!$.
- Angenommen, es gelte $p|(j - i)$. Wegen $(j - i) < l$ ist $(j - i)$ ein Teiler von $l!$. Dann ist aber auch p ein Teiler von $l!$, was wir gerade widerlegt haben. □

Der nächste Satz macht eine Aussage über die Lösbarkeit einer bestimmten Klasse simultaner Kongruenzen:

Satz 6.12 (Chinesischer Restsatz)

Sind $m_0, \ldots, m_n$ natürliche, paarweise teilerfremde Zahlen und $a_0, \ldots, a_n$ natürliche Zahlen mit $a_i < m_i$, so besitzt die simultane Kongruenz

$$x \equiv a_0 \bmod m_0 \qquad x \equiv a_1 \bmod m_1 \qquad \ldots \qquad x \equiv a_n \bmod m_n$$

genau eine Lösung modulo $m_0 \cdot \ldots \cdot m_n$.

Beweis: Wir betrachten die Abbildung

$$\pi : \{0, \ldots, (m_0 \cdot \ldots \cdot m_n) - 1\} \to \{0, \ldots, m_0 - 1\} \times \ldots \times \{0, \ldots, m_n - 1\}$$

mit

$$\pi(x) := (x \bmod m_0, \ldots, x \bmod m_n)$$

Der Restsatz ist bewiesen, wenn wir zeigen können, dass π bijektiv ist.

- **Injektivität**
  Seien $x, y \in \{0, \ldots, (m_0 \cdot \ldots \cdot m_n) - 1\}$ mit $y > x$ und $\pi(x) = \pi(y)$. Dann ist

  $$(x \bmod m_0, \ldots, x \bmod m_n) = (y \bmod m_0, \ldots, y \bmod m_n),$$

  und hieraus folgt $m_0|(y - x), \ldots, m_n|(y - x)$. Da die Module $m_0, \ldots, m_n$ paarweise teilerfremd sind, gilt auch

  $$m_0 \cdot \ldots \cdot m_n|(y - x) \tag{6.31}$$

  y und x sind beide kleiner als das Modulprodukt $(m_0 \cdot \ldots \cdot m_1)$, und somit ist auch die Differenz $y - x$ kleiner. Dann hat (6.31) aber nur für den Fall $y - x = 0$ eine Lösung, im Widerspruch zu unserer Annahme, dass x und y verschiedene Zahlen sind. Folgerichtig muss π eine injektive Funktion sein.

- **Surjektivität**
  Der Definitionsbereich von π ist endlich und umfasst genauso viele Elemente wie der Wertebereich. Jede injektive Funktion mit dieser Eigenschaft ist zwangsläufig auch surjektiv. □

Jetzt ergibt sich die Aussage von Satz 6.10 fast von selbst. Für die Folge

$$f_0, f_1, \ldots, f_{k-1}$$

definieren wir die Zahl l als

$$l := \max\{k, f_0, f_1, \ldots, f_{k-1}\} \tag{6.32}$$

und betrachten die nachstehende Kongruenz:

$$\begin{aligned} n &\equiv f_0 && \bmod\ (1 + 1 \cdot l!) \\ n &\equiv f_1 && \bmod\ (1 + 2 \cdot l!) \\ &&& \ldots \\ n &\equiv f_{k-1} && \bmod\ (1 + k \cdot l!) \end{aligned}$$

Wir wissen aus Satz 6.11, dass die Module paarweise teilerfremd sind. Das bedeutet nach dem chinesischen Restsatz, dass sich die simultane Kongruenz mit einer Zahl n lösen lässt. Setzen wir $d = l!$, so gilt für alle Folgeglieder

$$f_i = n \bmod (1 + (i + 1) \cdot d) = \beta(n, d, i),$$

was zu beweisen war. □

In Gödels Worten fällt der Beweis deutlich kompakter aus:

> Es gilt dann der
>
> Hilfssatz 1: Ist f eine beliebige Folge natürlicher Zahlen und k eine beliebige natürliche Zahl, so gibt es ein Paar von natürlichen Zahlen n, d, so daß $f^{(n,\, d)}$ und f in den ersten k Gliedern übereinstimmen.
>
> Beweis: Sei l die größte der Zahlen $k, f_0, f_1 \ldots f_{k-1}$. Man bestimme n so, daß:
>
> $$n \equiv f_i\ [\mathrm{mod}\ (1 + (i+1)\ l!)] \text{ für } i = 0, 1 \ldots k - 1$$
>
> Über formal unentscheidbare Sätze der Principia Mathematica etc. 193
>
> was möglich ist, da je zwei der Zahlen $1 + (i+1)\ l!$ $(i = 0, 1 \ldots k-1)$ relativ prim sind. Denn eine in zwei von diesen Zahlen enthaltene Primzahl müßte auch in der Differenz $(i_1 - i_2)\ l!$ und daher wegen $|i_1 - i_2| < l$ in $l!$ enthalten sein, was unmöglich ist. Das Zahlenpaar $n, l!$ leistet dann das Verlangte.

Wir wollen einen zweiten Blick auf die rechte Seite von (6.32) werfen. Dort haben wir für die Zahl l den Wert aus der Gödel'schen Originalarbeit eingesetzt und sind damit auf der sicheren Seite. In den meisten Fällen genügen auch deutlich kleinere Zahlen. Das Gesagte bleibt richtig, solange l den folgenden beiden Bedingungen genügt:

$$\begin{aligned} l &\geq k \\ 1 + (i+1) \cdot l! &> f_i \end{aligned}$$

Dies ist insbesondere dann der Fall, wenn für l das Folgende gilt:

$$\begin{aligned} l &\geq k \\ l! &\geq \max\{f_0, f_1, \ldots, f_{k-1}\} \end{aligned}$$

Wir wollen die Aussage von Satz 6.10 an einem konkreten Beispiel erproben und verschiedene Anfangsstücke der Fakultätenfolge

$$0!,\, 1!,\, 2!,\, 3!,\, 4!,\, \ldots \;=\; 1,\, 1,\, 2,\, 6,\, 24,\, \ldots$$

entwickeln. Abbildung 6.2 zeigt, welche simultanen Kongruenzen hierfür gelöst werden müssen. Als Ergebnis erhalten wir für jede Kongruenz eine natürliche Zahl n, mit der wir die Anfangsstücke rekonstruieren können. Hierzu müssen wir lediglich n und den vorher ermittelten Wert d in die Gödel'sche β-Funktion einsetzen. Die Berechnungen in Abbildung 6.3 zeigen, dass wir auf diese Weise tatsächlich die ursprünglichen Sequenzen zurückerhalten.

Um die Gödel'sche β-Funktion für unsere Zwecke nutzbar zu machen, müssen wir sie innerhalb der Peano-Arithmetik definieren. Die nachstehende Formel zeigt, dass dies problemlos möglich ist:

$$\varphi_\beta(\mathsf{y},\mathsf{n},\mathsf{d},\mathsf{i}) \;:=\; \underbrace{\varphi_{\mathrm{mod}}(\mathsf{y},\mathsf{n},\mathsf{f}\ ((\mathsf{f}\ \mathsf{i}) \times \mathsf{d}))}_{y \equiv n \bmod 1+(i+1)d} \wedge \underbrace{\varphi_{\mathrm{gr}}(\mathsf{f}\ ((\mathsf{f}\ \mathsf{i}) \times \mathsf{d}), \mathsf{y})}_{y < 1+(i+1)d} \qquad (6.33)$$

φ_{gr} und φ_{mod} sind die auf Seite 309 definierten Formeln (6.24) und (6.25).

Werden die Variablen n, d und i als die drei natürlichen Zahlen n, d und i interpretiert, so ist diese Formel genau dann wahr, wenn die vierte Variable y als die Zahl $\beta(n,d,i)$ interpretiert wird. Kurzum: Die Funktion φ_β definiert die Gödel'sche β-Funktion innerhalb der Peano-Arithmetik.

Damit sind wir am Ziel und können die auf Seite 311 entwickelte Formel

$$\exists f\ (f_0 = \mathsf{f}\ 0 \wedge \forall \mathsf{k}\ (\mathsf{k} < \mathsf{x}_1 \rightarrow f_{\mathsf{k}+1} = (\mathsf{f}\ \mathsf{k}) \times f_{\mathsf{k}}) \wedge \mathsf{x}_0 = f_{\mathsf{x}_1})$$

folgendermaßen umschreiben:

$$\begin{aligned} &\exists \mathsf{n}\ \exists \mathsf{d}\ (\varphi_\beta(\mathsf{f}\ 0, \mathsf{n}, \mathsf{d}, 0) \wedge \\ &\quad \forall \mathsf{k}\ (\varphi_{\mathrm{gr}}(\mathsf{x}_1, \mathsf{k}) \rightarrow \forall \mathsf{w}\ (\varphi_\beta(\mathsf{w}, \mathsf{n}, \mathsf{d}, \mathsf{k}) \rightarrow \varphi_\beta((\mathsf{f}\ \mathsf{k}) \times \mathsf{w}, \mathsf{n}, \mathsf{d}, \mathsf{f}\ \mathsf{k}))) \wedge \\ &\qquad \varphi_\beta(\mathsf{x}_0, \mathsf{n}, \mathsf{d}, \mathsf{x}_1)) \end{aligned}$$

Anfangsstück 1, 1

☞ $d = 2!$

$$\begin{aligned} n &\equiv 1 \mod (1 \cdot 2! + 1) \\ n &\equiv 1 \mod (2 \cdot 2! + 1) \end{aligned}$$

☞ Ergebnis: $n = 1$

Anfangsstück 1, 1, 2

☞ $d = 3!$

$$\begin{aligned} n &\equiv 1 \mod (1 \cdot 3! + 1) \\ n &\equiv 2 \mod (2 \cdot 3! + 1) \\ n &\equiv 6 \mod (3 \cdot 3! + 1) \end{aligned}$$

☞ Ergebnis: $n = 1275$

Anfangsstück 1, 1, 2, 6

☞ $d = 4!$

$$\begin{aligned} n &\equiv 1 \mod (1 \cdot 4! + 1) \\ n &\equiv 1 \mod (2 \cdot 4! + 1) \\ n &\equiv 2 \mod (3 \cdot 4! + 1) \\ n &\equiv 6 \mod (4 \cdot 4! + 1) \end{aligned}$$

☞ Ergebnis: $n = 4610901$

Anfangsstück 1, 1, 2, 6, 24

☞ $d = 5!$

$$\begin{aligned} n &\equiv 1 \mod (1 \cdot 5! + 1) \\ n &\equiv 1 \mod (2 \cdot 5! + 1) \\ n &\equiv 2 \mod (3 \cdot 5! + 1) \\ n &\equiv 6 \mod (4 \cdot 5! + 1) \\ n &\equiv 24 \mod (5 \cdot 5! + 1) \end{aligned}$$

☞ Ergebnis: $n = 2234239447342$

Abb. 6.2 Mit den berechneten Werten für d und n lassen sich die Anfangsstücke der Fakultätenfolge rekonstruieren.

Anfangsstück 1, 1

$$\begin{aligned} \beta(1, 2!, 0) &= 1 \\ \beta(1, 2!, 1) &= 1 \\ \beta(1, 2!, 2) &= 1 \\ \beta(1, 2!, 3) &= 1 \\ \beta(1, 2!, 4) &= 1 \\ \beta(1, 2!, 5) &= 1 \end{aligned}$$

Anfangsstück 1, 1, 2

$$\begin{aligned} \beta(1275, 3!, 0) &= 1 \\ \beta(1275, 3!, 1) &= 1 \\ \beta(1275, 3!, 2) &= 2 \\ \beta(1275, 3!, 3) &= 0 \\ \beta(1275, 3!, 4) &= 4 \\ \beta(1275, 3!, 5) &= 17 \end{aligned}$$

Anfangsstück 1, 1, 2, 6

$$\begin{aligned} \beta(4610901, 4!, 0) &= 1 \\ \beta(4610901, 4!, 1) &= 1 \\ \beta(4610901, 4!, 2) &= 2 \\ \beta(4610901, 4!, 3) &= 6 \\ \beta(4610901, 4!, 4) &= 75 \\ \beta(4610901, 4!, 5) &= 46 \end{aligned}$$

Anfangsstück 1, 1, 2, 6, 24

$$\begin{aligned} \beta(2234239447342, 5!, 0) &= 1 \\ \beta(2234239447342, 5!, 1) &= 1 \\ \beta(2234239447342, 5!, 2) &= 2 \\ \beta(2234239447342, 5!, 3) &= 6 \\ \beta(2234239447342, 5!, 4) &= 24 \\ \beta(2234239447342, 5!, 5) &= 497 \end{aligned}$$

Abb. 6.3 Rekonstruktion der Anfangsstücke

Diese Formel ist eine echte PA-Formel. Sie ist genau dann wahr, wenn wir ihre freien Variablen x_0 und x_1 als zwei Zahlen x_0 und x_1 mit $x_0 = x_1!$ interpretieren. Mit anderen Worten: Sie definiert die Fakultätsfunktion innerhalb der Peano-Arithmetik.

Die Tatsache, dass wir über die Gödel'sche β-Funktion die Anfangsstücke beliebiger Zahlenfolgen erzeugen können, versetzt uns in die Lage, jede primitiv-rekursive Funktion, und damit auch jede primitiv-rekursive Relation, arithmetisch zu definieren.

Gödel bringt diesen letzten Beweisschritt folgendermaßen zum Ausdruck:

> Da die Relation $x = [n]_p$ durch:
>
> $$x \equiv n \,(\mathrm{mod}\; p) \;\&\; x < p$$
>
> definiert und daher arithmetisch ist, so ist auch die folgendermaßen definierte Relation $P\,(x_0, x_1 \ldots x_n)$:
>
> $$P\,(x_0 \ldots x_n) \equiv (En, d)\; \{S\,([n]_{d+1}, x_2 \ldots x_n) \;\&\; (k)\,[k < x_1 \rightarrow T\,([n]_{1+d\,(k+2)}, k, [n]_{1+d\,(k+1)}, x_2 \ldots x_n)] \;\&\; x_0 = [n]_{1+d\,(x_1+1)}\}$$
>
> arithmetisch, welche nach (17) und Hilfssatz 1 mit: $x_0 = \varphi\,(x_1 \ldots x_n)$ äquivalent ist (es kommt bei der Folge f in (17) nur auf ihren Verlauf bis zum $x_1 + 1$-ten Glied an). Damit ist Satz VII bewiesen.

Betrachten wir Gödels Satz VII im Lichte des Hauptresultats, so können wir daraus ein atemberaubendes Ergebnis ableiten. Aus ihm folgt, dass unentscheidbare Formeln keine scheuen Wesen sind, die sich ausschließlich in den schattigen Winkeln einer praxisfremden Mathematik tummeln. Das Gegenteil ist der Fall: Wir finden sie im Herzen der Mathematik, inmitten der elementaren Zahlentheorie.

> Gemäß Satz VII gibt es zu jedem Problem der Form $(x)\,F\,(x)$ (F rekursiv) ein äquivalentes arithmetisches Problem und da der ganze Beweis von Satz VII sich (für jedes spezielle F) innerhalb des Systems P formalisieren läßt, ist diese Äquivalenz in P beweisbar. Daher gilt:

Wir wollen uns genau überlegen, was Gödel hier sagt. Mit Satz VII hat er bewiesen, dass alle primitiv-rekursiven Relationen arithmetisch sind. Ist $F(x)$ beispielsweise eine einstellige primitiv-rekursive Relation, so folgt aus Satz VII die Existenz einer arithmetischen Formel $\psi_F(\mathsf{x}_1)$, die genau dann wahr ist, wenn wir x_1 als eine Zahl x mit $x \in F$ interpretieren:

$$x \in F \;\Leftrightarrow\; \models \psi_F(\overline{x})$$

Daraus folgt

$$x \in F \text{ für alle } x \in \mathbb{N} \;\Leftrightarrow\; \models \forall \mathsf{x}_1\, \psi_F(\mathsf{x}_1) \tag{6.34}$$

Die Peano-Arithmetik ist innerhalb des Systems P formalisierbar, d. h., wir können die arithmetische Formel ψ_F in eine inhaltlich äquivalente Formel φ_F des Systems P übersetzen:

$$\models \forall \mathsf{x}_1\, \psi_F(\mathsf{x}_1) \;\Leftrightarrow\; \models \forall \mathsf{x}_1\, \varphi_F(\mathsf{x}_1)$$

Beachten Sie, dass sich das Symbol ‚$\models$' links auf die Modellrelation des formalen Systems PA und rechts auf die Modellrelation des formalen Systems P bezieht.

Zusammen mit (6.34) erhalten wir den Zusammenhang

$$x \in F \text{ für alle } x \in \mathbb{N} \;\Leftrightarrow\; \models \forall \mathsf{x}_1\, \varphi_F(\mathsf{x}_1)$$

Für F können wir z. B. die primitiv-rekursive Relation wählen, die auf Seite 296 durch die Formel mit der Gödelnummer r beschrieben wurde. Den Beweis von Satz VII für diese Relation in P nachzuvollziehen, bedeutet dann, aus den Axiomen von P das folgende Theorem abzuleiten:

$$\vdash \forall \mathsf{x}_1\, \varphi_r(\mathsf{x}_1) \leftrightarrow \forall \mathsf{x}_1\, \varphi_F(\mathsf{x}_1)$$

Auf der linken Seite steht mit $\forall \mathsf{x}_1\, \varphi_r(\mathsf{x}_1)$ jene Formel, die wir weiter oben als unentscheidbar erkannt haben; wir können weder sie selbst noch ihre Negation in P beweisen. Die Formeln $\forall \mathsf{x}_1\, \varphi_F(\mathsf{x}_1)$ und $\neg\forall \mathsf{x}_1\, \varphi_F(\mathsf{x}_1)$ können dann ebenfalls keine Theoreme sein. Das bedeutet, dass eine arithmetische Aussage existiert, die in P weder bewiesen noch widerlegt werden kann. Daher gilt

Satz VIII: In jedem der in Satz VI genannten formalen Systeme[53]) gibt es unentscheidbare arithmetische Sätze.

Dasselbe gilt (nach den Bemerkungen auf Seite 190) für das Axiomensystem der Mengenlehre und dessen Erweiterungen durch ω-widerspruchsfreie rekursive Klassen von Axiomen.

[53]) Das sind diejenigen ω-widerspruchsfreien Systeme, welche aus P durch Hinzufügung einer rekursiv definierbaren Klasse von Axiomen entstehen.

In einer etwas anderen Formulierung lautet der Satz so:

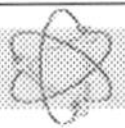

Satz 6.13 (Erster Unvollständigkeitssatz, Gödel 1931)

Jedes ω-widerspruchsfreie formale System, das stark genug ist, um die Peano-Arithmetik zu formalisieren, ist negationsunvollständig.

Gödel war es in seiner Originalarbeit nicht gelungen, die Voraussetzung der ω-Widerspruchsfreiheit durch die Widerspruchsfreiheit zu ersetzen. Dass Satz VIII unter dieser schwächeren Annahme richtig bleibt, wurde erst 1936, rund fünf Jahre nach der Publikation der Unvollständigkeitssätze, durch John Barkley Rosser bewiesen. Der US-amerikanische Mathematiker modifizierte die Gödel'sche Formel $\varphi_r(\mathsf{x}_1)$ so trickreich, dass er die Voraussetzung abschwächen konnte, ohne die Gödel'sche Beweislinie im Kern zu verlassen [80, 87]. In der Literatur wird der Austausch von Gödels Formel durch eine andere als *Rossers Trick* bezeichnet.

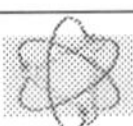

Satz 6.14 (Erster Unvollständigkeitssatz, Rosser 1936)

Jedes widerspruchsfreie formale System, das stark genug ist, um die Peano-Arithmetik zu formalisieren, ist negationsunvollständig.

Dies ist die Formulierung des ersten Gödel'schen Unvollständigkeitssatzes, wie sie in den meisten Lehrbüchern nachgeschlagen werden kann. Um Rossers Beitrag zu würdigen, wird Satz 6.14 von manchen Autoren, etwas ausführlicher, als das *Gödel-Rosser-Theorem* bezeichnet.

6.2.2 Folgen für den engeren Funktionenkalkül

Als Nächstes wird Gödel einen Satz über den *engeren Funktionenkalkül* beweisen. Dieser Begriff wurde durch die Hilbert'sche Schule geprägt und über 30 Jahre lang in dem bekannten Lehrbuch *Grundzüge der theoretischen Logik* von Hilbert und Ackermann verwendet [46]. Erst in der Ausgabe von 1959 hat Ackermann den Begriff ersetzt und spricht dort von einem *Prädikatenkalkül*. Im Wesentlichen handelt es sich dabei um das, was wir heute als die *Prädikatenlogik erster Stufe*, kurz PL1, bezeichnen. Diese haben wir bereits mehrfach am Rande erwähnt, aber noch nicht formal eingeführt. Um Gödels Worten weiterhin folgen zu können, wollen wir das Versäumte an dieser Stelle nachholen.

Syntax der Prädikatenlogik erster Stufe

Die Syntaxdefinition erfolgt in drei Schritten. Zunächst führen wir den Begriff der *prädikatenlogischen Signatur* ein. Darauf aufbauend definieren wir den Begriff des *prädikatenlogischen Terms* und erweitern diesen anschließend zum Begriff der *prädikatenlogischen Formel*.

Definition 6.4 (Prädikatenlogische Signatur)

Eine prädikatenlogische Signatur Σ ist ein Tripel $(V_\Sigma, F_\Sigma, P_\Sigma)$ mit

- einer Menge V_Σ von *Variablen*, z. B. $\{\mathsf{x}, \mathsf{y}, \mathsf{z}, \ldots\}$,
- einer Menge F_Σ von *Funktionssymbolen*, z. B. $\{\mathsf{f}, \mathsf{g}, \mathsf{h}, \ldots\}$,
- einer Menge P_Σ von *Prädikaten*, z. B. $\{\mathsf{P}, \mathsf{Q}, \mathsf{R}, \ldots\}$.

Jede Funktion und jedes Prädikat besitzt eine feste Stelligkeit ≥ 0.

Eine prädikatenlogische Signatur stellt uns die elementaren Symbole zur Verfügung, aus denen wir prädikatenlogische Terme konstruieren können. Die nächste Definition klärt, wie diese aufgebaut sind:

Definition 6.5 (Prädikatenlogischer Term)

Sei $\Sigma = (V_\Sigma, F_\Sigma, P_\Sigma)$ eine prädikatenlogische Signatur. Die Menge der *prädikatenlogischen Terme* ist folgendermaßen definiert:

- Jede Variable $\xi \in V_\Sigma$ ist ein Term.
- Jedes 0-stellige Funktionssymbol $f \in F_\Sigma$ ist ein Term.
- Sind $\sigma_1, \ldots, \sigma_n$ Terme und ist $f \in F_\Sigma$ ein n-stelliges Funktionssymbol, so ist $f(\sigma_1, \ldots, \sigma_n)$ ein Term.

Mit den beiden Variablen x und y und dem zweistelligen Funktionssymbol f lassen sich unter Anderem die folgenden Terme bilden:

$$\begin{gathered}\mathsf{x}, \mathsf{y},\\ \mathsf{f}(\mathsf{x}, \mathsf{x}), \mathsf{f}(\mathsf{x}, \mathsf{y}),\\ \mathsf{f}(\mathsf{f}(\mathsf{x}, \mathsf{y}), \mathsf{x}),\\ \mathsf{f}(\mathsf{x}, \mathsf{f}(\mathsf{x}, \mathsf{y})),\\ \mathsf{f}(\mathsf{f}(\mathsf{x}, \mathsf{x}), \mathsf{f}(\mathsf{x}, \mathsf{y})), \ldots\end{gathered}$$

Terme sind die Grundbausteine, die sich nach den folgenden Regeln zu *prädikatenlogischen Formeln* kombinieren lassen:

Definition 6.6 (Syntax der Prädikatenlogik erster Stufe)

ξ sei eine Variable, und $\sigma_1, \ldots, \sigma_n$ seien Terme. Die Menge der *atomaren prädikatenlogischen Formeln* ist folgendermaßen festgelegt:

- Ist P ein n-stelliges Prädikat, so ist $P(\sigma_1, \ldots, \sigma_n)$ eine atomare Formel.

  In der *Prädikatenlogik mit Gleichheit* gilt zusätzlich:

  - $(\sigma_1 \doteq \sigma_2)$ ist eine atomare Formel.

Die *prädikatenlogischen Formeln* sind induktiv definiert:

- 0, 1 und jede atomare Formel sind Formeln.
- Sind φ, ψ Formeln, dann sind es auch $\neg(\varphi)$, $(\varphi) \vee (\psi)$, $\forall \xi\ (\varphi)$

Die Konstrukte ‚$\exists$', ‚$\wedge$', ‚$\rightarrow$' und ‚$\leftrightarrow$' spielen in der Prädikatenlogik die gleiche Rolle wie in P oder PA. Wir benutzen sie als syntaktische Abkürzungen, um die Niederschrift von Formeln zu erleichtern.

Genau wie in den formalen Systemen, die wir schon kennen, müssen in prädikatenlogischen Formeln nicht alle Variablen im Wirkungsbereich eines Quantors stehen. Zum Beispiel kommt die Variable x in P(x) *frei* oder *ungebunden*, in $\forall$x P(x) dagegen *gebunden* vor. Auch hier werden Formeln, die keine freien Variablen enthalten, als *geschlossen* und alle anderen als *offen* bezeichnet.

Semantik der Prädikatenlogik erster Stufe

Die Semantik der Prädikatenlogik legen wir, wie gewohnt, über die *Modellrelation* ‚$\models$' fest. Um diese präzise definieren zu können, müssen wir zunächst den Begriff der Interpretation auf prädikatenlogische Formeln übertragen.

Definition 6.7 (Prädikatenlogische Interpretation)

Sei $\Sigma = (V_\Sigma, F_\Sigma, P_\Sigma)$ eine prädikatenlogische Signatur. Eine *Interpretation* über Σ ist ein Tupel (U, I) mit den folgenden Eigenschaften:

- U ist eine nichtleere Menge.
- I ist eine Abbildung, die
  - jedem Variablensymbol $\xi \in V_\Sigma$ ein Element $I(\xi) \in U$,
  - jedem Funktionssymbol $f \in F_\Sigma$ eine Funktion $I(f) : U^n \rightarrow U$ und
  - jedem Prädikatsymbol $P \in P_\Sigma$ eine Relation $I(P) \subseteq U^n$ zuordnet.

Hierin ist n die in Σ vorgegebene Stelligkeit von f bzw. P.

In der Literatur wird die Menge U uneinheitlich benannt. Manche Autoren bezeichnen sie als *Individuenmenge*, andere als *Grundbereich* und wiederum andere als *Universum*.

Die Zuordnung von Variablen zu den Elementen von U spielt nur für offene Formeln eine Rolle. Sie sorgt dafür, dass alle freien Variablen mit einem Individuenelement belegt werden.

Beachten Sie, dass die hier getätigte Festlegung auch 0-stellige Funktions- und Prädikatsymbole einschließt. Ein 0-stelliges Funktionssymbol repräsentiert formal eine Funktion $U^0 \to U$ und ist damit nichts anderes als eine *Konstante*. 0-stellige Prädikatsymbole stehen für Relationen über der Menge U^0. Sie sind atomare Aussagen, die entweder wahr oder falsch sind, und werden aus diesem Grund auch als *aussagenlogische Variablen* bezeichnet.

Die Abbildung I, die jedem Funktionssymbol f eine Funktion $I(f)$ zuordnet, lässt sich in naheliegender Weise auf komplexe Terme übertragen. Hierzu wird I ganz einfach nach dem folgenden induktiven Schema erweitert:

$$I(f(\sigma_1, \ldots, \sigma_n)) \;:=\; I(f)(I(\sigma_1), \ldots, I(\sigma_n))$$

Mit dieser Vereinbarung in Händen können wir die Semantik der Prädikatenlogik erster Stufe so aufschreiben:

Definition 6.8 (Semantik der Prädikatenlogik erster Stufe)

φ und ψ seien prädikatenlogische Formeln und (U, I) eine Interpretation. Die Semantik der Prädikatenlogik ist durch die *Modellrelation* ‚$\models$' gegeben, die induktiv über den Formelaufbau definiert ist:

$$\begin{aligned}
(U,I) &\models 1 \\
(U,I) &\not\models 0 \\
(U,I) \models P(\sigma_1,\ldots,\sigma_n) &:\Leftrightarrow (I(\sigma_1),\ldots,I(\sigma_n)) \in I(P) \\
(U,I) \models (\sigma_1 \doteq \sigma_2) &:\Leftrightarrow I(\sigma_1) = I(\sigma_2) \\
(U,I) \models \neg(\varphi) &:\Leftrightarrow (U,I) \not\models \varphi \\
(U,I) \models (\varphi) \vee (\psi) &:\Leftrightarrow (U,I) \models \varphi \text{ oder } (U,I) \models \psi \\
(U,I) \models \forall \xi\, (\varphi) &:\Leftrightarrow \text{Für alle } u \in U \text{ ist } (U, I_{[\xi/u]}) \models \varphi
\end{aligned}$$

Eine Interpretation (U, I) mit $(U, I) \models \varphi$ heißt *Modell* für φ.

Die Schreibweise $I_{[\xi/u]}$ haben wir bereits auf Seite 158 in Definition 4.6 verwendet. Ist (U, I) eine prädikatenlogische Interpretation, so ist mit $(U, I_{[\xi/u]})$ jene Interpretation gemeint, die der Variablen ξ das Individuenelement u zuordnet und sonst mit (U, I) identisch ist.

$$\forall \mathsf{x}\,\exists \mathsf{y}\,\mathsf{P}(\mathsf{f}(\mathsf{x},\mathsf{y}))$$
$$(V_\Sigma = \{\mathsf{x},\mathsf{y}\}, F_\Sigma = \{\mathsf{f}\}, P_\Sigma = \{\mathsf{P}\})$$

Erste Interpretation (U, I)	Zweite Interpretation (U', I')
$U := \mathbb{Z}$	$U' := \mathbb{N}$
$I(\mathsf{f}) := (x,y) \mapsto x+y$	$I'(\mathsf{f}) := (x,y) \mapsto x+y$
$I(\mathsf{P}) := \{0\}$	$I'(\mathsf{P}) := \{0\}$
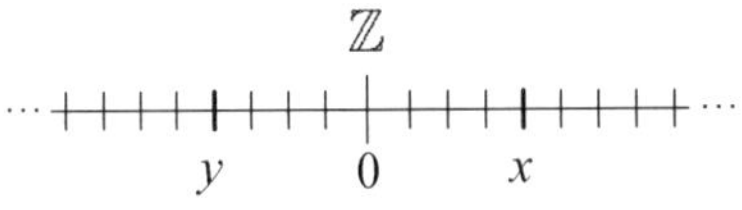 $\mathbb{Z}$: y 0 x	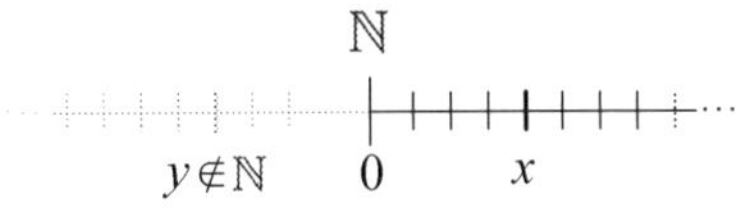 $\mathbb{N}$: $y \notin \mathbb{N}$ 0 x
„Für alle x existiert ein y mit $x+y=0$" ist in $\mathbb{Z}$ eine wahre Aussage.	*„Für alle x existiert ein y mit $x+y=0$"* ist in $\mathbb{N}$ eine falsche Aussage.
$(U,I) \models \forall \mathsf{x}\,\exists \mathsf{y}\,\mathsf{P}(\mathsf{f}(\mathsf{x},\mathsf{y}))$	$(U',I') \not\models \forall \mathsf{x}\,\exists \mathsf{y}\,\mathsf{P}(\mathsf{f}(\mathsf{x},\mathsf{y}))$

Abb. 6.4 Zwei Interpretationen für die Formel $\forall \mathsf{x}\,\exists \mathsf{y}\,\mathsf{P}(\mathsf{f}(\mathsf{x},\mathsf{y}))$

Es ist ein bedeutendes Merkmal der Prädikatenlogik, dass der Grundbereich einer Interpretation nicht auf die natürlichen Zahlen festgelegt ist, wie es in P oder PA der Fall war. Die Bandbreite an Interpretationen, die wir in Betracht ziehen müssen, wird hierdurch viel größer, und das hat einschneidende Konsequenzen. Anders als in P oder PA können wir für eine geschlossene Formel nicht mehr in jedem Fall behaupten, dass sie inhaltlich wahr oder falsch ist. Als Beispiel betrachten wir die geschlossene Formel

$$\forall \mathsf{x}\,\exists \mathsf{y}\,\mathsf{P}(\mathsf{f}(\mathsf{x},\mathsf{y}))$$

und die zwei Interpretationen in Abbildung 6.4. Beide assoziieren das Funktionszeichen f mit der gewöhnlichen Addition und das Prädikatsymbol P mit der Menge $\{0\}$, d. h., $\mathsf{P}(\mathsf{x})$ ist genau dann wahr, wenn die Variable x als die Zahl 0 interpretiert wird. Damit steht unsere Beispielformel für die folgende inhaltliche Aussage:

„Für alle x existiert ein y mit $x+y=0$."

Aufgrund der unterschiedlich gewählten Individuenmengen ist die Formel unter der ersten Interpretation wahr, unter der zweiten Interpretation dagegen falsch.

Die folgenden Begriffe tragen diesem speziellen Umstand Rechnung:

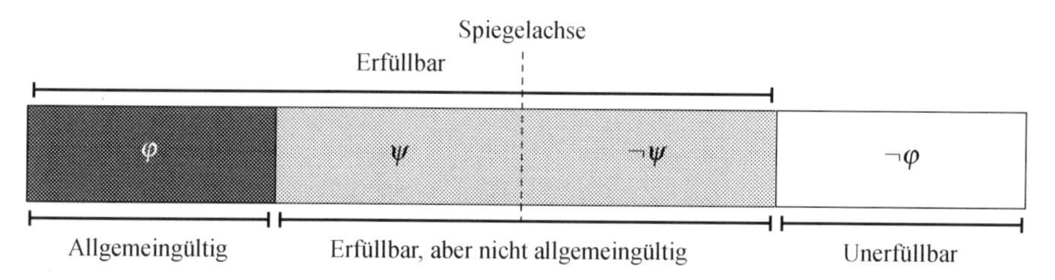

Abb. 6.5 Erfüllbare, unerfüllbare und allgemeingültige Formeln.

Definition 6.9 (Erfüllbar, unerfüllbar, allgemeingültig)

Eine Formel φ heißt

- *erfüllbar*, falls mindestens eine Interpretation ein Modell von φ ist
  ☞ es gibt ein (U, I) mit $(U, I) \models \varphi$
- *unerfüllbar*, falls sie nicht erfüllbar ist
  ☞ für kein (U, I) ist $(U, I) \models \varphi$
- *allgemeingültig*, falls jede Interpretation ein Modell von φ ist
  ☞ für alle (U, I) ist $(U, I) \models \varphi$

Abbildung 6.5 veranschaulicht das Zusammenspiel zwischen erfüllbaren, unerfüllbaren und allgemeingültigen Formeln auf grafische Weise.

Die Prädikatenlogik erster Stufe besitzt die faszinierende Eigenschaft, dass wir für sie korrekte und zugleich vollständige formale Systeme angeben können, wenn wir diese Begriffe auf die allgemeingültigen Formeln beziehen. Ein formales System, das dies leistet, kennen wir schon; es war bereits auf Seite 96 in Abbildung 2.1 zu sehen. Dass sich in diesem System tatsächlich alle allgemeingültigen Formeln ableiten lassen, ist der Inhalt des *Gödel'schen Vollständigkeitssatzes*, den Gödel in seiner 1929 erschienenen Dissertation bewiesen und 1930 in einer überarbeiteten Form in den *Monatsheften für Mathematik* veröffentlicht hat [31] (Abbildung 6.6).

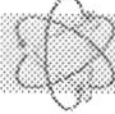

Satz 6.15 (Gödel'scher Vollständigkeitssatz, 1929)

In der Prädikatenlogik erster Stufe gilt:

$$\varphi \text{ ist allgemeingültig} \Rightarrow \varphi \text{ ist beweisbar}$$

Mit diesem Wissen im Gepäck können wir zur Originalarbeit zurückkehren und uns abermals an Gödels Fersen heften:

Die Vollständigkeit der Axiome des logischen Funktionenkalküls[1].

Von **Kurt Gödel** in Wien.

Whitehead und Russell haben bekanntlich die Logik und Mathematik so aufgebaut, daß sie gewisse evidente Sätze als Axiome an die Spitze stellten und aus diesen nach einigen genau formulierten Schlußprinzipien auf rein formalem Wege (d. h. ohne weiter von der Bedeutung der Symbole Gebrauch zu machen) die Sätze der Logik und Mathematik deduzierten. Bei einem solchen Vorgehen erhebt sich natürlich sofort die Frage, ob das an die Spitze gestellte System von Axiomen und Schlußprinzipien vollständig ist, d. h. wirklich dazu ausreicht, jeden logisch-mathematischen Satz zu deduzieren, oder ob vielleicht wahre (und nach anderen Prinzipien ev. auch beweisbare) Sätze denkbar sind, welche in dem betreffenden System nicht abgeleitet werden können. Für den Bereich der logischen Aussageformeln ist diese Frage in positivem Sinn entschieden, d. h. man hat gezeigt[2]), daß tatsächlich jede richtige Aussageformel aus den in den Principia Mathematica angegebenen Axiomen folgt. Hier soll dasselbe für einen weiteren Bereich von Formeln, nämlich für die des „engeren Funktionenkalküls“[3]), geschehen, d. h. es soll gezeigt werden:

Satz I: **Jede allgemeingültige[4]) Formel des engeren Funktionenkalküls ist beweisbar.**

Dabei legen wir folgendes Axiomensystem[5]) zugrunde:

Undefinierte Grundbegriffe: $\vee$, $\overline{}$, (x). [Daraus lassen sich in bekannter Weise $\&$, $\rightarrow$, $\sim$, (Ex) definieren.]

Abb. 6.6 Der Gödel'sche Vollständigkeitssatz attestiert die Vollständigkeit des Axiomensystems in Tabelle 2.1 (Seite 96). Aus ihm folgt, dass sich alle allgemeingültigen Formeln der Prädikatenlogik erster Stufe aus den Axiomen herleiten lassen.

Wir leiten schließlich noch folgendes Resultat her:

Satz IX: In allen in Satz VI genannten formalen Systemen[53]) gibt es unentscheidbare Probleme des engeren Funktionenkalküls[54]) (d. h. Formeln des engeren Funktionenkalküls, für die weder Allgemeingültigkeit noch Existenz eines Gegenbeispiels beweisbar ist)[55]).

---

[53]) Das sind diejenigen ω-widerspruchsfreien Systeme, welche aus P durch Hinzufügung einer rekursiv definierbaren Klasse von Axiomen entstehen.

[54]) Vgl. Hilbert-Ackermann, Grundzüge der theoretischen Logik. Im System P sind unter Formeln des engeren Funktionenkalküls diejenigen zu verstehen, welche aus den Formeln des engeren Funktionenkalküls der PM durch die auf S. 176 angedeutete Ersetzung der Relationen durch Klassen höheren Typs entstehen.

[55]) In meiner Arbeit: Die Vollständigkeit der Axiome des logischen Funktionenkalküls, Monatsh. f. Math. u. Phys. XXXVII, 2, habe ich gezeigt, daß jede Formel des engeren Funktionenkalküls entweder als allgemeingültig nachweisbar ist oder ein Gegenbeispiel existiert; die Existenz dieses Gegenbeispiels ist aber nach Satz IX nicht immer nachweisbar (in den angeführten formalen Systemen).

Wir wollen Schritt für Schritt analysieren, was hier gesagt wird. Gödel macht eine Aussage über die formalen Systeme, für die Satz VI gilt, und wir nehmen der Einfachheit halber an, er meint das System P. Dann sagt er, dass es unmöglich ist, die Allgemeingültigkeit prädikatenlogischer Formeln innerhalb von P zu entscheiden.

Die Allgemeingültigkeit innerhalb von P zu entscheiden, ist überhaupt nur dann möglich, wenn wir innerhalb von P über die Allgemeingültigkeit einer prädikatenlogischen Formel sprechen können. Wir nehmen also an, dass in P für jede prädikatenlogische Formel φ eine Formel All_φ existiert, die deren Allgemeingültigkeit behauptet.

Die Allgemeingültigkeit prädikatenlogischer Formeln innerhalb von P zu entscheiden, würde dann bedeuten, dass wir für jede vorgelegte PL1-Formel φ entweder All_φ oder $\neg\text{All}_\varphi$ herleiten könnten, je nachdem, ob φ allgemeingültig ist oder nicht. Der gleiche Sachverhalt in Kürze:

$$\varphi \text{ ist eine allgemeingültige PL1-Formel} \Rightarrow\ \vdash\ \text{All}_\varphi \tag{6.35}$$

$$\varphi \text{ ist keine allgemeingültige PL1-Formel} \Rightarrow\ \vdash \neg\text{All}_\varphi \tag{6.36}$$

Wir könnten also für jede PL1-Formel innerhalb von P beweisen, dass sie allgemeingültig ist oder dass sie es nicht ist. Gödels Satz IX besagt, dass genau dies nicht möglich ist: Es gibt mindestens eine Formel φ, für die (6.35) und (6.36) nicht gilt.

Ist dies kein Widerspruch zu Gödels Vollständigkeitssatz? Dieser besagt, dass jede allgemeingültige PL1-Formel φ aus den Axiomen der PL1 hergeleitet werden kann. Diesen Beweis könnten wir innerhalb von P nachvollziehen und hätten als Ergebnis die Formel All_φ in Händen. Aus dem Vollständigkeitssatz folgt also tatsächlich die Folgerungsbeziehung (6.35). Dass wir dennoch keinen Widerspruch erhalten, hat einen einfachen Grund: Der Gödel'sche Vollständigkeitssatz garantiert nicht, dass sich die Nicht-Allgemeingültigkeit beweisen lässt, und damit bleibt (6.36) von ihm völlig unberührt.

Bevor wir fortfahren, wollen wir (6.35) und (6.36) noch geringfügig umschreiben. Aus Definition 6.9 folgt, dass eine PL1-Formel φ genau dann allgemeingültig ist, wenn $\neg\varphi$ unerfüllbar ist. Damit können wir (6.35) und (6.36) auch so ausdrücken:

$$\varphi \text{ ist eine allgemeingültige PL1-Formel} \Rightarrow\ \vdash \neg\text{Erf}_{\neg\varphi}$$

$$\varphi \text{ ist keine allgemeingültige PL1-Formel} \Rightarrow\ \vdash \text{Erf}_{\neg\varphi}$$

Oder, was Dasselbe ist:

$$\neg\varphi \text{ ist eine allgemeingültige PL1-Formel} \Rightarrow\ \vdash \neg\text{Erf}_\varphi \tag{6.37}$$

$$\neg\varphi \text{ ist keine allgemeingültige PL1-Formel} \Rightarrow\ \vdash \text{Erf}_\varphi \tag{6.38}$$

Hierin ist Erf_φ die Abkürzung für $\neg\text{All}_{\neg\varphi}$.

Zuallererst wird Gödel zeigen, dass sich die Frage, ob eine primitiv-rekursive Relation $F(x)$ auf alle natürlichen Zahlen x zutrifft, in ein äquivalentes Erfüllbarkeitsproblem der PL1 umwandeln lässt. Dies ist der Inhalt von Satz X:

194 Kurt Gödel,

Dies beruht auf:

Satz X: Jedes Problem der Form $(x)\,F(x)$ (F rekursiv) läßt sich zurückführen auf die Frage nach der Erfüllbarkeit einer Formel des engeren Funktionenkalküls (d. h. zu jedem rekursiven F kann man eine Formel des engeren Funktionenkalküls angeben, deren Erfüllbarkeit mit der Richtigkeit von $(x)\,F(x)$ äquivalent ist).

$(x)\,F(x)$ ist die Kurzschreibweise für die mathematische Aussage

$$x \in F \text{ für alle } x \in \mathbb{N}$$

Hierin ist $F \subseteq \mathbb{N}$ eine beliebige einstellige primitiv-rekursive Relation über den natürlichen Zahlen. Damit können wir Satz X so aufschreiben:

Satz 6.16 (Gödels Satz X)

Für jede primitiv-rekursive Relation $F \subseteq \mathbb{N}$ existiert eine PL1-Formel φ mit der Eigenschaft:

$$x \in F \text{ für alle } x \in \mathbb{N} \;\Leftrightarrow\; \varphi \text{ ist erfüllbar}$$

Dem Beweis von Satz X setzt Gödel eine Passage voran, in der er den engeren Funktionenkalkül in wenigen Worten definiert:

Zum engeren Funktionenkalkül (e. F.) rechnen wir diejenigen Formeln, welche sich aus den Grundzeichen: $\overline{}$, $\vee$, (x), $=$; $x, y \ldots$ (Individuenvariable) $F(x)$, $G(x\,y)$, $H(x, y, z) \ldots$ (Eigenschafts- und Relationsvariable) aufbauen [56]), wobei (x) und $=$ sich nur auf Individuen beziehen dürfen. Wir fügen zu diesen Zeichen noch eine

[56]) D. Hilbert und W. Ackermann rechnen in dem eben zitierten Buch das Zeichen $=$ nicht zum engeren Funktionenkalkül. Es gibt aber zu jeder Formel, in der das Zeichen $=$ vorkommt, eine solche ohne dieses Zeichen, die mit der ursprünglichen gleichzeitig erfüllbar ist (vgl. die in Fußnote [55]) zitierte Arbeit).

Jetzt ist klar, was Gödel unter dem engeren Funktionenkalkül genau versteht. Er ist eine Variante der Prädikatenlogik erster Stufe mit Gleichheit, in der die Verwendung von Funktionssymbolen untersagt ist.

In Fußnote 56 weist er darauf hin, dass es für unsere Zwecke unerheblich ist, ob wir das Gleichheitszeichen zulassen oder verbieten. Dies liegt daran, dass wir lediglich an der Erfüllbarkeit der nachfolgend konstruierten Formeln interessiert sind und wir in diesem Fall auf ein bekanntes Ergebnis der Prädikatenlogik zurückgreifen können. Dieses besagt, dass für jede PL1-Formel φ, die das Gleichheitszeichen enthält, eine *erfüllbarkeitsäquivalente* Formel ψ existiert, die ohne das Gleichheitszeichen auskommt.

Die Erfüllbarkeitsäquivalenz bedeutet konkret das Folgende:

$$\varphi \text{ ist erfüllbar } \Leftrightarrow \psi \text{ ist erfüllbar} \tag{6.39}$$

Beachten Sie, dass φ und ψ nicht äquivalent sein müssen, um (6.39) zu erfüllen. Die Erfüllbarkeitsäquivalenz besagt lediglich, dass aus der Existenz eines Modells von φ die Existenz eines Modells von ψ folgt und umgekehrt. Die Modelle der beiden Formeln können aber durchaus verschieden sein.

Die Prädikatenlogik erster Stufe mit Gleichheit, wie wir sie definiert haben, nennt Gödel den *engeren Funktionenkalkül im weiteren Sinne* (e. F. i. w. S.):

viduen beziehen dürfen. Wir fügen zu diesen Zeichen noch eine dritte Art von Variablen $\varphi(x)$, $\psi(x\,y)$, $\chi(x\,y\,z)$ etc. hinzu, die Gegenstandsfunktionen vertreten (d. h. $\varphi(x)$, $\psi(x\,y)$ etc. bezeichnen eindeutige Funktionen, deren Argumente und Werte Individuen sind[57]). Eine Formel, die außer den zuerst angeführten Zeichen des e. F. noch Variable dritter Art ($\varphi(x)$, $\psi(x\,y)$ ... etc.) enthält, soll eine Formel im weiteren Sinne (i. w. S.) heißen[58]). Die Begriffe „erfüllbar", „allgemeingültig" übertragen sich ohneweiters auf Formeln i. w. S. und es gilt der Satz, daß man zu jeder Formel i. w. S. A eine

[57]) Und zwar soll der Definitionsbereich immer der ganze Individuenbereich sein.

[58]) Variable dritter Art dürfen dabei an allen Leerstellen für Individuenvariable stehen, z. B.: $y = \varphi(x)$, $F(x, \varphi(y))$, $G[\psi(x, \varphi(y)), x]$ usw.

Gödel wird nun zeigen, dass wir jede Formel der PL1 mit Gleichheit, die Funktionssymbole enthält, auf eine erfüllbarkeitsäquivalente Formel abbilden können, die ohne diese Symbole auskommt.

i. w. S. und es gilt der Satz, daß man zu jeder Formel i. w. S. A eine gewöhnliche Formel des e. F. B angeben kann, so daß die Erfüllbarkeit von A mit der von B äquivalent ist. B erhält man aus A, indem man

Die Elimination der Funktionssymbole gelingt, indem wir eine n-stellige Funktion f als eine $(n+1)$-stellige Relation F interpretieren, in der das linke Argument die Rolle des Funktionswerts übernimmt. Damit die Relation F tatsächlich als eine Funktion aufgefasst werden darf, muss sie zwei Forderungen genügen:

- Für jede Kombination $x_1, \ldots, x_n$ existiert ein y mit $F(y, x_1, \ldots, x_n)$.
- Für jede Kombination $x_1, \ldots, x_n$ ist das Element y eindeutig bestimmt.

Innerhalb der Prädikatenlogik mit Gleichheit können wir diese Eigenschaften problemlos formulieren. Für einstellige Funktionen erfüllt z. B. die folgende Formel diesen Zweck:

$$\forall \mathsf{x}\, \exists \mathsf{y}\, (\mathsf{F}(\mathsf{y},\mathsf{x}) \wedge \forall \mathsf{z}\, (\mathsf{F}(\mathsf{z},\mathsf{x}) \rightarrow \mathsf{y} = \mathsf{z}))$$

Jetzt können wir eine Formel wie

$$\exists \mathsf{x}\, (\mathsf{P}(\mathsf{f}(\mathsf{x})) \vee \mathsf{P}(\mathsf{g}(\mathsf{g}(\mathsf{x})))) \tag{6.40}$$

auf direktem Weg in eine Formel übersetzen, die ohne Funktionssymbole auskommt. Diese Formel lautet so:

$\forall \mathsf{x}\, \exists \mathsf{y}\, (\mathsf{F}(\mathsf{y},\mathsf{x}) \wedge \forall \mathsf{z}\, (\mathsf{F}(\mathsf{z},\mathsf{x}) \rightarrow \mathsf{y} = \mathsf{z}))$	☞ F ist eine Funktion
$\wedge\, \forall \mathsf{x}\, \exists \mathsf{y}\, (\mathsf{G}(\mathsf{y},\mathsf{x}) \wedge \forall \mathsf{z}\, (\mathsf{G}(\mathsf{z},\mathsf{x}) \rightarrow \mathsf{y} = \mathsf{z}))$	☞ G ist eine Funktion
$\wedge\, \mathsf{F}(\mathsf{u},\mathsf{x})$	☞ $u = f(x)$
$\wedge\, \mathsf{G}(\mathsf{v},\mathsf{x})$	☞ $v = g(x)$
$\wedge\, \mathsf{G}(\mathsf{w},\mathsf{v})$	☞ $w = g(g(x))$
$\wedge\, \exists \mathsf{x}\, (\mathsf{P}(\mathsf{u}) \vee \mathsf{P}(\mathsf{w}))$	☞ Formel (6.40)

Die hier konstruierte Formel ist zu (6.40) erfüllbarkeitsäquivalent, da sich aus jedem Modell der einen Formel ein Modell der anderen ergibt. Äquivalent sind die beiden nicht. Da sie andere Grundzeichen benutzen, sind ihre Modelle schon deshalb verschieden.

Gödel beschreibt die Transformation weniger ausführlich. Er verweist im Wesentlichen auf §14 des ersten Bands der *Principia Mathematica*, in dem eine ähnliche Umwandlung besprochen wird. Dort stammt auch das Zeichen ‚$\imath$' her, das Russell für die Definition *„beschreibender Funktionen"* verwendet. Aus der heutigen Sicht sind weder der Begriff noch das Symbol relevant.

von A mit der von B äquivalent ist. B erhält man aus A, indem man die in A vorkommenden Variablen dritter Art $\varphi(x)$, $\psi(x\,y)$ .. durch Ausdrücke der Form: $(\imath z)\,F(z\,x)$, $(\imath z)\,G(z, x\,y)$ ... ersetzt, die „beschreibenden“ Funktionen im Sinne der PM. I * 14 auflöst und die so erhaltene Formel mit einem Ausdruck logisch multipliziert[59]), der besagt, daß sämtliche an Stelle der φ, ψ .. gesetzte F, G .. hinsichtlich der ersten Leerstelle genau eindeutig sind.

[59]) D. h. die Konjunktion bildet.

Insgesamt haben unsere Überlegungen zu dem folgenden Ergebnis geführt: Sind wir lediglich an der Erfüllbarkeit von Formeln interessiert, so spielt es keine Rolle, ob wir das Gleichheitszeichen in prädikatenlogischen Formeln erlauben oder die Verwendung von Funktionssymbolen zulassen. Zu jeder prädikatenlogischen Formel können wir eine erfüllbarkeitsäquivalente Formel konstruieren, in der weder das Gleichheitszeichen noch irgendein Funktionssymbol vorkommt.

Jetzt wird es spannend; wir nähern uns dem Beweis von Satz X:

Wir zeigen nun, daß es zu jedem Problem der Form $(x)\,F(x)$ (F rekursiv) ein äquivalentes betreffend die Erfüllbarkeit einer Formel i. W. S. gibt, woraus nach der eben gemachten Bemerkung Satz X folgt.

Gödel wird nun zeigen, dass zu jeder primitiv-rekursiven Relation F eine PL1-Formel φ_F mit der folgenden Eigenschaft existiert:

$$x \in F \text{ für alle } x \in \mathbb{N} \;\Leftrightarrow\; \varphi_F \text{ ist erfüllbar} \tag{6.41}$$

Für den Beweis dieser Aussage blättern wir kurz auf Seite 220 zurück. Dort haben wir in Definition 5.3 festgelegt, dass die Relation F genau dann primitiv-rekursiv ist, wenn eine primitiv-rekursive Funktion – hier nennen wir sie ϕ – mit der folgenden Eigenschaft existiert:

$$x \in F \;\Leftrightarrow\; \phi(x) = 0 \tag{6.42}$$

Damit können wir (6.41) folgendermaßen umformulieren:

$$\phi(x) = 0 \text{ für alle } x \in \mathbb{N} \;\Leftrightarrow\; \varphi_F \text{ ist erfüllbar} \tag{6.43}$$

Die Funktion ϕ ist genau dann primitiv-rekursiv, wenn eine Formelreihe

$$\phi_1, \phi_2, \ldots, \underbrace{\phi_n}_{\phi_n = \phi}$$

existiert, die entsprechend den Bildungsschemata (PR1) bis (PR5) aus Definition 5.2 aufgebaut ist, und die letzte Formel mit ϕ identisch ist. Gödel argumentiert ganz genauso:

> Da F rekursiv ist, gibt es eine rekursive Funktion $\phi(x)$, so daß $F(x) \backsim [\phi(x) = 0]$, und für ϕ gibt es eine Reihe von Funktionen $\phi_1, \phi_2 \ldots \phi_n$, so daß: $\phi_n = \phi$, $\phi_1(x) = x + 1$ und für jedes

Gödel geht davon aus, dass jede Reihe mit der Nachfolgerfunktion

$$\phi_1(x) = x + 1 \tag{6.44}$$

beginnt. Seine Forderung stellt uns vor keinerlei Probleme; wir können (6.44) jeder Formelkette voranstellen, ohne die definierte Funktion zu verändern. In unserem Beispiel auf Seite 218 war die Nachfolgerfunktion ohnehin die erste Funktion, so dass diese Reihe Gödels Forderung ohne Änderung erfüllt. Wir erinnern uns an das Anfangsstück:

$$f_1(x) := s(x) \qquad \text{(PR2)} \quad ☞ f_1(x) = x + 1$$

$$f_2(x_1, x_2, x_3) := \pi_2^3(x_1, x_2, x_3) \qquad \text{(PR3)} \quad ☞ f_2(x_1, x_2, x_3) = x_2$$

$$f_3(x_1, x_2, x_3) := f_1(f_2(x_1, x_2, x_3)) \qquad \text{(PR4)} \quad ☞ f_3(x_1, x_2, x_3) = x_2 + 1$$

$$f_4(x) := \pi_1^1(x) \qquad \text{(PR3)} \quad ☞ f_4(x) = x$$

$$\begin{aligned} f_5(0, x) &:= f_4(x) \\ f_5(k + 1, x) &:= f_3(k, f_5(k, x), x) \end{aligned} \qquad \text{(PR5)} \quad ☞ f_5(k, x) = x + k$$

Als Nächstes wiederholt Gödel die verschiedenen Schemata, die uns für die Bildung neuer primitiv-rekursiver Funktionen zur Verfügung stehen.

> ionen $\phi_1, \phi_2 \ldots \phi_n$, so daß: $\phi_n = \phi$, $\phi_1(x) = x + 1$ und für jedes ϕ_k $(1 < k \leqq n)$ entweder:
>
> 1. $(x_2 \ldots x_m)\ [\phi_k(0, x_2 \ldots x_m) = \phi_p(x_2 \ldots x_m)]$ (18)
>
> $(x, x_2 \ldots x_m)\ \{\phi_k[\phi_1(x), x_2 \ldots x_m] = \phi_q[x, \phi_k(x, x_2 \ldots x_m), x_2 \ldots x_m]\}$
>
> $p, q < k$

Hinter 1. verbirgt sich die folgende Funktionsdefinition:

$$\begin{aligned} \phi_k(0, x_2, \ldots, x_m) &= \phi_p(x_2, \ldots, x_m) && (p < k) \\ \phi_k(\phi_1(x), x_2, \ldots, x_m) &= \phi_q(x, \phi_k(x, x_2, \ldots, x_m), x_2, \ldots, x_m) && (q < k) \end{aligned}$$

Ersetzen wir $\phi_1(x)$ durch $x + 1$, so erhält sie ein bekanntes Gesicht:

$$\begin{aligned} \phi_k(0, x_2, \ldots, x_m) &= \phi_p(x_2, \ldots, x_m) && (p < k) \\ \phi_k(x + 1, x_2, \ldots, x_m) &= \phi_q(x, \phi_k(x, x_2, \ldots, x_m), x_2, \ldots, x_m) && (q < k) \end{aligned}$$

Dies ist das Schema der primitiven Rekursion (PR5) aus Definition 5.2.

Über formal unentscheidbare Sätze der Principia Mathematica etc. 195

oder:

$$2.\ (x_1 \ldots x_m)\ [\phi_k(x_1 \ldots x_m) = \phi_r(\phi_{i_1}(\mathfrak{x}_1) \ldots \phi_{i_s}(\mathfrak{x}_s))]^{60)} \quad (19)$$
$$r < k,\ i_v < k \text{ (für } v = 1, 2 \ldots s)$$

60) $\mathfrak{x}_i$ $(i = 1 \ldots s)$ vertreten irgend welche Komplexe der Variablen $x_1, x_2 \ldots x_m$, z. B. $x_1\ x_3\ x_2$.

Hier haben wir das Einsetzungsschema (PR4) aus Definition 5.2 vor uns.

oder:

$$3.\ (x_1 \ldots x_m)\ [\phi_k(x_1 \ldots x_m) = \phi_1(\phi_1 \ldots \phi_1(0))] \quad (20)$$

Dieses Schema generiert die konstanten Funktionen $f(x_1, \ldots, x_m) = n$, wobei n eine frei wählbare natürliche Zahl ist. In Definition 5.2 kommt dieses Definitionsschema nicht vor, da es prinzipiell entbehrlich ist; jede konstante Funktion lässt sich aus der Nullfunktion durch die wiederholte Anwendung des Einsetzungsschemas gewinnen.

Zusätzlich aufgenommen haben wir in Definition 5.2 die Projektionsfunktionen π, um einen sauberen Umgang mit Parameterlisten verschiedener Längen zu gewähren. Diese Funktionen bereiten für den Beweis von Satz X keinerlei Probleme.

Ferner bilden wir die Sätze:

$$(x)\ \overline{\phi_1\ (x) = 0}\ \&\ (x\ y)\ [\phi_1\ (x) = \phi_1\ (y) \rightarrow x = y] \quad (21)$$
$$(x)\ [\phi_n\ (x) = 0] \quad (22)$$

Beide Sätze wollen wir uns genauer ansehen:

Satz (21)

$$\phi_1(x) \neq 0$$
$$\phi_1(x) = \phi_1(y) \Rightarrow x = y$$

Da wir die Funktion ϕ_1 als die Nachfolgerfunktion definiert haben, sind die beiden Aussagen trivialerweise erfüllt. Dass sie hier explizit genannt werden, hat einen Grund, der sich erst später erschließt. Gödel wird sie weiter unten in eine prädikatenlogische Formel integrieren und damit sicherstellen, dass das Funktionszeichen, das er für ϕ_1 einsetzen wird, als eine injektive Funktion interpretiert werden muss, die niemals den Wert 0 annimmt.

Satz (22)

$$\phi_n(x) = 0 \text{ für alle } x \in \mathbb{N}$$

Dieser Satz fordert, dass ϕ_n die Nullfunktion ist. Wegen (6.42) ist dies gleichbedeutend mit der Aussage

$$x \in F \text{ für alle } x \in \mathbb{N}$$

Als nächstes übersetzt Gödel die Reihe $\phi_1, \phi_2, \ldots, \phi_n$ in eine prädikatenlogische Formel:

Wir ersetzen nun in allen Formeln (18), (19), (20) (für $k = 2, 3 \ldots n$) und in (21) (22) die Funktionen ϕ_i durch Funktionsvariable φ_i, die Zahl 0 durch eine sonst nicht vorkommende Individuenvariable x_0 und bilden die Konjunktion C sämtlicher so erhaltener Formeln.

Für unser Beispiel lautet das Ergebnis so:

$$C_2 := \forall \mathsf{x}_1\, \forall \mathsf{x}_2\, \forall \mathsf{x}_3\, (\varphi_2(\mathsf{x}_1, \mathsf{x}_2, \mathsf{x}_3) = \mathsf{x}_2)$$
$$C_3 := \forall \mathsf{x}_1\, \forall \mathsf{x}_2\, \forall \mathsf{x}_3\, (\varphi_3(\mathsf{x}_1, \mathsf{x}_2, \mathsf{x}_3) = \varphi_1(\varphi_2(\mathsf{x}_1, \mathsf{x}_2, \mathsf{x}_3)))$$
$$C_4 := \forall \mathsf{x}\, (\varphi_4(\mathsf{x}) = \mathsf{x})$$
$$C_5 := \forall \mathsf{x}_2\, (\varphi_5(\mathsf{x}_0, \mathsf{x}_2) = \varphi_4(\mathsf{x}_2)) \wedge$$
$$\forall \mathsf{x}\, \forall \mathsf{x}_2\, (\varphi_5(\varphi_1(\mathsf{x}), \mathsf{x}_2) = \varphi_3(\mathsf{x}, \varphi_5(\mathsf{x}, \mathsf{x}_2), \mathsf{x}_2))$$

$$C_{(21)} := \forall \mathsf{x}\, \neg(\varphi_1(\mathsf{x}) = \mathsf{x}_0) \wedge \forall \mathsf{x}\, \forall \mathsf{y}\, (\varphi_1(\mathsf{x}) = \varphi_1(\mathsf{y}) \rightarrow \mathsf{x} = \mathsf{y})$$
$$C_{(22)} := \forall \mathsf{x}\, (\varphi_5(\mathsf{x}) = \mathsf{x}_0)$$

C entsteht, indem wir alle Teilformeln konjunktiv miteinander verknüpfen:

$$C = C_2 \wedge C_3 \wedge C_4 \wedge C_5 \wedge C_{(21)} \wedge C_{(22)}$$

Wir werden nun zeigen, dass die Formel

$$\varphi_F := \exists \mathsf{x}_0\, C$$

die in (6.43) geforderte Eigenschaft besitzt:

$$\phi(x) = 0 \text{ für alle } x \in \mathbb{N} \Leftrightarrow \varphi_F \text{ ist erfüllbar}$$

Die Richtung von links nach rechts ist einfach. Ist $\phi(x) = 0$ für alle $x \in \mathbb{N}$, so erhalten wir sofort ein Modell für C, wenn wir die Funktionssymbole φ_i als die Funktionen ϕ_i und die Individuenvariable x_i als die Zahl 0 interpretieren. In Gödels Worten klingt dies so:

> Die Formel $(E x_0)\ C$ hat dann die verlangte Eigenschaft, d. h.
> 1. Wenn $(x)\ [\phi\ (x) = 0]$ gilt, ist $(E x_0)\ C$ erfüllbar, denn die Funktionen $\phi_1, \phi_2 \ldots \phi_n$ ergeben dann offenbar in $(E x_0)\ C$ für $\varphi_1, \varphi_2 \ldots \varphi_n$ eingesetzt einen richtigen Satz.

Etwas schwieriger ist die Richtung von rechts nach links. Zunächst bedeutet die Erfüllbarkeit von φ_F, dass für die Formel $\exists \mathsf{x}_0\, C$ ein Modell existiert. Folglich sind wir am Ziel, wenn wir den folgenden Schluss beweisen können:

$$\exists \mathsf{x}_0\, C \text{ hat ein Modell} \Rightarrow \phi(x) = 0 \text{ für alle } x \in \mathbb{N}$$

Gödel beginnt den Beweis so:

> 2. Wenn $(E x_0)\ C$ erfüllbar ist, gilt $(x)\ [\phi\ (x) = 0]$.
> Beweis: Seien $\psi_1, \psi_2 \ldots \psi_n$ die nach Voraussetzung existierenden Funktionen, welche in $(E x_0) C$ für $\varphi_1, \varphi_2 \ldots \varphi_n$ eingesetzt einen richtigen Satz liefern. Ihr Individuenbereich sei $\mathfrak{J}$. Wegen der Richtigkeit

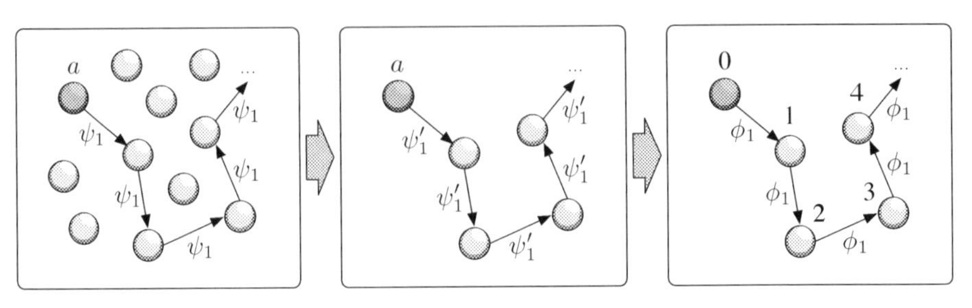

Abb. 6.7 Gödels Modellkonstruktion im Detail. Aus einem Modell der Formel $\exists \mathsf{x}_0\, C$ konstruiert er ein Modell über den natürlichen Zahlen, das die Funktionssymbole φ_1, $\varphi_2, \ldots$ als die Funktionen ϕ_1, $\phi_2, \ldots$ interpretiert.

Gödel nimmt an, es gäbe ein Modell $(\mathfrak{J}, I)$ für die Formel $\exists \mathsf{x}_0\, C$. Die Menge $\mathfrak{J}$ ist der Grundbereich des Modells, und I ist die Abbildung, die jeder Individuenvariable ein Element aus $\mathfrak{J}$ und jedem Funktionssymbol φ_i eine Funktion $\psi_i : \mathfrak{J}^n \to \mathfrak{J}$ zuordnet, wobei n die Stelligkeit von φ_i ist. Die Modelleigenschaft besagt, dass die Formel unter dieser Interpretation der Symbole zu einer inhaltlich wahren Aussage wird:

$$(\mathfrak{J}, I) \models \exists \mathsf{x}_0\, C$$

Das bedeutet, dass ein Individuenelement a mit der folgenden Eigenschaft existiert:

$$(\mathfrak{J}, I_{[\mathsf{x}_0/a]}) \models C_2 \wedge C_3 \wedge \ldots \wedge C_{(21)} \wedge C_{(22)}$$

Wir erinnern uns: Mit $(\mathfrak{J}, I_{[\mathsf{x}_0/a]})$ ist jene Interpretation gemeint, die der Variablen x_0 das Individuenelement $a \in \mathfrak{J}$ zuordnet und sonst mit $(\mathfrak{J}, I)$ identisch ist. Gödel argumentiert ganz genauso:

richtigen Satz liefern. Ihr Individuenbereich sei $\mathfrak{J}$. **Wegen der Richtigkeit von $(E x_0)\, C$ für die Funktionen ψ_i gibt es ein Individuum a (aus $\mathfrak{J}$), so daß sämtliche Formeln (18) bis (22) bei Ersetzung der ϕ_i durch ψ_i und von 0 durch a in richtige Sätze (18′) bis (22′) übergehen.**

Wir wollen uns das Modell $(\mathfrak{J}, I)$ bildlich vorstellen und blicken hierzu auf den linken Teil von Abbildung 6.7. Die Kugeln symbolisieren die Individuenelemente aus der Menge $\mathfrak{J}$, und irgendwo in dieser Menge befindet sich auch das Element a. Gehen wir von a zunächst zu $\psi_1(a)$, danach zu $\psi_1(\psi_1(a))$ und so fort, so erhalten wir eine eindeutig bestimmte Folge von Elementen. Die Teilformeln $C_{(20)}$ und $C_{(21)}$ stellen sicher, dass die Elemente, die auf diese Weise durchlaufen werden, eine durch a einseitig begrenzte Kette bilden, die sich in das Unendliche erstreckt. Gödel argumentiert, dass $(\mathfrak{J}, I)$ ein Modell bleibt, wenn wir die Individuenmenge $\mathfrak{J}$ durch $\mathfrak{J}'$ ersetzen und den Definitionsbereich der Funktionen

ψ_i entsprechend einschränken. Jede Funktion ψ_i wird auf diese Weise zu einer Funktion ψ_i' (Abbildung 6.7 Mitte).

> Wir bilden nun die kleinste Teilklasse von $\mathfrak{J}$, welche a enthält und gegen die Operation $\psi_1(x)$ abgeschlossen ist. Diese Teilklasse ($\mathfrak{J}'$) hat die Eigenschaft, daß jede der Funktionen ψ_i auf Elemente aus $\mathfrak{J}'$ angewendet wieder Elemente aus $\mathfrak{J}'$ ergibt. Denn für ψ_1 gilt dies nach Definition von $\mathfrak{J}'$ und wegen (18′), (19′), (20′) überträgt sich diese Eigenschaft von ψ_i mit niedrigerem Index auf solche mit höherem. Die Funktionen, welche aus ψ_i durch Beschränkung auf den Individuenbereich $\mathfrak{J}'$ entstehen, nennen wir ψ_i'. Auch für diese Funktion gelten sämtliche Formeln (18) bis (22) (bei der Ersetzung von 0 durch a und ϕ_i durch ψ_i').

Als Nächstes konstruiert Gödel aus dem Modell $(\mathfrak{J}', I')$ ein isomorphes Modell, das als Individuenbereich die natürlichen Zahlen verwendet (Abbildung 6.7 rechts). Tatsächlich gelingt die Konstruktion sehr einfach, denn wir müssen hierfür lediglich a mit der 0 identifizieren, $\psi_1'(a)$ mit der 1, $\psi_1'(\psi_1'(a))$ mit der 2 und so fort. Wenn wir dies tun, geht die Funktion ψ_1' in die Nachfolgerfunktion ϕ_1 über, und diese Identität überträgt sich auf die komplexeren Funktionen. Mit anderen Worten: In unserem neuen Modell $(\mathbb{N}, I'')$ werden die Funktionen ψ_i' zu den primitiv-rekursiven Funktionen ϕ_i. Es gilt dann:

$$I''(\mathsf{x}_0) = 0 \qquad (6.45)$$

$$I''(\varphi_i) = \phi_i \qquad (6.46)$$

Wie in jedem Modell sind auch in $(\mathbb{N}, I'')$ alle Teilformeln von C wahre Aussagen. Damit ist insbesondere auch die Teilformel $C_{(22)}$ wahr:

$$(\mathbb{N}, I'') \models \forall \mathsf{x}\, (\varphi_n(\mathsf{x}) = \mathsf{x}_0)$$

Aufgrund von (6.45) und (6.46) ist dies gleichbedeutend mit

$$\phi_n(x) = 0 \text{ für alle } x \in \mathbb{N},$$

und dies ist wegen $\phi_n = \phi$ dasselbe wie

$$\phi(x) = 0 \text{ für alle } x \in \mathbb{N},$$

was zu beweisen war. □

In Gödels Worten klingt der finale Beweisschritt so:

Wegen der Richtigkeit von (21) für ψ_1' und a kann man die Individuen aus $\mathfrak{J}'$ eineindeutig auf die natürlichen Zahlen abbilden u. zw. so, daß a in 0 und die Funktion ψ_1' in die Nachfolgerfunktion ϕ_1 übergeht. Durch diese Abbildung gehen aber sämtliche Funktionen ψ_i in die Funktionen ϕ_i über und wegen der Richtigkeit von (22)

196 Kurt Gödel,

für ψ_n' und a gilt $(x)\,[\phi_n(x) = 0]$ oder $(x)\,[\phi(x) = 0]$, was zu beweisen war[61]).

[61]) Aus Satz X folgt z. B., daß das Fermatsche und das Goldbachsche Problem lösbar wären, wenn man das Entscheidungsproblem des e. F. gelöst hätte.

In Fußnote 61 lässt Gödel anklingen, warum wir die Aussage von Satz X mit Bedauern zur Kenntnis nehmen müssen. Könnten wir die Erfüllbarkeit jeder prädikatenlogischen Formel entscheiden, so ließen sich damit viele zahlentheoretische Probleme lösen. Mit dem Satz von Fermat und der Goldbach'schen Vermutung nennt Gödel zwei prominente Vertreter.

- Die Goldbach'sche Vermutung besagt, dass sich alle geraden Zahlen $n > 2$ als Summe zweier Primzahlen schreiben lassen. Sie ist genau dann wahr, wenn die folgende primitiv-rekursive Relation alle natürlichen Zahlen umfasst:

Gb(x) Goldbach'sche Vermutung

(Primitiv-rekursive Relation)

$$x \in \text{Gb} \;:\Leftrightarrow\; x \leq 2 \vee \text{odd}(x) \vee \exists\,(y, z < x)\,(\text{Prim}(y) \wedge \text{Prim}(z) \wedge x = y + z)$$

- Der Satz von Fermat besagt, dass die Gleichung $a^n + b^n = c^n$ für $n > 2$ keine Lösungen in den positiven ganzen Zahlen hat. Um diesen Satz in der geforderten Form relational zu formulieren, greifen wir auf ein bekanntes Ergebnis aus der Rekursionstheorie zurück. Dieses besagt, dass primitiv-rekursive Funktionen $\pi_1, \ldots, \pi_4$ existieren, so dass

$$x \mapsto (\pi_1(x), \pi_2(x), \pi_3(x), \pi_4(x))$$

die Menge $\mathbb{N}$ bijektiv in die Menge $\mathbb{N}^+ \times \mathbb{N}^+ \times \mathbb{N}^+ \times \mathbb{N}^+$ abbildet. Nehmen wir diese Funktionen zuhilfe, so erfüllt die folgende primitiv-rekursive Relation unseren Zweck:

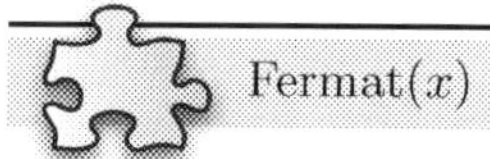

Fermat(x) **Satz von Fermat**

(Primitiv-rekursive Relation)

$$x \in \text{Fermat} \;:\Leftrightarrow\; \pi_1(x) \leq 2 \vee \pi_2(x)^{\pi_1(x)} + \pi_3(x)^{\pi_1(x)} \neq \pi_4(x)^{\pi_1(x)}$$

Aus der Tatsache, dass für die Prädikatenlogik erster Stufe kein Entscheidungsverfahren existiert, folgt natürlich nicht, dass die angesprochenen Probleme falsch oder unbeweisbar sind. Der Satz von Fermat wurde im Jahr 1995 auf anderem Wege bewiesen; ein Beweis für die Goldbach'sche Vermutung steht allerdings bis heute aus.

Dem Beweis von Satz IX sind wir jetzt ganz nahe. Gödel argumentiert ähnlich wie in der Passage, die wir auf Seite 319 zitiert haben. Er legt dar, dass sich der durchgeführte Beweis innerhalb von P nachvollziehen lässt:

> Da man die Überlegungen, welche zu Satz X führen, (für jedes spezielle F) auch innerhalb des Systems P durchführen kann, so ist die Äquivalenz zwischen einem Satz der Form $(x)\,F(x)$ (F rekursiv) und der Erfüllbarkeit der entsprechenden Formel des e. F. in P beweisbar und daher folgt aus der Unentscheidbarkeit des einen die des anderen, womit Satz IX bewiesen ist.[62])
>
> [62]) Satz IX gilt natürlich auch für das Axiomensystem der Mengenlehre und dessen Erweiterungen durch rekursiv definierbare ω-widerspruchsfreie Klassen von Axiomen, da es ja auch in diesen Systemen unentscheidbare Sätze der Form $(x)\,F(x)$ (F rekursiv) gibt.

Für F können wir auch hier wieder die primitiv-rekursive Relation wählen, die auf Seite 296 durch die Formel mit der Gödelnummer r beschrieben wurde. Den Beweis von Satz X für die von uns gewählte Relation in P nachzuvollziehen, bedeutet, aus den Axiomen ein Theorem der Form

$$\vdash \forall \mathsf{x}_1\, \varphi_r(\mathsf{x}_1) \leftrightarrow \mathrm{Erf}_{\varphi_r}$$

abzuleiten. Auf der linken Seite steht mit $\forall \mathsf{x}_1\, \varphi_r(\mathsf{x}_1)$ jene Formel, die wir weiter oben als unentscheidbar erkannt haben; wir können weder sie selbst noch ihre Negation in P beweisen. Erf_{φ} und $\neg\mathrm{Erf}_{\varphi}$ können dann aber ebenfalls keine Theoreme sein. Es gilt also

$$\nvdash \quad \mathrm{Erf}_{\varphi} \tag{6.47}$$

$$\nvdash \neg\mathrm{Erf}_{\varphi} \tag{6.48}$$

Aus der Unentscheidbarkeit von Erf_φ folgt, dass die Allgemeingültigkeit der Formel $\neg\forall \mathrm{x}_1\ \varphi_r(\mathrm{x}_1)$ im System P weder bewiesen noch widerlegt werden kann, denn dies würde nach (6.37) und (6.38) unmittelbar einen Widerspruch zu (6.47) oder (6.48) erzeugen. Damit ist die Aussage von Satz IX bewiesen: Es gibt PL1-Formeln, deren Allgemeingültigkeit sich innerhalb von P weder beweisen noch widerlegen lässt.

6.3 Der zweite Unvollständigkeitssatz

Wir sind nun kurz davor, den nächsten und letzten Höhepunkt der Gödel'schen Arbeit zu erreichen. Gegenstand unseres Interesses ist Satz XI, den wir heute als den *zweiten Gödel'schen Unvollständigkeitssatz* bezeichnen.

4.

Aus den Ergebnissen von Abschnitt 2 folgt ein merkwürdiges Resultat, bezüglich eines Widerspruchslosigkeitsbeweises des Systems P (und seiner Erweiterungen), das durch folgenden Satz ausgesprochen wird:

Satz XI: Sei χ eine beliebige rekursive widerspruchsfreie[63]) Klasse von *Formeln*, dann gilt: Die *Satzformel*, welche besagt, daß χ widerspruchsfrei ist, ist nicht χ-*beweisbar*; insbesondere ist die Widerspruchsfreiheit von P in P unbeweisbar[64]), vorausgesetzt, daß P widerspruchsfrei ist (im entgegengesetzten Fall ist natürlich jede Aussage beweisbar).

---

63) χ ist widerspruchsfrei (abgekürzt als Wid (χ)) wird folgendermaßen definiert: Wid $(\chi) \equiv (Ex)$ [Form (x) & $\overline{\text{Bew}_\chi}$ (x)].

64) Dies folgt, wenn man für χ die leere Klasse von *Formeln* einsetzt.

Geringfügig informeller, aber leichter verdaulich, lässt sich der Inhalt von Satz XI so ausdrücken:

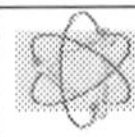

Satz 6.17 (Zweiter Unvollständigkeitssatz)

Kein formales System, das mindestens über die Ausdrucksstärke von P verfügt, kann seine eigene Widerspruchsfreiheit beweisen.

Wir wollen klären, was die Aussage von Satz XI genau bedeutet, und richten unser Augenmerk auf Fußnote 63. Dort führt Gödel aus, wie sich die Widerspruchsfreiheit der Formelmenge χ innerhalb des Systems P ausdrücken lässt. In moderner Schreibweise lautet seine Definition so:

$$\text{Wid}(\chi) \;:\Leftrightarrow\; \exists x \,(\text{Form}(x) \wedge \neg \,\text{Bew}_\chi(x)) \tag{6.49}$$

Gödel nutzt aus, dass in einem widersprüchlichen formalen System, das den gewöhnlichen aussagenlogischen Schlussapparat umfasst, ausnahmslos alle Formeln beweisbar sind. Das bedeutet im Umkehrschluss, dass $\text{P} \cup \chi$ widerspruchsfrei ist,

- wenn eine Formel existiert, ☞ $\exists x \;\text{Form}(x)$
- die in $\text{P} \cup \chi$ unbeweisbar ist. ☞ $\neg\,\text{Bew}_\chi(x)$

Der Beweis ist (in Umrissen skizziert) der folgende: Sei χ eine beliebige für die folgenden Betrachtungen ein für allemal gewählte rekursive Klasse von *Formeln* (im einfachsten Falle die leere Klasse). Zum Beweise der Tatsache, daß 17 Gen r nicht χ-*beweisbar* ist[65]), wurde, wie aus 1. Seite 189 hervorgeht, nur die Widerspruchsfreiheit von χ benutzt, d. h. es gilt:

$$\text{Wid}\,(\chi) \rightarrow \overline{\text{Bew}_\chi}\;(17 \text{ Gen } r) \tag{23}$$

d. h. nach (6·1):

$$\text{Wid}\,(\chi) \rightarrow (x)\;\overline{x\, B_\chi\, (17 \text{ Gen } r)}$$

[65]) r hängt natürlich (ebenso wie p) von χ ab.

Wir erinnern uns: Auf Seite 297 haben wir im Beweis des Hauptresultats eine Fallunterscheidung vorgenommen und dort nacheinander gezeigt, dass weder die Formel $\forall \mathsf{x}_1\, \varphi_r(\mathsf{x}_1)$ noch die Formel $\neg\forall \mathsf{x}_1\, \varphi_r(\mathsf{x}_1)$ beweisbar sind. Im ersten Fall haben wir lediglich auf die Widerspruchsfreiheit von P zurückgegriffen, so dass wir den folgenden Schluss ziehen können:

$$\text{Wid}(\chi) \;\Rightarrow\; \underbrace{\ulcorner\forall \mathsf{x}_1\, \varphi_r(\mathsf{x}_1)\urcorner}_{17 \text{ Gen } r} \notin \text{Bew}_\chi \tag{6.50}$$

Dies ist die Aussage (23) in Gödels Originalarbeit.

Die Relation Bew_χ wurde auf Seite 293 so definiert:

$$x \in \text{Bew}_\chi \;:\Leftrightarrow\; \exists y\; y\, B_\chi\, x$$

Damit können wir (6.50) folgendermaßen aufschreiben:

$$\text{Wid}(\chi) \;\Rightarrow\; \neg\exists y\; y\, B_\chi \ulcorner\forall \mathsf{x}_1\, \varphi_r(\mathsf{x}_1)\urcorner$$

Formen wir das Ergebnis geringfügig um, so erhalten wir die Aussage in der Gödel'schen Arbeit:

$$\mathrm{Wid}(\chi) \;\Rightarrow\; \forall x\, \neg(x\, B_\chi \ulcorner \forall \mathsf{x}_1\, \varphi_r(\mathsf{x}_1)\urcorner) \tag{6.51}$$

Nach (13) ist 17 Gen $r = Sb\left(p\, {19 \atop Z(p)}\right)$ und daher:

Über formal unentscheidbare Sätze der Principia Mathematica etc. 197

$$\mathrm{Wid}\,(\chi) \rightarrow (x)\, \overline{x\, B_\chi\, Sb\left(p\, {19 \atop Z(p)}\right)}$$

d. h. nach (8·1):

$$\mathrm{Wid}\,(\chi) \rightarrow (x)\, Q\,(x, p) \tag{24}$$

(13) ist die Beziehung

$$\forall \mathsf{x}_1\, \varphi_r(\mathsf{x}_1) \;=\; \varphi_p(\overline{p}),$$

so dass wir (6.51) weiter umformen können zu

$$\mathrm{Wid}(\chi) \;\Rightarrow\; \forall x\, \neg(x\, B_\chi \ulcorner \varphi_p(\overline{p})\urcorner)$$

Wegen (6.5) ist dies das Gleiche wie

$$\mathrm{Wid}(\chi) \;\Rightarrow\; (x, p) \in Q \text{ für alle } x \tag{6.52}$$

Wir stellen nun folgendes fest: Sämtliche in Abschnitt 2 [66]) und Abschnitt 4 bisher definierte Begriffe (bzw. bewiesene Behauptungen) sind auch in P ausdrückbar (bzw. beweisbar). Denn es wurden überall nur die gewöhnlichen Definitions- und Beweismethoden der klassischen Mathematik verwendet, wie sie im System P formalisiert sind. Insbesondere ist χ (wie jede rekursive Klasse) in P definierbar. Sei

[66]) Von der Definition für „rekursiv" auf Seite 179 bis zum Beweis von Satz VI inkl.

Dies ist der entscheidende Schritt: Gödel greift erneut darauf zurück, dass wir alle bisher benutzten Begriffe und Beweise in P formalisieren können. Daraus folgt im Besonderen, dass eine geschlossene Formel $\mathsf{Wid}(\chi)$ (in Gödels Worten: eine Satzformel) existiert, die die Relation $\mathrm{Wid}(\chi)$ innerhalb von P formalisiert. Die Gödelnummer dieser Formel bezeichnet Gödel mit w:

> besondere ist χ (wie jede rekursive Klasse) in P definierbar. Sei w die *Satzformel*, durch welche in P Wid (χ) ausgedrückt wird. Die Relation $Q(x,y)$ wird gemäß (8·1), (9), (10) durch das *Relationszeichen* q ausgedrückt, folglich $Q(x,p)$ durch r $\left[\text{da nach (12) } r = Sb\left(q\,{19 \atop Z(p)}\right)\right]$ und der Satz $(x)\,Q(x,p)$ durch 17 Gen r.

Gödel führt hier aus, dass auch die anderen Aussagen, die wir weiter oben auf der Metaebene formuliert haben, innerhalb von P formalisiert werden können. Wichtig sind für uns die Folgenden:

Mathematische Aussage	Formalisierung in P	
$\mathrm{Wid}(\chi)$	$\mathsf{Wid}(\chi)$	
$(x,y) \in Q$	$\psi_q(\overline{x}, \overline{y})$	
$(x,p) \in Q$	$\varphi_r(\overline{x})$	☜ wegen (6.9)
$(x,p) \in Q$ für alle x	$\forall\, \mathsf{x}_1\ \varphi_r(\mathsf{x}_1)$	

Indem wir den Schluss, der die Folgerungsbeziehung (6.52) hervorgebracht hat, innerhalb von P formalisieren, können wir das folgende Theorem ableiten:

$$\vdash \mathsf{Wid}(\chi) \rightarrow \forall\, \mathsf{x}_1\ \varphi_r(\mathsf{x}_1) \tag{6.53}$$

Jetzt sind wir am Ziel. Könnten wir die Widerspruchsfreiheit von P innerhalb von P beweisen, gelte also

$$\vdash \mathsf{Wid}(\chi),$$

so ergäbe sich daraus, zusammen mit (6.53), ein Beweis für $\forall\, \mathsf{x}_1\ \varphi_r(\mathsf{x}_1)$:

$$\vdash \forall\, \mathsf{x}_1\ \varphi_r(\mathsf{x}_1) \tag{6.54}$$

Aus dem ersten Unvollständigkeitssatz wissen wir, dass (6.54) unter der Annahme der Widerspruchsfreiheit nicht innerhalb von P bewiesen werden kann. Folgerichtig kann auch die Formel $\mathsf{Wid}(\chi)$ nicht innerhalb von P beweisbar sein. In Gödels Worten klingt die Folgerung so:

> Wegen (24) ist also w Imp (17 Gen r) in P beweisbar [67]) (um so mehr χ-*beweisbar*). Wäre nun w χ-*beweisbar*, so wäre auch 17 Gen r χ-*beweisbar* und daraus würde nach (23) folgen, daß χ nicht widerspruchsfrei ist.

[67]) Daß aus (23) auf die Richtigkeit von w Imp (17 Gen r) geschlossen werden kann, beruht einfach darauf, daß der unentscheidbare Satz 17 Gen r, wie gleich zu Anfang bemerkt, seine eigene Unbeweisbarkeit behauptet.

Damit ist Satz XI bewiesen.

Es ist wichtig, aus dem zweiten Unvollständigkeitssatz nicht die falschen Schlüsse zu ziehen. Häufig wird Gödels zweiter Satz so interpretiert, dass aus der Beweisbarkeit von $\mathsf{Wid}(\chi)$ tatsächlich die Widerspruchsfreiheit des zugrunde liegenden formalen Systems folgen würde. Dies ist aber keineswegs der Fall. Ist ein formales System, das den aussagenlogischen Schlussapparat beinhaltet, widersprüchlich, so lassen sich ausnahmslos alle Formeln aus den Axiomen ableiten und somit auch die Formel $\mathsf{Wid}(\chi)$. Deshalb ist der gegenteilige Schluss korrekt: Gelingt es uns, in einem formalen System, das die Voraussetzungen des zweiten Unvollständigkeitssatzes erfüllt, tatsächlich die eigene Widerspruchsfreiheit zu beweisen, so muss es zwangsläufig widersprüchlich sein. Das bedeutet, dass wir den zweiten Unvollständigkeitssatz lediglich dazu benutzen können, um die Widersprüchlichkeit, nicht aber die Widerspruchsfreiheit eines formalen Systems zu beweisen.

Im nächsten Abschnitt weist Gödel zum Einen darauf hin, dass der geführte Beweis konstruktiv ist, und zum Anderen, dass er sich auf alle formalen Systeme übertragen lässt, die in ihrer Ausdrucksstärke dem System P entsprechen. Explizit erwähnt er das Axiomensystem der Mengenlehre und die klassische Mathematik. Dass Gödel die axiomatische Mengenlehre und die klassische Mathematik unterscheidet, hat historische Gründe. Erst in der zweiten Hälfte des zwanzigsten Jahrhunderts konnte sich die axiomatische Mengenlehre so weit etablieren, dass heute beide Begriffe miteinander identifiziert werden.

Es sei bemerkt, daß auch dieser Beweis konstruktiv ist, d. h. er gestattet, falls ein *Beweis* aus χ für w vorgelegt ist, einen Widerspruch aus χ effektiv herzuleiten. Der ganze Beweis für Satz XI läßt sich wörtlich auch auf das Axiomensystem der Mengenlehre M und der klassischen Mathematik [68]) A übertragen und liefert auch hier das Resultat: Es gibt keinen Widerspruchslosigkeitsbeweis für M bzw. A, der innerhalb von M bzw. A formalisiert werden könnte, vorausgesetzt daß M bzw. A widerspruchsfrei ist. Es sei ausdrück-

[68]) Vgl. J. v. Neumann, Zur Hilbertschen Beweistheorie, Math. Zeitschr. 26, 1927.

Mittlerweile wissen wir, dass auch deutlich ausdrucksschwächere Systeme dem zweiten Unvollständigkeitssatz zum Opfer fallen. Im Jahr 1939 bewiesen David Hilbert und Paul Bernays den zweiten Unvollständigkeitssatz für zwei spezielle Varianten der Peano-Arithmetik [50] und stellten dabei präzise Kriterien auf, die später von dem deutschen Mathematiker Martin Löb weiter vereinfacht wurden [62]. Erfüllt ein formales System diese Kriterien, so lässt sich darin der Beweis des ersten Unvollständigkeitssatzes nachvollziehen, und genau diese Eigenschaft ist es, die uns die verhängnisvolle Formel (6.53) herleiten und das formale System damit zum Opfer des zweiten Unvollständigkeitssatzes werden lässt. Zu den Systemen, die diesen Kriterien genügen, gehört auch die Peano-Arithmetik in Abschnitt 6.2.1. Hieraus folgt, dass der zweite Unvollständigkeitssatz für alle formalen Systeme gilt, die ausdrucksstark genug sind, um über die additiven und multiplikativen Eigenschaften der natürlichen Zahlen zu sprechen.

Bedeutet dieses Ergebnis, dass wir der Peano-Arithmetik misstrauen müssen? Auch wenn der zweite Unvollständigkeitssatz die Hoffnung zunichte macht, dass wir PA mit Schlussweisen absichern können, die primitiver und damit glaubhafter sind als die Peano-Arithmetik selbst, so gibt es dafür keinen Grund. Hierfür sind die Axiome zu einfach und die natürlichen Zahlen eine zu vertraute Struktur.

Und wie sieht es mit der Mengenlehre aus? Reichen die getroffenen Vorkehrungen hier wirklich aus, um sämtliche Antinomien auszusperren? Auch hier herrscht die Meinung vor, dass sich die Mathematik widerspruchsfrei auf ZF oder ZFC errichten lässt, aber einen formalen Beweis dafür halten wir nicht in Händen. Der zweite Unvollständigkeitssatz attestiert, dass ein solcher Beweis nur in formalen Systemen möglich ist, die komplexer sind als ZF oder ZFC, und wir die Frage damit lediglich auf ein anderes System verschieben würden. In der Tat zerstört der zweite Unvollständigkeitssatz jede Hoffnung, auf die Frage der Widerspruchsfreiheit von ZF oder ZFC jemals eine gesicherte Antwort zu erhalten.

Dramatische Folgen hatte der zweite Unvollständigkeitssatz vor allem für das Hilbert-Programm. Er macht unmissverständlich klar, dass der Beweis der Widerspruchsfreiheit eines formalen Systems, das die Ausdrucksstärke von P besitzt, nicht mit den Mitteln des Systems selbst geführt werden kann. Das bedeutet im gleichen Atemzug, dass sich die Widerspruchsfreiheit der Mathematik nicht mit den Mitteln der gewöhnlichen Mathematik selbst beweisen lässt. Aber genau das war der Plan, den Hilbert seit Jahren so vehement verfolgt hatte: den Beweis der Widerspruchsfreiheit der klassischen Mathematik mit finiten Mitteln. Damit muss der zweite Gödel'sche Satz alle Hoffnung auf eine Umsetzung des Hilbert-Programms zunichte machen, oder etwa nicht? Gödel selbst macht hierzu eine erstaunliche Aussage:

vorausgesetzt daß M bzw. A widerspruchsfrei ist. Es sei ausdrücklich bemerkt, daß Satz XI (und die entsprechenden Resultate über M, A) in keinem Widerspruch zum Hilbertschen formalistischen Standpunkt stehen. Denn dieser setzt nur die Existenz eines mit finiten Mitteln geführten Widerspruchsfreiheitsbeweises voraus und es wäre denkbar, daß es finite Beweise gibt, die sich in P (bzw. M, A) nicht darstellen lassen.

Offenbar sah Gödel das Hilbert-Programm, anders als z. B. John von Neumann, keinesfalls als gescheitert an, und von einem formalen Standpunkt aus können wir auch nichts gegen das vorgetragene Argument einwenden. Auch wenn die Widerspruchsfreiheit der gewöhnlichen Mathematik nicht mit den Mitteln der gewöhnlichen Mathematik selbst bewiesen werden kann, ist es nicht vollständig ausgeschlossen, dass trotzdem ein einfacheres System existiert, in dem sich ein entsprechender Widerspruchsfreiheitsbeweis durchführen lässt.

Doch wie sollte ein derartiges System aussehen? Zunächst müsste es neue Beweismittel umfassen, die in der gewöhnlichen Mathematik heute nicht enthalten sind. Des Weiteren müssten die neuen Beweismittel zu den *finiten Mitteln* zählen, d. h., sie müssten aus offensichtlichen Überlegungen heraus korrekt sein. Auch wenn die Existenz durch die Gödel'schen Unvollständigkeitssätze nicht ausgeschlossen wird, hat bisher niemand ein solches System gefunden, geschweige denn eine Vorstellung davon, wie es aufgebaut sein könnte. Nur wenige Experten sind der Meinung, dass ein solches System existiert.

Der nächste Absatz der Arbeit ist nur noch am Rande wichtig. Gödel benutzt das Resultat des zweiten Unvollständigkeitssatzes, um die Voraussetzung seines Hauptresultats nochmals geringfügig abzuschwächen.

Da für jede widerspruchsfreie Klasse χ w nicht χ-*beweisbar* ist, so gibt es schon immer dann (aus χ) unentscheidbare Sätze (nämlich w), wenn Neg (w) nicht χ-*beweisbar* ist; m. a. W. man kann in Satz VI

198 Kurt Gödel, Über formal unentscheidbare Sätze etc.

die Voraussetzung der ω-Widerspruchsfreiheit ersetzen durch die folgende: Die Aussage „χ ist widerspruchsvoll" ist nicht χ-beweisbar. (Man beachte, daß es widerspruchsfreie χ gibt, für die diese Aussage χ-beweisbar ist.)

Die Argumentation ist die folgende: Wir haben gerade gezeigt, dass die Formel $\mathsf{Wid}(\chi)$ in $\mathrm{P} \cup \chi$ unbeweisbar ist, sollte die Menge χ widerspruchsfrei sein. Falls

$\neg\mathsf{Wid}(\chi)$ ebenfalls nicht beweisbar ist, so existiert mit $\mathsf{Wid}(\chi)$ und $\neg\mathsf{Wid}(\chi)$ ein unentscheidbares Formelpaar, und P ist als unvollständig identifiziert. Das bedeutet, dass wir die Voraussetzung der ω-Widerspruchsfreiheit in Satz VI durch die folgende Forderung ersetzen dürfen:

„$\neg\mathsf{Wid}(\chi)$ *ist in* $\mathrm{P} \cup \chi$ *unbeweisbar.*“

Gödels letzter, in Klammern gesetzter Satz ist interessant. Er beruht auf der Tatsache, dass die Eigenschaft der Widerspruchsfreiheit keinen Rückschluss auf die Korrektheit eines formalen Systems zulässt. Die Widerspruchsfreiheit besagt lediglich, dass eine Formel φ niemals zusammen mit ihrer Negation $\neg\varphi$ aus den Axiomen abgeleitet werden kann, während die Korrektheit sicherstellt, dass keine inhaltlich falschen Formeln bewiesen werden können. Ein formales System kann also durchaus behaupten, dass für eine Formel φ sowohl φ als auch $\neg\varphi$ aus den Axiomen hergeleitet werden können, obwohl dies gar nicht möglich ist. Das System wäre im Sinne von Definition 1.5 immer noch widerspruchsfrei, aber natürlich nicht mehr korrekt.

Wir haben uns in dieser Arbeit im wesentlichen auf das System *P* beschränkt und die Anwendung auf andere Systeme nur angedeutet. In voller Allgemeinheit werden die Resultate in einer demnächst erscheinenden Fortsetzung ausgesprochen und bewiesen werden. In dieser Arbeit wird auch der nur skizzenhaft geführte Beweis von Satz XI ausführlich dargestellt werden.

Die angekündigte Fortsetzung der Arbeit hat es nie gegeben. Bereits die Skizze seines Beweises war für die meisten Mathematiker so überzeugend, dass kaum jemand an ihrer Richtigkeit zweifelte.

Damit sind wir am Ende der Gödel'schen Arbeit angekommen. Zugegeben: Die Denkarbeit, die uns die zurückliegenden Seiten abverlangt haben, war beträchtlich, und nicht alle Aspekte des Gödel'schen Beweises sind im Vorbeigehen zu verstehen. Doch wir wurden für unsere Mühe reich belohnt: Mit den beiden Unvollständigkeitssätzen halten wir zwei der faszinierendsten Theoreme in Händen, die in der Mathematik jemals bewiesen wurden. Sie zeigen uns Grenzen auf, die sich nicht überwinden lassen, und stehen damit auf der gleichen Stufe wie die Einstein'sche Relativitätstheorie oder die Heisenberg'sche Unschärferelation in der Physik.

Es liegt im Naturell der meisten Mathematiker, nach Vollständigkeit zu streben, und so empfinden viele von ihnen die Gödel'schen Unvollständigkeitssätze wie einen Dorn im Fleisch, der sich jedem Versuch entzieht, ihn zu entfernen. Allzu negativ sollten wir die Unvollständigkeitssätze dennoch nicht bewerten.

Unzweifelhaft hat Gödel gezeigt, dass Mathematik nicht alles kann – doch vielleicht ist gerade dies auch gut so.

(Eingelangt: 17. XI. 1930.)

7 Epilog

In den Dreißigerjahren fielen die Reaktionen auf die Gödel'sche Arbeit sehr unterschiedlich aus. Von Hilbert ist überliefert, dass er die Unvollständigkeitssätze zunächst mit Zorn zur Kenntnis nahm [95]. Der Realität verschloss er sich jedoch nicht lange und arbeitete in den Folgejahren viele Beweisschritte, die Gödel nur skizzenhaft vorgetragen hatte, präzise aus.

Zermelo konnte sich mit Gödels Ergebnissen überhaupt nicht arrangieren und lehnte dessen Beweis bis zu seinem Lebensende ab. Mehrfach war er der Meinung, einen Fehler in der Beweisführung gefunden zu haben [100], doch keiner seiner Einwände hatte Bestand.

Für John von Neumann sollte die Logik nie mehr dieselbe sein. In den Dreißigerjahren hielt er zwar noch mehrere Vorlesungen über die Unvollständigkeitssätze, wechselte dann aber bald danach sein Interessengebiet. Er begann, sich für den Bau elektronischer Rechenmaschinen zu interessieren, und leistete auch auf diesem Gebiet Großes. Im Jahr 1946 publizierte er ein grundlegendes Konzept für die interne Funktionsweise von Mikrorechnern, und auch heute noch ist die *Von-Neumann-Architektur* die Grundlage für den Bau der meisten modernen Computersysteme [68].

Auch Bertrand Russell zog sich fast vollständig von der Logik zurück und wandte sich in zunehmendem Maße gesellschaftspolitischen und philosophischen Themen zu.

Gödel blieb der Mathematik treu und begann in der Folgezeit, sich intensiv mit Problemen der Mengenlehre auseinanderzusetzen. Zu den dringlichsten Fragen der damaligen Zeit gehörten die Entscheidungen der Kontinuumshypothese und des Auswahlaxioms. Als sich immer stärker abzeichnete, dass beide innerhalb der Zermelo-Fraenkel-Mengenlehre weder bewiesen noch widerlegt werden können, geriet der brillante Mathematiker vollends in ihren Bann. In den Folgejahren hat Gödel auch auf diesem Gebiet bahnbrechende Ergebnisse errungen und unser Verständnis von Mengen und Klassen in einer ungeahnten Weise weiterentwickelt [33, 34]. Leider können wir dieses faszinierende Kapitel der Wissenschaftsgeschichte hier nicht mehr öffnen, und so geht unsere Reise an dieser Stelle zu Ende.

Literaturverzeichnis

[1] Ackermann, W.: Zur Axiomatik der Mengenlehre. In: *Mathematische Annalen* 131 (1956), August, Nr. 4, S. 336–345

[2] Banach, S.; Tarski, A.: Sur la décomposition des ensembles de points en parties respectivement congruentes. In: *Fundamenta Mathematicae* 6 (1924), S. 244–277

[3] Bedürftig, T.; Murawski, R.: *Philosophie der Mathematik*. Berlin: Walter de Gruyter Verlag, 2010

[4] Bernays, P.: *Axiomatische Untersuchung des Aussagen-Kalküls der „Principia Mathematica "*, Universität Göttingen, Habilitation, 1918

[5] Bernays, P.: Axiomatische Untersuchung des Aussagen-Kalküls der „Principia Mathematica ". In: *Mathematische Zeitschrift* 25 (1926), S. 305–320

[6] Cantor, G.: Über die Ausdehnung eines Satzes aus der Theorie der trigonometrischen Reihen. In: *Mathematische Annalen* 5 (1872), S. 123–132

[7] Cantor, G.: über eine elementare Frage der Mannigfaltigkeitslehre. In: *Jahresbericht der deutschen Mathematiker-Vereinigung. Erster Band (1890–91)* 1 (1892), Nr. 4, S. 75–78

[8] Carnap, R.: Die logizistische Grundlegung der Mathematik. In: Carnap, R. (Hrsg.); Reichenbach, H. (Hrsg.): *Bericht über die 2. Tagung für Erkenntnislehre der exakten Wissenschaften Königsberg 1930*. Leipzig: Felix Meiner Verlag, 1931, S. 91–105

[9] Carnap, R.; Reichenbach, H.: *Bericht über die 2. Tagung für Erkenntnislehre der exakten Wissenschaften Königsberg 1930*. Leipzig: Felix Meiner Verlag, 1931

[10] Coffa, J. A.: *The Semantic Tradition from Kant to Carnap: To the Vienna Station*. Cambridge: Cambridge University Press, 1993

[11] Cohen, P.: The Independence of the Continuum Hypothesis. In: *Proceedings of the National Academy of Sciences of the United States of America* Bd. 50. Washington, DC: National Academy of Sciences, 1963, S. 1143–1148

[12] Coutura, L. (Hrsg.): *Opuscules et fragments inédits de Leibniz*. Hildesheim: Georg Olms Verlag, 1966

[13] Davis, M.: *The Undecidable*. Mineola, NY: Dover Publications, 1965

[14] Dawson, J. W.: *Kurt Gödel. Leben und Werk*. Berlin, Heidelberg, New York: Springer-Verlag, 1999

[15] Dedekind, R.: *Was sind und was sollen die Zahlen?* Braunschweig: Friedrich Vieweg und Sohn, 1888

[16] Deiser, O.: *Einführung in die Mengenlehre*. Berlin, Heidelberg, New York: Springer-Verlag, 2009

[17] DePauli-Schimanovich, W.: *Europolis*. Bd. 5: *Kurt Gödel und die Mathematische Logik*. Linz: Trauner Verlag, 2005

[18] Ebbinghaus, H.-D.; Peckhaus, V.: *Ernst Zermelo: An Approach to His Life and Work*. Berlin, Heidelberg, New York: Springer-Verlag, 2007

[19] Einstein, A.: Zur Elektrodynamik bewegter Körper. In: *Annalen der Physik* 17 (1905), S. 891–921

[20] Fraenkel, A.: Zu den Grundlagen der Cantor-Zermeloschen Mengenlehre. In: *Mathematische Annalen* 86 (1922), S. 230–237

[21] Frege, G.: *Begriffsschrift. Eine der arithmetischen nachgebildeten Formelsprache*. Ditzingen: Verlag Louis Nebert, 1879

[22] Frege, G.: *Grundgesetze der Arithmetik, Begriffsschriftlich abgeleitet*. Bd. Band 1. Jena: Verlag Hermann Pohle, 1903

[23] Frege, G.: *Grundgesetze der Arithmetik, Begriffsschriftlich abgeleitet*. Bd. Band 2. Jena: Verlag Hermann Pohle, 1903

[24] Frege, G.: *Grundgesetze der Arithmetik*. Bd. 1. Hildesheim: Verlag Olms, 1962

[25] Frege, G.: *Grundgesetze der Arithmetik*. Bd. 2. Hildesheim: Verlag Olms, 1962

[26] Frege, G.: *Grundgesetze der Arithmetik, Begriffsschriftlich abgeleitet*. Bd. 2. Darmstadt: Wissenschaftliche Buchgesellschaft, 1962

[27] Frege, G.: *Nachgelassene Schriften*. Hamburg: Felix Meiner Verlag, 1983

[28] Frege, G.: *Die Grundlagen der Arithmetik: Eine logisch-mathematische Untersuchung über den Begriff der Zahl*. Halle: Reclam, 1986

[29] Gabriel, G.; Kambartel, F.; Thiel, C.: *Philosophische Bibliothek*. Bd. 321: *Gottlob Freges Briefwechsel mit D. Hilbert, E. Husserl, B. Russell sowie ausgewählte Einzelbriefe Freges*. Hamburg: Felix Meiner Verlag, 1980

[30] Gödel, K.: Einige metamathematische Resultate üher Entscheidungsdefinitheit und Widerspruchsfreiheit. In: *Anzeiger der Akademie der Wissenschaften in Wien* 67 (1930), S. 214–215. – Nachgedruckt in [35]

[31] Gödel, K.: Die Vollständigkeit der Axiome des logischen Funktionenkalküls. In: *Monatshefte für Mathematik* 37 (1930), S. 349–360

[32] Gödel, K.: Über formal unentscheidbare Sätze der Principia Mathematica und verwandter Systeme I. In: *Monatshefte für Mathematik und Physik* 38 (1931), S. 173–198

[33] Gödel, K.: The consistency of the axiom of choice and of the generalized continuum-hypothesis. In: *Proceedings of the U.S. National Academy of Sciences* Bd. 24, 1938, S. 556–557

[34] Gödel, K.: What is Cantor's Continuum Problem? In: *American Mathematical Monthly* 54 (1947), S. 515–525

[35] Gödel, K.: *Collected Works I. Publications 1929–1936*. New York: Oxford University Press, 1986

[36] Gödel, K.: *Collected Works V. Correspondence, H-Z*. New York: Oxford University Press, 2003

[37] Graßmann, H.: *Lehrbuch der Arithmetik für höhere Lehrveranstaltungen*.

Berlin: Enslin Verlag, 1861

[38] Heisenberg, W.: Über den anschaulichen Inhalt der quantentheoretischen Kinematik und Mechanik. In: *Zeitschrift für Physik* 43 (1927), März, Nr. 3, S. 172–198

[39] Heuser, H.: *Lehrbuch der Analysis I*. Wiesbaden: Teubner Verlag, 2006

[40] Heyting, A.: Die intuitionistische Grundlegung der Mathematik. In: Carnap, R. (Hrsg.); Reichenbach, H. (Hrsg.): *Bericht über die 2. Tagung für Erkenntnislehre der exakten Wissenschaften Königsberg 1930*. Leipzig: Felix Meiner Verlag, 1931, S. 106–115

[41] Hilbert, D.: Axiomatisches Denken. In: *Mathematische Annalen* 78 (1918), S. 405–415

[42] Hilbert, D.: Die logischen Grundlagen der Mathematik. In: *Mathematische Annalen* 88 (1923), S. 151–165

[43] Hilbert, D.: über das Unendliche. In: *Mathematische Annalen* 95 (1926), Nr. 1, S. 161–190

[44] Hilbert, D.: Die Grundlagen der Mathematik. In: *Abhandlungen aus dem mathematischen Seminar* VI (1928), S. 80

[45] Hilbert, D.: *Die Hilbert'schen Probleme*. Frankfurt: Verlag Harri Deutsch, 1998 (Ostwalds Klassiker)

[46] Hilbert, D.; Ackermann, W.: *Grundzüge der theoretischen Logik*. 1. Auflage. Berlin, Heidelberg: Springer-Verlag, 1928

[47] Hilbert, D.; Ackermann, W.: *Grundzüge der theoretischen Logik*. 2. Auflage. Berlin, Heidelberg: Springer-Verlag, 1938

[48] Hilbert, D.; Ackermann, W.: *Grundzüge der theoretischen Logik*. 4. Auflage. Berlin, Heidelberg: Springer-Verlag, 1958

[49] Hilbert, D.; Bernays, P.: *Die Grundlehren der mathematischen Wissenschaften in Einzeldarstellungen*. Bd. 40: *Grundlagen der Mathematik – Band I*. Berlin, Heidelberg: Springer-Verlag, 1934

[50] Hilbert, D.; Bernays, P.: *Die Grundlehren der mathematischen Wissenschaften in Einzeldarstellungen*. Bd. 50: *Grundlagen der Mathematik – Band II*. Berlin, Heidelberg: Springer-Verlag, 1939

[51] Hilbert, D.; Bernays, P.: *Die Grundlehren der mathematischen Wissenschaften in Einzeldarstellungen*. Bd. 40: *Grundlagen der Mathematik – Band I*. 2. Aufl. Berlin, Heidelberg: Springer-Verlag, 1968

[52] Hoffmann, D. W.: *Software-Qualität*. Berlin: Springer-Verlag, 2008

[53] Hoffmann, D. W.: *Grenzen der Mathematik. Eine Reise durch die Kerngebiete der mathematischen Logik*. Heidelberg: Spektrum Akademischer Verlag, 2011

[54] Hoffmann, M.: Axiomatisierung zwischen Platon und Aristoteles. In: *Zeitschrift für philosophische Forschung* 58 (2004), S. 224–245

[55] Hofstadter, D. R.: *Gödel, Escher, Bach: Ein endloses geflochtenes Band*. Stuttgart: Klett-Cotta, 2006

[56] Jacobs, K.: *Portraitphoto von Ernst Zermelo*. `http://creativecommons.org/licenses/by-sa/2.0`. Version: 1953. – Creative

Commons License 2.0, Typ: Attribution-ShareAlike

[57] Kamareddine, F. D.; Laan, T.; Nederpelt, R.: *Applied logic series.* Bd. 29: *A Modern Perspective on Type Theory: From its Origins until Today.* Berlin, Heidelberg, New York: Springer-Verlag, 2004

[58] Kelley, J. L.: *General Topology.* New York: Van Nostrand Reinhold, 1955

[59] Kmhkmh: *Portraitphoto von Paul Erdős.* `http://creativecommons.org/licenses/by/3.0/`. – Creative Commons License 3.0, Typ: Attribution-ShareAlike

[60] Leibniz, G. W.; Hecht, H. (Übersetzer): *Monadologie: Französisch / Deutsch.* Stuttgart: Reclam Verlag, 1998

[61] Leibniz, G. W.; Strack, C. (Übersetzer): *Leibniz sogenannte Monadologie und Principes de la nature et de la grace fondés en raison.* Berlin: Walter de Gruyter Verlag, 1967

[62] Löb, M. H.: Solution of a problem of Leon Henkin. In: *Journal of Symbolic Logic* 20 (1955), S. 115–118

[63] Łukasiewicz, L.; Tarski, A.: Untersuchungen über den Aussagenkalkül. In: *Comptes Rendus des séances de la Société des Sciences et des Lettres de Varsovie* 23 (1930), S. 30–50

[64] Mendelson, E.: *Introduction to Mathematical Logic.* 4th edition. Boca Raton, FL: Chapman & Hall, CRC Press, 1997

[65] Morse, A. P.: *A Theory of Sets.* New York: Academic Press, 1965

[66] Neumann, J. von: . In: *New York Times* (15. März 1951)

[67] Neumann, J. von: Die formalistische Grundlegung der Mathematik. In: Carnap, R. (Hrsg.); Reichenbach, H. (Hrsg.): *Bericht über die 2. Tagung für Erkenntnislehre der exakten Wissenschaften Königsberg 1930.* Leipzig: Felix Meiner Verlag, 1931, S. 116–121

[68] Neumann, J. von: First Draft of a Report on the EDVAC. In: *IEEE Annals of the History of Computing* 15 (1993), Nr. 4, S. 27–75

[69] Peano, G.: *Calcolo geometrico secondo l'Ausdehnungslehre di H. Grassmann.* Torino: Fratelli Bocca, 1888

[70] Peano, G.: *Arithmetices principia, nova methodo exposita.* Torino: Fratelli Bocca, 1889

[71] Peano, G.: Principii di logica matematica. In: *Rivista di matematica* (1891)

[72] Peano, G.: The principles of arithmetic, presented by a new method. In: Heijenoort, J. van (Hrsg.): *From Frege to Gödel.* Cambridge, MA: Harvard University Press, 1977, S. 83–97

[73] Petzold, C.: *The Annotated Turing: A Guided Tour Through Alan Turing's Historic Paper on Computability and the Turing Machine.* New York: John Wiley and Sons, 2008

[74] Poincaré, H.: Les Mathématiques Et la Logique. In: *Revue de Métaphysique Et de Morale* 14 (1906), Nr. 3, S. 294–317

[75] Ramsey, F. P.: The foundations of mathematics. In: *Proceedings of the London Mathematical Society* 25 (1925), S. 338–384

[76] Reichhalter, M.: *Cantor – Frege – Zermelo. Grundzüge der Entwicklung der Mengenlehre.* Saarbrücken: VDM Verlag Dr. Müller, 2010

[77] Richard, J.: Les principes des mathématiques et le problème des ensembles. In: *Revue générale des sciences pures et appliquées* 16 (1905), S. 541–543

[78] Richard, J.: Lettre à Monsieur le Rédacteur de la Revue générale des sciences. In: *Acta Mathematica* 30 (1906), S. 295–296

[79] Richard, J.: The principles of mathematics and the problem of sets. In: Heijenoort, J. van (Hrsg.): *From Frege to Gödel.* Cambridge, MA: Harvard University Press, 1977, S. 142–144

[80] Rosser, J. B.: Extensions of Some Theorems of Gödel and Church. In: *Journal of Symbolic Logic* 1 (1936), S. 87–91

[81] Russell, B.: *The principles of mathematics.* Cambridge: Cambridge University Press, 1903

[82] Russell, B.: Mathematical Logic as Based on the Theory of Types. In: *American Journal of Mathematics* 30 (1908), July, Nr. 3, S. 222–262

[83] Russell, B.: *The principles of mathematics.* 2nd edition. Cambridge: Cambridge University Press, 1937

[84] Russell, B.: *The Autobiography of Bertrand Russell.* London: George Allen and Unwin Ltd., 1967

[85] Schöning, U.: *Logik für Informatiker.* Heidelberg: Spektrum Akademischer Verlag, 2000

[86] Singh, S.: *Fermats letzter Satz.* München: Deutscher Taschenbuch Verlag, 2000

[87] The incompleteness theorems. In: Smoryński, C.: *Handbook of Mathematical Logic.* Amsterdam: North-Holland Publishing, 1977

[88] Trudeau, R. J.: *Die geometrische Revolution.* Berlin, Heidelberg, New York: Springer-Verlag, 1998

[89] Turing, A. M.: On computable numbers with an application to the Entscheidungsproblem. In: *Proceedings of the London Mathematical Society* 2 (1936), Juli – September, Nr. 42, S. 230–265

[90] Weber, H.: Leopold Kronecker. In: *Jahresbericht der Deutschen Mathematiker-Vereinigung* 2 (1893), S. 19

[91] Weibel, P.: Der wichtigste Beitrag seit Aristoteles. Gespräch mit Karl Popper. In: *Wissenschaft Aktuell* 1 (1980), September. – In [17]

[92] Whitehead, A. N.; Russell, B.: *Principia Mathematica. Volume I.* London: Merchant Books, 1910

[93] Whitehead, A. N.; Russell, B.: *Principia Mathematica. Volume II.* 2nd edition. London: Merchant Books, 1927

[94] Wiles, A.: Modular Elliptic Curves and Fermat's last theorem. In: *Annals of Mathematics* 141 (1995), S. 443–551

[95] Yourgrau, P.: *Gödel, Einstein und die Folgen: Vermächtnis einer ungewöhnlichen Freundschaft.* München: C. H. Beck, 2005

[96] Zermelo, E.: Beweis, dass jede Menge wohlgeordnet werden kann. In:

Mathematische Annalen 59 (1904), S. 514–516

[97] Zermelo, E.: Neuer Beweis für die Möglichkeit einer Wohlordnung. In: *Mathematische Annalen* 65 (1908), S. 107–128

[98] Zermelo, E.: Untersuchungen über die Grundlagen der Mengenlehre I. In: *Mathematische Annalen* 65 (1908), S. 261–281

[99] Zermelo, E.: über Grenzzahlen und Mengenbereiche. In: *Fundamenta Mathematicae* 16 (1930), S. 29–47

[100] Zermelo, E.: über Stufen der Quantifikation und die Logik des Unendlichen. In: *Jahresbericht der Deutschen Mathematiker-Vereinigung* 41 (1932), S. 85–88

[101] Bericht an die Notgemeinschaft der Deutschen Wissenschaft über meine Forschungen betreffend die Grundlagen der Mathematik. In: Zermelo, E.: *Ernst Zermelo. Gesammelte Werke.* Berlin, Heidelberg, New York: Springer-Verlag, 2010, S. 432–434

Bildnachweis

Seite 13	John von Neumann commons.wikimedia.org/wiki/File:JohnvonNeumann-LosAlamos.gif
Seite 15	Euklid von Alexandria commons.wikimedia.org/wiki/File:Euklid.jpg
Seite 14	Elemente von Euklid (Fragment) commons.wikimedia.org/wiki/File:P._Oxy._I_29.jpg
Seite 16	David Hilbert commons.wikimedia.org/wiki/File:Hilbert.jpg
Seite 32	Gottfried Wilhelm Leibniz commons.wikimedia.org/wiki/File:Gottfried_Wilhelm_Leibniz_c1700.jpg
Seite 34	Leopold Kronecker commons.wikimedia.org/wiki/File:Leopold_Kronecker.jpg
Seite 34	Georg Cantor commons.wikimedia.org/wiki/File:Georg_Cantor2.jpg
Seite 38	Kurt Gödel commons.wikimedia.org/wiki/File:Kurt_gödel.jpg
Seite 44	Gottlob Frege commons.wikimedia.org/wiki/File:Young_frege.jpg
Seite 45	Begriffsschrift (Titelseite) commons.wikimedia.org/wiki/File:Begriffsschrift_Titel.png
Seite 52	Giuseppe Peano commons.wikimedia.org/wiki/File:Giuseppe_Peano.jpg
Seite 60	Richard Dedekind commons.wikimedia.org/wiki/File:Dedekind.jpeg
Seite 66	Bertrand Russell commons.wikimedia.org/wiki/File:Russell1907-2.jpg
Seite 91	Bertrand Russell commons.wikimedia.org/wiki/File:FourAnalyticPhilosophers.JPG
Seite 97	Ernst Zermelo commons.wikimedia.org/wiki/File:Ernst_Zermelo.jpeg
Seite 124	Goldbach'sche Vermutung commons.wikimedia.org/wiki/File:Goldbach-1000000.png
Seite 124	Pierre de Fermat commons.wikimedia.org/wiki/File:Pierre_de_Fermat.jpg
Seite 214	Hermann Graßmann commons.wikimedia.org/wiki/File:Hgrassmann.jpg
Seite 216	Rózsa Péter commons.wikimedia.org/wiki/File:RozsaPeter.jpg
Seite 236	Joseph Louis François Bertrand commons.wikimedia.org/wiki/File:Joseph_bertrand.jpg
Seite 237	Pafnuty Tschebyschow commons.wikimedia.org/wiki/File:Chebyshev.jpg
Seite 237	Srinivasa Ramanujan commons.wikimedia.org/wiki/File:Ramanujan.jpg
Seite 237	Paul Erdős commons.wikimedia.org/wiki/File:Erdos_head_budapest_fall_1992.jpg
Seite 274	Alan Turing commons.wikimedia.org/wiki/File:Turing_statue_Surrey.jpg

Alle Clipart-Bilder stammen von www.openclipart.org.

Namensverzeichnis

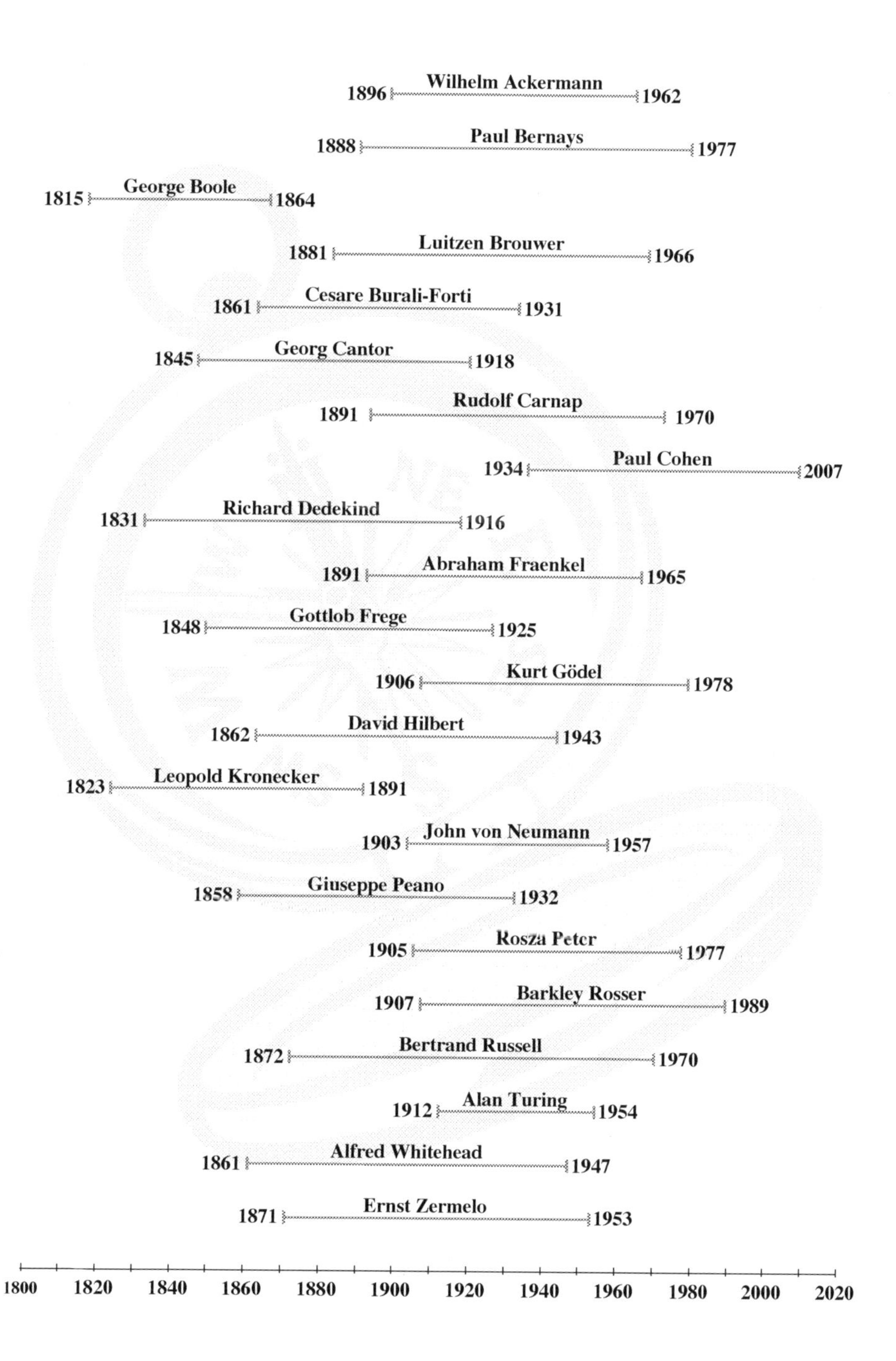

1896 Wilhelm Ackermann 1962
1888 Paul Bernays 1977
1815 George Boole 1864
1881 Luitzen Brouwer 1966
1861 Cesare Burali-Forti 1931
1845 Georg Cantor 1918
1891 Rudolf Carnap 1970
1934 Paul Cohen 2007
1831 Richard Dedekind 1916
1891 Abraham Fraenkel 1965
1848 Gottlob Frege 1925
1906 Kurt Gödel 1978
1862 David Hilbert 1943
1823 Leopold Kronecker 1891
1903 John von Neumann 1957
1858 Giuseppe Peano 1932
1905 Rosza Peter 1977
1907 Barkley Rosser 1989
1872 Bertrand Russell 1970
1912 Alan Turing 1954
1861 Alfred Whitehead 1947
1871 Ernst Zermelo 1953
1800
1820
1840
1860
1880
1900
1920
1940
1960
1980
2000
2020

Sachwortverzeichnis

Printed in the United States
By Bookmasters